普通高等职业教育·计算机系列规划教材

信息技术基础教程

（第6版）

刘彦舫　胡利平　主编

杨平　赵美枝　褚建立　路俊维　副主编

電子工業出版社
Publishing House of Electronics Industry
北京·BEIJING

内容简介

本书主要讲述计算机基础知识和应用，根据近几年的教学改革与实践得出的内容体系编写而成。全书共分为 7 章，系统地介绍了计算机的相关知识，内容包括计算机基础知识、计算机系统、Windows 7 操作系统、Word 2010、Excel 2010、PowerPoint 2010、计算机网络基础、Internet 知识和计算机病毒与网络安全等。教程内容紧扣新版全国计算机等级考试一级考试（2013 年版）的内容。第 6 版更新了部分操作和知识，增加了新的技术进展。每一章都精心设计了习题，做到学用结合，使读者能够迅速掌握相应知识。

本书适合作为高等职业院校各专业学生的计算机文化基础教材使用，也可供参加计算机等级考试一级考试的考生参考；同时，也可作为广大计算机爱好者和计算机用户学习计算机操作与使用的参考书。

图书在版编目(CIP)数据

信息技术基础教程 / 刘彦舫，胡利平主编. —6 版. —北京：电子工业出版社，2017.9
ISBN 978-7-121-32430-7

I. ①信… II. ①刘… ②胡… III. ①电子计算机－教材 IV. ①TP3

中国版本图书馆 CIP 数据核字(2017)第 190340 号

策划编辑：杨 博
责任编辑：杨 博
印　　刷：北京虎彩文化传播有限公司
装　　订：北京虎彩文化传播有限公司
出版发行：电子工业出版社
　　　　　北京市海淀区万寿路 173 信箱　　邮编　100036
开　　本：787×1092　1/16　　印张：16　字数：462 千字
版　　次：2003 年 7 月第 1 版
　　　　　2017 年 9 月第 6 版
印　　次：2019 年12月第 4 次印刷
定　　价：38.00 元

凡所购买电子工业出版社图书有缺损问题，请向购买书店调换。若书店售缺，请与本社发行部联系，联系及邮购电话：(010)88254888，88258888。

质量投诉请发邮件至 zlts@phei.com.cn，盗版侵权举报请发邮件至 dbqq@phei.com.cn。

本书咨询联系方式：yangbo2@phei.com.cn。

前　言

信息技术基础课程是高校学生的必修课，它为学生了解信息技术的发展趋势，熟悉计算机操作环境及工作平台，使用常用工具软件处理日常事务和培养学生必要的信息素养等奠定了良好的基础。

信息技术的日新月异，要求学校对计算机的教育也要不断改革和发展。特别对于高等职业教育来说，教育理论、教育体系及教育思想正在不断地探索之中。为促进计算机教学的开展，适应教学实际的需要和培养学生的应用能力，我们对以前编写的《信息技术基础教程》（第 5 版）从组织模式和教学内容上进行了不同程度的调整，以使之更加符合当前高等职业教育教学的需要。

本教材以目前较为流行的 Windows 7 操作系统和 Office 2010 办公软件为基础进行编写，内容紧扣新版全国计算机等级考试一级考试（2013年版），文字处理和电子表格的内容涵盖了二级考试的内容；强调基础性与实用性，内容新颖，图文并茂，层次清楚。通过本书的学习，将使学生牢固掌握计算机应用方面的基础知识和基本操作技能，能够完成日常工作中的文档编辑、数据处理以及日常网络应用等，以适应现代社会发展的需要。

本教材共分 7 章，主要内容有：计算机基础知识；计算机系统，包括计算机的基本组成和工作原理、多媒体知识；中文 Windows 7 操作系统；Word 2010 文字处理软件；Excel 2010 电子表格处理软件；PowerPoint 2010 演示文稿制作软件；计算机网络及 Internet 技术，包括 Internet 基础知识、Internet 连接、浏览器的使用、电子邮件的操作和防病毒知识等内容。

本教材由邢台职业技术学院刘彦舫、胡利平任主编，杨平、赵美枝、褚建立、路俊维任副主编，刘彦舫负责本书的总体规划和内容组织。其中杨平、高欢、张小志编写了第 1 章，赵美枝、王彤、王冬梅、李静编写了第 2 章，刘彦舫、王沛、乔丽平、刘霞、陈步英编写了第 3 章，褚建立、钱孟杰、佟欢编写了第 4 章，路俊维编写了第 5 章，胡利平、王月青、丁莉、陈晔桦编写了第 6 章，王沛编写了第 7 章的 1～3 节，赵胜编写了第 7 章的 4～6 节。另外，李国娟、王党利、游凯何、柴旭光、曾凡晋、张小志、霍艳玲、王海宾、董会国参与了全书习题的编写和全书的校对工作。在本书的编写过程中我们还得到了教研室许多老师的支持，在此一并表示深深的感谢。

本书是高等职业院校各专业学生学习计算机文化基础知识的必备教材，同时，也可作为广大计算机爱好者和计算机用户学习计算机操作技术的参考书。

由于时间紧迫，加上作者水平所限，书中难免有不足之处，恳请广大教师和读者批评指正。

编　者

2017 年 6 月

目　　录

第1章 计算机基础知识

近年来，计算机及其应用技术得到了迅猛的发展，已渗透到生产、科研、教学、企业管理乃至家庭用户等各个领域。计算机应用技术的高速发展也极大地促进了信息技术革命的到来，使社会步入信息时代。信息获取、分析处理、传递交流和开发应用是现代人必须具备的基本素质。

1.1 计算机的产生与发展

在人类文明发展的历史长河中，计算工具经历了从简单到复杂、从低级到高级的发展过程，如算筹、算盘、计算尺、手摇机械计算机、电动机械计算机、电子计算机等，它们在不同的历史时期发挥了各自的作用，而且也孕育了电子计算机的设计思想和雏形。计算机技术是信息技术的基础，在人类生活中起着极其重要的作用。

1.1.1 计算机的产生与发展过程

1. 计算机的产生

第二次世界大战期间，美国宾夕法尼亚大学的 John Mauchly（莫希利）博士和他的学生 J. Presper Eckert 应美国军方的要求构思和设计了 ENIAC（Electronic Numerical Integrator And Calculator，埃尼阿克），它于 1946 年 2 月 15 日完成，为美国陆军的弹道研究实验室（BRL）所使用，用于计算火炮的火力表，研制和开发新型大炮和导弹。这台计算机共用了 18 000 个电子管，1 500 多个继电器，质量达 30 t，占地 170 m^2，耗电 150 kW，运算速度为每秒 5 000 次加、减运算。

电子计算机的问世，最重要的奠基人是英国科学家艾兰·图灵（Alan Turing）和美籍匈牙利科学家冯·诺依曼（John von. Neuman）。图灵的贡献是建立了图灵机的理论模型，奠定了人工智能的基础。而冯·诺依曼则是首先提出了计算机体系结构的设想。

冯·诺依曼理论的要点是：数字计算机的数制采用二进制，计算机应该按照程序顺序执行。人们把冯·诺依曼的这个理论称为冯·诺依曼体系结构，包含以下三个要点。

（1）计算机由运算器、控制器、存储器、输入设备、输出设备五大基本部件组成。

（2）程序和数据均存放在存储器中，并能自动依次执行指令。

（3）所有的数据和程序均用二进制的 0、1 代码表示。

半个多世纪以来，计算机制造技术发生了巨大变化，但冯·诺依曼体系结构仍然沿用至今，人们总是把冯·诺依曼称为“计算机鼻祖”、“现代电子计算机之父”。

2. 计算机的发展

随着电子技术的不断发展，计算机先后以电子管、晶体管、集成电路、大规模和超大规模集成电路为主要元器件，共经历了四代变革，如表 1.1 所示。每一代的变革在技术上都是一次新的突破，在性能上都是一次质的飞跃。

表 1.1　各代计算机主要特点比较

代别	起止年份	硬件特征	软件发展状况	应用领域
第一代	1946—1958	电子管	机器语言和汇编语言	科学计算
第二代	1959—1964	晶体管	高级语言（编译程序），简单的操作系统	科学计算、数据处理和事务管理
第三代	1965—1970	小规模集成电路	功能较强的操作系统，高级语言，结构化，模块化的程序设计	科学计算、数据处理、事务管理和过程控制
第四代	1971 年至今	大规模、超大规模集成电路	操作系统进一步完善，数据库系统、网络软件得到发展，软件工程标准化，面向对象的软件设计方法与技术广泛应用	网络分布式计算、人工智能，迅速推广并普及到社会各领域

目前使用的计算机都属于第四代计算机。从 20 世纪 80 年代开始，发达国家开始研制第五代计算机，研究的目标是能够打破以往计算机固有的体系结构，使计算机能够具有像人一样的思维、推理和判断能力，向智能化发展，实现接近人的思考方式。

1956 年，周恩来总理亲自主持制定了我国《12 年科学技术发展规划》，选定了“计算机、电子学、半导体、自动化”作为“发展规划”的四项内容，并制定了计算机科研、生产、教育发展计划，我国由此开始了计算机研制的起步。

1958 年，中国研制出第一台电子计算机。

1964 年，中国研制出第二代晶体管计算机。

1971 年，中国研制出第三代集成电路计算机。

1977 年，中国研制出第一台微型计算机 DJS-050。

1983 年，中国研制成功“深滕 1800”计算机，运算速度超过 1 万次/s，同时“银河 1 号”巨型计算机研制成功，运算速度达 1 亿次/s。

2010 年 10 月，中国国防科技大学研制出“天河一号”，中国首台千万亿次超级计算机。

1.1.2　计算机的发展趋势

1．电子计算机的发展方向

目前，科学家们正在使计算机朝着巨型化、微型化、网络化、智能化和多功能化的方向发展。巨型机的研制、开发和利用，代表着一个国家的经济实力和科学水平；微型机的研制、开发和广泛应用，则标志着一个国家科学普及的程度。

（1）向巨型化和微型化两极方向发展。巨型化是指要研制运算速度极高、存储容量极大、整体功能极强，以及外设完备的计算机系统（巨型机），巨型机主要用于尖端科学技术及军事、国防系统；而微型化是随着大规模集成电路技术的不断发展和微处理器芯片的产生，以及进一步扩大计算机的应用领域而研制的高性价比的通用微型计算机，这种微型机操作简单，使用方便，所配软件丰富。

（2）智能化是未来计算机发展的总趋势。智能化就是要求计算机能够模拟人的逻辑思维功能和感官，能够自动识别文本、声音、图形、图像等多媒体信息，具有逻辑推理和判断功能。其中最具代表性的领域是专家系统和智能机器人。

（3）非冯·诺依曼体系结构是提高现代计算机性能的另一个研究焦点。冯·诺依曼型计算机工作原理的核心是存储程序和程序控制，整个计算机的工作都是在程序设计人员设计的程序控制下工作的，计算机不具备智能功能。因此，要想真正实现计算机的智能化，就必须打破目前的冯·诺依曼体系结构，研制新型的非冯·诺依曼型计算机。

（4）多媒体计算机仍然是计算机研究和开发的热点。多媒体技术是集文字、声音、图形、图像和计算机于一体的综合技术，它以计算机技术为基础，包括数字化信息技术、音/视频技术、图像技术、通信技术、人工智能技术、模式识别技术等，是一门多学科、多领域的高新技术。多媒体技术虽然已经取得很大的发展，但高质量的多媒体设备和相关技术仍需要进一步研制，主要包括视频数据的压缩、解压缩技术，多媒体数据的通信，以及各种接口的实现方案等。因此，多媒体计算机仍然是计算机研究和开发的热点。

（5）网络化是今后计算机应用的主流。计算机网络技术是在计算机技术和通信技术的基础上发展起来的一种新型技术。目前世界上最大的计算机网络就是被广大用户所使用的 Internet。

2．未来新一代的计算机

（1）模糊计算机。1956 年，英国人查德创立了模糊信息理论。依照模糊理论，判断问题不是以是、非两种绝对的值或 0 与 1 两种数码来表示，而是取许多值，如接近、几乎、差不多及差得远等模糊值来表示。用这种模糊的、不确切的判断进行工程处理的计算机就是模糊计算机，或称模糊电脑。模糊电脑是建立在模糊数学基础上的电脑。模糊电脑除具有一般电脑的功能外，还具有学习、思考、判断和对话的能力，可以立即辨识外界物体的形状和特征，甚至可帮助人们从事复杂的脑力劳动。用模糊逻辑芯片和电路组合在一起，就能制成模糊计算机。

日本科学家把模糊计算机应用在地铁管理上：日本东京以北 320 km 的仙台市的地铁列车，在模糊计算机控制下，自 1986 年以来，一直安全、平稳地行驶着。车上的乘客可以不必攀扶拉手吊带，因为在列车行进中，模糊逻辑“司机”判断行车情况的错误，几乎比人类司机要少 70%。1990 年，日本松下公司把模糊计算机装在洗衣机里，能根据衣服的肮脏程度、衣服的材质调节洗衣程序。我国有些品牌的洗衣机也装上了模糊逻辑芯片。人们又把模糊计算机装在吸尘器里，可以根据灰尘量以及地毯的厚实程度调整吸尘器功率。模糊计算机还能用于地震灾情判断、疾病医疗诊断、发酵工程控制、海空导航巡视等方面。

（2）生物计算机。生物计算机（Biological Computer）又称仿生计算机（Bionic Computer），是以生物芯片取代在半导体硅片上集成数以万计的晶体管制成的计算机。涉及计算机科学、脑科学、神经生物学、分子生物学、生物物理、生物工程、电子工程、物理学和化学等有关学科。1986 年日本开始研究生物芯片，研究有关大脑和神经元网络结构的信息处理、加工原理，以及建立全新的生物计算机原理，探讨适于制作芯片的生物大分子的结构和功能，以及如何通过生物工程（利用脱氧核糖核酸重组技术和蛋白质工程）来组装这些生物分子功能元件。

（3）光子计算机。光子计算机是一种由光信号进行数字运算、逻辑操作、信息存储和处理的新型计算机。它由激光器、光学反射镜、透镜、滤波器等光学元件和设备构成，靠激光束进入反射镜和透镜组成的阵列进行信息处理，以光子代替电子，光运算代替电运算。光的并行、高速，天然地决定了光子计算机的并行处理能力很强，具有超高运算速度。光子计算机还具有与人脑相似的容错性，系统中某一元件损坏或出错时，并不影响最终的计算结果。光子在光介质中传输所造成的信息畸变和失真极小，光传输、转换时能量消耗和散发热量极低，对环境条件的要求比电子计算机低得多。

（4）超导计算机。超导计算机是利用超导技术生产的计算机及其部件，其性能是目前电子计算机无法比拟的。目前制成的超导开关器件的开关速度，已达到几皮秒（10^{-12} s）的高水平。这是当今所有电子、半导体、光电器件都无法比拟的，比集成电路要快几百倍。超导计算机的运算速度比现在的电子计算机快 100 倍，而电能消耗仅是电子计算机的千分之一，如果目前一台大中型计算机每小时耗电 10 kW，那么同样的一台超导计算机只需一节干电池就可以工作了。

（5）量子计算机。量子计算机（Quantum Computer）是一类遵循量子力学规律进行高速数学和逻辑运算、存储及处理量子信息的物理装置。当某个装置处理和计算的是量子信息，运行的是量子算法时，它就是量子计算机。量子计算机的概念源于对可逆计算机的研究。研究可逆计算机的目的是为了解决计算机中的能耗问题。

1.2 计算机的特点、应用及分类

计算机自诞生以来，其发展速度非常惊人，应用范围不断扩大，目前已渗透到人类生活的各个方面。

1.2.1 计算机的特点

计算机技术是信息化社会的基础、信息技术的核心，这是由计算机的特点决定的。概括地说，电子计算机和过去的计算工具相比具有以下几个方面的特点。

（1）运算速度快。计算机的运算速度是其他任何一种工具无法比拟的。现在一台微型计算机的运算速度可以达到每秒处理千万条指令。目前，世界上速度最快的巨型计算机的运算速度可达每秒数十万亿次以上。正是有了这样的运算速度，使得过去不可能完成的计算任务可以完成，如天气预报、地震预报等。

（2）计算精度高。计算机进行数值计算时所获得的精度可达到小数点后几十位、几百位甚至上万位。1981年，日本筑波大学利用计算机计算，将π值精确到小数点后200万bit。

（3）具有超强的“记忆”能力和逻辑判断能力。“记忆”功能是指计算机能存储大量的信息，供用户随时检索和查询。逻辑判断功能是指计算机不仅能够进行算术运算，还能进行逻辑运算、实践推理和证明。记忆功能、算术运算和逻辑判断功能相结合，使得计算机能模仿人类的智能活动，成为人类脑力延伸的重要工具，所以计算机又称为“电脑”。

（4）能自动运行并支持人机交互。所谓“自动运行”就是人们把需要计算机处理的问题编成程序，存入计算机中，当发出运行指令后，计算机便在该程序控制下依次逐条执行，不再需要人工干预。“人机交互”则是在人想要干预时，采用人机之间“一问一答”的形式，有针对性地解决问题。

（5）网络与通信功能。目前最大、应用范围最广的国际互联网连接了全世界200多个国家和地区数亿台的各种计算机。在网上的所有计算机用户都可共享网上资料、交流信息、互相学习，将世界变成了地球村。

1.2.2 计算机的应用

计算机问世之初，主要用于数值计算，“计算机”也因此得名。如今的计算机几乎和所有学科相结合，使得计算机的应用渗透到社会的各个领域，如科学技术、国民经济、国防建设及家庭生活等。计算机的应用大致可分为如下几个领域。

（1）科学计算，也称数值计算。科学计算是计算机应用最早的也是最成熟的应用领域。主要使用计算机进行数学方法的实现和应用。今天，计算机“计算”能力的提高推进了许多科学研究的进展，如著名的人类基因序列分析计划、人造卫星的轨道测算等。还有航天飞机、人造卫星、宇宙飞船、原子反应堆、气象预报、大型桥梁、地震测级、地质勘探和机械设计等都离不开计算机的科学计算。如果没有计算机，如此巨大、繁多的计算单靠人类自身是绝对无法完成的。

（2）过程检测与控制。过程控制也称实时控制，在工业生产、国防建设和现代化战争中都有广泛的应用。例如，工业生产自动化方面的巡回检测、自动记录、监测报警、自动启停、自动调控等；在交通运输方面的红绿灯控制、行车调度；在国防建设方面的导弹发射中，实施控制其飞行的方向、速度、位置等。

（3）数据/信息处理，也称非数值计算。现代社会是信息化的社会。随着社会的不断进步，信息量也在急剧增加；现在，信息已和能源、物资一起构成人类社会活动的基本要素。计算机最广泛的应用就是信息处理，有关资料表明，世界上80%左右的计算机主要用于信息处理。信息处理的特点是处理的数据量较大，但不涉及复杂的数学运算；有大量的逻辑判断和输入/输出，时间性较强，如生产管理、财务管理、人事管理、情报检索、办公自动化、票务管理等。

（4）计算机辅助系统。当前用计算机辅助工作的系统越来越多，如计算机辅助设计（Computer Aided Design，CAD）、计算机辅助制造（Computer Aided Manufacturing，CAM）、计算机辅助教学（Computer Assisted Instruction，CAI）、计算机辅助测试（Computer Aided Testing，CAT）、计算机辅助工程（Computer Aided Engineering，CAE）、计算机集成制造系统（Computer Integrated Manufacturing System，CIMS）等。

（5）人工智能（Artificial Intelligence，AI）是研究使计算机来模拟人的某些思维过程和智能行为（如学习、推理、思考、规划等）的学科，主要包括计算机实现智能的原理、制造类似于人脑智能的计算机，使计算机能实现更高层次的应用。人工智能涉及计算机科学、心理学、哲学和语言学等学科。可以说几乎是自然科学和社会科学的所有学科，其范围已远远超出了计算机科学的范畴，人工智能与思维科学的关系是实践和理论的关系，人工智能是处于思维科学的技术应用层次，是它的一个应用分支。从思维观点看，人工智能不仅限于逻辑思维，要考虑形象思维、灵感思维才能促进人工智能的突破性发展，数学常被认为是多种学科的基础科学，数学也进入语言、思维领域，人工智能学科也必须借用数学工具，数学不仅在标准逻辑、模糊数学等范围发挥作用，数学也进入人工智能学科，它们将互相促进而更快地发展。应用领域也不断扩大，可以设想，未来人工智能带来的科技产品，将会是人类智慧的“容器”，也可能超过人的智能。

（6）网络应用。计算机网络是微电子技术、计算机技术和现代通信技术的结合。计算机网络的建立解决了一个单位、一个地区、一个国家，乃至全世界范围内的计算机与计算机之间的相互通信及各种硬件资源、软件资源和信息资源的共享。目前，世界各国都相继建立了自己的网络系统，并分别与 Internet 相连。我国已建和在建的信息网络共有 9 个，并先后启动了政府上网和企业上网工程。网络技术的发展和应用已成为人们谈论的热门话题。

（7）多媒体应用。多媒体包括文本、图形、图像、音频、视频、动画等多种信息类型。多媒体技术是指人和计算机交互地进行上述多种媒介信息的捕捉、传输、转换、编辑、存储、管理，并由计算机综合处理为表格、文字、图形、动画、音/视频等视听信息有机结合的表现形式。多媒体技术扩宽了计算机的应用领域，使计算机广泛应用于商业、服务业、教育、广告宣传、文化娱乐、家庭等方面。同时，多媒体技术与人工智能技术的有机结合还促进了虚拟现实、虚拟制造技术的发展，使人们可以在计算机上感受真实的场景，通过计算机仿真制造零件和产品，感受产品各方面的功能和性能。

（8）嵌入式系统。并不是所有计算机都是通用的。有许多特殊的计算机用于不同的设备中，包括大量的消费电子产品和工业制造系统，都是把处理器芯片嵌入其中，完成特定的处理任务。这些系统称为嵌入式系统。如数码相机、数码摄像机以及高档电动玩具等都使用了不同功能的处理器。

（9）VR（Virtual Reality，虚拟现实，或称灵境技术），它是一种可创建和体验虚拟世界的计算机系统。虚拟现实的内涵实际是综合利用计算机图形系统和各种现实及控制等接口设备，在计算机上生成的、可交互的三维环境中提供沉浸感觉的技术，类似于 3D 技术。

（10）AR（Augmented Reality，增强现实），它可以将虚拟信息放在现实中展现，并且让人和虚拟信息进行互动。AR 通过技术上的手段能够将现实与虚拟信息进行无缝对接。将在现实中不存在的事物构建一个三维场景予以展现，与现实生活相互衔接。它是一种全新的人机交互技术，利用这样一种技术，可以模拟真实的现场景观，它是以交互性和构想为基本特征的计算机高级人机界面。

（11）数据挖掘（Data mining）是数据库知识发展的一个步骤。数据挖掘一般是指从大量的数据中通过算法搜索隐藏于其中的信息的过程。数据挖掘通常与计算机科学有关，并通过统计、在线分析处理、情报检索、机器学习、专家系统（依靠过去的经验法则）和模式识别等诸多方法来实现上述目标。

1.2.3 计算机的分类

计算机及其相关技术的迅速发展带动了计算机类型的不断分化，形成了各种不同种类的计算机。

1. 传统计算机的分类方法

自计算机诞生以来，先后出现了多种计算机的分类方法，其中较为常见的计算机分类方法主要包括如下几种：

（1）按信息的表示与处理方法不同可分为模拟计算机、数字计算机和混合式计算机。

（2）按计算机的用途不同可分为通用计算机和专用计算机。

（3）按计算机的性能和规模不同可分为个人计算机、工作站、小型计算机、主机、小巨型计算机、巨型计算机。其中，这种分类方法是由美国电气和电子工程师学会（IEEE）于 1999 年提出的，是目前常用的一种分类方法。

2. 现代计算机的分类方法

随着技术的进步，各种型号的计算机性能指标都在不断地改进和提高，过去一台大型机的性能可能还比不上今天一台微型计算机。按照传统的标准来划分计算机的类型也有其时间的局限性，因此计算机的类别划分很难有一个精确的标准。现在，通常根据计算机的综合性能指标，并结合计算机应用领域的分布对计算机进行分类。

（1）高性能计算机

高性能计算（High Performance Computing，HPC）俗称超级计算机，通常是指使用多个处理器（作为单个机器的一部分）或者某一集群中组织的几台计算机（作为单个计算资源操作）的计算机系统和环境。目前国际上对高性能计算机的最为权威的评测是世界计算机排名（即 TOP500），通过测评的计算机是目前世界上运算速度和处理能力均堪称一流的计算机。我国生产的超级计算机主要有曙光-5000A、深腾 7000、神威 3000A、天河二号等，2014 年 6 月 23 日，在德国莱比锡市发布的第 43 届世界超级计算机 500 强排行榜上，中国超级计算机系统“天河二号”获得世界超算“三连冠”，其运算速度比位列第二名的美国“泰坦”快了近一倍。

（2）微型计算机

微型计算机简称“微型机”或“微机”，由于其具备人脑的某些功能，所以也称为“微电脑”。微型计算机是由大规模集成电路组成的、体积较小的电子计算机。它是以微处理器为基础，配以内存储器及输入输出（I/O）接口电路和相应的辅助电路而构成的裸机。目前微型计算机已广泛应用于办公、学习、娱乐等社会生活的方方面面，是发展最快、应用最为普及的计算机。我们日常使用的台式计算机、笔记本计算机、掌上型计算机等都属于微型计算机。

（3）工作站

工作站是一种高档的微型计算机，通常配有高分辨率的大屏幕显示器及容量很大的内存储器和外存储器，主要面向专业应用领域，具备强大的数据运算与图形、图像处理能力。工作站主要是为了满足工程设计、动画制作、科学研究、软件开发、金融管理、信息服务、模拟仿真等专业领域而设计开发的高性能微型计算机。

（4）服务器

服务器是指在网络环境下为网上多个用户提供共享信息资源和各种服务的一种高性能计算机，在服务器上需要安装网络操作系统、网络协议和各种网络服务软件。服务器主要为网络用户提供文件、数据库、应用及通信方面的服务。

（5）嵌入式计算机

嵌入式计算机是指嵌入到对象体系中，实现对象体系智能化控制的专用计算机系统。嵌入式计算机系统是以应用为中心，以计算机技术为基础，软硬件可裁剪，适用于应用系统对功能、可靠性、成本、体积、功耗有严格要求的专用计算机系统。它一般由嵌入式微处理器、外围硬件设备、嵌入式操作系统以及用户的应用程序等 4 部分组成，用于实现对其他设备的控制、监视或管理等功能。例如，我们日常生活中使用的电冰箱、全自动洗衣机、空调、电饭煲、数码产品等都采用了嵌入式计算机技术。

1.3 信 息 技 术

信息技术（Information Technology，IT）的飞速发展促进了信息社会的到来。半个世纪以来，人类社会正由工业社会全面进入信息社会，其主要动力就是以计算机技术、通信技术和控制技术为核心的现代信息技术的飞速发展和广泛应用。随着科学技术的飞速发展，各种高新技术层出不穷、日新月异，但是最主要、发展最快的仍然是信息技术。

1.3.1 信息技术概述

1．信息技术的定义

在现代信息社会中，一切可以用二进制进行编码的东西都可以称为信息。一般来说，信息的采集、加工、存储、传输和利用过程的每一种技术都是信息技术，也就是说，信息技术一般是指一系列与计算机相关的技术，如微电子技术、光电子技术、通信技术、网络技术、感测技术、控制技术、显示技术等。它也常被称为信息和通信技术（Information and Communications Technology，ICT）。

2．现代信息技术的内容

一般来说，信息技术包含三个层次的内容：信息基础技术、信息系统技术、信息应用技术。

（1）信息基础技术。信息基础技术是信息技术的基础，包括新材料、新能源、新器件的开发和制造技术。近几十年来，发展最快、应用最广、对信息技术及整个高科技领域的发展影响最大的是微电子技术和光电子技术。

（2）信息系统技术。信息系统技术是指有关信息的获取、传输、处理、控制的设备和系统技术。感测技术、通信技术、计算机技术、控制技术是它的核心和支撑技术。

（3）信息应用技术。信息应用技术是针对各种实用目的的，如信息管理、信息控制的信息决策而发展起来的具体技术，如企业生产自动化、办公自动化、家庭自动化、人工智能和互联网技术等。它们是信息技术开发的根本目的所在。信息技术在社会的各个领域得到了广泛的应用，显示出强大的生命力。

3．现代信息技术的发展趋势

在社会生产力发展、人类认识和实践活动的推动下，信息技术将得到更深、更广、更快的发展，当前信息技术发展的总趋势是以互联网技术的发展和应用为中心，从典型的技术驱动发展模式向技术驱动与应用驱动相结合的模式转变，其发展趋势可以概括为数字化、多媒体化、高速化、网络化、宽带化和智能化等。

1.3.2 信息化和信息产业

1．信息化

信息化是指以培养、发展以计算机为主的智能化工具为代表的新生产力，并使之造福于社会的历史过程。信息化是以现代通信、网络、数据库技术为基础，将所研究对象各要素汇总至数据库，供特定人群生活、工作、学习、辅助决策等并和人类息息相关的各种行为相结合的一种技术，使用该技术后，可以极大提高各种行为的效率，为推动人类社会进步提供极大的技术支持。

2. 信息产业

信息产业属于第四产业范畴，它包括电信、电话、印刷、出版、新闻、广播、电视等传统的信息部门和新兴的电子计算机、激光、光导纤维（简称光纤）、通信卫星等信息部门。主要以电子计算机为基础，从事信息的生产、传递、储存、加工和处理。

1.4 信息的表示及编码基础知识

计算机最主要的功能是信息处理。在计算机内部，各种信息，如数字、文字、图形、视频、声音等都必须采用数字化的编码形式进行存储、处理和传输。由于在计算机内部处理二进制数，所以数字化编码的实质就是用0和1两个数字进行各种组合，将要处理的信息表示出来。

1.4.1 计算机中的数制

计算机科学中经常使用十进制、二进制、八进制和十六进制。但在计算机内部，不管什么样的数都使用二进制来表示。在具体讨论计算机常用数制之前，首先介绍几个有关数制的基本概念。

1. 进位计数制的概念

在十进制数中，一个数可以用0～9这10个阿拉伯数字的组合来表示，这10个数字再加上数位值的概念，就可以表示任何一个十进制数了。例如：

$$2181=2\times10^3+1\times10^2+8\times10^1+1\times10^0=2000+100+80+1$$

其中，

（1）0～9这些数字符号称为数码。

（2）全部数码的个数称为基数，十进制数的基数为10。

（3）用“逢基数进位”的原则进行计数，称为进位计数制。十进制数的基数为10，所以其计数原则是“逢十进一”。

（4）所谓权值就是数字在数中所处位置的单位值。

（5）权值与基数的关系是：权值等于基数的若干次方。

在十进制数中，各个位的权值分别是10^i（i为整数）。例如：

$$12\,345.67=1\times10^4+2\times10^3+3\times10^2+4\times10^1+5\times10^0+6\times10^{-1}+7\times10^{-2}$$

式中，10^4、10^3、10^2、10^1、10^0、10^{-1}、10^{-2}即为各个位的权值，每一位上的数码与该位权值的乘积，就是该位的数值。

（6）任何一个十进制数A都可以用如下形式的展开式表示出来：

设$A=(a_na_{n-1}a_{n-2}\cdots a_1a_0a_{-1}a_{-2}\cdots a_{-m})_{10}$，则

$$A=a_n\times10^n+a_{n-1}\times10^{n-1}+\cdots+a_1\times10^1+a_0\times10^0+a_{-1}\times10^{-1}+a_{-2}\times10^{-2}+\cdots+a_{-m}\times10^{-m}$$
$$=\sum a_i\times10^i$$

式中，a_i为第i位数码，10为基数，$i=n\sim-m$，n、m为正整数。

同样道理，任何一个R进制的数$B=(b_nb_{n-1}b_{n-2}\cdots b_1b_0b_{-1}b_{-2}\cdots b_{-m})_R$可按一般展开式展开为：

$$B=b_n\times R^n+b_{n-1}\times R^{n-1}+\cdots+b_1\times R^1+b_0\times R^0+b_{-1}\times R^{-1}+b_{-2}\times R^{-2}+\cdots+b_{-m}\times R^{-m}$$
$$=\sum b_i\times R^i \qquad (i=n\sim-m)$$

式中，b_i为第i位数码，R为基数，$i=n\sim-m$，n、m为正整数。

2. 计算机常用的数制

计算机能够直接识别的只是二进制数。这就意味着它所处理的数字、字符、图像、声音等信息，都是 1 和 0 组成的二进制数的某种编码。

由于二进制在表达一个数字时，位数太长，不易识别，书写麻烦，因此在编写计算机程序时，经常将它们写成对应的十六进制数或八进制数，也经常采用人们熟悉的十进制数。因此，计算机工作时，往往需要根据情况，在其内部要进行二、八、十、十六进制数的转换。表 1.2 给出了常用计数制的基数和数码，表 1.3 给出了各种进制数关系表。

表 1.2 常用计数制的基数和数码

数 制	基 数	数 码
二进制	2	0、1
八进制	8	0、1、2、3、4、5、6、7
十进制	10	0、1、2、3、4、5、6、7、8、9
十六进制	16	0、1、2、3、4、5、6、7、8、9、A、B、C、D、E、F

表 1.3 各种进制数关系表

十进制	二进制	八进制	十六进制	十进制	二进制	八进制	十六进制
0	0000	0	0	8	1000	10	8
1	0001	1	1	9	1001	11	9
2	0010	2	2	10	1010	12	A
3	0011	3	3	11	1011	13	B
4	0100	4	4	12	1100	14	C
5	0101	5	5	13	1101	15	D
6	0110	6	6	14	1110	16	E
7	0111	7	7	15	1111	17	F

3. 书写规则

为了区分各种计数制的数，常采用以下两种方法。

（1）在括号外面加数字下标。例如：

$(1011)_2$表示二进制数 1011　　$(1011)_8$表示八进制数 1011

$(1234)_{10}$表示十进制数 1234　　$(23AD)_{16}$表示十六进制数 23AD

（2）在数字后面加写相应的英文字母作为标志。

B（Binary）表示二进制；O（Octonary）表示八进制（但为了避免字母 O 与数字 0 相混淆，常用 Q 代替 O）；D（Decimal）表示十进制（可以省略，默认十进制）；H（Hexadecimal）表示十六进制。例如：

$(10010001)_2$可表示成 10010001B　　$(1357)_8$可表示成 1357Q

$(1998)_{10}$可表示成 1998D 或 1998　　$(3DF6)_{16}$可表示成 3DF6H

1.4.2 不同进制数之间的转换

不同进制数之间的转换原则是：如果两个有理数相等，则两数的整数部分和小数部分分别相等。因此，进行各计数制之间的转换时，都是把整数部分和小数部分分别进行转换的。

1．各种进制数转换为十进制数

（1）二进制数转换成十进制数

根据二进制数的定义，只要将它们按权值展开求和，就可以得到相应的十进制数，将这种方法称为“按权乘基数相加法”。例如：

$$(100110.101)_2=1\times2^5+1\times2^2+1\times2^1+1\times2^{-1}+1\times2^{-3}=32+4+2+0.5+0.125=(38.625)_{10}$$

（2）八进制数或十六进制数转换成十进制数

八进制数或十六进制数转换成十进制数的方法与二进制数转换成十进制数相同，只是其中的各个数位的权值不同而已。

2．十进制数转换为二进制数

根据不同计数制之间的转换原则，当要将一个十进制数转换为二进制数时，通常是将其整数部分和小数部分分别进行转换，然后再将转换结果组合在一起。

（1）整数部分的转换

转换方法：除2取余法。

具体做法为：将十进制整数除以2，得到一个商和一个余数（0或1），记下余数，并将所得的商再除以2，又得到一个新的商和一个新的余数，如此反复进行，直到商为0为止，将依次得到的余数反序排列起来，便可得到相应的二进制整数。例如将十进制整数83转换成二进制整数，转换过程如图1.1所示，转换结果为

$(83)_{10}=(1010011)_2$

（2）小数部分的转换

转换方法：乘2取整法。

具体做法为：将给定的十进制纯小数乘以2，得到一个乘积，将乘积的整数部分取出并记录（0或1），将剩余的纯小数部分再乘以2，又得到一个新的乘积，如此反复进行，直到乘积的小数部分为0或满足指定的精度要求为止，将依次得到并记录的各次整数顺序排列起来，便可得到相应的二进制数小数。如将十进制小数0.687 5和0.306 95转换成二进制小数，转换过程如图1.2所示。

除数	被除数/商	余数	
2	83	1	低位
2	41	1	
2	20	0	
2	10	0	
2	5	1	
2	2	0	
2	1	1	高位
	0		

图1.1　除2取余法

0.687 5×2=1.375	取出整数1	0.306 95×2=0.613 9	取出整数0
0.375×2=0.75	取出整数0	0.613 9×2=1.227 8	取出整数1
0.75×2=1.50	取出整数1	0.227 8×2=0.455 6	取出整数0
0.50×2=1.00	取出整数1	0.455 6×2=0.911 2	取出整数0
		0.911 2×2=1.822 4	取出整数1

图1.2　转换过程

$$(0.687\,5)_{10}=(0.1011)_2 \qquad (0.306\,95)_{10}=(0.01001)_2$$

注意：多余的位数可以按“0舍1入”的规律取近似值，保留指定的小数位数。

对于包含整数和小数的十进制数，当分别转换为对应的二进制数后，还需将它们组合起来，例如：

$$(83.687\,5)_{10}=(1010011.1011)_2$$

3．十进制数转换为其他进制数

十进制数转换为其他进制数的方法与十进制数转换为二进制数的方法相似，也是分为整数部分和

小数部分分别进行转换的，只是每次所要乘除的不是“2”。当把十进制数转换为八进制数或十六进制数时，每次将乘除“8”或“16”。

总之，将十进制数转换为任何进制数时，对于整数部分的转换，所采用的方法都是“除基数取余法”；而对于小数部分的转换，则采用“乘基数取整法”。

4．二进制数和十六进制数之间的转换

（1）二进制数转换成十六进制数

由于 $2^4=16$，可以用 4 位二进制数对应于 1 位十六进制数（0000～1111→0～F），所以将二进制数转换成十六进制数时可以采用“四位一并法”。即从小数点开始向左或向右，每 4 位 1 组，不足 4 位的用 0 补足，将每 4 位二进制数用 1 位与之相对应的十六进制数来代替即可。例如：

(0010	1100	1010	0110	.1000	1110	$1000)_2$
|	|	|	|	|	|	|
(2	C	A	6	.8	E	$8)_{16}$

即

$$(10110010100110.100011101)_2=(2CA6.8E8)_{16}$$

（2）十六进制数转换成二进制数

其转换是二进制数转换成十六进制数的反过程，可以采用“一分为四法”。例如：

(3	A	5	E	.7	$B)_{16}$
|	|	|	|	|	|
(0011	1010	0101	1110	.0111	$1011)_2$

即

$$(3A5E.7B)_{16}=(11101001011110.01111011)_2$$

1.4.3　二进制数的常用单位

在计算机内部，一切数据都用二进制数的编码来表示。为了衡量计算机中数据的量，人们规定了一些二进制数的常用单位，如位、字节、字等。

1．位（bit）

位是二进制数中的一个数位，可以是 0 或 1。它是计算机存储信息的最小单位，称为比特（bit）。

2．字节（Byte）

在计算机中，将 8 个连续的二进制位称为一个字节（Byte，简记为 B），即一个字节可以表示 8 个二进制位。字节是描述计算机存储容量的基本单位，每一个字节可存放一个西文字符的编码，每两个字节存放一个中文字符的编码。随着计算机存储容量的不断扩大，用字节来表示存储容量就显得太小，为此又出现千字节（KB）、兆字节（MB）、吉字节（GB）、太字节（TB）、拍字节（PB）、艾字节（EB）等单位，它们之间的转换关系如下。

$$1\ \text{KB}=1\,024\ \text{B}=2^{10}\ \text{B}\qquad 1\ \text{MB}=1\,024\ \text{KB}=2^{20}\ \text{B}\qquad 1\ \text{GB}=1\,024\ \text{MB}=2^{30}\ \text{B}$$

3．字（word）

字是计算机一次存取、加工、运算和传输的数据长度。一个字一般由一个或几个字节组成，它是衡量计算机性能的一个重要指标。计算机的字长越长，其运算越快、计算精度越高。计算机的字长通常有 8 位、16 位、32 位、64 位等。通常我们说多少位的计算机，就是指计算机的字长是多少位。

1.4.4 字符编码

字符是计算机中使用最多的信息形式之一，也是人与计算机通信的重要媒介。将字符变为指定的二进制符号称为编码。在计算机内部，要为每个字符指定一个确定的编码，作为识别与使用这些字符的依据。

一个编码就是一串二进制位“0”或“1”的组合，二进制数串的位数就决定了符号集的规模。例如，对一个由128个符号构成的符号集进行编码，就需要7位二进制数；对于256个符号的字符集，就需要8位二进制数。

1. ASCII码

目前，计算机中使用最广泛的符号是ASCII码，即美国国家标准信息交换码（American Standard Code for Information Interchange）。ASCII包括32个通用控制字符、10个十进制数码、52个英文大小写字母和34个专用符号，共128个元素，故需要用7位二进制数进行编码，以区分每个字符。通常使用一个字节（即8个二进制位）表示一个ASCII码字符，规定其最高位总是0。表1.4列出了ASCII码的编码表。

表1.4 ASCII码的编码表

$d_6d_5d_4$ / $d_3d_2d_1d_0$	000	001	010	011	100	101	110	111	$d_6d_5d_4$ / $d_3d_2d_1d_0$	000	001	010	011	100	101	110	111
0000	NUL	DLE	空格	0	@	P	、	p	1000	BS	CAN	(	8	H	X	h	x
0001	SOL	DC1	!	1	A	Q	a	q	1001	HT	EM	)	9	I	Y	i	y
0010	STX	DC2	”	2	B	R	b	r	1010	LF	SUB	*	:	J	Z	j	z
0011	ETX	DC3	#	3	C	S	c	s	1011	VT	ESC	+	;	K	[	k	{
0100	EOT	DC4	$	4	D	T	d	t	1100	FF	FS	,	<	L	\	l	|
0101	ENQ	NAK	%	5	E	U	e	u	1101	CR	GS	—	=	M	]	m	}
0110	ACK	SYN	&	6	F	V	f	v	1110	SO	RS	.	>	N	↑	n	-
0111	BEL	ETB	’	7	G	W	g	w	1111	SI	US	/	?	O	—	o	DEL

例如，分别用二进制数和十六进制数写出“GOOD!”的ASCII编码。

用二进制数表示：01000111B 01001111B 01001111B 01000100B 00100001B

用十六进制数表示：47H 4FH 4FH 44H 21H

2. BCD码

BCD（Binary Code Decimal）码又称“二-十进制编码”，是用4位二进制数以不同的组合来表示十进制数的一种方法。

由于4位二进制数能表示16个不同的数，现在只需要其中的10个数，因此有6个数是不用的。究竟取其中的哪10个数，有很多方案，也就是说有很多种BCD码，其中最常用的是8421码。8421码是基本BCD码。如果不特殊说明，通常说BCD码就是指8421码。8421码是取16个数中的前10个数，每位的权值分别为8、4、2、1，这样每4位二进制数就对应了1位十进制数。例如，73的8421码为01110011。

1.4.5 汉字编码

ASCII码只对英文字母、数字和标点符号进行编码。为了使计算机能够处理、显示、打印、交换汉字字符，同样也需要对汉字进行编码。

1. 汉字的处理过程

从汉字编码的角度看，计算机对汉字信息的处理过程实际上是各种汉字编码间的转换过程。这些编码主要包括：汉字输入码、汉字机内码、汉字地址码、汉字字形码等，汉字信息处理中的各种编码及流程如图 1.3 所示。

图 1.3　汉字信息处理系统的模型

2. 汉字编码

汉字的编码主要有 4 类：汉字输入码、汉字交换码、汉字机内码和汉字字形码。

（1）汉字输入码

汉字输入码是一种用计算机标准键盘上的按键的不同组合输入汉字而编制的编码，也称汉字外部码，简称外码。目前已有几百种汉字输入编码法，但大致可分为如下 4 类。

① 数字编码，也称顺序码。它用数字代表一个汉字输入，如区位码、电报码等。

② 字音编码。它是根据汉字的读音进行编码的。由于汉字同音字很多，输入重码率较高，输入时一般要对同音字进行选择，且对不知道读音的字将无法输入，如拼音码、自然码等。

③ 字形编码。字形码是根据汉字的字形进行编码的。汉字都是由一笔一画组成的，把汉字的笔画部件用字母或数字进行编码，按笔画书写的顺序依次输入就能表示一个汉字，例如五笔字形码、大众码等。

④ 音形编码。根据汉字的读音和字形进行编码。音形码吸收了字音和字形编码的优点，使编码规则简化，重码减少，如双拼码、五十字元码等。

（2）汉字交换码

汉字交换码是汉字信息处理系统之间或通信系统之间传输信息时所使用的编码，即国标码。国标码以国家标准局公布的 GB2312—1980《信息交换用汉字编码字符集——基本集》规定的汉字交换码作为标准汉字编码。共收录汉字、字母、图形等符号 7 445 个，其中汉字 6 763 个（常用的一级汉字 3 755 个，按汉语拼音字母顺序排列；二级汉字 3 008 个，按偏旁部首顺序排列）。国标码规定，每个字符由一个 2 字节代码组成。每个字节的最高位恒为“0”，其余 7 位用于组成各种不同的码值。两个字节的代码，共可表示 128×128=16 384 个符号，而国标码的基本字符集中，目前只有 7 445 个字符。GB2312—1980 基本字符集将汉字按规则排列成 94 行、94 列，形成汉字编码表。汉字输入法中的区位码输入法就是利用了此基本集进行汉字输入的。

2001 年，我国发布了 GB18030－2000 编码标准，即《信息交换用汉字编码字符集——基本集的扩充》，纳入编码的汉字约为 2.7 万个。

（3）汉字机内码

汉字机内码，或称汉字内码，是设备和汉字信息处理系统内部存储、处理、传输汉字而使用的编码。目前西文大多采用 ASCII 编码为内码来设计计算机系统。但汉字字数较多，一般要用两个字节来存放汉字的内码。为了与 ASCII 编码相区分，英文字符的机内代码是 7 位 ASCII 码，最高位为 0，汉字机内码中两个字节的最高位均为 1，其余的两个 7 位用对应的国标码，即用两个 8 位码构成一个汉字内部码。例如，汉字“补”的国标码是 3239H(0011001000111001B)，它的机内码是 B2B9H(1011001010111001B)。

（4）汉字字形码

汉字字形码也称输出码，用于显示或打印汉字时产生字形。该种编码是通过点阵形式产生的。

不论汉字的笔画有多少，都规范在同样大小的范围内书写。把规范的方块再分割成许多小方块来组成一个点阵，这些小方块就是点阵中的一个点，即二进制的一个位。每个点由“0”和“1”表示“白”和“黑”两种颜色。一个汉字信息系统具有的所有汉字字形码的集合就是该系统的汉字库。根据对输出汉字精美程度的要求不同，汉字点阵的多少也不同，点阵越大输出的字形越精美。简易型汉字为16×16点阵，多用于显示；提高型为24×24点阵、32×32点阵、48×48点阵、64×64点阵等，多用于打印输出。

（5）汉字地址码

汉字地址码是指汉字库（这里主要是指字形的点阵式字模库）中存储汉字字形信息的逻辑地址码。当需要向输出设备输出汉字时，必须通过地址码。汉字库中，字形信息都是按一定顺序（大多数按标准汉字交换码中汉字的排列顺序）连续存放在存储介质上，所以汉字地址码也大多是连续有序的，而且与汉字内码间有着简单的对应关系，以简化汉字内码到汉字地址码的转换。

3. 汉字编码转换

区位码、国标码与机内码的转换方法

① 区位码先转换成十六进制数表示；

②（区位码的十六进制表示）+2020H＝国标码；

③ 国标码+8080H＝机内码。

【例1.1】 已知“大”字的区内码为2083，试计算对应的国标码和机内码。

解答：“大”字的区号和位号分别为20和83，其对应的十六进制表示为1453H，因此，“大”字的国标码为1453H+2020H＝3473H，“大”字的机内码为3473H+8080H＝B4F3H。

习 题 一

一、选择题

1. 1946年诞生了世界上第一台电子计算机，它的英文名字是（　　）。
   A. UNIVAC-I　　B. EDVAC　　C. ENIAC　　D. Mark-2
2. 现代计算机正朝两极方向发展，即（　　）。
   A. 专用机和通用机　　B. 微型机和巨型机
   C. 模拟机和数字机　　D. 个人机和工作站
3. CAD的中文含义是（　　）。
   A. 计算机辅助设计　　B. 计算机辅助制造
   C. 计算机辅助工程　　D. 计算机辅助教学
4. 关于电子计算机的特点，以下论述错误的是（　　）。
   A. 运算速度快　　B. 运算精度高
   C. 具有记忆和逻辑判断能力　　D. 运行过程不能自动、连续，需人工干预
5. 数值10H是（　　）的一种表示方法。
   A. 二进制数　　B. 八进制数　　C. 十进制数　　D. 十六进制数
6. 国标码（GB2312—1980）依据使用频度，把汉字分成（　　）。
   A. 简化字和繁体字　　B. 一级汉字、二级汉字、三级汉字
   C. 常用汉字和图形符号　　D. 一级汉字、二级汉字
7. BCD是专门用二进制数表示（　　）的编码。

A．字母符号　　B．数字字符　　C．十进制数　　D．十六进制数

8．国标码（GB2312—1980）是（　　）的标准编码。

A．汉字输入码　　B．汉字字形码　　C．汉字机内码　　D．汉字交换码

二、简答题

1．世界上第一台电子计算机产生的时间、地点？被命名为什么？
2．冯·诺依曼结构计算机的工作原理的核心是什么？它所具有的三个要点是什么？
3．计算机的发展经历了哪几个阶段？各阶段的主要特征是什么？
4．计算机的发展趋势是什么？
5．计算机具有哪几个方面的特点？
6．计算机的主要应用范围是什么？
7．计算机都有哪些分类方法？各分为哪几类？
8．什么是 BCD 码？3908 的 BCD 码是什么？
9．什么是 ASCII 码？大写英文字母、小写英文字母与数字三者 ASCII 码的大小顺序如何？
10．常用的汉字编码有几种？它们各自的用途是什么？

第2章

计算机系统

计算机是能按照人的要求接收和存储信息，自动进行数据处理和计算，并能输出结果的机器系统。计算机由硬件和软件两部分组成，它们共同协作运行应用程序，处理和解决实际问题。通过本章的学习，应掌握以下内容。

（1）计算机硬件系统的组成、功能和工作原理。

（2）计算机软件系统的组成和功能，系统软件与应用软件的概念和作用。

（3）计算机的性能和主要技术指标。

（4）操作系统的概念和功能。

2.1 计算机系统的组成

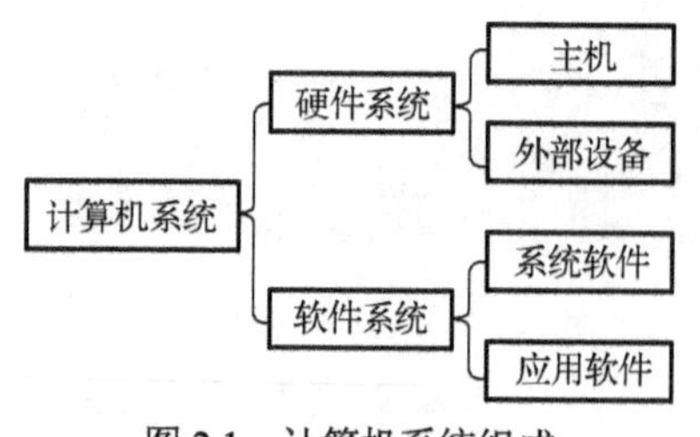

图2.1 计算机系统组成

计算机系统是由硬件系统和软件系统两部分组成的。其中，硬件系统是构成计算机系统的物理实体或物理装置，是计算机进行工作的实体；软件是用于管理、运行和维护计算机的各种各样的程序、数据和文档的总和，是计算机系统的灵魂，其主要作用是提高计算机系统的工作效率，方便用户的使用，扩大计算机系统的功能。

计算机系统的组成如图2.1所示。

硬件系统和软件系统是密切相关和互相依存的。硬件所提供的机器指令、低级编程接口和运算控制能力，是实现软件功能的基础。没有软件的硬件机器称为“裸机”。

2.1.1 计算机硬件系统

自世界上的第一台计算机诞生以来，计算机硬件系统的发展非常迅速，计算机的运算速度、存储容量、外部设备配备情况等都发生了翻天覆地的变化，但唯有计算机系统的总体结构没有发生大的变化，仍然采用冯·诺依曼体系结构。这种结构的计算机其硬件系统主要由运算器、控制器、存储器、输入设备和输出设备（I/O）五大部分组成。

1．运算器

运算器是计算机处理数据、形成信息的加工厂，它的主要功能是对二进制数码进行算术运算或逻辑运算，所以也称算术逻辑部件（Arithmetic Logical Unit，ALU）。运算器的处理对象是数据，处理的数据来自存储器，处理后的数据通常被送到存储器或暂存在运算器中。

运算器的性能指标是衡量整个计算机性能的重要因素之一，与运算器相关的性能指标包括计算机的字长和运算速度。

字长：是指计算机运算部件能同时处理的二进制数据的位数。作为存储数据，字长越长，计算机的运算精度就越高；作为存储指令，字长越长，计算机的处理能力就越强。目前，普遍使用的 Intel 和 AMD 微处理器大都是 64 位的，也有 32 位的，意味着可以并行处理 64 位或 32 位。

运算速度：通常是指每秒钟所能执行加法指令的数目，常用百万次 / 秒来表示，更能客观地反映计算机的速度。

2. 控制器

控制器是计算机的心脏，由它指挥计算机各部件自动、协调地工作。控制器的基本功能是根据指令计数器指定的地址从内存中取出一条指令，对指令进行译码，再由操作控制部件有序地控制各部件完成操作码规定的功能。

控制器一般是由程序计数器、指令寄存器、指令译码器和操作控制器等部件组成。指令寄存器用以保存当前执行或即将执行的指令代码；指令译码器用来解析和识别指令寄存器中所存放指令的性质和操作方法；操作控制器则根据指令译码器的译码结果，产生该指令执行过程中所需的全部控制信号和时序信号；程序计数器总是保存下一条要执行的指令地址，从而使该程序可以自动、持续地运行。

通常把运算器和控制器合称为中央处理器（Central Processing Unit，CPU）。

3. 存储器

存储器是用来存储程序和数据的部件。它可以自动完成程序或数据的存取，是计算机系统中的记忆设备。存储器分主存储器和辅助存储器两种。主存储器（内存）属于主机的一部分，用来存储当前要执行的程序和数据以及中间结果和最终结果，内存容量小，存取速度快，但断电后其中的信息全部丢失；辅助存储器（外存）是磁性介质或光盘，用来存放各种数据文件和程序文件等需要长期保存的信息，外存容量大，存取速度慢，但断电后所保存的内容不会丢失。计算机之所以能够反复执行程序或数据，就是由于有存储器的存在。

CPU 不能像访问内存那样直接访问外存，当需要某一程序或数据时，首先将其调入内存，然后再运行。一般的计算机中都配置了高速缓冲存储器（Cache），这使内存包括主存和高速缓存两部分。

4. 输入设备

输入设备用来向计算机输入数据和信息，其主要作用是把人们可读的信息（命令、程序、数据、文件、图形、图像、音频和视频等）转换为计算机能够识别的二进制代码，输入计算机，供计算机处理，是人与计算机系统之间进行信息交换的主要装置之一。目前，常用的输入设备有键盘、鼠标、扫描仪、摄像头、光笔、手写输入板、游戏杆、语音输入装置等。

5. 输出设备

输出设备是把各种内部计算结果数据或信息以数字、字符、图像、声音等形式表示出来。

目前常用的输出设备有显示器、打印机、绘图仪、投影机、音箱、磁记录设备等。

计算机硬件系统的五大部件并不是孤立存在的，它们在处理信息的过程中需要相互连接和传输。计算机的结构反映了计算机各个组成部件之间的连接方式。

最早的计算机基本上采用直接连接的方式，运算器、控制器、存储器和外部设备等组成部件相互之间基本上都有单独的连接线路。目前，现代计算机普遍采用总线结构。所谓总线就是系统部件之间传送信息的公共通道，各部件由总线连接并通过它传递数据和控制信息。如图 2.2 所示是一个基于总线结构的计算机的结构示意图。

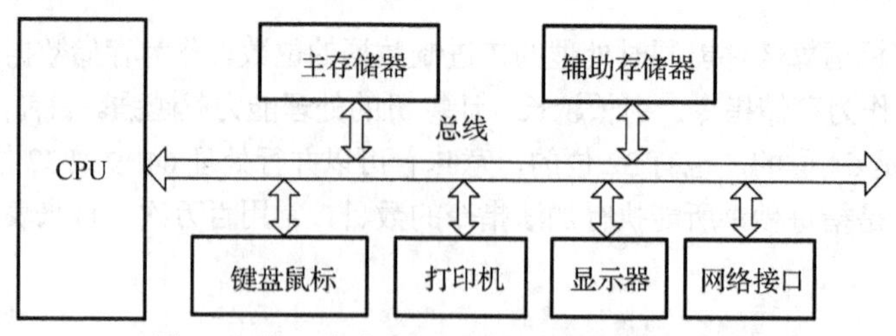

图 2.2　基于总线结构的计算机的结构示意图

总线经常被比喻为“高速公路”，它包含了运算器、控制器、存储器和 I/O 部件之间进行信息交换和控制传递所需要的全部信号。按照传输信息的类型划分，总线一般分为数据总线、地址总线和控制总线。

总线在发展过程中已逐步标准化，常见的总线标准有 ISA 总线、PCI 总线、AGP 总线和 EISA 总线等。总线体现在硬件上就是计算机主板，它也是配置计算机时的主要硬件之一。在计算机主板上配有 CPU、内存条、显示卡、声卡、网卡、鼠标和键盘等各类扩展槽或接口，而光驱和硬盘则通过数据线与主板相连。

2.1.2　计算机软件系统

软件系统是为运行、管理和维护计算机而编制的各种程序、数据和文档的总称。没有软件，计算机是无法正常工作的，它只是一台机器。实际上，用户所面对的是经过若干层软件“包装”的计算机，计算机的功能不仅取决于硬件系统，在更大程度上是由所安装的软件系统决定的。硬件系统和软件系统互相依赖，不可分割。

计算机硬件、软件与用户之间的关系是一种层次关系，其中，硬件处于内层、用户在最外层，而软件则处于硬件和用户之间，用户通过软件使用计算机的硬件，如图 2.3 所示。

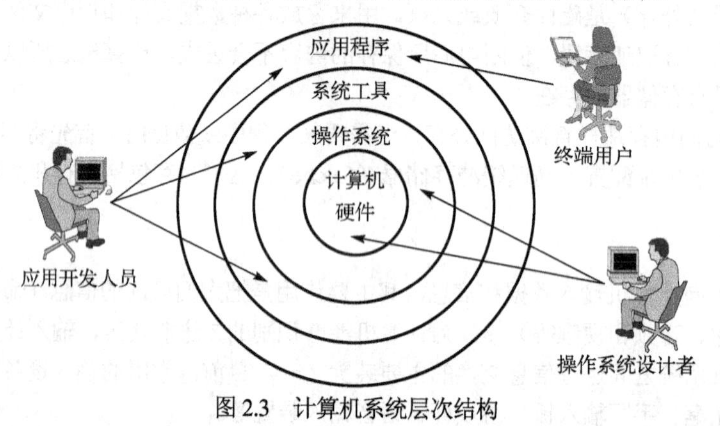

图 2.3　计算机系统层次结构

1. 软件的概念

软件是计算机的灵魂，没有软件的计算机毫无用处。软件是用户与硬件之间的接口，用户通过软件使用计算机硬件资源。

（1）程序。程序是按照一定顺序执行的、能够完成某一任务的指令集合。

（2）程序设计语言。人与计算机之间的沟通，或者说人们让计算机完成某项任务，也需使用一种语言，就是计算机语言，也称为程序设计语言。有机器语言、汇编语言和高级语言三种。

2. 系统软件

计算机软件分为系统软件和应用软件两大类。系统软件是控制和协调计算机及外部设备，支持应用软件开发和运行的软件。系统软件的主要功能是调度、监控和维护计算机系统，负责管理计算机系统中各独立硬件，使得它们协调工作。系统软件使得底层硬件对计算机用户是透明的，用户使用计算机时无须了解硬件的工作过程。

系统软件是软件的基础，所有应用软件都是在系统软件上运行。系统软件通常包括操作系统、语言处理程序、数据库管理系统和系统辅助处理程序等，如图 2.4 所示。

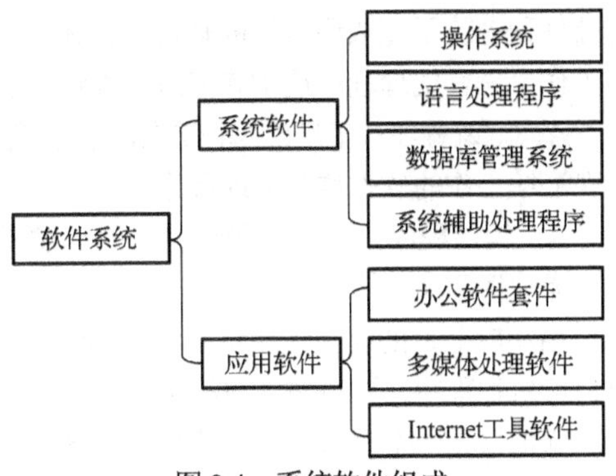

图 2.4 系统软件组成

（1）操作系统。

系统软件中最重要、最基本的是操作系统。它是最底层的软件，它控制所有计算机上运行的程序并管理整个计算机的软、硬件资源，是计算机裸机与应用程序及用户之间的桥梁。没有它，用户无法使用其他软件或程序。常用的操作系统有 Windows、Linux、UNIX、MacOS 以及 DOS 等。

（2）语言处理程序。

要使计算机能够按人的意图工作，就必须使计算机懂得人的意图，接收人向它发出的命令和信息。计算机不懂人类的语言，人们要操纵计算机，就不得不使用特定的语言与之打交道，这种特定的语言就是计算机语言，又称为程序设计语言。

计算机语言也有其自身的发展过程，其出现的顺序是：机器语言、汇编语言、高级语言、语言处理程序。

① 机器语言。机器语言是计算机硬件系统能够直接识别和执行的一种计算机语言，不需翻译。机器语言中的每一条语句实际上是一条二进制形式的指令代码，由操作码和操作数组成。操作码指出应该进行什么样的操作，操作数指出参与操作的数本身，或它在内存中的地址。

使用机器语言编写程序工作量大，难记、难写，非常容易出错，调试、修改麻烦，但执行速度快，占用内存空间小。机器语言随机器型号不同而异，不能通用，因此说它是面向机器的语言。

由于机器语言的缺点难以克服，给计算机的推广应用造成了很大的障碍。为此，人们设计出了便于记忆的助记符式语言，即汇编语言。

② 汇编语言。汇编语言用助记符代替操作码，用地址符号代替操作数。由于这种“符号化”的做法，所以汇编语言也称为符号语言。用汇编语言编写的程序称为汇编语言源程序。汇编语言源程序不能直接运行，需要用汇编程序把它翻译成机器语言程序后，方可执行，这一过程称为汇编。

汇编语言的“源程序”比机器语言程序易学、易懂、易查错、易修改，同时又保持了机器语言执行速度快、占用存储空间少的优点。汇编语言也是“面向机器”的语言，不具备通用性和可移植性。

③ 高级语言。高级语言是由各种意义的词和数学公式按照一定的语法规则组成的，使用与自然语法相近的语法体系，它的程序设计方法比较接近人们的习惯，编写出的程序更容易阅读和理解。高级语言是面向问题，而不是面向机器，这种程序与具体机器无关，具有很强的通用性和可移植性。

目前，高级语言有面向过程和面向对象之分。传统的高级语言，一般是面向过程的，如 Basic、Fortran、C、Foxbase 等。随着面向对象技术的发展和完善，面向对象的语言有完全取代面向过程的语言的趋势，目前流行的面向对象的程序设计语言有：Visual Basic、Visual Fortran、Visual C++、Delphi、Visual Foxpro、Java、.NET 等。

④ 语言处理（翻译）程序。用各种程序设计语言编写的程序称为源程序。对于源程序，计算机是不能直接识别和执行的，必须由相应的解释程序或编译程序将其翻译成机器能够识别的目标程序（即机器指令代码），计算机才能执行。这正是语言处理程序所要完成的任务。

语言处理程序是将源程序翻译成与之等价的目标程序的系统程序，这一过程通常被称为编译。语言处理程序除了完成语言间的转换外，还要进行语法、语义等方面的检查，以及为变量分配存储空间等工作。语言处理程序通常有汇编、编译和解释 3 种类型。

A. 汇编程序：把用汇编语言编写的源程序翻译成机器语言程序（即目标程序）的过程称为汇编。实现汇编工作的软件称为汇编程序。

B. 编译程序：把用高级语言编写的源程序翻译成目标程序的过程称为编译。完成编译工作的软件称为编译程序。

用相应语言的编译程序将源程序翻译成目标程序，再用链接程序将目标程序与函数库链接，最终成为可执行程序，即可在计算机上运行，其过程如图 2.5 所示。这种方式不够灵活，每次修改源程序后，哪怕只是一个符号，也必须重新编译、链接。Fortran、C、Pascal 等高级语言都采用这种方式。

C. 解释程序：通过相应的解释程序将源程序逐句翻译成机器指令，并且每翻译一句就执行一句。解释程序不产生目标程序，执行过程中某句有错误将立即显示出错误信息，以便用户修改后继续执行。这种方式虽然直观，但效率低，其解释执行过程如图 2.6 所示。Basic 语言即采用这种方式。

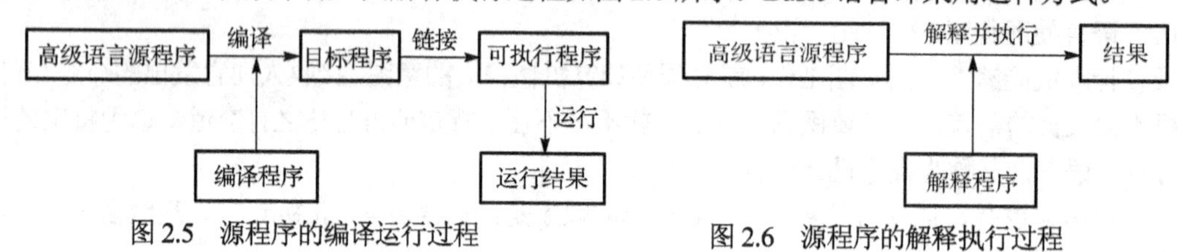

图 2.5 源程序的编译运行过程　　图 2.6 源程序的解释执行过程

（3）数据库管理系统。

数据库管理系统是应用最广泛的软件，用于建立、使用和维护数据库，把各种不同性质的数据进行组织，以便能够有效地进行查询、检索并管理这些数据。传统的数据库系统有三种类型：关系型、层次型和网格型，使用较多的是关系型数据库。目前常用的中小型数据库有 Foxpro、Access 等，大型数据库有 SQL Server、Oracel、Sybase、Informix 等。

（4）系统辅助处理程序。

系统辅助处理程序主要是指一些为计算机系统提供服务的工具软件和支撑软件，如编辑程序、调试程序、系统诊断程序等。这些程序主要是为了维护计算机系统的正常运行，方便用户在软件开发和实施过程中的应用，如 Windows 系统的磁盘整理工具程序等。

3. 应用软件

应用软件是用户可以使用的各种程序设计语言，以及用各种程序设计语言编制的应用程序的集合，分为应用软件包和用户程序。应用软件包是为利用计算机解决某类问题而设计的程序的集合。

（1）办公软件套件。办公软件是日常办公需要的一些软件，它一般包括文字处理软件、电子表格处理软件、演示文稿制作软件、个人数据库等。常见的办公软件套件包括微软公司的 Microsoft Office 和金山公司的 WPS Office 等。

（2）多媒体处理软件。多媒体处理软件主要包括图形处理软件、图像处理软件、动画制作软件、音/视频处理软件、桌面图文混排软件等，如 Adobe 公司的 Illustrator、Photoshop、Flash、Premiere 和 PageMaker，等等。

（3）Internet 工具软件。随着 Internet 的普及，涌现了许许多多的基于 Internet 环境的应用软件，如 Web 服务器软件、Web 浏览器、文件传送 FTP、远程访问 Telnet、下载工具迅雷等。

2.1.3 计算机的工作原理

计算机之所以能高速、自动地进行各种计算，一个重要的原因是采用了冯·诺依曼提出的存储程序和程序控制的思想，即事先将用计算机能够识别的语言（计算机语言）编写的程序和所需的各种原始数据存储在计算机的存储器中，然后在控制器的控制下逐条取出指令、分析指令和执行指令，最终完成相应的操作。下面将简要介绍与计算机程序有关的基本概念和程序的执行过程。

1. 指令和程序

（1）指令与指令系统。

① 指令就是一组代码，规定由计算机执行的一步操作，是计算机用户向计算机发出的用于完成一个最基本操作的工作命令，每一条指令都是由计算机的硬件来执行的。由于计算机硬件结构的不同，计算机的指令也有所区别，某一种计算机所能识别和执行的全部指令的集合称为该计算机的指令系统。

② 计算机的指令系统与它的硬件系统密切相关。一般情况下，人们在编程时使用的是与具体硬件无关、比较容易理解的高级语言。但在计算机实际工作时，还要把高级语言全部翻译成机器指令才能被执行，即计算机能够直接执行处理的还是机器语言。

一条指令通常是由操作码和操作数两部分组成的，如图2.7所示。其中，操作码表示指令的功能，即让计算机执行的基本操作，如加法、减法、取数、存数、转移等；而操作数则表示指令所需要的数值或数值在内存单元中存放的地址。操作数可以有1个、2个或3个，也可能没有操作数。

操作码	操作数

图2.7 机器指令格式

（2）程序。

程序由指令组成，是人们为解决某一具体问题而编写的计算机能够识别（直接识别或间接识别）的一系列指令或语句的有序集合。编写和设计程序的过程称为程序设计。

2. 计算机的工作过程

计算机的工作过程，实际就是计算机执行程序的过程。执行程序就是依次执行程序的指令。一条指令执行完毕后，CPU再取下一条指令执行，如此下去，直到程序执行完毕。计算机完成一条指令操作分为取指令、分析指令、执行指令三个阶段。

（1）取指令：CPU根据程序计数器的内容（存放指令的存储器单元地址）从内存中取出指令并送到指令寄存器，同时修改计数器的值指向下一条要执行的指令。

（2）分析指令：对指令寄存器中的指令进行分析和译码。

（3）执行指令：根据分析和译码实现本指令的操作功能。

2.1.4 操作系统

操作系统（Operating System，OS）是管理和控制计算机硬件与软件资源的计算机程序，是直接运行在“裸机”上的最基本的系统软件，任何其他软件都必须在操作系统的支持下才能运行。

操作系统是用户和计算机的接口，同时也是计算机硬件和其他软件的接口。

1. 操作系统的功能

操作系统的功能包括管理计算机系统的硬件、软件及数据资源，控制程序运行，改善人机界面，为其他应用软件提供支持等。它使计算机系统所有资源最大限度地发挥作用，提供各种形式的用户界面，使用户有一个好的工作环境，为其他软件的开发提供必要的服务和相应的接口。实际上，用户是不用接触操作系统的。操作系统管理着计算机硬件资源，同时按照应用程序的资源请求，为其分配资源，如划分CPU时间、内存空间的开辟、调用打印机等。

操作系统位于底层硬件与用户之间，是两者沟通的桥梁。用户可以通过操作系统的用户界面，输入命令。操作系统则对命令进行解释，驱动硬件设备，实现用户要求。以现代观点而言，一个标准个人电脑的操作系统应该提供以下的功能。

- 进程管理（Processing Management）。
- 内存管理（Memory Management）。
- 文件系统（File System）。
- 网络通信（Networking）。
- 安全机制（Security）。
- 用户界面（User Interface）。
- 驱动程序（Device Driver）。

2. 操作系统的分类

操作系统的种类相当多，各种设备安装的操作系统从简单到复杂，可分为智能卡操作系统、实时操作系统、传感器节点操作系统、嵌入式操作系统、个人计算机操作系统、多处理器操作系统、网络操作系统和大型机操作系统。

按应用领域划分主要有三种：桌面操作系统、服务器操作系统和嵌入式操作系统。

（1）桌面操作系统。

桌面操作系统主要用于个人计算机。个人计算机市场从硬件架构上来说主要分为两大阵营，PC机与MAC机；从软件上主要分为两大类：类UNIX操作系统和Windows操作系统。

① 类UNIX操作系统：Mac OS X Linux发行版（如Debian，Ubuntu，Linux Mint，openSUSE，Fedora等）；

② Windows操作系统：Windows XP、Windows Vista、Windows 7、Windows 8、Windows 8.1、Windows10等。

（2）服务器操作系统。

服务器操作系统一般指的是安装在大型计算机上的操作系统，比如Web服务器、应用服务器和数据库服务器等。服务器操作系统主要集中在以下3大类。

① UNIX系列：SUN Solaris、IBM-AIX、HP-UX、FreeBSD、OS X Server等。

② Linux系列：Red Hat Linux、CentOS、Debian、Ubuntu Server等。

③ Windows系列：Windows NT Server、Windows Server 2003、Windows Server 2008、Windows Server 2012等。

（3）嵌入式操作系统。

嵌入式操作系统是应用在嵌入式系统的操作系统。嵌入式系统广泛应用在生活的各个方面，涵盖范围从便携设备到大型固定设施，如数码相机、手机、平板电脑、家用电器、医疗设备、交通灯、航空电子设备和工厂控制设备等，越来越多的嵌入式系统安装有实时操作系统。

在嵌入式领域常用的操作系统有嵌入式Linux、Windows Embedded、VxWorks等，以及广泛使用于智能手机或平板电脑等消费电子产品的操作系统，如Android、iOS、Symbian、Windows Phone和BlackBerry OS等。

2.2 微型计算机系统的基本组成

微型计算机也由硬件系统和软件系统两部分组成。

2.2.1 微型计算机的硬件系统

一台完整的微型计算机主要是由安装在主机箱内的CPU、主板、内存、显示卡、硬盘、软驱、电源、光驱和显示器、键盘、鼠标、打印机等硬件组成的。

随着半导体集成电路集成度的不断提高，微型计算机的硬件发展速度越来越快。其发展规模遵循摩尔定律，即每 18 个月，其集成度提高一倍，速度提高一倍，价格降低一半。

1．中央处理器

中央处理器（Central Processing Unit，CPU），又称为微处理器（Micro Processing Unit，MPU），是整个微型计算机运算和控制的核心部件，它主要由运算器、控制器及寄存器等组成，并采用超大规模集成电路芯片。

（1）CPU 的生产厂家。目前 CPU 的主要生产厂家主要有 Intel 和 AMD 两家公司。

① Intel 公司。1971 年，Intel 公司发明了世界上第一片微处理器 Intel 4004，从此，Intel 公司就一直占领着 CPU 市场的主要份额，是全球最大的 CPU 供应商。目前，市场上 Intel 公司微型机的 CPU 主要有第四代英特尔酷睿处理器，产品有 i7、i5、i3、酷睿 i7 处理器至尊版、酷睿博锐处理器 5 个产品系列。如图 2.8 所示为一款第七代智能英特尔酷睿 i7 处理器。

图 2.8　i7-4770K 处理器

② AMD 公司。AMD 公司生产的台式机 CPU 主要有针对低端入门级市场的 AMD 闪龙、面向中端市场的速龙 II，以及面向高端市场的 AMD 羿龙 II 以及 AMD A 系列 APU 处理器和 AMD FX 处理器。图 2.9 所示为一款 AMD 羿龙 II 4 核处理器，图 2.10 所示为一款 AMD 羿龙 II 6 核处理器。

（2）CPU 的性能指标。CPU 芯片的不同，决定了微机的档次。衡量 CPU 的性能指标主要有时钟频率（主频）、字长、集成度等。

① 主频：主频也叫 CPU 的时钟频率（CPU Clock Speed）或 CPU 内部总线频率，是 CPU 核心电路的实际运行频率，即 CPU 自身的工作频率。一般来说，CPU 在一个时钟周期内完成的指令数是固定的，所以主频越高，CPU 的运行速度越快。主频单位通常是 GHz。从理论上讲，CPU 的频率越高，运算速度就越快，主频性能也就越高。

图 2.9　AMD 羿龙 II 4 核处理器

图 2.10　AMD 羿龙 II 6 核处理器

② 外频：即 CPU 的外部时钟频率，是主板上晶体振荡电路为 CPU 提供的基准频率，单位是 MHz，是 CPU 与计算机其他部件（主要是主板）之间同步运行的速度。外频实际上也是整个计算机系统的基

准频率。外频速度越高，CPU 与其他部件间的数据传输速度越快，整机的性能越好。目前主流 CPU 的外频基本上有 200 MHz 和 266 MHz 两种。

③ 倍频：倍频系数简称倍频，是 CPU 的运行频率与整个系统外频运行频率之间的倍数。主频、外频和倍频三者之间的关系是：

CPU 的主频=外频×倍频

在外频不变的情况下，倍频越大，CPU 的实际频率就越高，运行速度就越快。

④ 缓存（Cache）：高速缓冲存储器简称缓存，通常由 RAM 组成，存取速度极高。它位于 CPU 和主存之间，受制造工艺、价格等限制，一般容量较小。当内存的速度满足不了 CPU 速度的要求时，速度比内存快的缓存可以为 CPU 和内存提供一个高速的数据缓冲区域。CPU 读取数据的顺序是：先在缓存中寻找，找到后就直接进行读取；如果未能找到，才从主内存中进行读取。CPU 的缓存分为一级高速缓存（L1 Cache）和二级高速缓存（L2 Cache）。

⑤ 制造工艺和封装技术：CPU 的制造工艺是用来表征组成芯片的电子线路或元件的细致程度，通常采用μm（微米）作为单位，也有使用 nm（纳米）作为单位的，1 μm＝1000 nm。目前，CPU 已经采用了 65 nm 和 45 nm 制造工艺，在降低功耗的同时提高了性能。

目前主流 CPU 芯片的封装技术主要有 mPGA、OPGA、CPGA、OOI、FC-PGA2 和 LGA 775 几种。

⑥ 多核：多核 CPU 就是基于单个半导体的一个 CPU 上拥有多个相同功能的处理器核心，即将多个物理处理器核心整合入一个内核中。现在，CPU 的发展方向已经转移到多核和性能功耗比上。与单纯提升 CPU 频率相比，采用多核设计，CPU 的性能功耗比将得到有效提升。

⑦ 扩展指令集：CPU 通过执行指令完成运算和控制系统。每种 CPU 在设计时都规定了其与硬件电路相匹配的指令系统，即能执行的全部指令的集合。扩展指令集反映了 CPU 功能的强弱，是 CPU 的重要指标。

目前，Intel 和 AMD 的 PC 的 CPU 扩展指令集是指在 X86 指令集基础上，为了提高 CPU 性能开发的指令集。常见的扩展指令集有 Intel 的 MMX、SSE、SSE2、SSE3、SSE4 和 AMD 的 3D now！等，分别增强了 CPU 对多媒体信息、Internet 数据流、视频信息和三维（3D）数据等的处理能力。

2. 主板

主板是计算机系统中最大的一块电路板，又叫主机板（Main Board）、系统板（System Board）或母板（Mother Board），计算机几乎所有的部件都连接到主板上，通过主板把 CPU、硬盘、光驱等各种器件和外部设备有机地结合起来形成一套完整的系统。主板安装在主机箱内，是微型计算机最基本、最重要的部件之一。

当微机工作时，从输入设备输入数据，由 CPU 处理，再由主板负责组织输送到各个设备，最后经输出设备输出。主板是与 CPU 配套最紧密的部件，每出现一种新型的 CPU，都会推出与之配套的主板控制芯片组。主板的类型和档次决定着整个微机系统的类型和档次，主板的性能影响着整个微机系统的性能，微机整体运行速度和稳定性在相当程度上取决于主板的性能。

现在市场上的主板虽然品牌繁多，布局不同，但其基本组成是一致的，主要包括南北桥芯片、板载芯片（I/O 控制芯片、时钟频率发生器、RAID 控制芯片、网卡控制芯片、声卡控制芯片、电源管理芯片、USB 2.0/IEEE 1394 控制芯片）、核心部件插槽（安装 CPU 的 Socket 插座或 Slot 插槽、内存插槽）、内部扩展槽（AGP 插槽、PCI 插槽、ISA 插槽）、各种接口（硬盘及光驱的 IDE 或 SCSI 接口、软驱接口、串行口、并行口、USB 接口、键盘接口、鼠标接口）及电子电路器件等。

虽然主板的品牌很多，布局不同，但基本结构和使用的技术基本一致。这些主板除 CPU 接口不同外，其他部分几乎是相同的。某型号主板如图 2.11 所示。

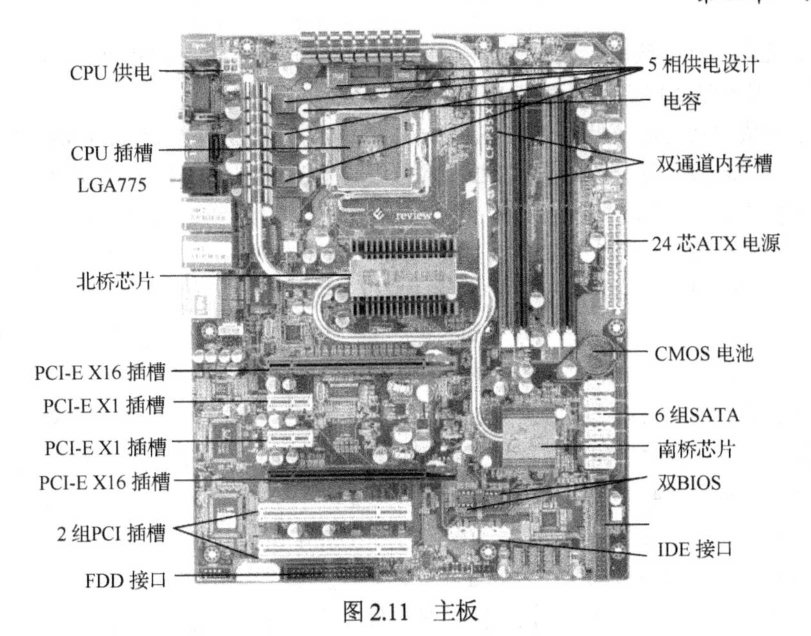

图 2.11 主板

（1）PCB 基板。主板的平面是一块 PCB 印制电路板，分为四层板和六层板。为了节约成本，现在的主板多为四层板：主信号层、接地层、电源层、次信号层。而六层板增加了辅助电源层和中信号层。六层 PCB 的主板抗电磁干扰能力更强，主板也更加稳定。在电路板上面，是错落有致的电路布线；再上面，则为棱角分明的各个部件：插槽、芯片、电阻、电容等。

（2）CPU 插座或插槽。主板上最醒目的接口便是 CPU 插座（Socket）（或插槽 Slot），是用来安装 CPU 的接口。CPU 只有正确安装在 CPU 插座（或插槽）上，才可以正常地工作。针对不同的 CPU，可以分为 Socket 插座和 Slot 插槽。

（3）控制芯片组。在微机系统中，CPU 起着主要作用，而在主板系统中，起重要作用的则是主板上的逻辑控制芯片组（Chipset），芯片组是主板的核心组成部分，它们将大量复杂的电子元器件最大限度地集成在一起。对于主板而言，芯片组几乎决定了这块主板的性能，进而影响到整个计算机系统性能的发挥，可以说它是主板的灵魂。芯片组的功能和主板上 BIOS 中存储的 BIOS 程序性能是决定主板品质和技术特性的关键因素。主板上的芯片组由一些专门的主板芯片生产厂家提供。目前比较知名的主板芯片生产厂家有 Intel（美国）、NVIDIA（美国）、VIA（中国台湾）、SiS（中国台湾）、Ali（中国台湾）、ATI（加拿大，已被 AMD 收购）等公司。芯片组产品按所支持的 CPU 主要有两大类型：支持 Intel CPU 的和支持 AMD CPU 的。芯片组的型号按所支持的 CPU 系列不同也分为不同的系列，如支持 Intel Core2 系列的芯片组。

（4）内存插槽。内存插槽的作用是安装内存条。按照内存条与内存插槽的连接情况，内存插槽分为 SIMM 和 DIMM 两种，目前 SIMM 已被淘汰。采用 DIMM 的内存条有 SDRAM、RDRAM、DDR SDRAM、DDR2 SDRAM、DDR3 SDRAM 几种。其中 SDARM 使用 168 针接口，内存插槽有两个非对称缺口；DDR 和 RDRAM 采用 184 针接口，内存插槽只有 1 个缺口；DDR2、DDR3 采用 240 针接口，内存插槽只有 1 个缺口，但两者位置不同。

（5）总线扩展槽。总线扩展插槽用于扩展 PC 的功能，也称为 I/O 插槽，大部分主板都有 1～8 个扩展槽。总线扩展槽是总线的延伸，也是总线的物理体现，在它上面可以插入任意的标准选件，如显卡、声卡、网卡等。根据总线的不同，总线扩展槽可分为 ISA、EISA、PCI、AGP、PCI Express 等，目前主板上常见的扩展槽有 PCI（白色）、AGP（褐色）和 PCI Express。

（6）硬盘、光驱、软驱接口。集成设备电子部件（Integrated Device Electronics，IDE）接口也称PATA接口，主要用于连接IDE硬盘和IDE光驱。

目前，主板和硬盘都开始支持SATA（Serial ATA）接口。SATA接口仅用4根针脚就能完成所有的工作，分别用于连接电源、连接地线、发送数据和接收数据。SATA 1.0定义的数据传输率为150 MB/s、SATA 2.0定义的数据传输率为300 MB/s、SATA 3.0定义的数据传输率为600 MB/s。

（7）BIOS芯片和CMOS芯片。BIOS（Basic Input/Output System，基本输入/输出系统）是安装在主板上的一个Flash ROM芯片，其中固化保存着计算机系统最重要的基本输入/输出程序、系统CMOS设置程序、开机上电自检程序和系统启动自举程序，为计算机提供最低级的、最直接的硬件控制。现在主板的BIOS还具有电源管理、CPU参数调整、系统监控、病毒防护等功能。目前主板BIOS有三大类型：AWARD、AMI和PHOENIX，不过AWARD已将PHOENIX收购，出现了PHOENIX-AWARD BIOS。

（8）电源插座。主板、键盘和所有接口卡都通过电源插座供电。ATX电源插座是20芯双列插座，具有防插错结构。在软件的配合下，ATX电源可以实现软件开/关机和键盘开/关机、远程唤醒等电源管理功能。对于Pentium 4、Athlon 64主板，由于CPU的耗电量大，需要专用的CPU电源，一般另外提供一个4芯插座。新的Socket 775接口处理器，需要在主板上用 24芯双列插座。

（9）输入/输出接口。主板上输入/输出接口是主板上用于连接机箱外部各种设备的接口。通过这些接口，可以把键盘、鼠标、打印机、扫描仪、U盘、移动硬盘等设备连接到计算机上，并可以实现计算机之间的互连。

目前主板上常见的输入/输出接口有串行口、并行口、USB接口、鼠标接口、键盘接口、IEEE 1394接口、eSATA接口、RJ-45网络接口、声卡接口、光纤音频接口、同轴音频接口、VGA接口、DVI接口、HDMI接口、S端子等。

3. 内存储器

内存在计算机系统中具有非常重要的作用，是CPU与硬盘之间数据交换的桥梁，是数据传输过程中的一个寄存纽带。

（1）内存的分类。

按内存在计算机内的用途分为主存储器（Main Memory，简称主存）和辅助存储器（Auxiliary Memory，简称辅存）。平时所说的内存容量是指主存储器的容量。内存实质上是一组或多组具备数据输入/输出和数据存储功能的集成电路。内存泛指计算机系统中存放数据和指令的半导体存储单元，包括ROM（Read Only Memory，只读存储器）、RAM（Random Access Memory，随机存储器）、Cache（高速缓冲存储器）等。

① ROM：ROM是只能读取，不能随意修改或删除内容的一种存储器，其中的内容也不会因为断电而丢失。ROM主要用来存放固定不变的控制计算机系统的程序和参数表，也用于存放常驻内存的监控程序和部分引导程序。人们通常所说的BIOS就存放在ROM中。

② RAM：RAM就是平常所说的内存。在系统运行时，RAM将计算机所需的指令和数据从外部存储器（如硬盘、软盘、光盘等）调入内存中，CPU再从RAM中读取指令或数据进行运算，并将运算结果存入RAM中。RAM的存储单元根据需要可以读出，也可以写入或改写。RAM只能用于暂时存放程序和数据，一旦关闭电源或发生断电，其中的数据就会丢失。现在的RAM多为MOS型半导体电路，根据其制造原理的不同，随机存储器（RAM）又分为静态随机存储器（Static RAM，SRAM）和动态随机存储器（Dynamic RAM，DRAM）两种。现在所说的内存主要是指随机存储器。目前微机中使用的是DDR2和DDR3 SDRAM。图2.12所示为一条DDR3 SDRAM内存条。

③ 高速缓冲存储器（Cache）：随着CPU速度的不断提高，主存储器与CPU的速度差异越来越大，

严重地影响了整个计算机系统的性能。为了协调 CPU 与 RAM 之间的速度，在存储器体系结构中采用了高速缓冲存储器技术。

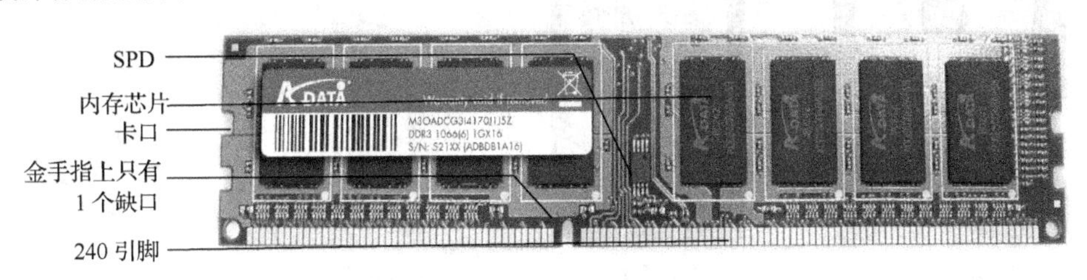

图 2.12　DDR3 SDRAM 内存条

Cache 一般采用静态随机存储器，它比 DRAM 具有更高的存取速度，分为一级 Cache 和二级 Cache。其基本原理是当 CPU 要获取所需要的信息时，首先访问 Cache，只有在 Cache 中没有相应的信息时才去访问主存储器。CPU 访问存储器时，由辅助硬件把所需要的信息从存储器中送入 Cache，以后 CPU 再次需要这些信息时，只需访问 Cache 即可。这样，使得 CPU 访问信息的速度大大提高。

（2）内存的性能指标。

① 容量。每个时期内存条的容量都分为多种规格，目前主流的是 4 GB、8 GB。主板上通常都至少提供两个内存插槽，如果同时在计算机中安装多条内存，计算机中内存的总容量是所有内存容量之和。

② 时钟频率（f）。时钟频率代表了 DRAM 能稳定运行的最大频率。也就是通常所说的内存主频。内存时钟频率是以 MHz 为单位来计量的。频率越高在一定程度上代表着内存所能达到的速度越快。DDR2 内存的基准时钟频率为 400 MHz、533 MHz、667 MHz、800 MHz、1066 MHz 和 1200 MHz。DDR3 内存的基准时钟频率为 1066 MHz、1333 MHz、1600 MHz、1800 MHz、1866 MHz、2000 MHz、2200 MHz 和 2400 MHz。

③ 内存的“线”数。内存的“线”数是指内存条与主板插接时的接触点数，这些接触点就是“金手指”。目前，SDRAM 内存条采用 168 线，DDR 内存条采用 184 线，RDRAM 内存条采用 184 线，DDR2/3 内存条采用 240 线。

（3）内存厂家。

目前市场上主要的内存品牌有金士顿（Kingston）、宇瞻（APACER）、三星（SAMSUNG）、现代（HYUNDAI）、黑金刚（KINGBOX）、金邦（Geil）、威刚（A-DATA）、胜创（KINGMAX）、超胜（Leadram）、金士泰（KINGSTEK）等。这些内存产品的工艺略有不同，因此在性能上多少有些差异。

4．硬盘存储器

硬盘存储器将硬盘片和驱动器密封在一起，统称为硬盘机，主要由磁盘组、读写磁头、定位机构和传动系统等部分组成。磁盘组由若干个平行安装的硬盘片组成，它们同轴旋转，每个盘片由铝合金或特种玻璃制成，表面涂有磁性材料，且每个面都装有一个读写磁头，磁头可沿盘片的径向在步进电机的带动下同步移动，以便寻找磁道。多个盘片的相同磁道组成一个“柱面”。

（1）硬盘的分类。

目前市场上的硬盘产品按内部盘片尺寸可分为 3.5 英寸、2.5 英寸、1.8 英寸、1 英寸等几种。其中 3.5 英寸用于台式电脑和服务器；2.5 英寸主要用于笔记本电脑；1.8 英寸和 1 英寸主要用在小型笔记本电脑、PDA、MP3、CF 卡中，称为微硬盘。各种硬盘的外观如图 2.13 所示。

目前，市面上流行的硬盘，其接口类型大致可分为 PATA（IDE）、SCSI 和 SATA 三种，如图 2.14 所示。

(a) 3.5 英寸　(b) 2.5 英寸　(c) 1.8 英寸　(d) 1 英寸

图 2.13　各种尺寸硬盘的外观

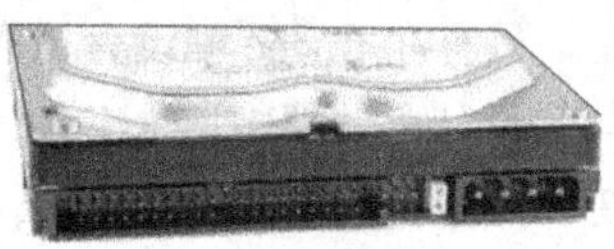

(a) PATA 硬盘接口　(b) SCSI 硬盘接口　(c) SATA 硬盘接口

图 2.14　硬盘数据接口

传统的硬盘采用 IBM 的温彻斯特（Winchester）技术，而新型的硬盘采用半导体存储技术，即固态硬盘（Solid-State Disk，SSD）。三星电子、TDK、Sandisk、PQI、A-DATA 等公司通过 Flash 芯片制造了 32 GB、64 GB、128 GB、256 GB 等容量，采用 IDE、SATA 接口的 SSD 固定硬盘，这种产品主要用于小型笔记本电脑、平板电脑等。固态硬盘有许多优势，但目前价格较贵。固态硬盘的外观如图 2.15 所示。

图 2.15　固态硬盘的外观

（2）硬盘的性能指标。

① 容量（Volume）。作为计算机系统的数据存储器，容量是硬盘最主要的参数，容量越大越好。硬盘的容量以 GB、TB 为单位，1 GB＝1 024 MB，1 TB＝1 024 GB。但硬盘厂商在标称硬盘容量时通常取 1 GB＝1 000 MB，因此，在 BIOS 中或在格式化硬盘时看到的容量会比厂家的标称值小。

目前台式机主流硬盘的大小为 500 GB、750 GB、1 TB 或 2 TB。固态硬盘的大小为 128 GB、256 GB 和 500 GB 等。

② 转速。转速（Rotational Speed 或 Spindle Speed）是指硬盘盘片每分钟转动的圈数，单位为 r/min。目前，市场上 IDE 硬盘的主轴转速为 5 400～7 200 r/min，主流硬盘的转速为 7 200 r/min。

③ 内部传输率（Internal Transfer Rate）。也称为持续传输率（Sustained Transfer Rate），是指磁介质与硬盘缓存间的最大数据传输率。内部传输率主要依赖于硬盘的旋转速度。普通机械硬盘持续读写速度为 100 MB/s，而固态硬盘可达到 500 MB/s。

④ 高速缓存。缓存是硬盘与外部总线交换数据的场所，当磁头从硬盘盘片上将磁记录转化为电

信号时，硬盘会临时将数据保存到数据缓存内，当数据缓存内的暂存数据传输完毕后，硬盘会清空缓存，然后再进行下一次的填充与清空。目前，硬盘的高速缓存一般为 2～32 MB，主流 SATA 硬盘的数据缓存为 8 MB 和 16 MB。

现在中国市场上的硬盘主要有西部数据、希捷等品牌。每个品牌下都设有多个产品系列，每个系列还有多款产品。

5. 光盘存储器

随着多媒体技术的发展，计算机采用光盘存储器存储声音、图像等大容量信息。光盘存储器由光盘、光盘驱动器和接口电路组成。

（1）光盘。光盘又称 CD（Compact Disc，压缩盘），光盘一般采用丙烯酸树脂做基片，表面涂布一层碲合金或其他介质的薄膜，通过激光在光盘上产生一系列的凹槽来记录信息。

光盘按照读/写类型分为三种类型：一种是只读型光盘；第二种是只写一次性光盘；第三种是可擦写型光盘，可以重复读写，类似磁盘。按所使用的激光不同，可分为 CD、DVD（红光 DVD）、BD（蓝光 DVD）、HD（高清晰度 DVD）等。

（2）光盘存储设备。光盘存储设备从最早的只读型光盘驱动器（CD-ROM）发展到数字只读光盘驱动器（DVD-ROM）、光盘刻录机（CD-RW）、DVD 光盘刻录机（DVD-RW）以及集成 CD/DVD 读取与 CD-R/RW 刻录于一体的 Combo（康宝），到 BD 刻录机、BD 康宝、BD/HD DVD，经历了几个不同的阶段。

目前，应用较广泛的光盘存储设备有 DVD-ROM、DVD 刻录机和康宝。

6. 键盘与鼠标

键盘和鼠标是计算机最常用的输入设备。键盘是最基本、最常用的输入设备，用户的各种命令、程序和数据都可通过键盘进行操作。

7. 显示器和显卡

（1）显示器。

显示器又叫监视器，是作为计算机的“脸面”呈现在人们的面前，是计算机最主要的输出设备之一，是人与计算机交流的主要桥梁。显示器可以分为阴极射线管（CRT）显示器和液晶显示器（Liquid Crystal Display，LCD）。目前阴极射线管（CRT）显示器已经完全被液晶显示器取代。液晶显示器（LCD）是利用液晶在通电时能够发光的原理显示图像的。

液晶显示器的外部结构由外壳、液晶面板、控制面板、电源开关、信号电缆和电源线等组成，如图 2.16 所示。

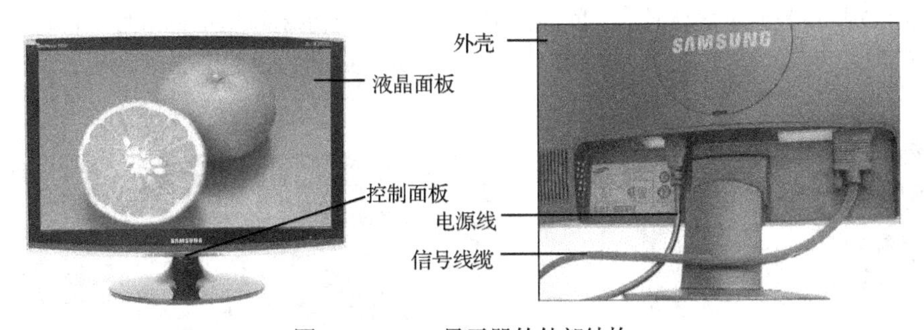

图 2.16　LCD 显示器的外部结构

液晶显示器的主要参数有如下几个。

① 尺寸。液晶显示器的尺寸是指液晶显示器屏幕对角线的长度，单位为英寸，液晶显示器标称的尺寸就是实际屏幕显示的尺寸，现在的主流产品主要以17英寸和19英寸为主。并且大多数显示比例为16∶9的宽屏。

② 最佳分辨率（真实分辨率、最大分辨率）。分辨率就是屏幕上显示的像素的个数（真实分辨率）。对于液晶显示器而言只有一个最佳分辨率，也往往是液晶显示器的最大分辨率。

③ 亮度。亮度是反映显示器屏幕发光程度的重要指标，亮度越高，显示器对周围环境的抗干扰能力就越强。LCD的亮度是通过荧光管的背光来获得，背光的亮度也就决定了显示器的亮度，对人体不存在负面影响。亮度的单位是cd/m^2（坎德拉/平方米），如100 cd/m^2表示在1 m^2点燃100支蜡烛的亮度。人眼接受的最佳亮度为150 cd/m^2。

④ 可视角度。液晶显示器的可视角度是指用户可以清楚看到液晶显示器画面的角度范围。随着TN液晶面板技术的发展，LCD的可视角度也不断提升。现在采用TN面板的19英寸宽屏LCD产品的可视角度范围可以达到170°/160°（水平/垂直）左右，而采用广视角面板的LCD的可视角度一般都在178°以上。

⑤ 坏点。坏点数目的多少是衡量液晶显示屏品质高低的重要指标之一。液晶显示屏的坏点又称点缺陷。坏点是指显示屏幕上颜色不发生变化的点。坏点有三种：亮点、暗点、坏点。亮点，在黑屏的情况下呈现的R、G、B（红、绿、蓝）点叫做亮点；暗点，在白屏的情况下出现非单纯R、G、B的色点叫做暗点。坏点，在白屏情况下为纯黑色的点或在黑屏情况下为纯白色的点；在切换至红、绿、蓝三色显示模式时，此点始终在同一位置上，并且始终为纯黑色或纯白色。

LCD显示器具有低辐射，体积小、轻便，失真小、无闪烁，分辨率高等优点。

目前，中国市场大部分LCD的面板是由三星（SDI）、LG、Philips、友达光电（AUO）、奇美光电（CMO）、中华映管（CPT）和翰宇彩晶（HannStar）这7家液晶面板厂商供应的。

（2）显示适配器。

显示适配器即显示卡，简称显卡，如图2.17所示，是显示器与主机通信的控制电路和接口电路。

显卡分为主板集成显示芯片的集成显卡和独立显卡。独立显卡是以独立的板卡形式存在，需要插在主板的总线插槽上。

显卡主要由显示芯片、RAMDAC、显示内存（显存）、显示卡BIOS、总线接口及其他外围元器件构成。

目前，市场上主要有Intel、NVIDIA、AMD三家厂商。Intel是世界上最大的集成显卡显示芯片生产销售商，NVIDIA是最大的独立显卡显示芯片生产销售商。

显卡与主板的接口有ISA、EISA、VESA、PCI、AGP、PCI Express等。目前在市场上销售的显卡几乎都是PCI-Express。

（3）显卡接口。

显卡的I/O接口是显示器与显卡之间的桥梁，它负责向显示器输出图像信号。目前，显卡的输出接口主要有VGA接口、DVI接口、HDMI接口、Display Port接口，如图2.18所示。

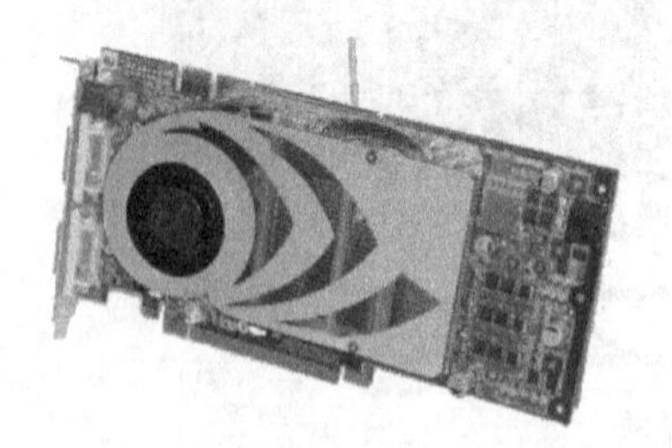

图2.17　显卡

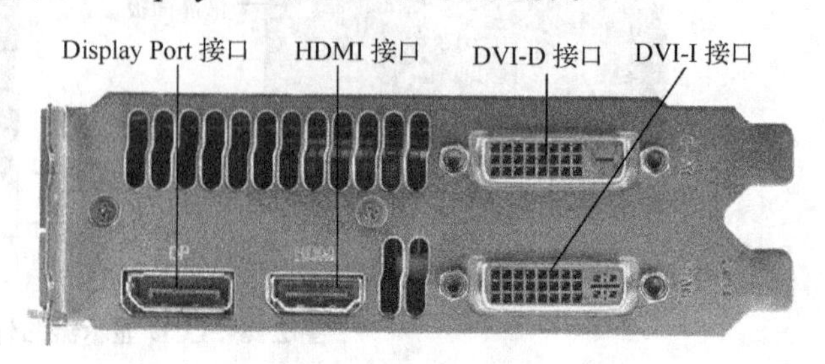

图2.18　显卡I/O接口

2.2.2 微型计算机的软件系统

微型计算机的性能能否充分发挥，很大程度上取决于软件的配置是否完善、齐全。微型计算机的软件系统包括系统软件和应用软件。

1．微型计算机的系统软件

微型计算机使用的操作系统就是常说的桌面操作系统，也就是安装在个人计算机上的操作系统，如 DOS、Windows、MacOS。

目前，DOS 操作系统随着 Windows 操作系统的推出早已逐步退出了历史舞台。

在个人计算机上安装的操作系统以 Windows 操作系统为主，现在应用最广泛的是 Windows 7/8。

随着斯诺登将美国的监听丑闻公布于世，美国公司开发的操作系统存在着巨大隐患已是众所周知的。在这样的情况下，中国要求开发自己的国产操作系统，以保障国民隐私。基于开源 Linux 内核的国产 Linux 操作系统应运而生，著名的如深度 Linux（Linux Deepin）、红旗 Linux（Red Flag Linux）、银河麒麟（Kylin OS）、中标普华 Linux、雨林木风操作系统（YLMF OS)、凝思磐石安全操作系统、共创 Linux 等。

2．微型计算机常用的应用软件

应用软件是为了解决各类实际问题而设计的计算机程序，通常由计算机用户或专门的软件公司开发。

2.3 文件管理基础知识

计算机管理着大量的信息，如程序、数字、文字、声音、图形、视频等，这些信息都以文件的形式存放在计算机的外部存储器上，如软盘、光盘、硬盘等。为了对这些文件进行有效的管理，计算机操作系统都提供了文件管理功能。

2.3.1 文件

1．文件的定义

文件是存放于外部存储介质上，具有名字的一组相关联的信息集合。这个名字就是人们常说的文件名。文件分为两类，一类是通常意义上的文件，它存放于外存储器，称这类文件为磁盘文件；另一类文件指的是系统的标准设备，称为设备文件。

操作系统把所管理的软资源（程序和数据）组织成文件的形式，并存储在磁盘上以达到管理的目的。从用户的观点来看，只要给出文件名，就可用文件管理命令存取文件中的信息，其具体操作由操作系统的文件管理模块自动解决，实现了“按名存取”。

2．文件的命名

每个文件都必须有一个唯一的由符号构成的名字，以便在使用时“按名存取”。文件名由主文件名和扩展名两部分组成，且两部分之间用圆点“.”分隔，其一般格式为：

<主文件名> [.<扩展名>]

主文件名和扩展名由字符构成。使用扩展名是希望从文件的名字上直接区别文件的类型或文件的格式。在不同的操作系统中，能够用来命名文件的字符及文件名所包含的字符的个数是不同的，并要求在同一文件夹（子目录）中，不允许有相同的文件名。

3．MS-DOS 对文件名的规定

MS-DOS 规定，主文件名由 1～8 个字符构成，扩展名由 0～3 个字符构成，文件名中的英文字母不区分大小写。这一规定称为“8.3 规则”。可用于文件名的字符如下。

（1）大小写英文字母：A～B 和 a～b，共 52 个。

（2）数字符号：0～9。

（3）特殊符号：$、#、&、@、(、)、_、{、}、~、^ 等。

例如，如下文件名是正确的：CHAP1.DOC、ch1。

如下的文件名是不正确的：A12345678.BAT、chap3.best、ch ap.doc、$1100.txt。

在中文 DOS 操作系统中，还允许使用汉字来命名文件，由于汉字采用双字节存储结构，因此，文件名中的一个汉字将占据两个 ASCII 字符。

4. Windows 系统对文件名的规定

Windows 系统对文件名的规定和 MS-DOS 相比是相当宽松的。Windows 对文件名有如下规定。

（1）支持长文件名。文件名最多可达 255 个西文字符，但其中不能包括回车符。

（2）可使用多种字符。文件名可以使用数字符 0～9、英文字母 A～Z 或 a～z（不区分大小写）、其他多个 ASCII 码字符（如～、!、$、%、#、&、(、)、-、_、{、}、+、,、;、[、]、=、.、空格等）。Windows 系统文件名中允许包含空格，并忽略文件名开头和结尾的空格，但不能使用 /、\、：、*、?、"、<、>、| 等符号。

（3）英文字母不区分大小写。Windows 系统的文件名中可以分别使用小写和大写的英文字母，而不会将它们变为同一种字母，但认为大写和小写的英文字母具有相同的意义。

（4）可以使用汉字。Windows 系统的文件名中可以使用汉字，一个汉字当作两个字符来计数。使用汉字的文件名只有在中文环境中才能识别。

（5）扩展名可以超过 3 个字符。扩展名不是必须的。如果有，至少一个字符，最多可以是几个字符没有规定，通常扩展名用 3～5 个字符。

（6）不能使用系统保留的设备名。如 CON、AUX、COM1～COM4、PRN、LPT1～LPT4、NUL 等。

5. 常用的文件扩展名

有些类型的文件是有固定的扩展名的，见表 2.1。

表 2.1 常用文件扩展名

扩 展 名	文 件 类 型	扩 展 名	文 件 类 型
.COM	可执行的二进制代码文件	.C	C 语言源程序文件
.EXE	可执行的浮动代码文件	.OBJ	中间目标代码文件
.BAT	批处理文件	.TXT	文本文件
.BAK	备份文件	.LIB	程序库文件
.SYS	系统文件	.OVR	程序覆盖文件

6. 文件名中的通配符

在文件的实际操作中，往往需要同时指定一批文件，这些文件的文件名具有某些相同的特征，如 File1.doc、File2.doc、File3.doc 等，这时可以这样来指定这三个文件：file?.*。这里用到了两个特殊的符号：星号“*”和问号“?”，这两个符号被称作统配符。其中，“*”在文件名中代表若干个不确定的字符；“?”在文件名中只代表一个不确定的字符。例如，*.COM 表示当前盘上所有以 COM 为扩展名的文件；A?.BAT 表示当前盘上所有以 A 开头，文件名为两个字符且扩展名为 BAT 的文件。因此，含有通配符的文件名表示的文件不是一个文件，而是多个文件。

在 Windows 系统中可以使用几个“*”通配符，以便更准确地匹配文件名。而在 MS-DOS 中，凡是“*”后的字符都不起作用，也就是说文件名中有一个“*”就够了。

7. 长文件名向“8.3”文件名的转换

在 MS-DOS 和 Windows 3.X 设计的应用程序中只能接受“8.3”格式的文件名，为了使它们也能够接受长文件名，特意制定了一个长文件名到“8.3”文件名的转换规则，并由系统自动完成转换。转换规则如下。

（1）如果该文件名本身就符合“8.3”规则，那么文件名不变。

（2）如果其长度大于“8.3”的规定，则使用长文件名的前 6 个非空格字符作为“8.3”文件名的前 6 个字符，而第 7、8 个字符则以“～”和一个数字替换。如果前 6 个字符相同的文件存在多个，系统就用第 8 位数字区分，保证不发生冲突。

（3）如果文件名中有多个句点“.”，则将最后一个句点后面的前三个字符作为扩展名。

注意：如果使用只能处理“8.3”文件名的应用程序，如 PC Tools、Norton Utility 等操作，将会失去所处理文件的长文件名。

2.3.2　文件系统的层次结构

文件是由文件系统来管理的。一个文件系统所管理的文件可以成千上万，如果没有良好的管理，文件的使用将是十分困难的。现在，一般的操作系统（如 MS-DOS、Windows 3.X/9X/2000/XP/Vista）都是采用层次结构的文件系统来管理文件。

1. 层次结构文件系统

图 2.19 所示为层次结构文件系统的示意图。

从图 2.19 中可以看出，层次结构文件系统的主要特点包括以下几个方面。

（1）所有的磁盘文件都是按磁盘存放的。磁盘可以是物理磁盘，如软盘 A；也可以是逻辑磁盘，如硬盘上的 C 盘、D 盘等。磁盘用磁盘名加“：”来表示。

（2）每个磁盘都有一个唯一的根节点，称为根文件夹（在 MS-DOS 操作系统中称为根目录）。根文件夹或根目录用反斜杠“\”表示。根文件夹在磁盘格式化时自动建立。

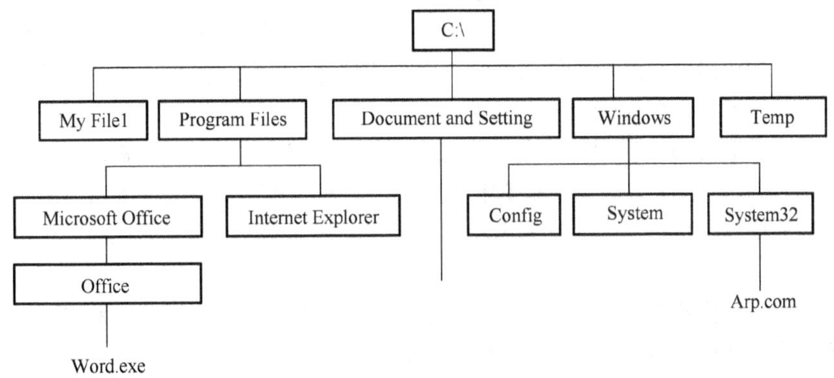

图 2.19　层次结构文件系统示意图

根节点向外可以有若干个子节点表示子文件夹。文件夹中有文件。每个子节点都可以作为父节点，再向下分出若干个子节点，即层次结构文件系统中文件夹是嵌套的。

（3）在根文件夹下可以直接存放文件，如图 2.19 中的文件“My File1”。

（4）根文件夹下有若干个文件夹，这些文件夹可以是系统自动生成的，也可以是用户自己创建的。图中的“Program Files”、“Windows”、“Document and Setting”等都是 Windows 系统自动生成的文件夹。文件夹的命名规则和文件名的规则相同。

（5）每个文件夹下可以再建文件夹，也可以直接存放文件。

（6）文件是层次结构文件系统的末端，不论是哪个层次文件，文件之下都不会再有分支了。层次结构文件系统也被称为树形结构文件系统。根文件夹或根目录就像树的根，各文件夹像树的分支，而文件则是树的叶子。

2．层次型文件系统的优点

从用户角度来说，层次结构文件系统使用户可在磁盘中存放和使用大量的文件。层次结构文件系统有以下优点。

（1）用户在磁盘上可以存放任意数目的文件（仅受磁盘存储容量的限制）。用户可将文件分散到各个文件夹中，文件夹下还可以有文件夹。

（2）用户可以合理地组织和管理自己的文件。在实际应用中，用户可以根据文件的用途和类型将它们存放在不同的文件夹中，这样既便于查找，也便于使用。

（3）不同文件夹下的文件可以重名。采用层次结构后，不同文件夹下的文件可以有相同的名字，操作系统仍然会把它们当作两个文件，而不会搞混，便于多个用户使用同一台计算机。

3．路径和文件标志

在层次结构的文件系统中，文件不只是依靠文件名来区分的。在这种系统中，具体定位一个文件要依靠3个因素：文件存放的磁盘、存放的文件夹和文件名。

（1）磁盘和盘符。为了说明文件在层次结构中的具体位置，首先要说明该文件被保存在哪个磁盘上：物理磁盘和逻辑磁盘。磁盘用一个英文字母来表示，软磁盘一般称为A盘，硬磁盘从C盘开始，为C盘、D盘、E盘等。

用磁盘名加上一个“:”号，就成为盘符，如C:、D:等。盘符加上文件名就表示在某个磁盘上的文件。

（2）路径。定位一个文件，只用盘符和文件名还不够，还需要说明文件所存放的文件夹。因为文件夹可以重名，只说明文件夹的名字还不一定能够准确定位，因此，引进了“路径”的概念。

当从某一文件夹出发（可以是根文件夹，也可以是子文件夹），去定位另一个文件夹或文件夹中的一个文件时，中间可能要经过若干层次的文件夹才能到达，所经过的这些文件夹名的顺序序列，就称为路径。各文件夹名后面要加一个“\”符号。

路径有绝对路径和相对路径两种。在介绍之前，首先介绍当前文件夹的概念。

① 当前文件夹：在层次结构文件系统中，任何一个操作都需要知道系统当前所处的位置，也就是说要明确当前的操作是从哪一个文件夹出发的。把执行某一操作时系统所在的那个位置的文件夹称为当前文件夹。

② 绝对路径：从根文件夹开始列出的路径称为绝对路径。与当前文件夹无关，也就是说无论当前文件夹是哪一个，都可以用绝对路径定位磁盘上的某一个文件。在图2.19中，用绝对路径定位文件Word.exe的表示如下。

C:\Program Files\Microsoft Office\OFFICE\Word.exe　　//从根文件夹出发，定位Word.exe文件

③ 相对路径：不从根文件夹开始，而是从当前文件夹的下一级文件夹或父文件夹开始表示的路径称为相对路径。这种表示方法与当前文件夹密切相关。

同样在图2.19中，假设当前文件夹为Program Files，用相对路径定位文件Word.exe和Arp.com的表示如下：

Microsoft Office\OFFICE\Word.exe　　//由当前文件夹向下定位Word.exe文件

..\Windows\System32\Arp.com　　　　//先返回当前文件夹的父文件夹（根文件夹），再向下定位 Arp.com 文件

其中，符号“..”代表当前文件夹的父文件夹。

由此可以看出，在层次结构文件系统中具体定位一个文件要有盘符、路径和文件名三个要素，其一般表现形式为：

[盘符] [路径] 文件名　或　[driver:] [path] filename

这样的文件表示称为文件标志，是层次结构文件系统中文件定位的完整描述。

2.4　多媒体计算机及其应用

2.4.1　多媒体技术的概念

1. 什么是多媒体

计算机领域的多媒体（Multimedia）包括文本（Text）、图形（Graphics）、声音（Sound）、动画（Animation）、视频（Video）等。

2. 多媒体技术

多媒体技术是指能够同时对两种或两种以上的媒体进行采集、操作、编辑、存储等综合处理的技术。多媒体技术是集文字、声音、图形、图像、视频和计算机技术于一体的综合技术。多媒体技术以计算机软硬件技术为主体，包括数字化信息技术、音频和视频技术、通信和图像处理技术，以及人工智能技术和模式识别技术等，是一门多学科、多领域的高新技术。

3. 多媒体技术的特征

多媒体是融合两种以上媒体的人机交互式信息交流和传播的媒体，具有以下特点。

（1）信息载体的多样性。这是相对于计算机而言的，即指信息媒体的多样性。

（2）多媒体的交互性。是指用户可以与计算机的多种信息媒体进行交互操作，从而为用户提供了更加有效地控制和使用信息的手段。

（3）集成性。是指以计算机为中心综合处理多种信息媒体，它包括信息媒体的集成和处理这些媒体的设备的集成。

（4）数字化。媒体以数字形式存在。

（5）实时性。指多媒体系统中声音及活动的视频图像是强实时的。

2.4.2　多媒体应用中的媒体元素

多媒体的媒体元素是指多媒体应用中可显示给用户的媒体组成。目前主要包含文本、图形、图像、声音、动画、视频、超文本等媒体元素。

1. 文本（Text）

文本是指各种文字，包括各种字体、尺寸、格式及色彩的文字。文本是计算机处理的基础，也是多媒体应用的基础。通过对文本显示方式的组织，多媒体应用系统可以显示的信息形式多样化，更易于理解。

文本的多样化主要是通过文字的属性，如格式、对齐方式、字体、大小、颜色以及它们的各种组

合而表现出来的。文本数据可以在文本编辑软件里制作，如字处理软件 Word 所编辑的文本文件可以直接导入到多媒体应用设计之中。但通常情况下，多媒体文字直接在图形制作编辑软件或多媒体编辑软件中随其他媒体一起制作。

2．音频（Audio）

音频也就是声音，是人们用来传递信息、交流感情最方便、最熟悉的方式之一。对声音元素的运用水平往往被当成评判一个多媒体软件是否具有专业级质量的重要依据。

声音是由振动的声波组成的，其特性包括振幅、周期与频率等。频率是指信号每秒变化的次数，声音按频率分为三种类型：次声、可听声和超声。次声的频率低于 20 Hz，超声的频率高于 20 000 Hz，可听声范围介于次声和超声两者之间。频率能反映出声音的音调，声音细尖表示频率高，声音粗低表示频率低。振幅指的是声波波形的最大位移，它表示声音信号的强弱程度。

音频按计算机内部表达和处理方式的不同可分为以下 4 种。

（1）波形音频文件（WAV）。波形音频就是经过模/数转换，以数字方式来表示声波的音高、音长等基本参数，通过声卡来录制与播出声音。波形音频文件的数据一般不经压缩处理，因此占据较大的存储空间，可以通过专用的音频编辑软件对波形音频进行精细加工和编辑。

（2）数字音频文件（MIDI）。MIDI（Musical Instrument Digital Interface，音乐设备数字接口）是指音乐数据接口，是 MIDI 协会设计的音乐文件标准。它是电子乐器之间，以及电子乐器与计算机之间的统一国际标准交流协议。从广义上可以将其理解为电子合成器、电脑音乐的统称，包括协议和设备。

MIDI 音频文件是一系列音乐动作的记录，如按下钢琴键、踩下踏板、控制滑动器等。MIDI 文件是以某一种乐器的发声为其数据记录的基础，因而在播出时也要有这种乐器与之相应，否则声音效果就会大打折扣。一个精巧的 MIDI 文件能够产生复杂的声音序列去控制乐器或合成器进行播放，它占用很小的存储空间，而且可以做细微的修改。

MIDI 音频的缺点是它的设备相关性以及不适于表达语言声音。

（3）光盘数字音频文件（CD-DA）。光盘数字音频文件采样频率为 44.1 kHz，每个采样使用 16 位存储信息。用光盘存储音频文件不仅提供了高质量的音源，还无须硬盘存储声音文件，声音直接通过光盘由 CD-ROM 驱动器特定芯片处理后发出。

（4）压缩存储音频文件（MP3）。MP3（MPEG-1 Audio Layer-3）是根据 MPEG-1 视频压缩标准中，对立体声伴音进行第三层压缩的方法所得到的声音文件，保持了 CD 激光唱盘的立体声高音质，压缩比达到 12∶1。MP3 音乐在日常生活中和网络上非常普及。

3．图形（Graphic）和静态图像（Still Image）

（1）图形。图形是指从点、线、面到三维空间的黑白或彩色几何图，也称矢量图（Vector Graphic）；图形主要由直线和弧线（包括圆）等线条实体组成。这使得计算机中图形的表示常常使用“矢量法”而不是采用位图来表示。矢量图形主要用于线型的图画、美术字、统计图和工程制图等，多以“绘制”和“创作”的方法产生，其特点是占据的存储空间较小，但不适于表现较复杂的图画。

图形有二维（Two Dimension，2D）和三维（Three Dimension，3D）图形之分。二维图形是只有 x、y 两个坐标的平面图形，三维图形是指具有 x、y、z 三个坐标的立体图形。

图形的绘制需要专门的图形编辑软件，AutoCAD 是著名的图形设计软件，它使用的“.DWG”图形文件就是典型的矢量化图形文件。

（2）静态图像。静态图像不像图形那样有明显规律的线条，因此在计算机中难以用矢量来表示，基本上只能用点阵来表示，其元素代表空间的一个点，称之为像素（Pixel），这种图像也称为位图。

图形与图像在普通用户看来是一样的，而对多媒体信息制作来说是完全不同的。同样一个圆，若采用图形媒体元素表示，则数据文件中只需记录圆心坐标点（x, y）、半径 r 及色彩编码；若采用图像元素表示，在数据文件中必须记录在哪些位置上有什么颜色的像素点。

位图主要用于表示真实照片图像和包含复杂细节的绘画等，其特点是显示速度快，但占用的存储空间较大。这类图像多来源于扫描和复制。

（3）图形和静态图像的参数。图形技术的关键是图形的生成与再现，而图像的关键技术是图像的扫描、编辑、无失真压缩、快速解码和色彩一致性再现等。图像处理时要考虑以下 4 个因素。

① 分辨率。分辨率影响图像质量，通常分辨率包括 3 种。

屏幕分辨率：是指计算机屏幕显示图像的最大显示区，以水平和垂直像素点表示。目前，普通 PC 的全屏幕显示共有 1 280（像素/行）×1 024（行）= 1 310 720 像素点。

图像分辨率：是指数字化图像的大小，以水平和垂直像素点表示，与屏幕分辨率是两个截然不同的概念。

像素分辨率：是指像素的高宽比，一般为 1∶1。在像素分辨率不同的计算机间传输图像时会产生畸变。

② 图像灰度。是指每个图像的最大颜色数，屏幕上每个像素都用一个或多个二进制位描述其颜色信息。对于黑白图像常采用 1 个二进制的位表示；对于灰度图像常用 4 个二进制的位（16 种灰度等级）或 8 个二进制的位（256 种）表示；对于彩色图像常用 16 个二进制的位或 24 个二进制的位（2^{24}=16 777 216（16M））表示，还可以采用 32 位表示，把采用 24 位以上表示的称为真彩色。彩色图像的像素通常由红（R）、绿（G）、蓝（B）三种颜色搭配而成。当 R、G、B 三色以不同的值搭配时，就形成了 1 600 多万种颜色。若 R、G、B 全部设置为 0，则为黑色；若全部设置为 255，则为白色。

③ 图像文件的大小。图像文件的大小用字节数来表示，其描述方法为：水平像素数×垂直像素数×灰度位数÷8。

例如，一张 3×5（英寸×英寸）的彩色照片，经扫描仪扫描进入计算机中成为数字图像，若扫描分辨率达 1 200 dpi（点/英寸），则数字图像文件大小为

$$5\times1\,200\times3\times1\,200\times24\div8 = 64\,800\,000\ \text{B}\approx64\ \text{MB}$$

④ 图像文件的类型。图形、图像文件的格式非常多，常见的有*.bmp 文件、*.jpg 文件、*.gif 文件，还有*.dib、*.tif、*.tga、*.pic 等格式。同一内容的素材，采用不同的格式，其形成的文件的大小和质量有很大的差别。如一幅 640×480 大小的采用 24 位颜色深度的图像，如果采用 bmp 格式，则这个图像的文件大小为 900 KB 左右；若转用 jpg 格式（一种应用图像压缩技术处理的文件格式）则该图像文件的大小只有 35 KB 左右。考虑到文件的传送或存储方便，有时候要选用文件较小的格式，如网页制作时一般都不采用 bmp 格式，而采用 jpg、gif 格式。另外，矢量图的主要格式有*.wmf 文件、*.emf 文件、*.dxf 文件等。

4．视频（Video）

视频是一种活动影像，与电影（Movie）和电视原理是一样的，都是利用人眼的视觉暂留现象，将足够多的画面（Frame，帧）连续播放，只要能够达到每秒 20 帧以上，人的眼睛就察觉不出画面之间的不连续性。电影是以每秒 24 帧的速度播放，电视播放速度有 25 帧/s（PAL 制）和 30 帧/s（NTSC 制）两种。活动影像如果频率在 15 帧/s 以下，则产生明显的闪烁甚至停顿；相反，若提高至 50 帧/s 甚至 100 帧/s，则感觉到图像极为稳定。

视频的每一帧实际上是一幅静态图像，所以存储量很大，目前采用 MPEG 动态图像压缩技术。视频影像文件的格式在 PC 中主要有 3 种。

（1）AVI 格式。AVI（Audio Video Interleaved，声音/影像交错）格式是 Windows 操作系统所使用的动态图像格式，不需要特殊的设备就可以将声音和影像同步播出。这种格式的数据量较大。

（2）MPG 格式。MPG 格式是 MPEG（Motion Photographic Experts Group，活动图像专家组）制定出来的压缩标准所确定的文件格式，供动画和视频影像用。这种格式数据量较小。

（3）ASF 格式。ASF（Advanced Stream Format）格式是微软公司采用的流式媒体播放的格式，比较适合在网络上进行连续的视频播放。

视频图像输入计算机是通过摄像机、录像机或电视机等视频设备的 AV 输出信号，送至 PC 内视频图像捕捉卡进行数字化而实现的。数字化后的图像通常以 AVI 格式储存，如果图像卡具有 MPEG 压缩功能，或用软件对 AVI 格式文件进行压缩，则以 MPG 格式储存。新型数字化摄像机可直接得到数字化图像，不再需要通过视频捕捉卡，直接通过 PC 的并行口、SCSI 口或 USB 口等数字接口，输入计算机。

5. 动画（Animation）

动画也是一种活动影像，最典型的是卡通片。动画与视频影像不同的是：视频影像一般是指生活上所发生的事件的记录，而动画通常是指人工创作出来的连续图形所组合成的动态影像。

动画也需要每秒 20 个以上的画面，每个画面的产生可以是逐幅绘制出来的（如卡通画片），也可以是实时“计算”出来的（如中央电视台新闻联播节目片头）。

FCI/FLC 是 Autodesk 设计的动画文件格式，AVI 格式、MPG 格式也可以用于动画。最著名的三维动画制作软件是 Autodesk 公司的 3DS MAX 和 Alias/Wavefront 公司的 MAYA 软件。

6. 超文本（Hyper Text）

超文本是一种非线性的信息组织与表达方式。从实现手段看，超文本也是一种文本文件，它在文本的适当位置创建有链接信息（通常称为超链点），用来指向和文本相关的内容，使阅读者仅对感兴趣内容进行跳跃式阅读。通常的做法是只需用鼠标单击超链点，就可以直接转移到与该超链点相关联的内容。

与超链点相关联的内容可以是普通的文本，也可以是图像、声音、图形、动画、视频等多媒体信息，甚至可以是相关资源的网络站点。此时，超文本的概念被延伸成超媒体。

Windows 系统的帮助文件是超文本应用的一个实例。阅读帮助文件时，用鼠标单击“目录”对话框标签，并将鼠标指针移动到“目录”纲目上，此时鼠标指针就变成手指形指针，同时纲目的颜色变成蓝色，并自动加上下画线，这就暗示读者此处有一个链接，单击鼠标左键，与该超链点相关联的内容就会立即呈现出来。Internet 的 Web 页面使用了一种超媒体的文件格式，称为超文本标记语言（HTML），扩展名为“.html”或“.htm”。

目前，可视化的超文本编辑工具如 Word、FrontPage 等可用来创建超文本。

2.4.3 多媒体信息的数据压缩技术

多媒体数据之所以能够压缩，是因为视频、图像、声音这些媒体具有很大的压缩力。以目前常用的位图格式的图像存储方式为例，在这种形式的图像数据中，像素与像素之间无论在行方向还是在列方向都具有很大的相关性，因而整体上数据的冗余度很大，在允许一定限度失真的前提下，能对图像数据进行很大程度的压缩。

1. 数据压缩技术指标

有三个重要的指标可以衡量一种数据压缩技术的好坏：一是压缩比要大，即压缩前后所需的信息存储量之比要大；二是实现压缩的算法要简单，压缩、解压缩速度要快，尽可能地做到实时压缩和解压缩；三是恢复效果好，要尽可能地恢复原始数据。

2. 数据压缩技术

随着数字通信技术和计算机技术的发展，数据压缩技术也已日臻成熟，适合各种应用场合的编码方法不断产生，目前常用的压缩编码方法可以分为两大类：一类是冗余压缩法，也称无损压缩法；另一类是熵压缩法，也称有损压缩法。

（1）冗余压缩法去掉或减少了数据中的冗余，但这些冗余值可以重新插入到数据中，因此，冗余压缩是可逆的过程。例如，需压缩的数据长时间不发生变化，此时连续的多个数据样值将会重复。这时若只存储不变样值的重复数目，显然会减少存储数据量，且原来的数据是可以从压缩后的数据中重新构造出来的，信息没有损失，因此冗余压缩法也称无失真压缩法。典型的冗余压缩法有Huffman编码、Fano-Shannon编码、算术编码、游程编码、Lempel-Ziv编码等。

（2）有损数据压缩方法是经过压缩、解压的数据与原始数据不同但是非常接近的压缩方法。有损数据压缩又称破坏型压缩，即将次要的信息数据压缩掉，牺牲一些质量来减少数据量，使压缩比提高。压缩时损失的信息是不能再恢复的，因此这种压缩法是不可逆的。这种方法经常用于互联网，尤其是流媒体以及电话领域。

2.4.4 多媒体计算机硬件系统的基本组成

构成多媒体计算机硬件系统除了需要较高配置的计算机主机硬件以外，通常还需要大容量存储器、音频输入/输出接口（声卡）、视频输入/输出接口（视频卡）、图像处理设备（扫描仪、数码照相机等）、音频处理设备（音箱、麦克风等）等，如图2.20所示。

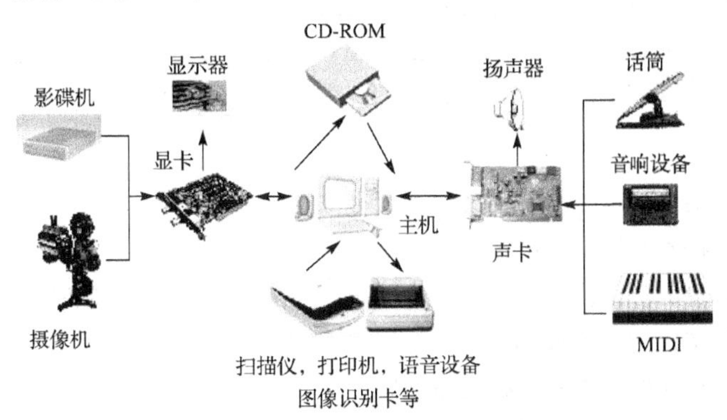

图2.20　多媒体计算机硬件系统组成

1. 主机

多媒体计算机主机可以是中、大型机，也可以是工作站，然而，目前更普遍的是多媒体个人计算机，即MPC（Multimedia Personal Computer）。

2. 多媒体接口卡

多媒体接口卡是根据多媒体系统获取、编辑音频或视频的设备，需要插接在计算机上，以解决各种媒体数据的输入/输出问题。常用的接口卡有声卡、显卡、视频压缩卡、视频捕捉卡、视频播放卡、光盘接口卡等。

3．多媒体外部设备

多媒体外部设备的工作方式一般为输入和输出。按其功能又可分为如下4类。

（1）视频、音频输入设备（摄像机、录像机、扫描仪、传真机、数字相机、话筒等）。

（2）视频、音频播放设备（电视机、投影电视、大屏幕投影仪、音响等）。

（3）人机交互设备（键盘、鼠标、触摸屏、绘图板、光笔及手写输入设备等）。

（4）存储设备（磁盘、光盘等）。

习　题　二

一、选择题

1．在计算机的工作过程中，（　　）从存储器中取出指令，进行分析，然后发出控制信号。

A．运算器　　B．控制器　　C．接口电路　　D．系统总线

2．MS-DOS系统的文件目录结构为（　　）。

A．星状　　B．树状　　C．网状　　D．链状

3．电子计算机存储器可以分为（　　）和辅助存储器。

A．外存储器　　B．C盘　　C．大容量存储器　　D．主存储器

4．工作中电源突然中断，则计算机（　　）中的信息全部丢失，再次通电后也不能恢复。

A．ROM　　B．ROM和RAM　　C．RAM　　D．硬盘

二、填空题

1．微型计算机是通过三组总线将各部件相互连接起来的，这三组总线分别是________、________和________。

2．显示器的显示方式可分为________和________。

3．多媒体系统的特征包括________、________、________、________和________。

4．用于表示文件位置的文件路径包括________和________两种。

三、简述题

1．微型计算机的内存和外存的功能各是什么？两者有何区别？

2．什么是字长？什么是计算机的主频？

3．什么是内存容量？目前，内存容量的常用单位有哪些？它们之间的转换关系如何？

4．什么是文件？文件的命名规则是什么？

5．什么是路径？有哪两种表示路径的方法？

6．什么是多媒体技术？多媒体系统有何特征？

7．多媒体计算机的实现方案有哪两种？

8．多媒体计算机所涉及的主要技术有哪些？

第 3 章

Windows 7 操作系统

Windows 系统是微软公司开发的，是一个具有图形用户界面的多任务操作系统。所谓多任务是指在操作系统环境下可以同时运行多个应用程序，如一边可以在 Word 中编辑稿件，一边让计算机播放音乐，这时两个程序都已被调入内存中，处于工作状态。

Windows 是在 MS-DOS 操作系统上发展起来的，经历了 Windows 3.X、Windows 95/98、Windows 2000、Windows XP、Windows Vista、Windows 7/8。目前，Windows 7 桌面操作系统是市场的主流。

3.1 Windows 7 操作系统概述

Windows 7 操作系统是微软公司于 2009 年 10 月推出的一款新的微机操作系统，在硬件性能要求、系统性能、可靠性等方面，都颠覆了以往的 Windows 操作系统，是继 Windows 95 以来微软的另一个非常成功的产品。该操作系统继承了 Windows Vista 的部分特性，在加强系统的安全性、稳定性的同时，重新对性能组件进行了完善和优化，在满足用户娱乐、工作、网络生活中的不同需求等方面达到了一个新的高度。特别是在科技创新方面，开发了一系列新的功能和应用，使之成为微软产品中的巅峰之作。

3.1.1 Windows 7 操作系统版本介绍

Windows 7 包括 6 个不同的版本。

（1）初级版。Windows 7 Starter（初级版）是功能最少的版本，缺乏 Aero 特效功能，没有 64 位支持，没有 Windows 媒体中心和移动中心等，同时对更换桌面背景有一定的限制，初级版主要用于类似上网本的低端计算机。

（2）家庭基础版。Windows 7 Home Basic（家庭基础版）是简化的家庭版，支持多显示器，有移动中心，但没有 Windows 媒体中心，限制部分 Aero 特效，缺乏 Tablet 支持，没有远程桌面，只能加入却不能创建家庭网络组等。家庭基础版仅投放于发展中国家，如中国、印度、巴西等。

（3）家庭高级版。Windows 7 Home Premium（家庭高级版）主要面向家庭用户，满足家庭娱乐需求，包含所有桌面增强和多媒体功能，如 Aero 特效、多点触控功能、媒体中心等，可以建立家庭网络组、能够手写识别等，但不支持 Windows 域、Windows XP 模式以及多语言等。

（4）专业版。Windows 7 Professional（专业版）主要用于满足中小型企业用户的办公开发需求，包含加强的网络功能，如活动目录、域用户、远程桌面等，同时还有网络备份、位置感知打印、加密文件系统、演示模式、Windows XP 模式等功能。其中 64 位的专业版可以支持更大的内存（可以达到 192 GB）。

（5）企业版。Windows 7 Enterprise（企业版）是面向企业市场的高级版本，能够满足企业数据共享、管理、安全等需求。包含多语言包、UNIX 应用支持、BitLocker（驱动器数据保护）、AppLocker

（锁定非授权软件运行）、DirectAccess（无缝连接基于 Windows Server 2008 R2 的企业网络）、BranchCache（Windows Server 2008 R2 网络缓存）等。

（6）旗舰版。Windows 7 Ultimate（旗舰版）拥有所有功能，与企业版基本是相同的产品，仅仅在授权方式及其相关应用及服务上有所区别，主要面向高端用户和软件爱好者。专业版用户和家庭高级版用户可以通过付费随时升级为旗舰版。

3.1.2 Windows 7 操作系统的特点

（1）更加简单。Windows 7 使搜索和使用信息更加简单，包括本地、网络和互联网搜索功能，直观的用户体验更加高级，还整合了自动化应用程序提交和交叉程序数据的透明性。

（2）更加快速。Windows 7 大幅缩减了 Windows 的启动时间，只需 30 s 即可完成开机过程。另外，Windows 7 需要的存储空间较小，运行速度较快。

（3）更加方便。Windows 7 做了许多方便用户的设计，如快速最大化、窗口半屏显示、跳跃列表、系统故障快速修复等，这些新功能令 Windows 7 成为最易用的 Windows。

（4）更加安全。Windows 7 包括改进的安全和功能合法性，还将数据保护和管理扩展到外围设备。Windows 7 改进了基于角色的计算方案和用户账户管理，在数据保护和兼顾协作的固有冲突之间搭建了沟通的桥梁，同时也开启了企业级的数据保护和权限许可。

（5）更低的成本。Windows 7 可以帮助企业优化它们的桌面基础设施，具有无缝操作系统、应用程序和数据移植功能，并简化了 PC 供应和升级，系统下载进一步朝完整的应用程序更新和补丁方面努力。

（6）更好的连接。Windows 7 进一步增强了移动工作能力，无论何时、何地、任何设备都能访问数据和应用程序，协作体验更加优秀，无线连接、管理和安全功能进一步扩展。性能和当前功能以及新兴移动硬件得到优化，拓展了多设备同步、管理和数据保护功能。

3.1.3 Windows 7 操作系统的硬件配置要求

Windows 7 操作系统的软件与硬件兼容性与以往系统相比有了全新升级，能够兼容更多软件，对硬件的配置要求也更低。Windows 7 操作系统的基本硬件配置需求如表 3.1 所示。

表 3.1 Windows 7 操作系统基本硬件配置需求

设备名称	基本要求	备　注
处理器	1 GHz 32 位或 64 位	Windows 7 包括 32 位及 64 位两种版本，如果希望安装 64 位版本，则需要 64 位运算的 CPU 支持
系统内存	1 GB	安装 32 位版本需要至少 1 G 的内存空间，如果希望安装 64 位版本，则需要至少 2 G 的内存空间
硬盘	16 GB	安装 32 位版本需要至少 16 G 的硬盘空间，如果希望安装 64 位版本，则需要至少 20 G 的硬盘空间
显卡	支持 DirectX 9	WDDM 1.0 或更高版本，如果低于此标准，Aero 主题特效可能无法实现
其他设备	DVD R/W 驱动器	选择光盘安装时需要此设备

3.1.4 Windows 7 操作系统的安装

Windows 7 操作系统的安装方式包括全新安装和升级安装。

1. 全新安装

全新安装是指不在现有的系统基础上安装新系统，而是完全独立地安装一个新的系统。安装时往往要将 C 盘中的所有文件清除，或格式化 C 盘后重新安装系统。以全新方式安装的系统，是最纯净的系统，无须担心原系统中的问题会遗留下来，如病毒、木马等。

Windows 7 系统的全新安装可以使用 Windows 7 安装光盘引导计算机进行全新安装，也可以在Windows 环境下使用虚拟光驱装载 ISO 镜像进行全新安装。

（1）首先设置光驱引导。将操作系统光盘插入光驱，开启计算机电源，当出现自检画面时，按Del 键进入 BIOS 设置光盘启动（有的计算机是通过按 F12 键进行选择启动方式的），选择“CD/DVD”（代表光驱的一项），按 Enter 键确定。

（2）计算机将开始读取光盘数据。几秒钟后，屏幕上会出现“Press any key to boot from cd…”的字样，此时需要按下键盘上的任意键以继续光驱引导。

（3）光驱引导成功后，将会出现语言选择界面，如图 3.1 所示。

此处保持默认状态即可，在“要安装的语言”下拉列表框选择“中文（简体）”；在“时间和货币格式”下拉列表框选择“中文（简体，中国）”；在“键盘和输入方法”下拉列表框选择“中文（简体）－美式键盘”，单击“下一步”按钮。

（4）版本选择，按照出厂随机系统版本的不同，此处可能略有不同，直接单击“下一步”按钮即可。

（5）弹出“请阅读许可条款”对话框，如图 3.2 所示，单击“我接受许可条款（A）”复选框，并单击“下一步”按钮。

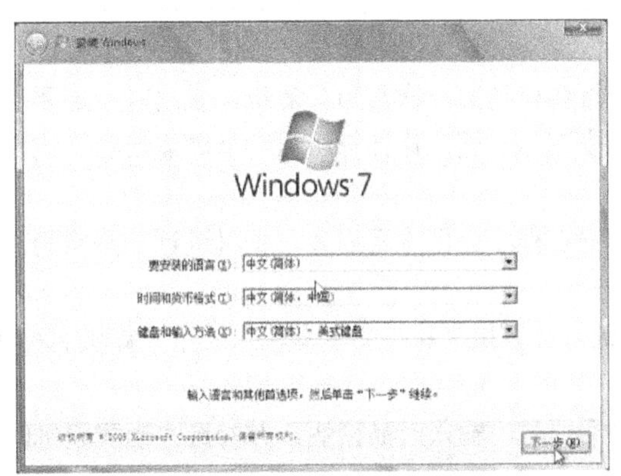

图 3.1　语言选择界面

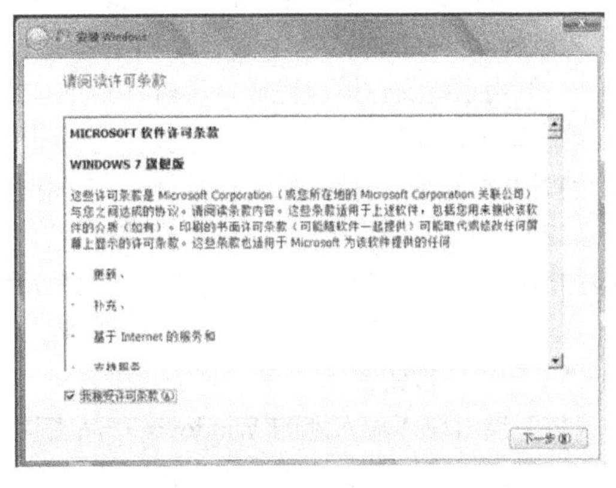

图 3.2　许可条款对话框

（6）弹出“您想进行何种类型的安装”对话框，如图 3.3 所示，单击“自定义（高级）”按钮。

（7）弹出“您想将 Windows 安装在何处”对话框，如图 3.4 所示，选择“驱动器选项（高级）”，并单击“下一步”按钮。

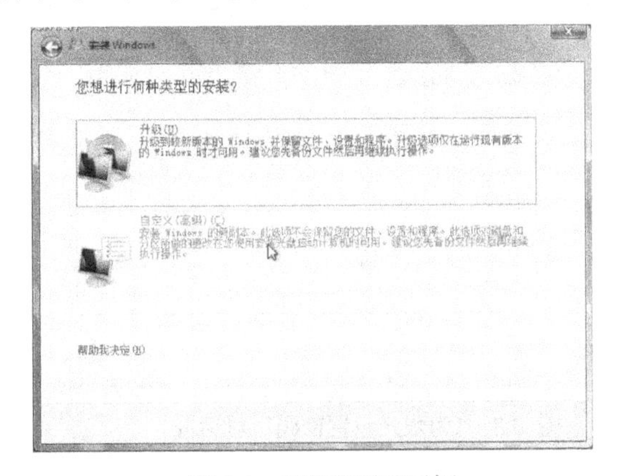

图 3.3　安装类型对话框

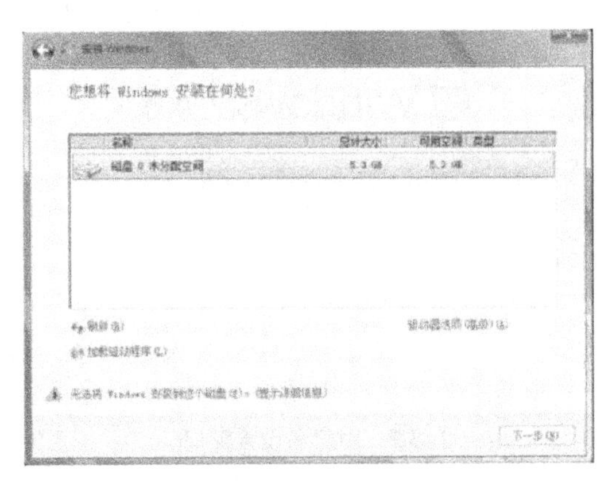

图 3.4　安装位置对话框

（8）当出现硬盘分区选择对话框时，如图 3.5 所示，选择第一硬盘的第一分区作为系统目的安装分区，或者重新进行分区规划并选择目的安装分区后对此分区进行格式化操作，然后单击“下一步”按钮。

（9）系统开始自动安装过程。首先是复制系统文件到系统盘的临时文件夹中，如图 3.6 所示。

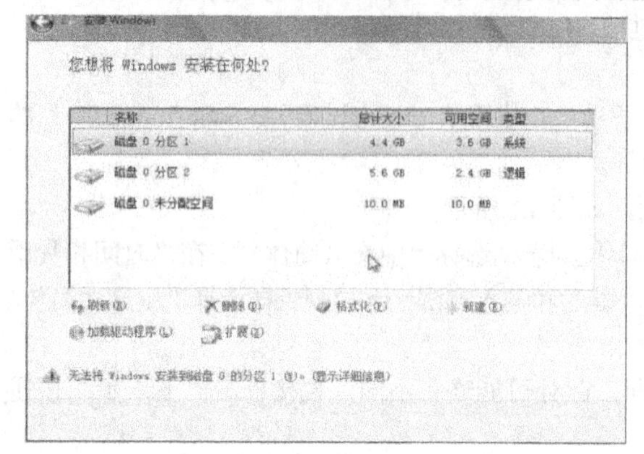

图 3.5　硬盘分区选择对话框

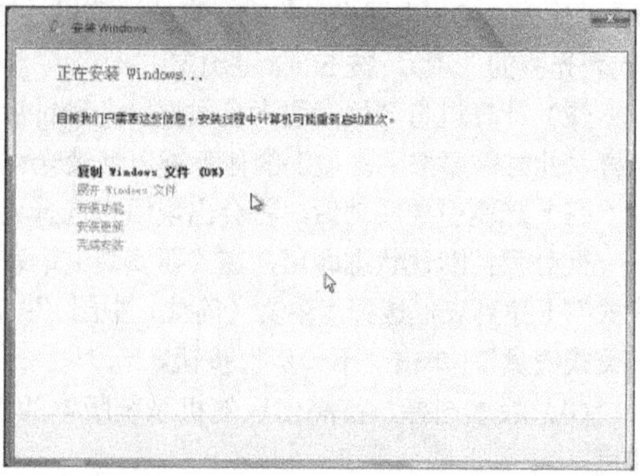

图 3.6　复制系统文件对话框

（10）临时文件复制完成后，开始安装临时文件、加载 Windows 文件、展开 Windows 文件等一系列安装过程。

（11）当系统文件解包完成，等待 10 s 后，系统将会自动第一次重启计算机，重启时一定要从硬盘启动计算机，如果光驱中有系统光盘，启动时不要按 Enter 键，让计算机自动从硬盘启动，或者是在启动时退出光驱，待硬盘启动后再推上光驱门。

（12）计算机启动后，将完成“安装更新”，然后安装程序会再次重启并对主机进行一些检测，完成检测后，弹出“用户名设置”窗口，如图 3.7 所示。

在“键入用户名”文本框输入一个用户名，在“键入计算机名称”文本框输入一个计算机名称后，单击“下一步”按钮。

（13）当出现“输入您的 Windows 产品密钥”对话框时，输入产品密钥，并勾选“当我联机时自动激活 Windows”，单击“下一步”按钮。

（14）弹出“为账户设置密码” 对话框，如图 3.8 所示，设置系统登录密码。需要注意的是，如果设置密码，那么密码提示也必须设置。如果觉得麻烦，也可以不设置密码，直接单击“下一步”按钮，进入系统后再到控制面板的用户账户中设置密码。

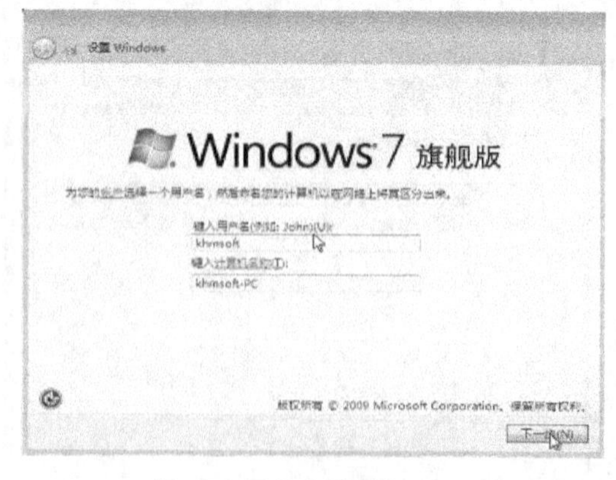

图 3.7　用户名设置窗口

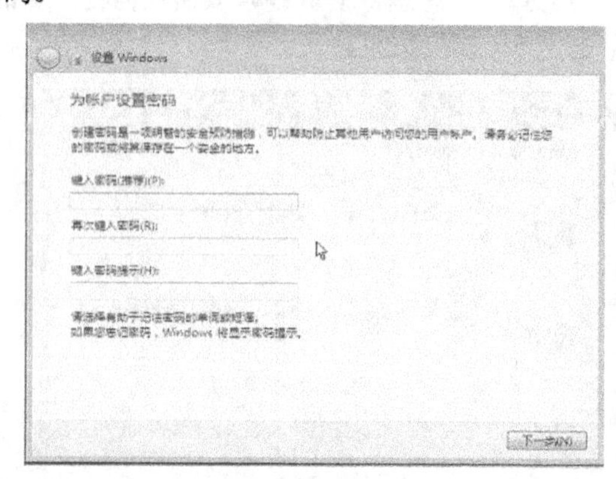

图 3.8 “为账户设置密码”对话框

（15）设置时间和日期，单击“下一步”按钮。

（16）完成设置后，将开始启动系统，并显示用户登录界面。

（17）输入用户账户名和密码后进入桌面环境，系统安装完成。

2. 升级安装

升级安装是指在不删除原有系统的基础上，以新系统的安装文件替换原有的系统文件。即无须删除原系统所在磁盘分区，直接升级原有系统文件。理论上，用户升级安装完系统后，原系统所在的分区中的文件（包括用户个人数据，如照片、音乐、视频、文档、软件程序等）都会保留下来。但采用升级方式安装后，原系统中的个别程序有可能出现兼容性问题导致使用不正常。如果原系统中的软件程序等曾经被病毒感染，那么升级系统，该被感染的程序和病毒依然有可能留存下来。

升级安装只能由 Windows Vista SP1 及其以上版本进行升级，如果现在计算机中安装的是 Windows XP 或较早版本的 Windows Vista，则不能运行升级安装。另外，不支持从 32 位 Windows Vista 升级到 64 位 Windows 7。

升级安装过程比较简便，只需按照提示操作即可，在此不做详细介绍。建议用户在日常使用计算机的过程中，最好将自己的工作数据存放在非系统盘上，一旦系统出现故障需要重新安装系统时，直接采用全新安装方式。

3.2 Windows 7 基本操作

Windows 7 继承了 Windows Vista 华丽的外观，在用户操作界面结构布局上，相比以往的 Windows 版本发生了很大的变化。资源管理器框架布局、打开文件对话框、遍布各处的搜索框、分类结构视图等方面的改进更加合理、易用，使用 Windows 7 进行文件管理和日常操作更加轻松方便。

3.2.1 Windows 7 的启动与关闭

计算机的整个运行过程都是由操作系统控制和管理的，启动计算机就意味着驱动操作系统，Windows 7 在运行的过程中可以根据不同的需要执行关闭计算机、重新启动计算机、休眠与睡眠、锁定计算机以及切换与注销用户等操作。

1. Windows 7 的启动

启动计算机的一般步骤如下。

（1）依次打开计算机外部设备的电源开关。

（2）打开主机电源开关。

（3）计算机执行硬件检测，检测无误后开始系统引导。

（4）屏幕显示用户登录界面（根据使用该计算机的用户账户数目，计算机界面分为单用户登录和多用户登录两种），选择要登录的用户名并输入用户密码后单击“确定”按钮，计算机继续完成启动过程，最后进入 Windows 7 系统桌面。

2. 退出 Windows 7 并关闭计算机

Windows 7 运行时，产生的临时信息要占用大量的磁盘空间。退出 Windows 7 必须采用正常的退出程序，才能关闭运行中的各种应用程序、保存处理的数据并删除临时信息。同时，在退出系统时，Windows 7 系统还要更新注册表。如果采用强行切断电源的方式关闭计算机，将会引起原来运行程序中的数据丢失，同时大量的临时数据将会占用磁盘空间，甚至可能造成系统错误，影响下次正常启动。

退出 Windows 7 系统的操作方法是单击屏幕下方的“开始”按钮，打开“开始”菜单，单击“关机”右侧三角按钮，再次从弹出的菜单中选择切换用户、注销、锁定、重新启动、睡眠等命令。如果要关闭计算机，只需从中选择“关机”按钮即可退出 Windows 7 操作系统并关闭计算机。

3.2.2 Windows 7 的桌面图标操作

启动 Windows 7 系统后，首先看到的整个屏幕就是 Windows 的桌面。桌面是打开计算机并登录到 Windows 之后看到的主屏幕区域，用户对计算机的控制都是通过它来实现的。桌面包括桌面图标、桌面背景、“开始”按钮、快速启动工具栏、任务栏，如图 3.9 所示。

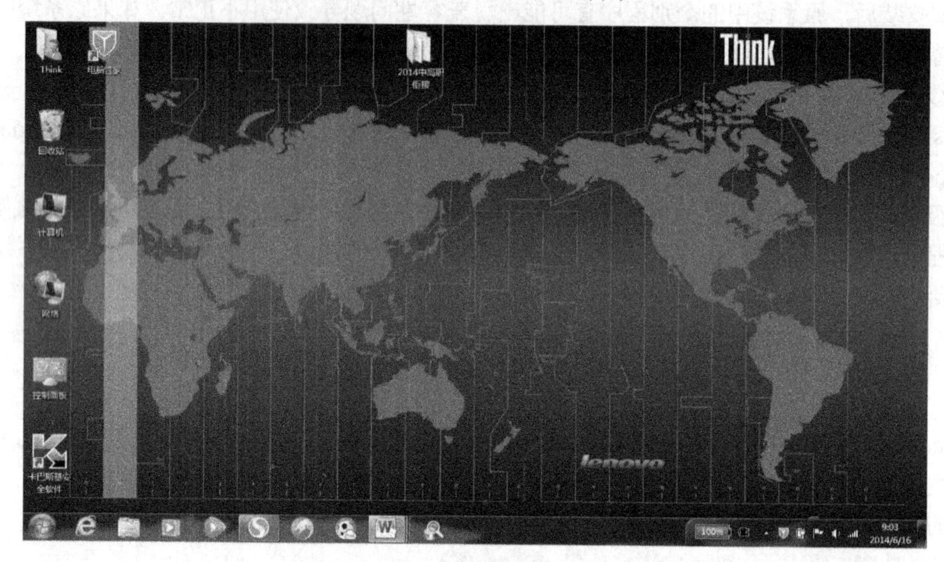

图 3.9 Windows 7 桌面

1．桌面图标

桌面图标是带有文字说明的小图片，它代表程序、文件、文件夹和网页等。桌面图标主要包括系统图标、快捷图标和文件/文件夹图标。

① 系统图标。对应系统程序、系统文件或文件夹的图标，如“计算机”图标、“回收站”图标和“控制面板”图标。

② 快捷图标。应用程序、文件或文件夹的快捷方式图标，图标左下角有箭头标志。

③ 文件或文件夹图标。即保存在桌面上的文件或文件夹。

桌面上的图标通常代表 Windows 环境下的一个可以执行的应用程序，也可能是一个文件或文件夹。用户可以通过双击其中任意一个图标打开相应的应用程序窗口，进行具体的操作。

（1）设置 Windows 7 桌面图标。

Windows 7 安装完成后，默认的 Windows 7 桌面上只有一个“回收站”图标，“计算机”、“控制面板”、“网络”、用户文件夹等图标都是默认不显示的，用户为了使用方便，通常可以将它们添加到桌面上，方法如下。

① 单击“开始”菜单，然后在“搜索程序和文件”文本框内输入“ico”，如图 3.10 所示。

② 在搜索结果（控制面板）里，单击“显示或隐藏桌面上的通用图标”选项，打开“桌面图标设置”对话框，如图 3.11 所示。

③ 选中需要显示的桌面图标，然后单击“确定”按钮。

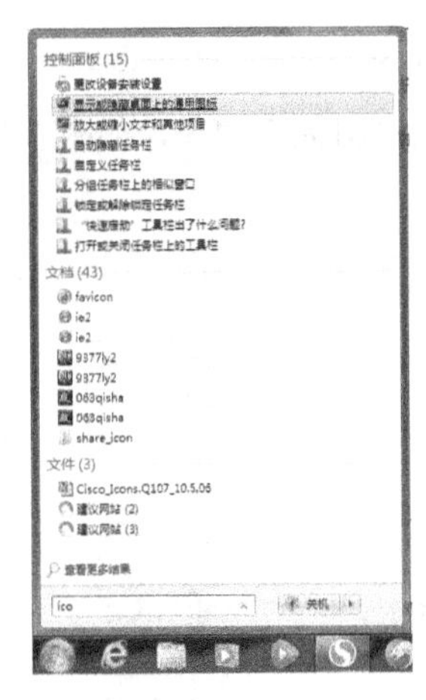

图 3.10 搜索“ico”

图 3.11 “桌面图标设置”对话框

（2）“计算机”图标。

桌面上的“计算机”图标实际上是一个系统文件夹，用户通常通过它来访问硬盘、光盘、可移动硬盘及连接到计算机上的其他设备，并可选择设备上的某个资源进行访问或查看这些存储介质上的剩余空间。“计算机”是用户访问计算机资源的一个入口，双击它，实际是打开了程序，如图 3.12 所示。

右击“计算机”图标，在弹出菜单中选择“属性”命令，打开“系统属性”窗口，如图 3.13 所示。在此可以查看到这台计算机安装的操作系统的版本信息、处理器和内存等基本性能指标以及计算机名称等重要信息。

图 3.12 “计算机”窗口

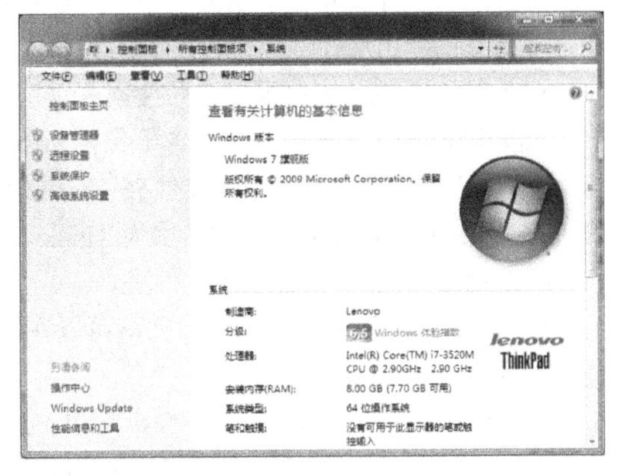

图 3.13 “系统属性”窗口

（3）“控制面板”图标。

双击“控制面板”图标，打开“控制面板”窗口，在此可以进行系统设置和设备管理，用户可以根据自己的喜好，设置 Windows 外观、语言、时间和网络属性等，还可以进行添加或删除程序、查看硬件设备等操作。

（4）“回收站”图标。

“回收站”是系统自动生成的硬盘中的特殊文件夹，用来保存被逻辑删除的文件和文件夹。双击“回收站”图标，打开“回收站”窗口，如图 3.14 所示。

在“回收站”窗口中，显示出以前删除的文件和文件夹的名字。用户可以从中恢复一些误删的、有用的文件或文件夹，也可以将这些内容从回收站中彻底删除，文件从回收站中删除后，就无法再恢复了。

2. “开始”按钮

“开始”按钮位于桌面的左下角，单击“开始”按钮可以打开“开始”菜单，如图 3.15 所示。用户可以在该菜单中选择相应的命令，完成计算机管理的主要操作。

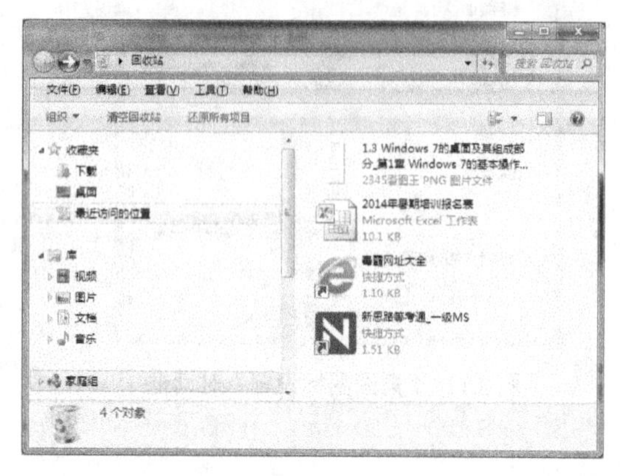

图 3.14 “回收站”窗口

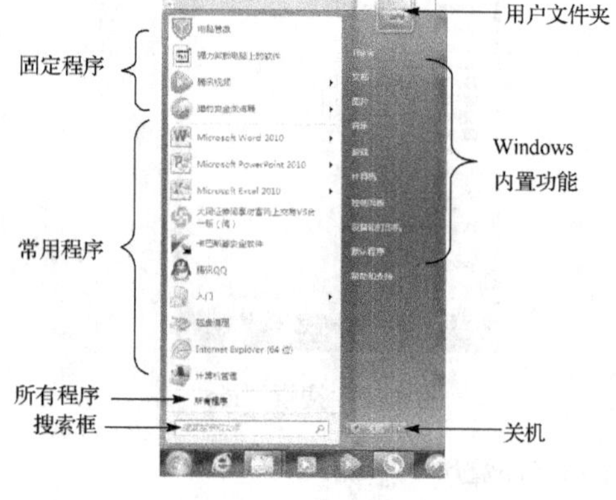

图 3.15 “开始”菜单

（1）固定程序。显示使用最频繁的程序列表。在想要固定的程序图标上右击，在弹出的快捷菜单中选择“附到‘开始’菜单”选项，可以将程序固定在“开始”菜单前端。

（2）常用程序。系统会自动将用户最近访问的几个程序显示在列表中，用户也可以自行设置将某个程序固定显示在此列表中。

（3）所有程序。单击“所有程序”可显示系统中安装过的所有程序的列表，用户安装的应用程序和管理工具都会出现在“所有程序”列表中。

（4）搜索区域。用户可以输入搜索关键字来查找计算机中的文件、文件夹、程序和电子邮件。

（5）Windows 内置功能。包含了各种 Windows 文件夹和功能的图标。包含的链接如下。

① 个人文件夹。打开个人文件夹（它是根据当前登录到 Windows 的用户命名的）。例如，如果当前用户是 Think，则该文件夹的名称为 Think。此文件夹依次包含特定于该用户的文件，包括“文档”、“音乐”、“图片”和“视频”等文件夹。

② 文档。打开“文档”文件夹，可以在这里存储和打开文本文件、电子表格、演示文稿以及其他类型的文档。

③ 图片。打开“图片”文件夹，可以在这里存储和查看数字图片及图形文件。

④ 音乐。打开“音乐”文件夹，可以在这里存储和播放音乐及其他音频文件。

⑤ 游戏。打开“游戏”文件夹，可以在这里访问计算机上的所有游戏。

⑥ 计算机。打开一个窗口，可以在这里访问磁盘驱动器、照相机、打印机、扫描仪及其他连接到计算机的硬件。

⑦ 控制面板。打开“控制面板”，可以在这里自定义计算机的外观和功能、安装或卸载程序、设置网络连接和管理用户账户。

⑧ 设备和打印机。打开一个窗口，可以在这里查看有关打印机、鼠标和计算机上安装的其他设备的信息。

⑨ 默认程序。打开一个窗口，可以在这里选择让 Windows 运行如 Web 浏览活动的程序。

⑩ 帮助和支持。打开 Windows 帮助和支持，可以在这里浏览和搜索有关使用 Windows 和计算机的帮助主题。

（6）“关机”按钮。用来切换用户、注销登录用户的 Windows 会话或关闭计算机。

3. 任务栏

Windows 7 系统的任务栏主要包括“开始”按钮、快速启动区、程序按钮区和通知区域等几个部分，如图 3.16 所示。

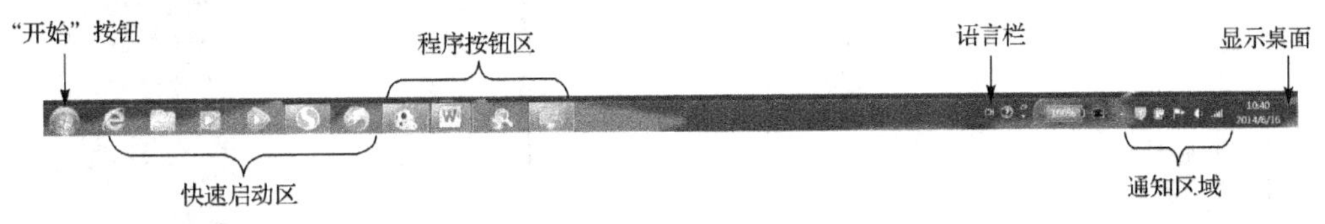

图 3.16 任务栏

（1）“开始”按钮。单击该按钮可以打开“开始”菜单。

（2）快速启动区。放置常用程序的快捷方式图标，通过它可以快速启动一些常用的程序。Windows 7 自身不带快速启动栏，需要自己去设置。

（3）程序按钮区。显示正在打开程序窗口的对应按钮。所有正在运行的应用程序均以按钮的形式显示在任务栏中，要切换到某个应用程序窗口，只需单击任务栏上相应的按钮即可。正在操作的窗口的图标是凸起状态。

（4）语言栏。显示当前的输入法状态。

（5）通知区域。包括时钟、音量、网络以及其他一些显示特性程序和计算机设置状态的图标。

（6）“显示桌面”按钮。鼠标指向该按钮可以预览桌面，单击该按钮可以快速返回桌面显示状态。

4. 小工具

Windows 7 系统的小工具是一组可以在桌面上显示的常用工具，如图 3.17 所示。这些小工具可以在桌面上自由浮动。在默认情况下，这些小工具不显示在桌面上，通过右击桌面，在弹出的下拉菜单中选择“小工具”项，即可将小工具添加到桌面上。

5. 桌面图标操作

（1）图标的常用操作。图标的操作非常简单，总的来说分为双击、间隔单击、右击、拖曳 4 种操作方式。

① 双击。连续两次快速单击鼠标左按钮，可以直接打开图标对应的程序和文件。

② 间隔单击。用鼠标左键单击一次图标，然后间隔数秒后再单击一次，会发现图标下面的文字标题变成蓝底白字，此时可以修改这些文字，所以间隔单击的目的就是对图标的文字进行修改。

③ 右击。一般是程序的特定功能菜单操作，当鼠标右键点击图标后会看到一个菜单，在这个弹出菜单中用户可以选择相关操作（并非所有图标都有右键菜单）。

④ 拖曳。就是将图标从一个位置拖动到另一个位置，操作方法就是在将要拖动的图标上按下鼠标左键不放，然后移动鼠标，此时发现图标呈虚影状随鼠标一起移动，当移动到满意的位置后放开鼠标，图标将停留在这个位置上。

（2）图标排列。计算机使用时间长了，安装的软件也越来越多，桌面上的图标会逐渐增多并凌乱，这时，就需要对图标进行排列，以便于查看，也使凌乱的桌面干净、整齐起来。

要安排桌面图标，可在桌面空白处单击鼠标右键，在弹出的菜单中选中“排序方式”命令，弹出下级菜单，如图 3.18 所示。可以选择按“名称”、“大小”、“项目类型”、“修改日期”中的一种，重新排列图标。

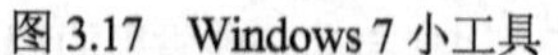
图 3.17　Windows 7 小工具

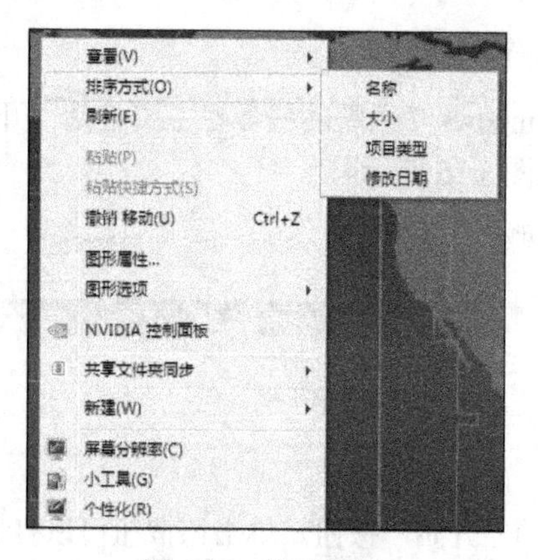

图 3.18　排列图标

（3）图标大小调整。Windows 默认的图标大小非常适合大家的使用舒适度。在 Windows 7 里提供了图标大小调整的功能，允许用户自行设置图标的大小，以更方便地在桌面上管理和查找图标。

在桌面空白处单击鼠标右键，在弹出的菜单中选中“查看”命令，弹出下级菜单，可以选择“大图标”、“中等图标”、“项目类型小图标”中的一种，重新排列图标。

（4）改变桌面图标标题。选择桌面图标，右击，在弹出的快捷菜单中选择“重命名”选项，输入新名字，按 Enter 键即可。

（5）删除桌面图标。选择桌面图标，右击，在弹出的快捷菜单中选择“删除”选项即可（回收站不能删除）。

（6）选定图标。要选择单个图标，可以使用鼠标左键单击图标；要选定多个图标，可以在选择第一个图标之后，按住 Ctrl 键，再单击其他要选定的图标。如果要选定的图标是连续排列的，则可以将鼠标移到要选定范围的一角，按住左键拖曳到另一个对角上释放，这样可选中矩形范围内的图标。

3.2.3　Windows 7 的窗口

Windows 被称为视窗操作系统，它的界面是由一个个的窗口组成的，每当打开程序、文件或文件夹时，它们都将显示在相应的窗口中。Windows 7 的窗口与以往的 Windows 操作系统的窗口相比有了重大改进，首先是取消了传统窗口中的工具栏，同时在任一窗口中都随时支持搜索功能，可以更方便地实现文件的搜索与管理。

1．窗口类型

Windows 操作系统的窗口可以分为 3 类：应用程序窗口、文件夹窗口和对话框窗口。其中对话框窗口是一个特殊窗口，在后面单独介绍。

（1）应用程序窗口。应用程序窗口是最常见的窗口，它可以是一个应用软件、Windows 7 的一个实用程序或 Windows 7 的一个附件。无论启动其中哪一个，都会打开其特有的程序窗口。

（2）文件夹窗口。文件夹窗口是 Windows 7 管理系统时所用的一种特殊窗口，它用于显示一个文件夹的下属文件夹和文件的主要信息。Windows 7 将文件夹窗口和 IE 浏览器的窗口格式统一起来，通过浏览器可以浏览本机的文件夹信息，从文件夹窗口可以直接浏览网页。

2．Windows 7 的窗口组成

在桌面上双击“计算机”图标，打开如图 3.19 所示的“计算机”窗口。由图可见，Windows 7 窗口主要由如下几个部分组成：

（1）边框和角。可以用鼠标指针拖动这些边框和角以更改窗口的大小。

（2）最小化、最大化和关闭按钮。单击这些按钮分别可以最小化窗口、最大化窗口以及关闭窗口。

（3）地址栏。标题栏下边是地址栏，从左到右依次为“前进”与“后退”按钮、路径框、搜索框。

其中，“前进”与“后退”按钮的作用与浏览器中的“前进”与“后退”按钮相似，其旁边的向下箭头分别给出浏览的历史记录或可能的前进方向；其右边的路径框用于指定当前目录的位置，其中的各项均可单击，帮助用户直接定位到相应层次；在搜索框中随时可以输入任何想要查询的搜索项。

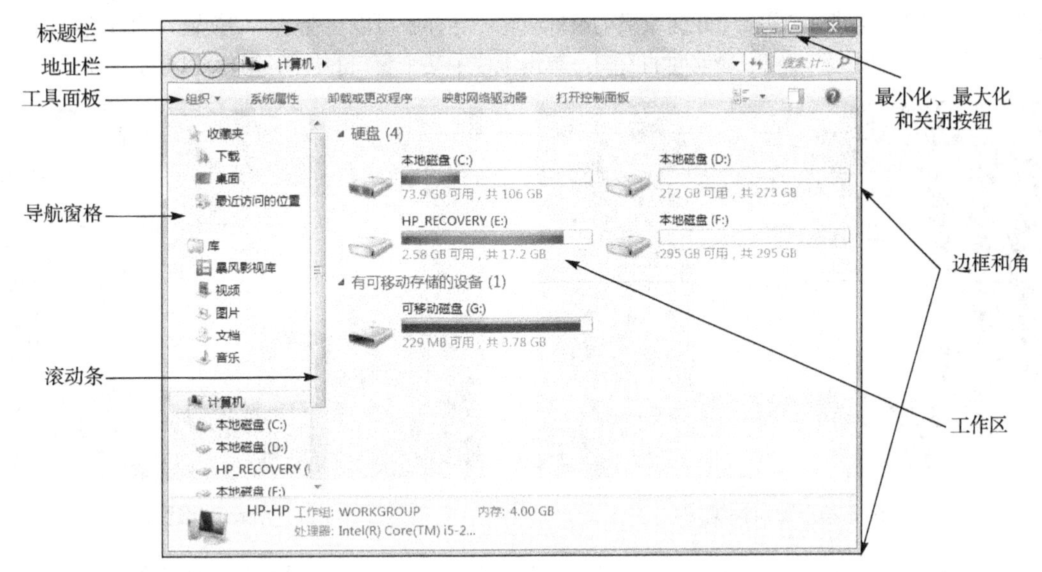

图 3.19　Windows 7 窗口

（4）工具面板。工具面板可视为新形式的菜单，其标准配置包括“组织”等诸多选项。其中，“组织”项用来进行相应的设置与操作，其他选项根据文件夹具体位置的不同，在工具面板中会出现相应工具项。如浏览回收站时，会出现“清空回收站”、“还原项目”的选项；而在浏览图片目录时，则会出现“放映幻灯片”的选项；浏览音乐或视频文件目录时，相应的播放按钮则会出现。

（5）导航窗格。在窗口左侧有一个侧栏，里面显示了其他常用的文件夹，单击相应的文件夹可以快速切换到其他位置。

（6）工作区。窗口中间的空白区域就是工作区，其中包括存放的文件和文件夹，左侧的库中存放有视频、图片、文档、音乐等文件夹，用户还可以在其中创建新的文件夹。

（7）滚动条。窗口缩小以后，有时在右侧和底边会出现一个长条，两头是个黑三角箭头，这就是滚动条，单击黑三角箭头或者拖动滚动条，可以浏览窗口中的其他内容。

（8）标题栏。窗口的最上边的长条就是标题栏，用于显示文档和程序的名称（如果正在文件夹中工作，则显示文件夹的名称）。在此窗口中没有标题栏。

3. Windows 7 的窗口操作

（1）改变窗口大小。通过单击“最小化”、“最大化”和“还原”三个按钮可以改变窗口大小。

将鼠标指针移动到窗口 4 个边框或 4 个角上，当鼠标指针显示为双箭头时，按住鼠标左键并移动鼠标便可以调整窗口的水平尺寸、垂直尺寸，或同时调整窗口的水平尺寸和垂直尺寸。

（2）调整窗口位置。当打开窗口的数量较多时，可能部分窗口将被其他窗口遮挡，影响用户计算机的使用。此时，可以通过手动方式来调整窗口的位置，将一些不必要的窗口从视线移开。调整窗口位置的方法是将鼠标指针指向窗口的标题栏，按住鼠标左键并移动鼠标。

（3）在窗口间切换。当同时有多个窗口打开时，就存在各个窗口之间的切换问题，此时只需通过单击任务栏中的窗口图标即可实现相应的切换。要想轻松地识别每一个窗口，只需将鼠标指向任务栏中的窗口按钮，该按钮将变成一个缩略图大小的窗口预览，如图3.20所示（该缩略图预览方式需要计算机支持 Aero 特效）。

（4）三维窗口切换。使用三维堆栈排列窗口功能可以快速浏览处于打开状态下的多个窗口。其操作方法是按下鼠标左键的同时重复按 Tab 键或滚动鼠标滚轮，这样就可以实现循环切换窗口的目的，如图3.21所示。释放鼠标可以显示堆栈中最前面的窗口，单击堆栈中某个窗口的任意部分可以显示该窗口。

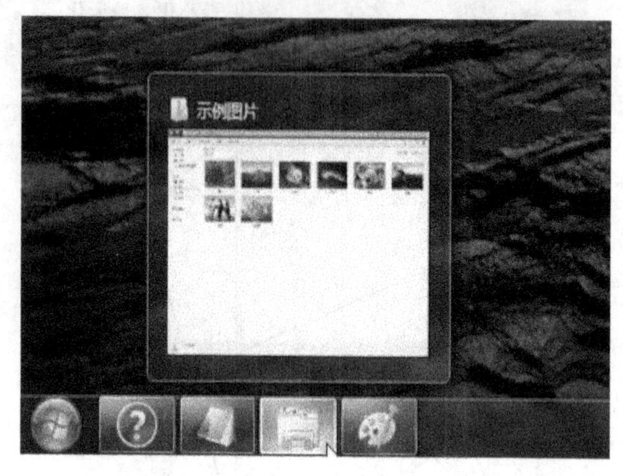

图3.20 窗口预览图

图3.21 Aero 三维窗口切换

（5）排列窗口。当同时打开多个窗口并在多个窗口中操作时，需要对多个窗口的排列、摆布和显示方式进行调整。此时，用户可以首先右击任务栏的空白处，然后在弹出的任务栏快捷菜单中选择“层叠窗口”、“堆叠显示窗口”、“并排显示窗口”中的一个，以实现窗口的不同布局方式，如图3.22所示。

（6）“对齐”排列窗口。“对齐”将在移动的同时自动调整窗口的大小，或将这些窗口与屏幕的边缘对齐。可以使用“对齐”并排排列窗口和垂直展开窗口。

并排排列窗口：将窗口的标题栏拖动到屏幕的左侧或右侧，直到出现已展开窗口的轮廓，释放鼠标即可展开窗口。

垂直展开窗口：鼠标指向打开窗口的上边缘或下边缘，直到指针变为双箭头，然后将窗口的边缘拖动到屏幕的顶部或底部，使窗口扩展至整个桌面的高度，窗口的宽度不变。

3.2.4 Windows 7 的任务栏操作

在 Windows 7 系统中，任务栏的外观不但发生了变化，而且还增加了一些新的功能，例如程序锁定、并排显示窗口和 JumpList 菜单等。在进入 Windows 7 后，系统会自动显示任务栏，而此时的任务栏将使用系统默认设置。这个默认设置不一定适合每一位用户，有时需要进行必要的修改，也就是对任务栏进行一些必要的设置。

1. 设置任务栏选项

（1）右击任务栏的空白处，在弹出的快捷菜单中选择“属性”选项，如图3.22所示。

（2）打开“任务栏和‘开始’菜单属性”对话框，如图3.23所示。在对话框中单击“任务栏”选项卡。

（3）根据需要进行必要的设置，最后单击“确定”按钮。

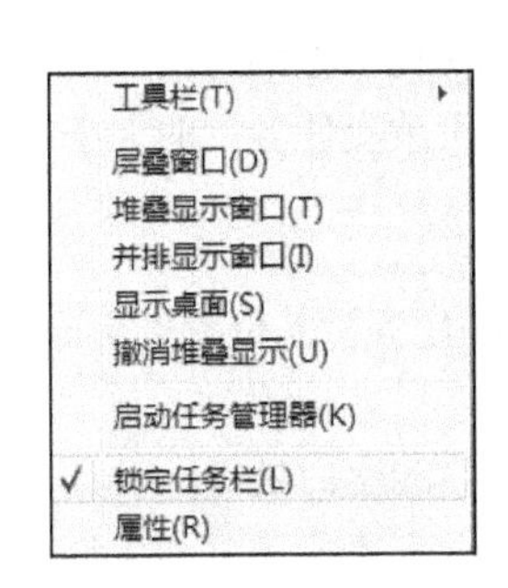

图 3.22　窗口的排列

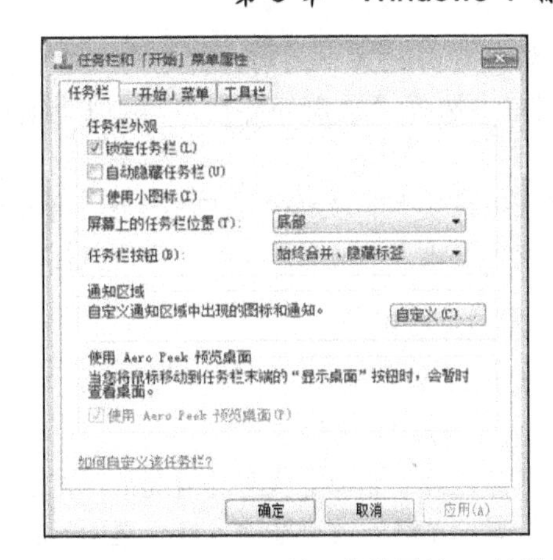

图 3.23　“任务栏和‘开始’菜单属性”对话框

通过“任务栏和开始菜单属性”对话框可以对 Windows 7 任务栏进行设置的选项主要包括任务栏外观、通知区域、使用 Aero Peek 预览桌面三个部分。

① 锁定任务栏。在进行日常计算机操作时，常会一不小心将任务栏拖曳到屏幕的左侧或右侧，有时还会将任务栏的宽度拉伸而难以调整到原来的状态，为此，Windows 添加了“锁定任务栏”这个选项，可以将任务栏锁定。

② 自动隐藏任务栏。由于工作需要，用户有时希望将屏幕下方的任务栏隐藏，从而使桌面显得更大一些。要想隐藏任务栏，只需勾选任务栏属性对话框中的“自动隐藏任务栏”复选框即可。任务栏自动隐藏后，平时用户是看不到任务栏的，要想显示任务栏，只需将鼠标移动到屏幕下边即可。

③ 使用小图标。勾选“使用小图标”复选框，可以使窗口中各个文件或文件夹均以小图标的形式显示。

④ 屏幕上的任务栏位置。任务栏默认的位置是在屏幕底部。用户可以在任务栏属性对话框的“屏幕上的任务栏位置”下拉列表框中选择左侧、右侧或顶部。如果是在任务栏未锁定状态下的话，通过拖动任务栏也可将其拖曳至桌面的上、下、左、右 4 个位置。

⑤ 任务栏按钮。用于设定任务栏上程序窗口按钮的显示方式，用户可以从“始终合并、隐藏标签”、“当任务栏被占满时合并”、“从不合并”3 个选项中选择一种显示方式。

⑥ 通知区域。通知区域中的“自定义通知区域中出现的图标和通知”用于设定系统是否显示图标和通知。用户在对话框中单击“自定义”按钮，将会弹出“选择在任务栏上出现的图标和通知”对话框。在对话框中可以选择隐藏的图标和通知，如果想改变隐藏的图标状态，使其不隐藏，而像声音图标（小喇叭）那样显示在系统托盘中，可在这里调整它们的行为，是“显示图标和通知”，还是“仅显示通知”、“隐藏图标和通知”。

⑦ 使用 Aero Peek 预览桌面。Aero Peek 是 Windows 7 中 Aero 桌面提升的一部分，是 Windows 7 中一个崭新的功能。如果用户打开了很多的 Windows 窗口，那么要想很快找到自己想要的窗口或桌面就不是件容易的事情了，而 Aero Peek 正是用来解决这一难题的。Aero Peek 提供了两个基本功能。

- 通过 Aero Peek，用户可以透过所有窗口查看桌面。
- 用户可以快速切换到任意打开的窗口。

2. 调整任务栏的大小

通常情况下，屏幕底部的任务栏只占一行。当打开窗口较多时，任务栏上的窗口名称将无法完全显示。调整任务栏的大小，可以为程序按钮和工具创建更多的空间。调整任务栏大小的操作步骤如下。

（1）在调整任务栏大小之前，首先需要解除任务栏的锁定。其方法是在任务栏上右击，在弹出的快捷菜单中选择“锁定任务栏”，取消“锁定任务栏”前面的“√”，即可取消任务栏的锁定状态。

（2）在任务栏处于非锁定状态的情况下，将鼠标指向 Windows 7 任务栏的边沿。

（3）当鼠标变成上下箭头形状时，按住鼠标左键并拖动鼠标即可改变任务栏的大小。

3. 调整任务栏的位置

在通常情况下，任务栏位于屏幕底部，但在需要时，也可以调整任务栏的位置到桌面的其他边界。调整任务栏位置的操作方法如下。

（1）在任务栏处于非锁定状态的情况下，将鼠标光标指向任务栏的空白处。

（2）按住鼠标左键不放，拖动鼠标到桌面的其他边界即可。

3.2.5 Windows 7 的菜单操作

菜单实际上就是一组操作名称的列表框，是一张命令表，用户可以从中选择所需的命令来执行相应的功能。在 Windows 7 操作系统中，菜单主要包括“开始”菜单、下拉菜单和快捷菜单。

1. “开始”菜单

在 Windows 7 中，微软对“开始”菜单进行了更改并增加了一些新的功能，以使用户能够更方便地管理和使用计算机。在前面已经介绍过。

2. 下拉菜单

Windows 7 的文件夹窗口中取消了菜单栏一行，取而代之的是全新的工具栏，工具栏中包含一个个的项目，每个项目单词右侧均有一个下拉箭头，单击下拉箭头即可弹出一个下拉菜单。例如在“计算机”窗口中单击“组织”右侧的下拉箭头，即可弹出相应的下拉菜单，如图 3.24 所示。

3. 快捷菜单

用户可以在文件或文件夹图标、桌面空白处、窗口空白处、盘符等区域上右击，此时即可弹出一个快捷菜单，其中包含一个个被选对象的操作命令，如图 3.25 所示。

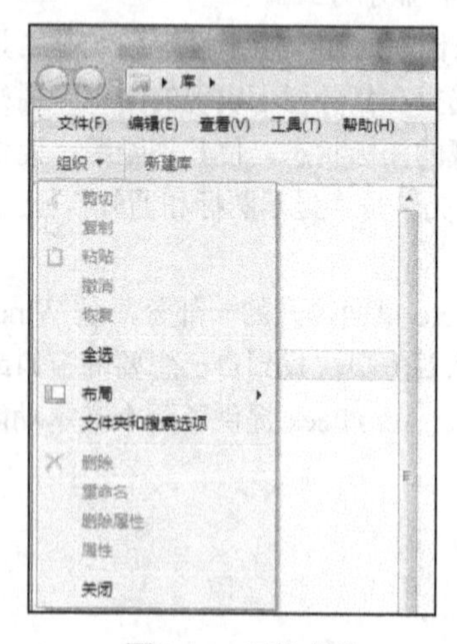

图 3.24 下拉菜单

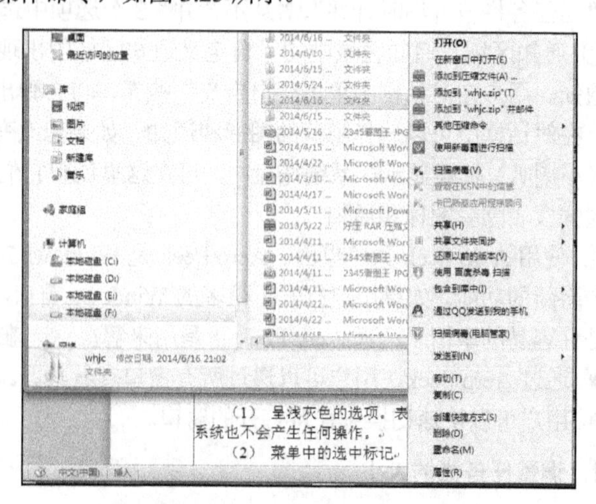

图 3.25 右击快捷菜单

4. 菜单中命令项的一些约定

（1）呈浅灰色的选项。表明此选项在当前情形下是不可用的，即使选择这些选项，系统也不会产生任何操作。

（2）菜单中的选中标记。“√”为复选项，其作用就像一个开关，选中该选项使之生效，再次选中则关闭该选项的功能。“●”为单选项，在一组菜单选项中只能选择其中的一个。

（3）包含子菜单的菜单选项。如果某个菜单项的后面有一个向右的小三角形，说明该菜单项后面还有子菜单，选中该菜单项将打开下一级子菜单（有时也称为级联菜单）。

（4）带有对话框或向导的菜单。选择带有“…”的菜单项，将弹出一个对话框或向导。

（5）有快捷键的菜单。许多菜单项的后面都有一些字符，这些字符是与该菜单项相对应的快捷键。

3.2.6 Windows 7 的对话框

在 Windows 7 操作系统中，对话框是用户和计算机进行交流的中间桥梁。当用户选择了菜单中带有“…”的选项后，需要用户输入较多的信息，或者某些程序运行过程中要求用户给出某些参数时，都会弹出对话框窗口，如图 3.26 所示。对话框的主要组成元素如下。

（1）选项卡。选项卡多用于一些比较复杂的、需要分为多页的对话框，单击选项卡的标签可以实现页面之间的切换。

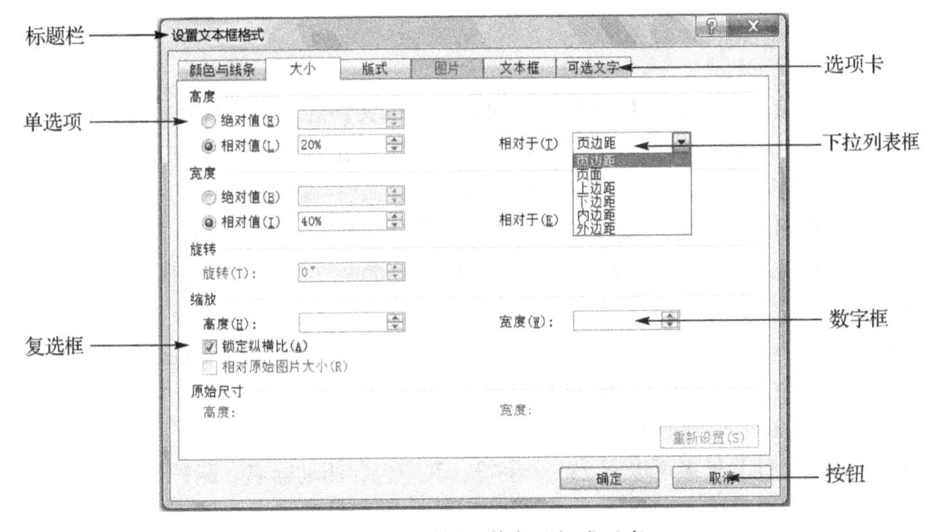

图 3.26 对话框及其主要组成元素

（2）按钮。按钮在对话框中用于执行某项操作命令，单击按钮可实现某项功能。

（3）下拉列表框。下拉列表框的右侧有一个下拉箭头，单击该下拉箭头可以打开一个列表，单击可以选择其中的选项。

（4）数字框。数字框用于输入数字，右侧有上、下箭头组成的增减按钮，单击上、下箭头可以增加和减少数值。也可以选中其中的数字后通过键盘直接输入。

（5）单选项。单选项的标记为一个圆点，一组单选项同时出现时，用户只能选择其中的一个。

（6）复选框。复选框的标记是一个方格，一组复选框出现时，用户可以选择任意多个。

（7）文本框。文本框可以让用户输入和修改文本信息，如图 3.27 所示。

（8）列表框。列表框显示一个对象的信息列表，如果列表内容较多，将会出现滚动条，如图 3.28 所示。用户可以借助滚动条浏览列表，并单击需要选取的选项。

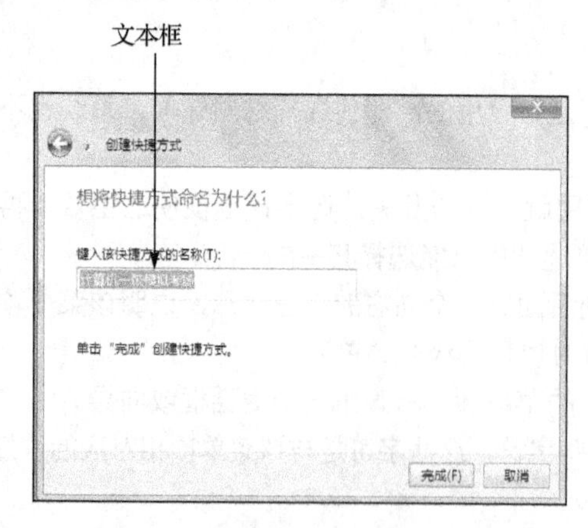

图 3.27 文本框

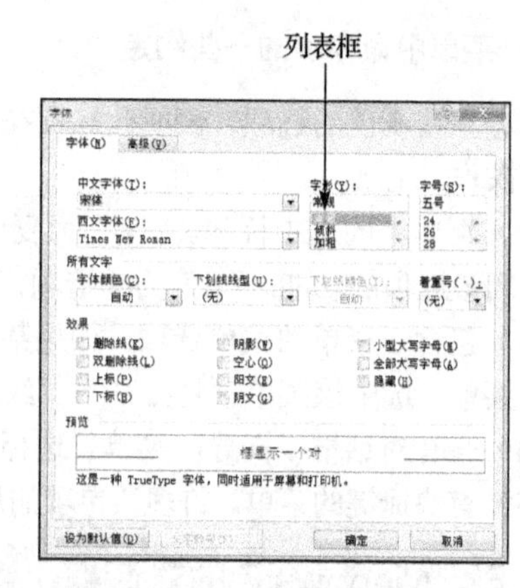

图 3.28 列表框

3.3 文件和文件夹操作

文件管理是任何操作系统的基本功能之一，也是用户在使用计算机的过程中最为常用的基本操作。

3.3.1 文件和文件夹的概念

1．文件

文件是一组相关信息的集合，任何程序和数据都是以文件的形式存放在计算机的外存储器上的（如磁盘）。在计算机中，文本文档、电子表格、数字图片、歌曲等都属于文件。任何一个文件都必须具有文件名，文件名是存取文件的依据，也就是说计算机的文件是按名存取的。

一个文件的文件名通常是由主文件名和扩展名两部分组成的。Windows 7 对文件的命名方式与MS-DOS 和 Windows 3.X 文件的命名方式有明显区别。Windows 7 支持的长文件名最多为 255 个字符，而 MS-DOS 和 Windows 3.X 的主文件名最多可用 8 个字符，扩展名最多可用 3 个字符（又称"8.3"格式）。Windows 7 为了保持与早期 MS-DOS 和 Windows 3.X 操作系统的兼容性，它不仅有长文件名，还有按照"8.3"格式生成的与 MS-DOS 兼容的短文件名。

Windows 7 文件的命名规则如下。

（1）一个文件的文件名最多可以有 255 个字符，其中包含驱动器名、路径名、主文件名和扩展名 4 个部分。

（2）通常，每个文件都有 3 个字符的文件扩展名，用以标识文件的类型，Windows 7 系统中常用的文件类型及其对应的扩展名如表 3.2 所示。

（3）文件名中不能出现以下字符：\、/、:、*、?、"、<、>、|。

（4）查找文件时，文件名中可以使用通配符"?"和"*"。其中，一个"?"可以代表任意一个字符，而一个"*"可以代表任意多个字符。

（5）文件名中可以使用汉字，一个汉字相当于两个字符。

（6）可以使用多分隔符的名字。例如，your.book.pen.paper.txt。

2．文件夹

计算机是通过文件夹来组织管理和存放文件的，用户通常可以将一些相同类别的文件存放到一个文件夹中。一个文件夹中既可以包含文件，也可以包含其他的文件夹，文件夹中包含的文件夹通常称为子文件夹。Windows 7 系统与以往的 Windows 系统相同，也是采用树形目录结构的形式来组织和管理文件的，文件夹就相当于 MS-DOS 和 Windows 3.X 中的目录。

在 Windows 7 系统中，文件夹的命名规则与文件名中的主文件名的命名规则相同。

表 3.2　常用文件类型及其扩展名

扩 展 名	文 件 类 型	扩 展 名	文 件 类 型
.bmp、.jpg、.gif	图形文件	.avi、.mpg	视频文件
.int、.sys、.dll	系统文件	.bak	备份文件
.bat	批处理文件	.tmp	临时文件
.drv	设备驱动程序文件	.ini	系统配置文件
.wav	波形声音文件	.mid	音频文件
.txt	文本文件	.obj	目标代码文件
.rar、.zip	压缩文件	.exe、.com	可执行文件

3.3.2　文件夹窗口的基本应用

1．地址栏

地址栏显示了用户当前所在的位置，它位于资源管理器窗口的最上方，使用它可以浏览用户在计算机或网络上的位置。

（1）若要直接转到地址栏中已经可见的位置，可直接单击地址栏中的该位置。

（2）若要转到地址栏中可见位置的子文件夹，可单击地址栏中该位置的右箭头，然后单击列表中的新位置，如图 3.29 所示。

（3）单击地址栏左侧的当前文件夹图标，或者单击地址栏右侧的空白区域，地址栏将更改为显示到当前位置的路径，如图 3.30 所示。

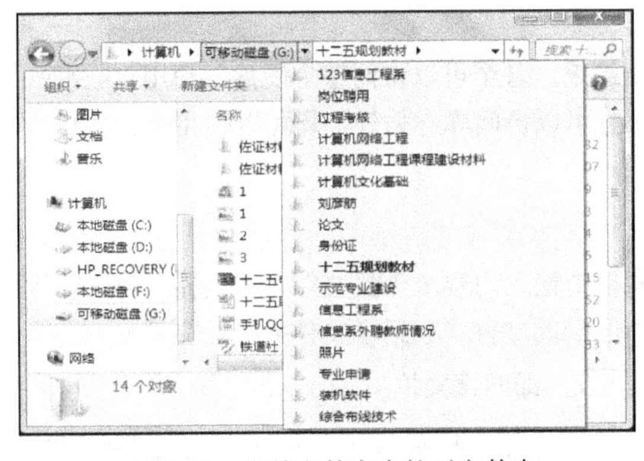

图 3.29　当前文件夹中的子文件夹

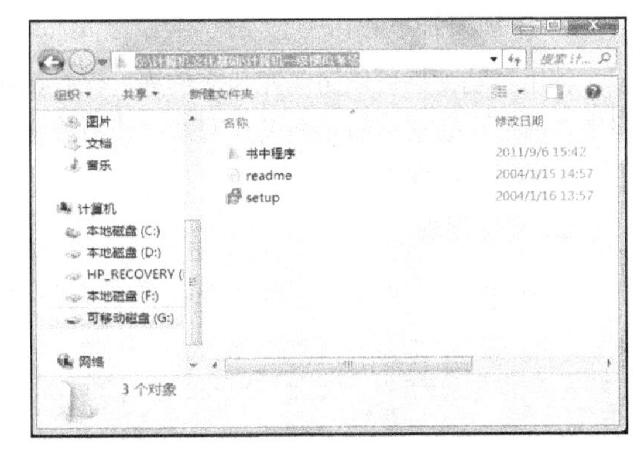

图 3.30　当前位置路径

（4）通过在地址栏中输入 URL 来浏览 Internet，这样会将打开的文件夹替换为默认 Web 浏览器。

（5）单击地址栏右侧的下拉箭头，将打开一个下拉列表框，可以在其中选择之前访问过的目录。

2．“后退”按钮 和“前进”按钮

使用“后退”按钮和“前进”按钮可以导航至已打开的其他文件夹或库，而无须关闭当前窗口。

3．工具栏

工具栏包含与任务相关的按钮，它的配置依赖于正在查看的文件夹类型。

（1）“组织”按钮。单击该按钮，将弹出一个下拉菜单，在其中可执行基本文件的操作任务，如

“重命名”、“移动”、“复制”、“删除”文件等。下拉菜单中还包含一个可以显示子菜单的“布局”选项，如图 3.31 所示，选择其中的“菜单栏”选项可以显示传统 Windows 资源管理器的菜单。另外，还可以通过切换详细信息面板、预览窗格和导航窗格来配置布局。

（2）“视图”按钮。在打开文件夹时，可以通过该按钮更改文件在窗口中的显示方式。例如，可以选择较大（或较小）图标或者选择允许查看每个文件的不同种类信息的视图。若要执行这些更改操作，可使用工具栏中的“视图”按钮，每次单击“视图”按钮的左侧时都会更改显示文件和文件夹的方式，也就是可以在大图标、列表、详细信息、小图标、内容等不同的视图间循环切换。如果单击“视图”按钮右侧的箭头，则还有更多选项，如图 3.32 所示，向上或向下移动滑块可以微调文件和文件夹图标的大小。

4. 详细信息窗格

详细信息窗格提供了有关当前文件夹、文件的详细信息。

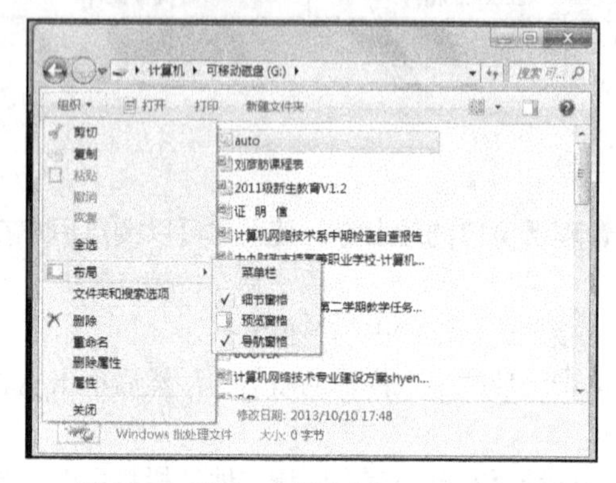

图 3.31 “组织”菜单中的“布局”选项

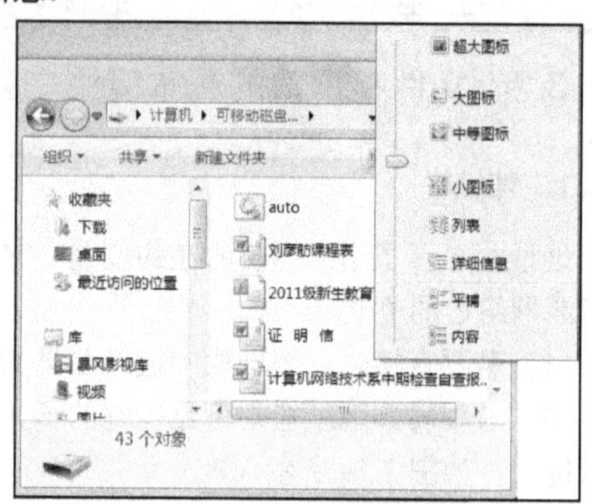

图 3.32 “视图”方式列表

5. 导航窗格

使用导航窗格可以访问库、文件夹、保存的搜索结果，甚至可以访问整个硬盘。使用“收藏夹”部分可以打开最常用的文件夹和搜索；使用“库”部分可以访问库。另外，还可以使用“计算机”浏览文件夹和子文件夹。

6. 文件列表

显示当前文件夹或库中的内容。如果通过在搜索框中输入内容来查找文件，将仅显示与当前视图相匹配的文件（包括子文件夹中的文件）。

图 3.33 预览窗格窗口

7. 即时搜索框

即时搜索框提供了一种在当前文件夹中快速搜索文件的方法，只需要输入文件名的全部或一部分，即会对文件夹中的内容进行筛选，而仅显示与输入文件名相匹配的文件。

8. 预览窗格

使用预览窗格可以查看大多数文件的内容。例如，如果选择电子邮件、文本文件或图片，则无须在程序中打开即可查看其内容。如果看不到预览窗格，可以通过单击工具栏中的“预览窗格”按钮来打开预览窗格窗口，如图 3.33 所示。

3.3.3 计算机与资源管理器

文件或文件夹的创建、打开、移动、复制、删除、重命名等操作都可以使用“计算机”或“资源管理器”来实现。

1. 计算机

用户使用“计算机”可以显示整个计算机中有关文件及文件夹的信息，可以完成启动应用程序，打开、查找、复制、删除、文件更名、创建新的文件和文件夹等操作，实现计算机的资源管理。双击桌面上的“计算机”图标，可以打开“计算机”窗口，选择“开始”菜单中的“计算机”选项也可以打开“计算机”窗口，如图 3.34 所示。

在“计算机”窗口中显示有所有的磁盘驱动器，双击某个驱动器图标，将显示该驱动器根目录下的所有文件和文件夹，如图 3.35 所示。

图 3.34 “计算机”窗口

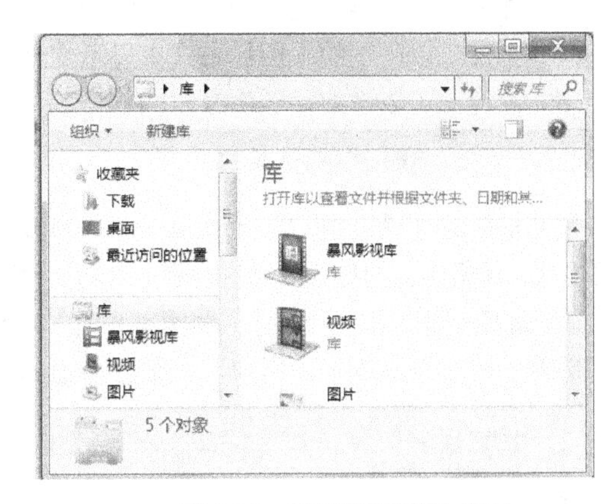

图 3.35 “资源管理器”窗口

2. 资源管理器

资源管理器是 Windows 7 系统提供的资源管理工具，资源管理器采用分层的树形文件系统结构，可以使用户更清楚、更直观地了解计算机中的文件和文件夹。使用资源管理器可以很方便地查看计算机上的所有资源，不需要打开多个窗口，而只在一个窗口中就能实现诸如目录浏览、查看、移动和复制文件或文件夹等操作。打开资源管理器的方法如下。

（1）右击“开始”按钮，在弹出的快捷菜单中选择“打开 Windows 资源管理器”选项。

（2）选择“开始”→“所有程序”→“附件”命令，在“附件”菜单中选择“Windows 资源管理器”选项。

打开后的“资源管理器”窗口如图 3.35 所示。一般情况下，在刚刚打开的 Windows 7 资源管理器窗口中是看不到菜单栏的，如果要显示菜单栏，只需选择“组织”→“布局”→“菜单栏”命令即可，如图 3.36 所示。

3. 文件或文件夹的显示方式

在“计算机”窗口或资源管理器窗口的右上角通常有一个“视图”按钮，可以通过该按钮改变文件夹中内容的显示方式，通常可分为 5 种显示方式，如图 3.37 所示。

（1）图标：文件和文件夹用图标显示，又可以分为超大图标、大图标、中等图标和小图标。

（2）列表：文件和文件夹用列表的方式进行显示。

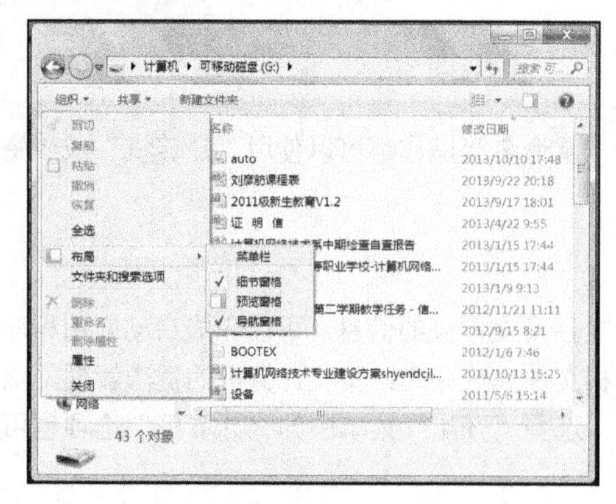

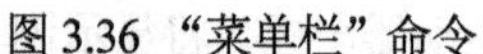
图3.36 “菜单栏”命令

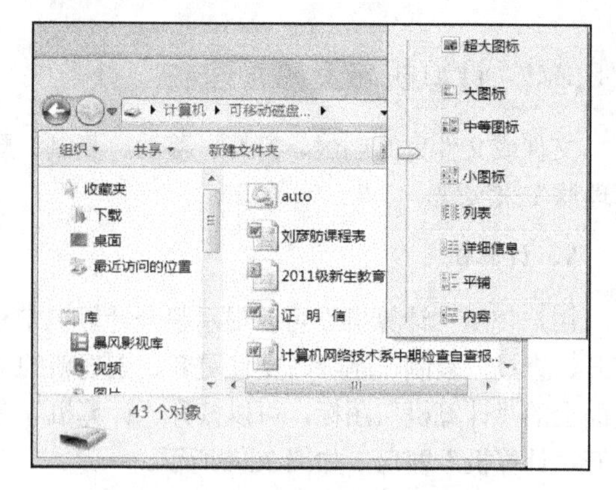

图3.37 选择视图方式

（3）详细信息：显示文件和文件夹的详细内容，其中包括文件名、大小、类型、修改时间等。

（4）平铺：以平铺的大图标方式来显示文件和文件夹。

（5）内容：可以详细显示修改时间。

4．“文件夹选项”对话框

在Windows 7系统中，“文件夹选项”是资源管理器中的一个重要菜单，通过该菜单可以修改文件的查看方式、编辑文件的打开方式、隐藏文件和文件夹、隐藏已知文件类型的扩展名等。在资源管理器窗口中，只需选择“组织”→“文件夹和搜索选项”命令，即可打开“文件夹选项”对话框，如图3.38所示。

选择“查看”选项卡，用户可以根据自己的需要进行相应的设置，如图3.39所示。

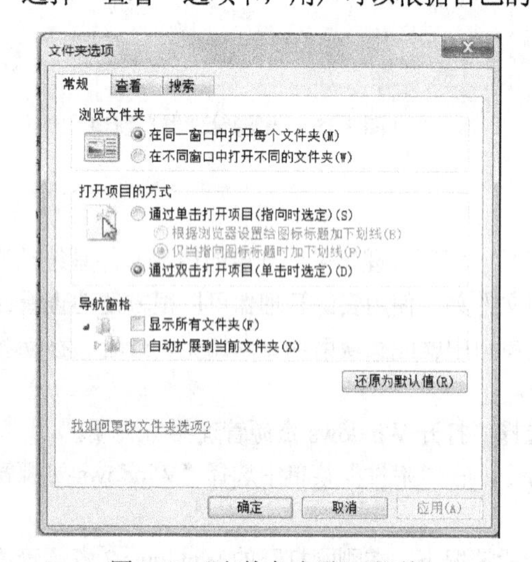

图3.38 “文件夹选项”对话框

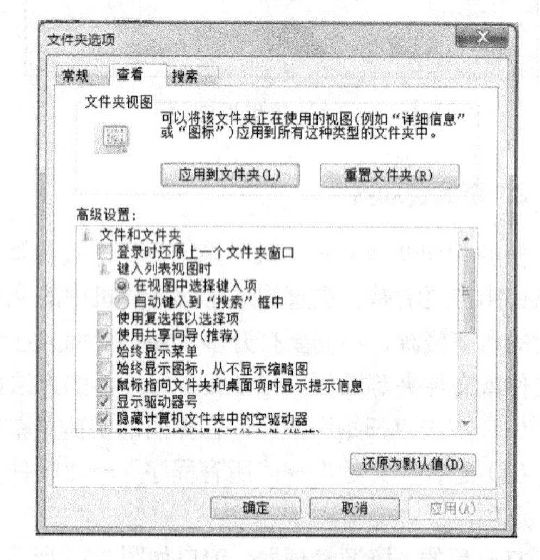

图3.39 “查看”选项卡

5．搜索筛选器

Windows 7中的“计算机”窗口或资源管理器窗口的右上角有一个“搜索”输入框，该搜索框提供了一种在当前文件夹内快速搜索文件的方法，只需要输入文件名的全部或一部分，即会在该文件夹中筛选出与输入文件名相匹配的文件。

通常的操作方法是首先通过目录地址栏定位到某一个位置，然后在右上角的搜索框中输入要搜索的关键字，随着关键字的输入，在其主窗口中将显示与之对应的相关信息，如图3.40所示。

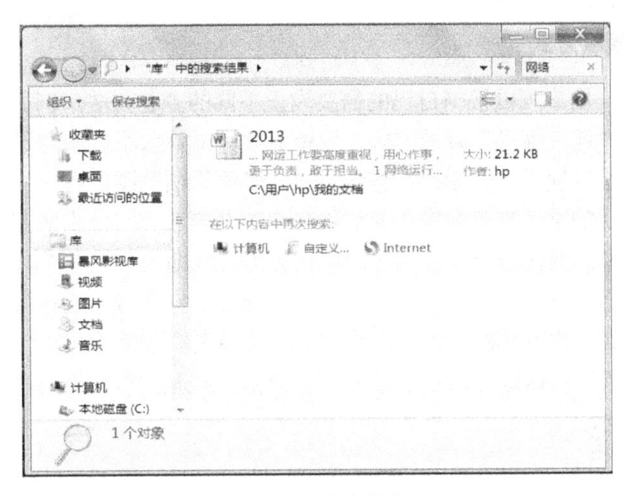

图 3.40　搜索信息

3.3.4 管理文件和文件夹

管理文件和文件夹是 Windows 操作系统中最重要的功能之一。Windows 7 提供了“计算机”和“资源管理器”两种对文件和文件夹进行管理的窗口。在执行文件或文件夹的操作之前，首先要选择操作对象，然后按自己熟悉的方法对文件或文件夹进行操作。文件或文件夹的操作一般包括创建、重命名、复制、移动、删除、查找文件或文件夹、查看或修改文件属性等。

1. 选择文件或文件夹

在打开文件或文件夹之前应先将文件或文件夹选中，然后才能对其进行操作。

（1）选择单个文件或文件夹。选择单个文件或文件夹的方法非常简单，只需单击相应的文件或文件夹即可，此时被选中的文件或文件夹表现为高亮显示。

（2）选择多个文件或文件夹。要实现多个不连续的文件或文件夹的选择，只需按住 Ctrl 键后再单击要选择的文件或文件夹即可；要选择一个连续区域中的文件或文件夹，需要首先选中这个区域中的第一个文件或文件夹，然后按住 Shift 键再单击这个区域中最后一个文件或文件夹；若要取消所有选定，只需在文件夹窗口中单击空白处即可。

2. 排列文件和文件夹

在“计算机”窗口或资源管理器窗口中，如果文件和文件夹比较多，而且图标排列凌乱，则会给用户查看和管理它们带来很大的不便，为此，用户必须对文件和文件夹图标进行排列。在 Windows 7 中提供的图标排序方式主要有按名称、按修改日期、按类型、按大小以及分组排列等几种方式，每种排列方式又可以分为按升序排列或按降序排列。例如，如果用户选择了按名称的方式显示窗口的文件与文件夹，则系统自动按文件与文件夹名称的首字母的顺序排列图标。要对当前窗口中的图标进行某种排列，可在窗口的空白处右击，并从弹出的快捷菜单中选择“排序方式”子菜单，然后选择相应的排列方式即可，如图 3.41 所示。

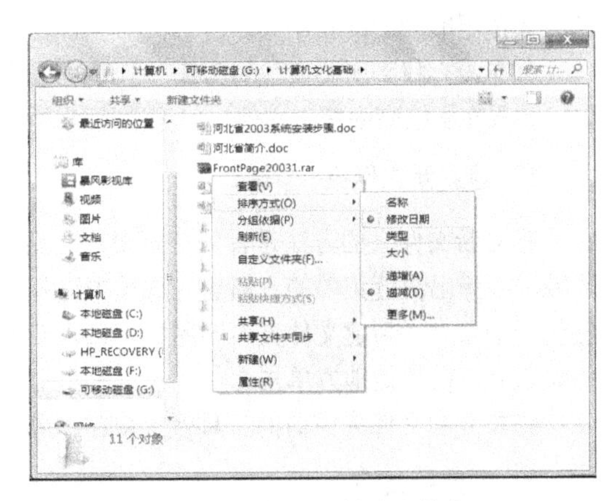

图 3.41　排列文件或文件夹

3．设置文件夹的查看方式

对于不同的文件夹，用户可以根据自己的需要设置不同的查看方法。例如，对于一个存放文本资料的文件夹，最好使用“详细信息”查看方式，以便获取其文件大小、修改日期等信息；对于一个存放图片资料的文件夹，最好使用“大图标”查看方式，以便于预览图片。

Windows 7 系统默认的文件夹查看方式是详细信息，若要改变文件夹的查看方式，只需在文件夹窗口的空白处右击，在弹出的快捷菜单中选择相应的查看方式即可，如图 3.42 所示。

在某个文件夹中修改了文件夹的查看方式后，只对该文件夹有效，要想将整个计算机的所有文件夹都设置成同一查看方式，首先要在设置好查看方式的文件夹中选择“组织”→“文件夹和搜索选项”命令，打开“文件夹选项”对话框，如图 3.43 所示。然后，在其“查看”选项卡中单击“应用到文件夹”按钮，如图 3.44 所示。

4．查找文件

查找文件可以通过文件夹或库窗口顶部的搜索框来实现。首先打开目标文件可能存放的文件夹或库，然后在搜索框中输入要查找的文件或文件夹的名称。如果搜索字词与文件的名称、标记或其他属性（甚至是与文本文档内的文本相匹配），则立即将该文件作为搜索结果显示出来。

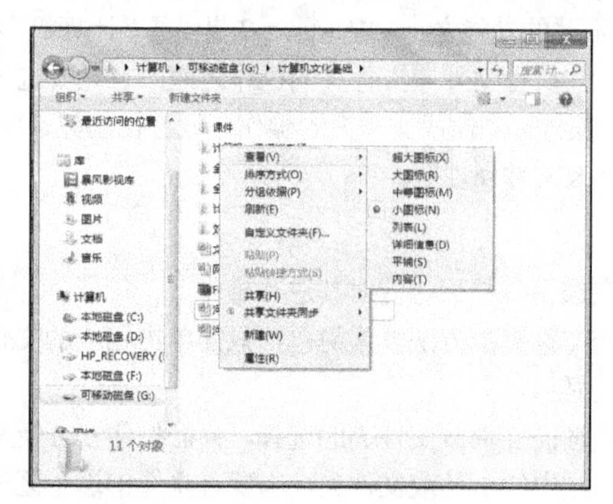

图 3.42 设置文件夹的查看方式

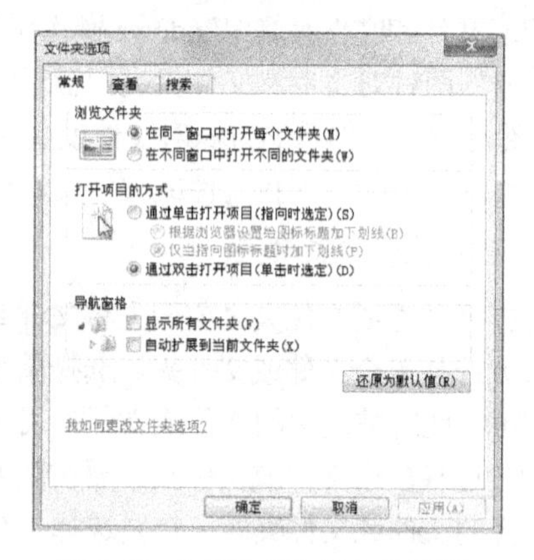

图 3.43 “文件夹选项”对话框

如果基于属性（如文件类型）搜索文件，可以在开始键入文本前，通过单击搜索框，然后单击搜索框正下方的某一属性来缩小搜索范围。同时会在搜索文本中添加一条“搜索筛选器”（如“类型”），进而提供更准确的搜索结果。

如果没有找到所要查找的文件，则可以通过单击搜索结果底部的某一选项来更改整个搜索范围。例如，如果在文档库中搜索文件，但无法找到该文件，则可以单击“库”以将搜索范围扩展到其余的库。

5．建立新文件夹

建立新文件夹的方法是首先打开要建立新文件夹的文件夹，然后右击被打开文件夹目录中的空白区域，在弹出快捷菜单的“新建”选项中选择“文件夹”，如图 3.45 所示。在文件列表窗口的底部将出现一个名为“新建文件夹”的图标，输入新的文件夹名称后按 Enter 键即可（也可以在输入新的文件夹名称后在其他地方单击）。

在打开的文件夹窗口的工具栏上单击“新建文件夹”按钮，同样可以新建一个文件夹。

6．创建新文档

创建新文档一般是由相应的应用程序来实现的，但也可以在“计算机”或资源管理器窗口中直接建立某种类型的文档。其方法与建立新文件夹的方法相似，区别只是在弹出快捷菜单的“新建”子菜单的下级子菜单中选择对应新建文件类型的选项，而不是文件夹，如图 3.45 所示。

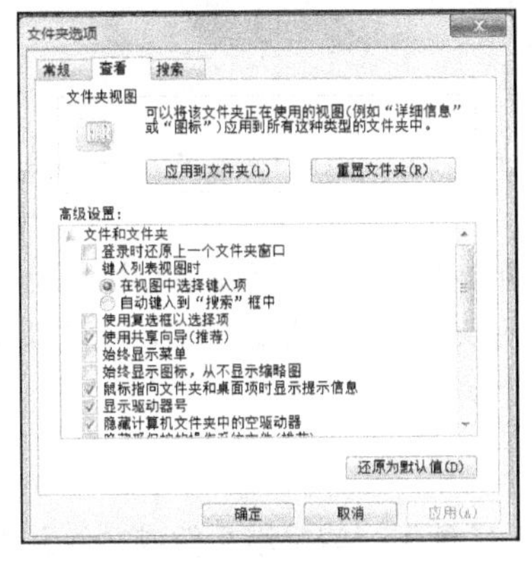

图 3.44 “查看”选项卡

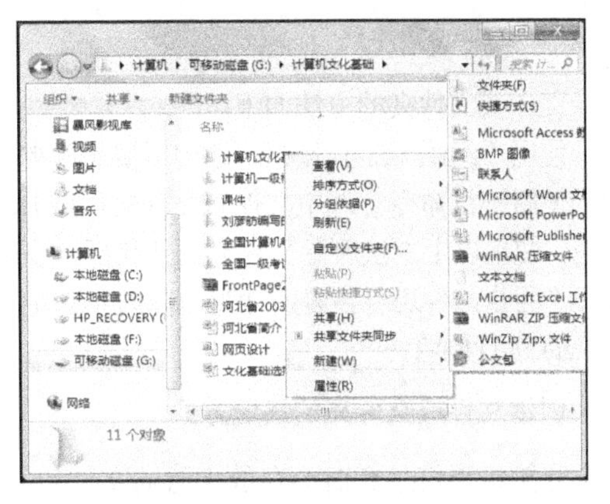

图 3.45 新建文件夹

7. 文件或文件夹的重命名

对文件或文件夹进行重命名的方法主要有如下三种。

（1）选中要重命名的文件和文件夹，选择“组织”→“重命名”选项，输入新的名称后按 Enter 键。

（2）右击要重命名的文件或文件夹，在弹出的快捷菜单中选择“重命名”选项，输入新的名称后按 Enter 键。

（3）选中要重命名的文件或文件夹，再单击被选对象的名称，在文件名处将出现一个方框，在方框中输入新的名称后按 Enter 键。

Windows 7 与以往的 Windows 系统在文件重命名方面有所不同。在以往的 Windows 中，如果设置显示文件扩展名后，在对文件重命名时，需要选择扩展名前面的部分，否则可能会出现两个扩展名的问题；而在 Windows 7 系统中对文件进行重命名时，系统会默认排除扩展名部分的字符而仅选中单纯的主文件名部分，如图 3.46 所示。

图 3.46 文件或文件夹重命名

8. 复制、移动文件或文件夹

复制文件或文件夹是指将一个或多个文件、文件夹的副本从一个磁盘或文件夹中复制到另一个磁盘或文件夹中，复制完成后，原来的文件或文件夹仍然存在。

移动文件或文件夹是指将一个或多个文件、文件夹本身从一个磁盘或文件夹中转移到另一个磁盘或文件夹中，移动完成后，原来的文件或文件夹将被删除。

复制、移动文件或文件夹的方法如下。

（1）拖放法。首先，打开所要移动或复制的对象（文件或文件夹）所在的文件夹（源文件夹）和对象所要复制或移动到的文件夹（目标文件夹），并将这两个文件夹窗口并排置于桌面上，然后从源文件夹将文件或文件夹拖动到目标文件夹中。

说明：同盘之间拖动是移动，异盘之间拖动是复制；如果在拖动过程中按住 Ctrl 键则反之。

（2）使用“组织”工具按钮。选中需要复制或移动的文件或文件夹，单击“组织”按钮，选择“复制”

或“剪切”命令；切换到目标文件夹，选择“粘贴”命令，即可实现复制、移动文件或文件夹的目的。

（3）使用快捷键。选中文件或文件夹后按快捷键 Ctrl+C 或 Ctrl+X，切换到目标文件夹，按快捷键 Ctrl+V。

9．删除文件或文件夹

删除文件或文件夹的方法如下。

（1）使用“组织”工具按钮。选中需要删除的文件或文件夹后，选择“组织”→“删除”选项。

（2）使用键盘命令。选中文件或文件夹后按 Delete 键。

说明：使用以上方法删除文件或文件夹后，被删除的文件将会被移入“回收站”中，如果想恢复，可以打开“回收站”进行恢复。如果删除时不想把文件或文件夹移入“回收站”中，则可以按快捷键 Shift+Delete 进行删除。

10．创建文件或文件夹的快捷方式

一台计算机系统中有时会存放大量的文件和文件夹，为了便于一些常用文件或文件夹的打开，Microsoft 公司设计了通过建立文件或文件夹的快捷方式来打开文件或文件夹的方法。文件的快捷方式实际上就是指向该文件的指针，用户可以预先在适当的位置（如桌面）创建一个文件或文件夹的快捷方式，然后，就可以通过打开快捷方式来打开与该快捷方式相对应的文件或文件夹。

（1）在桌面上创建文件或文件夹的快捷方式。

在桌面上创建某个文件或文件夹的快捷方式主要有如下两种方法。

方法一：将要建立快捷方式的文件或文件夹用鼠标右键拖动到桌面上，并从弹出的快捷菜单中选择“在当前位置创建快捷方式”命令。

方法二：选定要建立快捷方式的文件或文件夹并右击，鼠标指向快捷菜单中的“发送到”，然后单击级联菜单中的“桌面快捷方式”即可。

（2）在当前位置创建文件或文件夹的快捷方式。

选定要建立快捷方式的文件或文件夹并右击，从弹出的快捷菜单中选择“创建快捷方式”即可。

（3）在指定文件夹中创建另一个文件或文件夹的快捷方式。

① 打开要存放快捷方式的文件夹，并在其空白处右击，鼠标指向快捷菜单中的“新建”，然后单击级联菜单中的“快捷方式”，打开“输入对象位置”对话框，如图 3.47 所示。

② 单击“浏览”按钮，打开“浏览文件或文件夹”对话框，如图 3.48 所示。

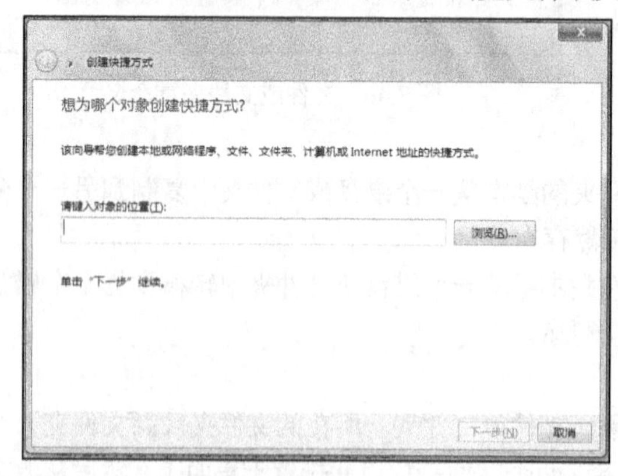

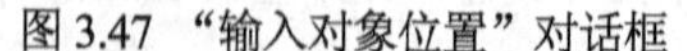
图 3.47 “输入对象位置”对话框

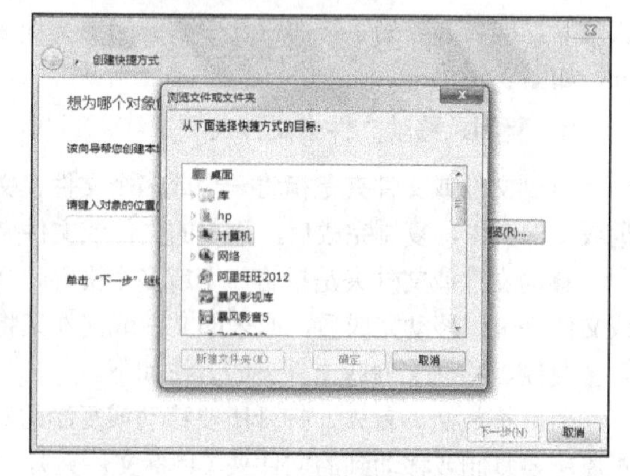

图 3.48 “浏览文件或文件夹”对话框

③ 在对话框中指定要建立快捷方式的文件或文件夹的路径，并选中要建立快捷方式的文件或文件夹，单击“确定”按钮。

④ 单击“下一步”按钮，打开“快捷方式名称”对话框，如图 3.49 所示。

⑤ 在对话框的“键入该快捷方式的名称”框中输入快捷方式的名称，单击“完成”按钮。

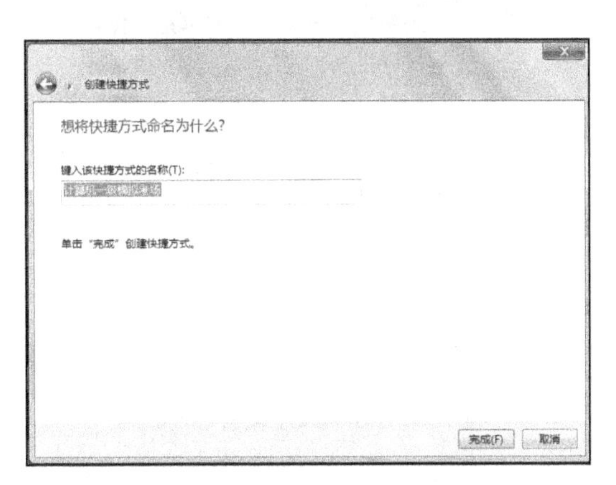

图 3.49　快捷方式名称对话框

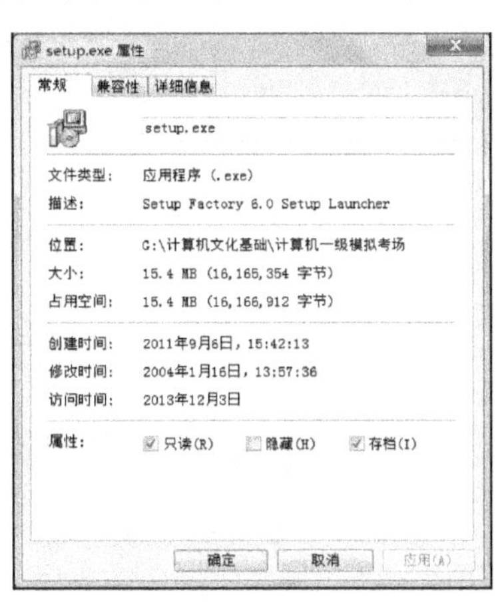

图 3.50　“文件属性”对话框

11．查看、修改文件或文件夹的属性

文件或文件夹的属性是用来标识文件的细节信息以及对文件或文件夹进行保护的一种措施。Windows 7 系统中，文件或文件夹的属性通常有“只读”、“隐藏”和“存档”三种。要查看、修改文件或文件夹的属性只需右击文件或文件夹，在弹出的快捷菜单中选择“属性”命令，打开 “属性”对话框，如图 3.50 所示，在该对话框中可以查看或修改该文件或文件夹的相应属性。

3.3.5　磁盘操作

1．磁盘清理

一台计算机在运行一段时间以后，系统的运行速度将会变慢，其主要原因是系统中的垃圾文件过多造成的，系统垃圾文件也就是系统在使用过程中产生的临时文件。此时，最好的解决办法就是对系统盘上的垃圾文件进行清理。目前，很多的优化软件都具有这一功能，但使用 Windows 7 系统自带的磁盘清理工具进行磁盘清理将更加方便快捷，其操作方法如下。

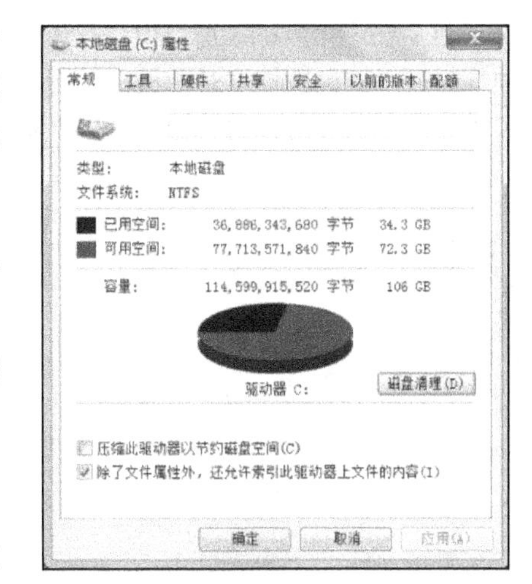

图 3.51　“磁盘属性”对话框

（1）右击需要清理的磁盘，在弹出的快捷菜单中选择“属性”选项，打开“磁盘属性”对话框，如图 3.51 所示。

（2）在“磁盘属性”对话框中单击“磁盘清理”按钮，打开“磁盘清理”对话框，如图 3.52 所示。

（3）系统开始计算该磁盘上可以释放的空间大小，计算完成后将弹出“选择文件类型”对话框，如图 3.53 所示。

在此对话框中选择需要清理的文件类型（如果觉得清理的类型太少，可单击窗口左下方的“清理系统文件”按钮），单击“确定”按钮，弹出“永久删除文件”对话框，如图 3.54 所示。

（4）单击“删除文件”按钮，弹出“正在清理磁盘”对话框，并完成磁盘的清理，如图 3.55 所示。

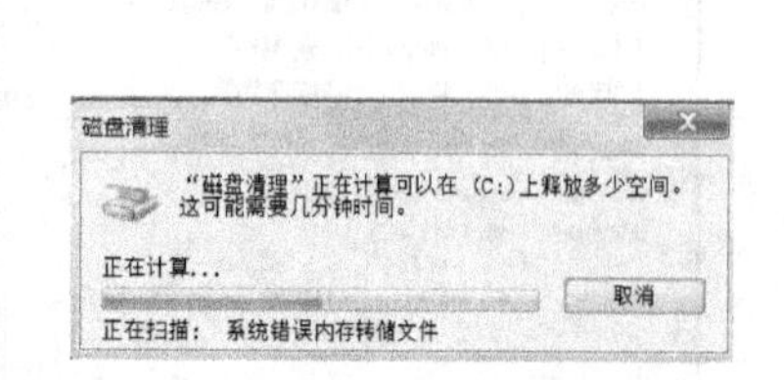

图 3.52 “磁盘清理”对话框

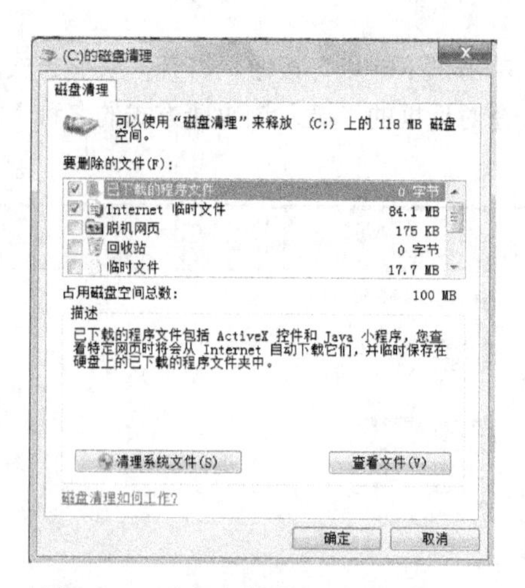

图 3.53 “选择文件类型”对话框

图 3.54 “永久删除文件”对话框

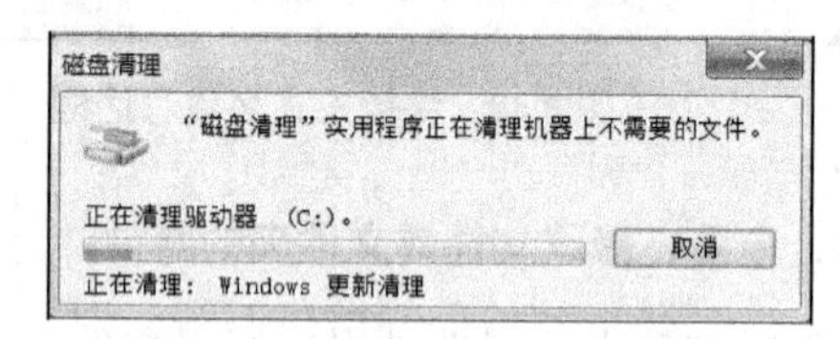

图 3.55 “正在清理磁盘”对话框

2．碎片整理

磁盘碎片整理就是通过系统软件或者专业的磁盘碎片整理软件对计算机磁盘在长期使用过程中产生的碎片和凌乱文件重新整理，以便释放出更多的磁盘空间，进一步提高计算机的整体性能和运行速度。Windows 7 系统的碎片整理功能在原来的 Windows 系统基础上进行了一定的改进，其具体的操作过程如下。

（1）在“计算机”窗口中，右击需要进行碎片整理的磁盘，在弹出的快捷菜单中选择“属性”选项，打开“磁盘属性”对话框，单击“工具”选项卡，如图 3.56 所示。

（2）单击“立即进行碎片整理”命令按钮，弹出“磁盘碎片整理程序”窗口，如图 3.57 所示。

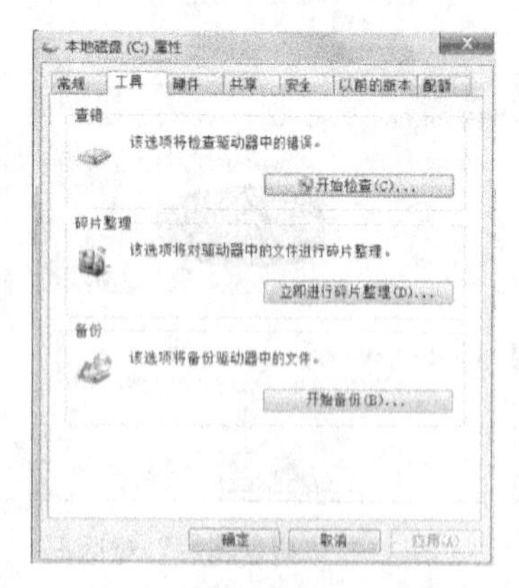

图 3.56 “磁盘属性”对话框

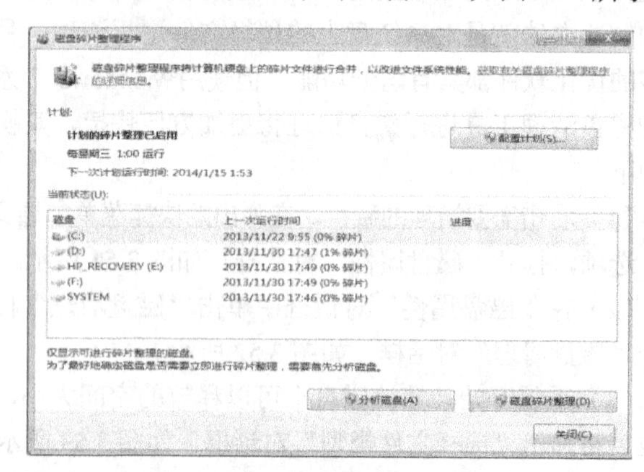

图 3.57 “磁盘碎片整理程序”窗口

（3）在“磁盘碎片整理程序”窗口罗列出了计算机中的所有磁盘分区，选择需要进行磁盘碎片整理的分区并单击“磁盘碎片整理”命令按钮，弹出 “磁盘碎片整理过程”窗口，如图 3.58 所示。

（4）磁盘碎片整理程序首先对需要整理的磁盘进行检测分析，然后自动进行碎片合并，这个过程需要较长的时间。

（5）有时，为了让计算机能够自动实施磁盘碎片整理工作，用户可以预先制定磁盘碎片整理的配置计划。其方法是在“磁盘碎片整理程序”窗口中单击“配置计划”按钮，弹出 “修改计划”对话框，如图 3.59 所示。

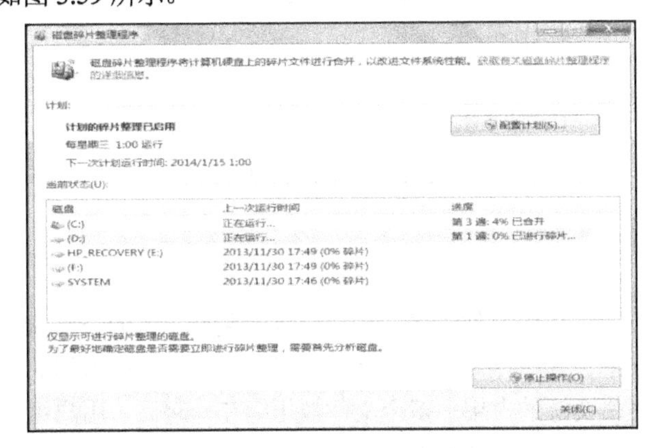

图 3.58 “磁盘碎片整理过程”窗口

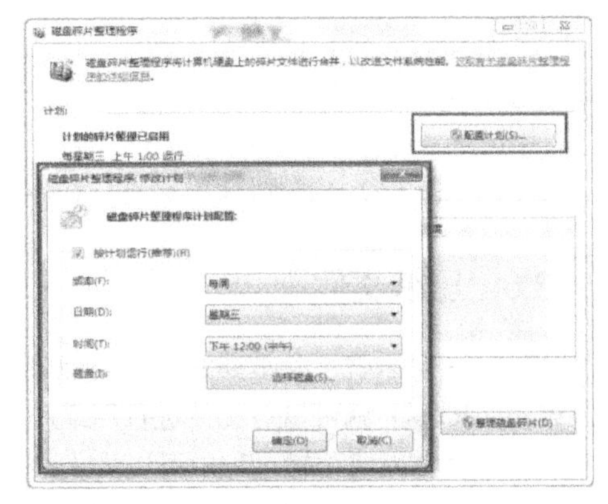

图 3.59 “修改计划”对话框

（6）在“修改计划”对话框中勾选“按计划运行”，并对频率、日期、时间、磁盘等选项进行相应的设置，最后单击“确定”按钮。

3. 磁盘格式化

磁盘格式化就是把一张空白的磁盘划分成一个个的磁道和扇区，并加以编号，供计算机存储和读取数据。当一个磁盘感染了计算机病毒或者需要改变磁盘的文件存储格式时，一般都需要对磁盘进行格式化。但一张磁盘被格式化后，该磁盘上原来存储的所有信息将全部丢失。在 Windows 7 中，对磁盘进行格式化操作的最简单的方法如下。

（1）在“计算机”或资源管理器窗口中，选择要格式化的磁盘并右击，在弹出的快捷菜单中选择“格式化”命令，如图 3.60 所示。

（2）弹出“格式化参数”对话框，如图 3.61 所示，根据个人需要进行必要的设置，设置完成后单击“开始”按钮。

图 3.60　磁盘格式化快捷菜单

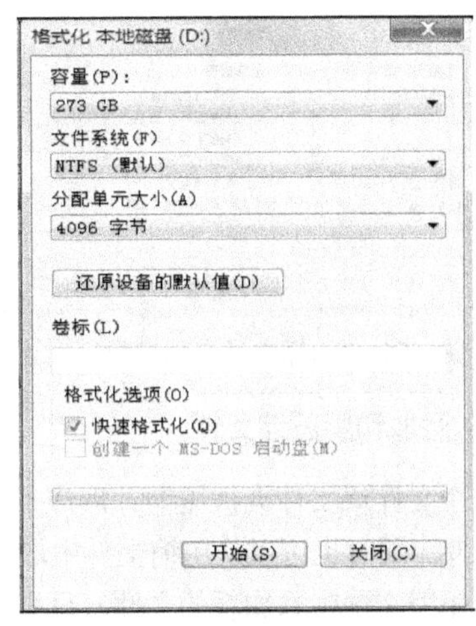

图 3.61 “格式化参数”对话框

（3）当出现 “格式化确认信息”对话框时，如图 3.62 所示，单击“确定”按钮。

（4）弹出“正在格式化磁盘”对话框，并在对话框的下方显示格式化进度。

格式化完成后将弹出“格式化完毕”提示信息，如图 3.63 所示，单击“确定”按钮完成磁盘格式化操作。

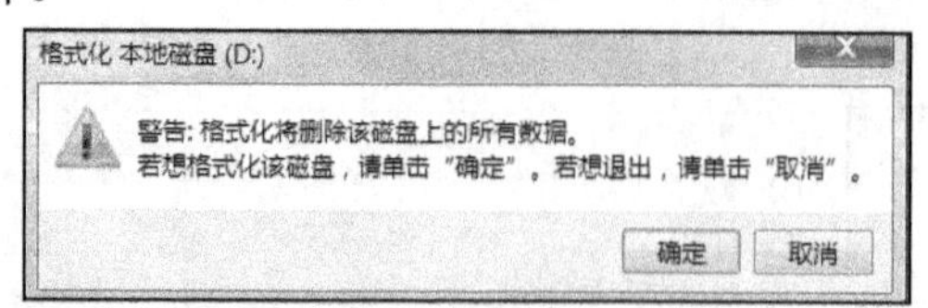

图 3.62 “格式化确认信息”对话框

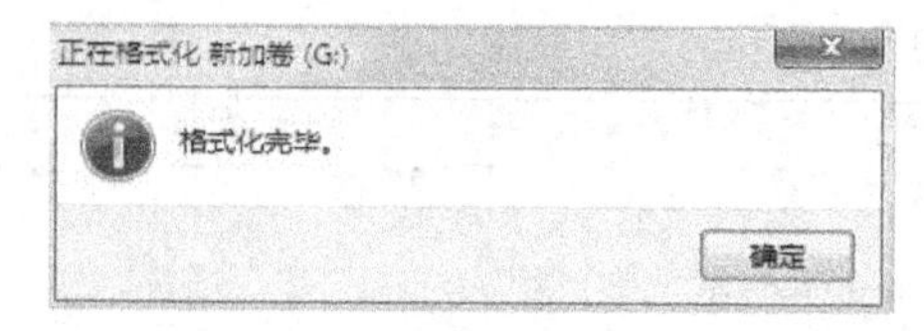

图 3.63 “格式化完毕信息”

3.3.6 压缩文件

Windows 7 系统一个重要的新增功能就是置入了压缩文件程序，用户无须安装第三方的压缩软件（如 WinRAR 等）就可以对文件进行压缩和解压缩。通过压缩文件或文件夹可以减少文件所占用的磁盘空间，同时在网络传输过程中可以大大减少网络资源的占用。多个文件被压缩在一起后，用户可以将它们看成是一个单一的对象进行操作，便于查找和使用。文件被压缩以后，用户仍然可以像使用非压缩文件一样对它进行操作，几乎感觉不到有什么差别。

1．创建压缩文件

创建压缩文件的操作步骤如下。

（1）右击要压缩的文件或文件夹。

（2）从弹出的快捷菜单中选择“添加到压缩文件”命令，弹出“压缩文件名和参数”对话框，如图 3.64 所示。

（3）输入压缩后的压缩文件名，并选择压缩文件格式后单击“确定”按钮。

（4）系统自动进行压缩，压缩完成后将自动形成被压缩文件或文件夹的图标，其扩展名为.rar。

（5）双击压缩后的.rar 文件，将显示如图 3.65 所示的压缩文件窗口。

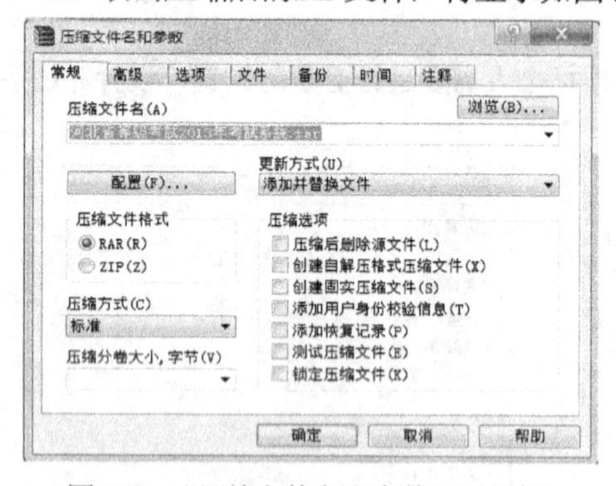

图 3.64 “压缩文件名和参数”对话框

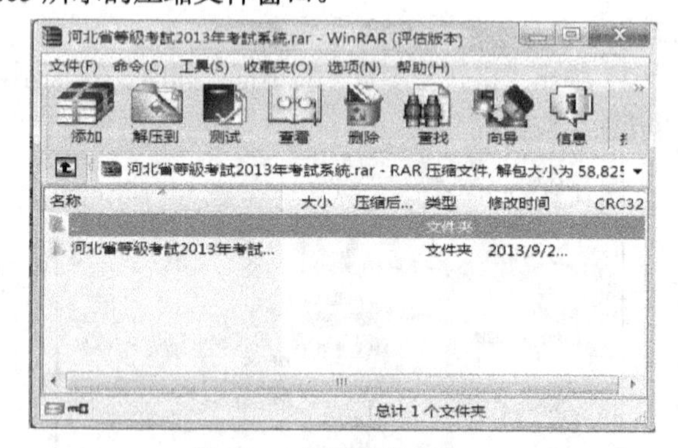

图 3.65 压缩文件窗口

2．添加和解压缩文件

一个文件或文件夹被压缩并形成扩展名为.rar 的压缩文件后，用户还可以随时向压缩文件中添加新的文件，同时也可以从压缩文件中取出某个被压缩的文件（也就是解压缩）。

向压缩文件中添加新的文件，只需直接从资源管理器中将文件拖动到压缩文件夹中即可；要将某个被压缩的文件从压缩文件中取出，需要先双击压缩文件，将该文件打开，然后才能够从压缩文件夹中将要解压缩的文件或文件夹拖动到新的位置。若要对整个压缩文件进行解压缩，只需右击该压缩文件，在弹出的快捷菜单中选择“解压文件”，然后在弹出的“解压路径和选项”对话框中指定解压后文件所要存放的位置，最后单击“确定”按钮。

3.4　控制面板的使用

控制面板是 Windows 7 系统中一个包含了大量工具的系统文件。用户可以根据自己的需要，利用其中的独立工具或程序项来调整或配置计算机系统的各种属性，如管理用户账户、添加新的硬件设备、安装或删除应用程序、网络系统设置、日期和时间设置等。

3.4.1　启动控制面板

在 Windows 7 系统中启动控制面板的方法通常有以下两种。

（1）选择“开始”菜单中的“控制面板”命令。

（2）双击桌面上的“控制面板”图标。启动后的控制面板窗口如图 3.66 所示。Windows 7 控制面板的默认显示方式为类别显示，通过单击窗口右上部“查看方式”后的下拉箭头可以选择“大图标”或“小图标”显示方式，如图 3.67 所示。

图 3.66　“控制面板”窗口

图 3.67　控制面板中的“查看方式”菜单

3.4.2　添加和删除程序

1. 安装应用程序

要安装应用软件，首先要获取该软件，用户除了可以购买软件安装光盘，还可以从软件厂商的官方网站下载。另外，目前国内很多软件下载站点都免费提供各种软件的下载，如天空软件站（http://www.skycn.com）、华军软件园（http://www.onlinedown.net）等。

应用软件必须安装（而不是复制）到 Windows 7 系统中才能使用。一般应用软件都配置了自动安装程序，将软件安装光盘放入光驱后，系统会自动运行它的安装程序。

如果是存放在本地磁盘中的应用软件，则需要在存放软件的文件夹中找到 Setup.exe 或 Install.exe（也可能是软件名称等）安装程序，双击它便可进行应用程序的安装操作。

2. 运行应用程序

要使用应用程序，首先要掌握启动和退出程序的方法。如果程序与操作系统不兼容，还需要为程序选择兼容模式，或以管理员身份运行。若某个程序可以用多种方式打开，此时可以为该程序设置默认的打开方式。

启动应用程序的方法主要有以下3种。

（1）通过“开始”菜单。应用程序安装后，一般会在“开始”菜单中自动新建一个快捷方式，在“开始”菜单的“所有程序”列表中单击要运行程序所在的文件夹，然后单击相应的程序快捷图标，即可启动该程序。

（2）通过快捷方式图标。如果在桌面上为应用程序创建了快捷方式图标，则双击该图标即可启动该应用程序。

（3）通过应用程序的启动文件。在应用程序的安装文件夹中找到应用程序的启动图标（一般是以 .exe 为后缀的文件），然后双击它。

3. 卸载应用程序

当计算机中安装的软件过多时，系统往往会显得迟缓，所以应该将不用的软件卸载，以节省磁盘空间并提高计算机性能。卸载应用程序的方法通常有两种：一是使用“开始”菜单；二是使用“程序和功能”窗口。

（1）使用“开始”菜单卸载应用程序。大多数软件会自带卸载命令，安装好软件后，一般可在“开始”菜单中找到该命令；卸载这些软件时，只需执行卸载命令，然后再按照卸载向导的提示操作即可。

（2）使用“程序和功能”窗口卸载应用程序。有些软件的卸载命令不在“开始”菜单中，如Office 2010、Photoshop等，此时可以使用Windows 7提供的“程序和功能”窗口进行卸载，其操作方法如下。

打开“控制面板”窗口，单击“程序和功能”图标，打开“程序和功能”窗口，在“名称”下拉列表中选择要删除的程序，然后单击“卸载/更改”按钮，接下来按提示进行操作即可。

3.4.3 在计算机中添加新硬件

1. 即插即用技术

随着多媒体技术的发展，计算机用户需要安装的硬件设备越来越多。安装新硬件后的配置工作非常烦琐，为了解决这一问题，于是出现了“即插即用”技术（PNP 技术）。所谓即插即用技术，就是将设备连接到计算机后，不需要进行驱动程序的安装，也不需要对设备参数进行复杂的设置，设备就能够自动识别所连接的计算机系统，确保设备完成物理连接之后，就能正常使用。

2. 安装即插即用设备

（1）当计算机系统发现一个新的设备后，首先会尝试自动读取设备的BIOS或固件内包含的即插即用标示信息，然后将设备内部包含的硬件ID标识符和系统内建驱动库中包含的硬件ID标识符进行比对。

（2）如果能够找到匹配的硬件ID标识符，说明Windows 7系统已经进行过该硬件设备的驱动准备，可以在不需要用户干涉的前提下安装正确的驱动文件，并对系统进行必要的设置。同时，Windows 7还会在桌面上提示系统正在安装设备驱动程序软件，如图3.68所示。

（3）安装完成后，Windows 7会在系统托盘中弹出相应的图标提示，显示安装已经结束。

图3.68 “正在安装设备驱动程序软件”提示框

3. 安装非即插即用设备

要安装不支持即插即用或无法被 Windows 7 自动识别（如串/并口设备）的设备，可以使用添加硬件向导的方式来进行，运行添加硬件向导（以安装老式 LQ-1600K 针式打印机为例）可以使用命令向导或通过设备管理器两种方法来进行。

方法一：使用命令向导安装。

① 单击“开始”按钮，在搜索框中输入“hdwwiz”，出现如图 3.69 所示的搜索结果。

② 单击搜索结果中的“hdwwiz.exe”选项，弹出 “添加硬件”对话框，如图 3.70 所示，单击“下一步”按钮。

③ 弹出“安装位置”对话框，如图 3.71 所示，选择“安装我手动从列表选择的硬件（高级）”选项，并单击“下一步”按钮。

图 3.69 搜索 hdwwiz

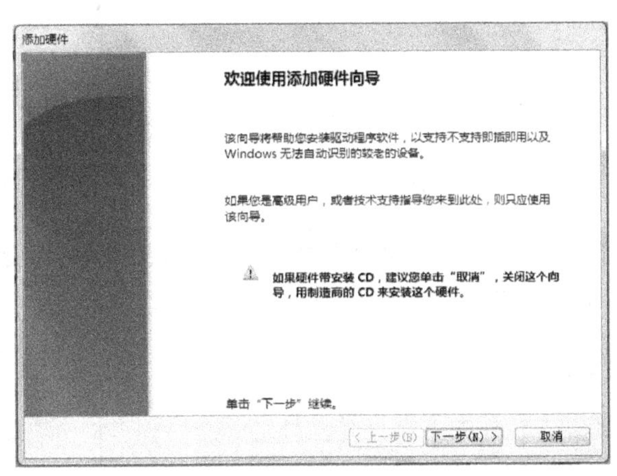

图 3.70 “添加硬件”对话框

④ 弹出常见硬件类型列表框，如图 3.72 所示，选择要安装的硬件设备类型（如果看不到想要的硬件类型，可以选择“显示所有设备”），单击“下一步”按钮。

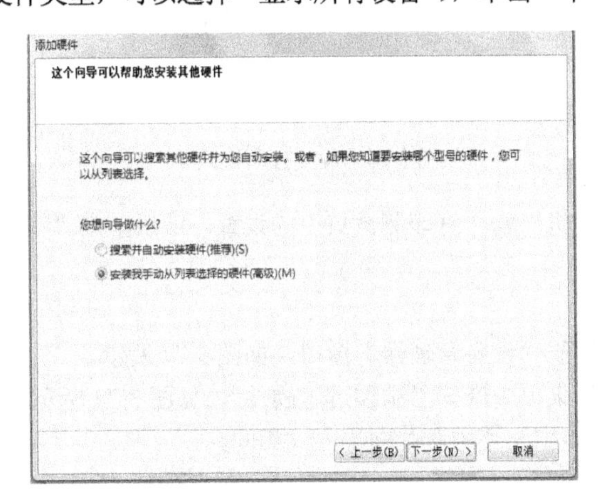

图 3.71 “安装位置”对话框

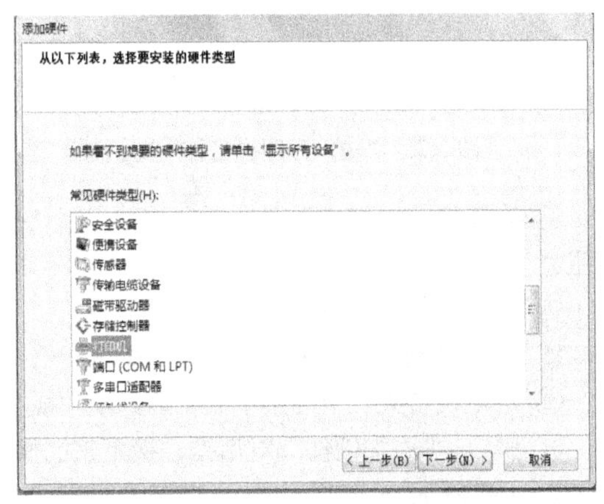

图 3.72 “常见硬件类型”列表框

⑤ 弹出“选择打印机端口”对话框，如图 3.73 所示，选择相应的打印机端口，单击“下一步”按钮。

⑥ 弹出“安装打印机驱动程序”对话框，如图 3.74 所示。在该对话框的左侧窗格中选择厂商，

然后在右侧窗格中选择具体型号，单击“下一步”按钮（如果已经下载了驱动程序，可以单击“从磁盘安装”）。

⑦ 弹出 “输入打印机名称”对话框，如图3.75所示。在“打印机名称”文本框中输入打印机名称，单击“下一步”按钮。

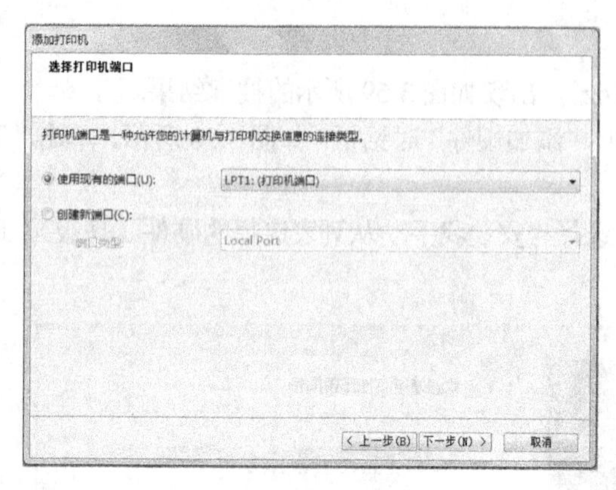

图3.73 “选择打印机端口”对话框

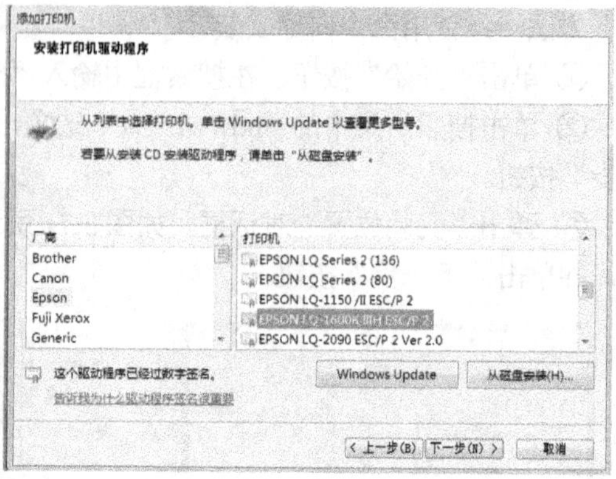

图3.74 “安装打印机驱动程序”对话框

⑧ 弹出“打印机共享”对话框，如图3.76所示。选择“不共享这台打印机”（如果共享，需要指定共享名），单击“下一步”按钮。

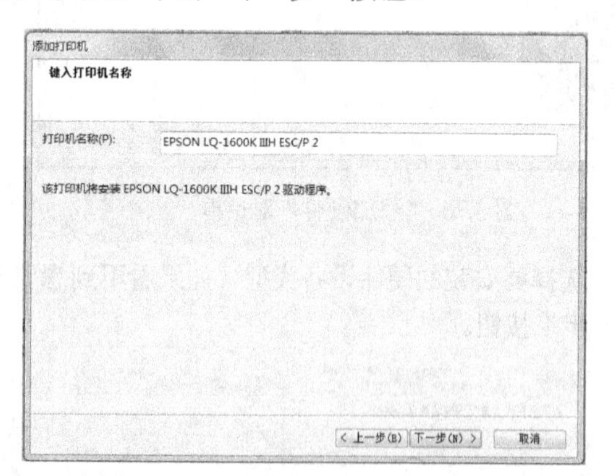

图3.75 “输入打印机名称”对话框

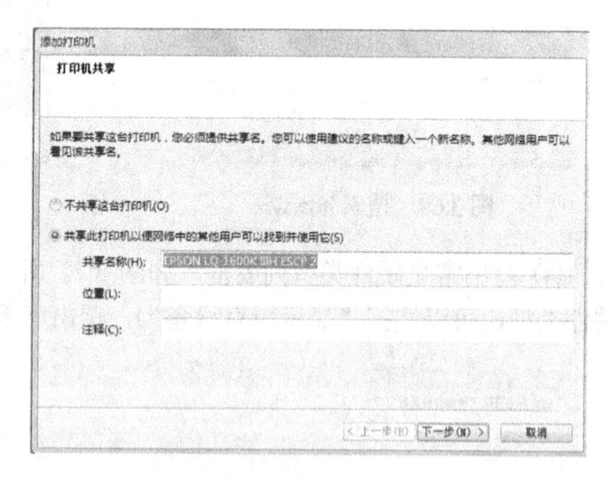

图3.76 设置打印机共享

⑨ 在弹出的“完成”对话框中进行“默认打印机”和“打印测试页”的设置，最后单击“完成”按钮。

方法二：通过设备管理器安装。

① 在“控制面板”中双击“设备管理器”，打开 “设备管理器”窗口，如图3.77所示。

② 选定设备列表中的某个设备后，从“操作”菜单中选择“添加过时硬件”，如图3.78所示。

③ 弹出 “添加硬件”对话框，接下来的操作步骤与使用命令向导方式相同。

4．卸载硬件设备

卸载硬件设备包括将该硬件设备从计算机中卸载以及卸载该硬件设备的驱动程序两部分内容。对于暂时不再使用的硬件设备，用户只需将该硬件设备从计算机中卸载即可，但最好要保留其驱动程序，以供以后再次需要时使用。而对于用户长时间不再使用的硬件设备，用户除了应将该硬件设备从计算机中卸载，最好同时将该硬件设备的驱动程序一起卸载，这样可以为用户提供更多的磁盘空间。

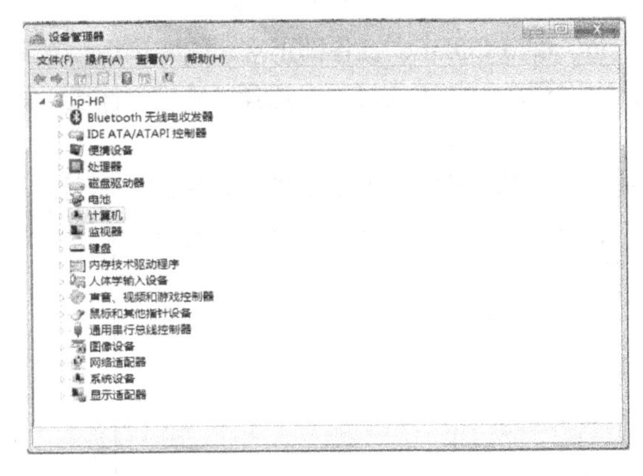

图 3.77 “设备管理器”窗口

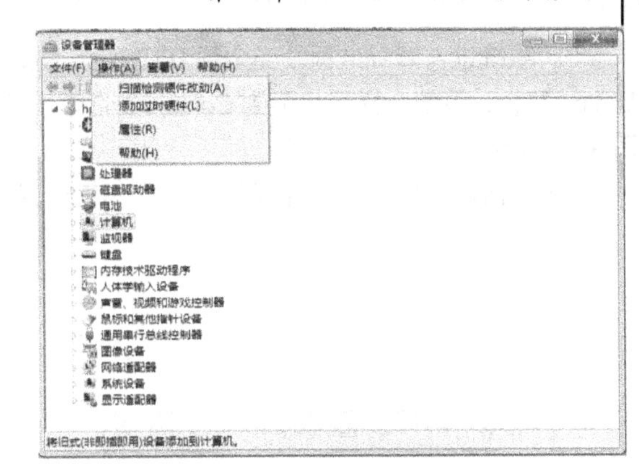

图 3.78 添加过时硬件

卸载硬件设备（以视频和游戏控制器为例）的具体步骤如下。

① 在“控制面板”中双击“设备管理器”，打开 “设备管理器”窗口。

② 选择要卸载的硬件设备，如图 3.79 所示。

③ 单击“声音、视频和游戏控制器”前面的三角形，选择设备 IDT High Definition Audio CODEC，准备卸载，如图 3.80 所示。

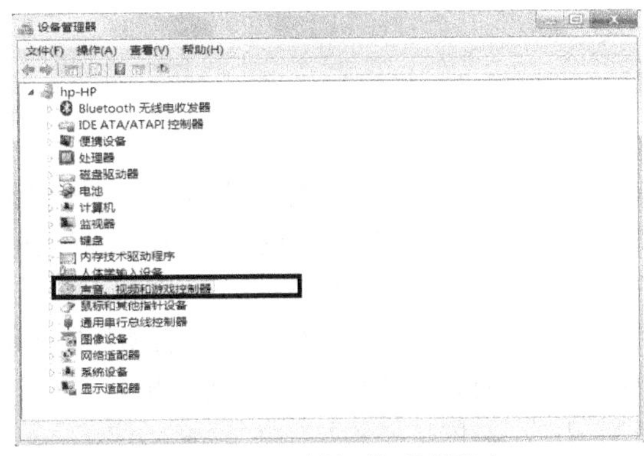

图 3.79 选择要卸载的设备

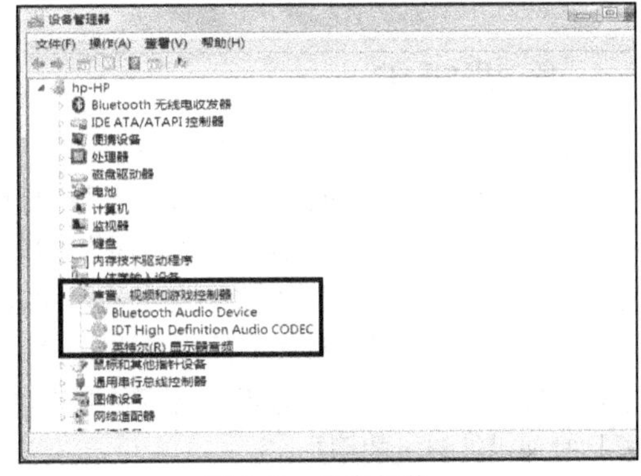

图 3.80 准备卸载

④ 右击设备 IDT High Definition Audio CODEC，从弹出的快捷菜单中选择“卸载”，如图 3.81 所示。

⑤ 打开如图 3.82 所示的“确认设备卸载”对话框，勾选“删除此设备的驱动程序软件”后单击“确定”按钮。

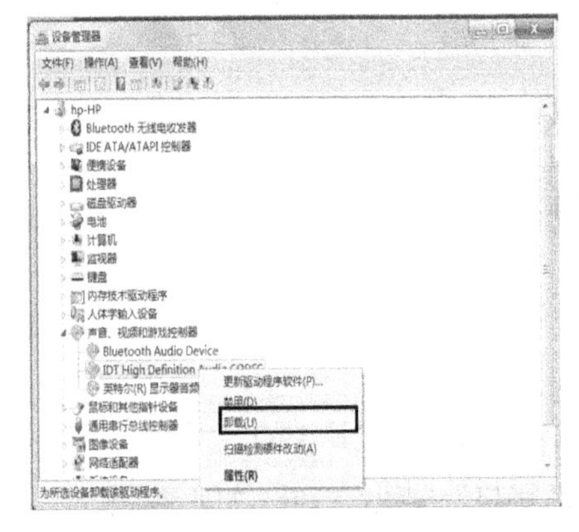

图 3.81 “卸载”快捷菜单

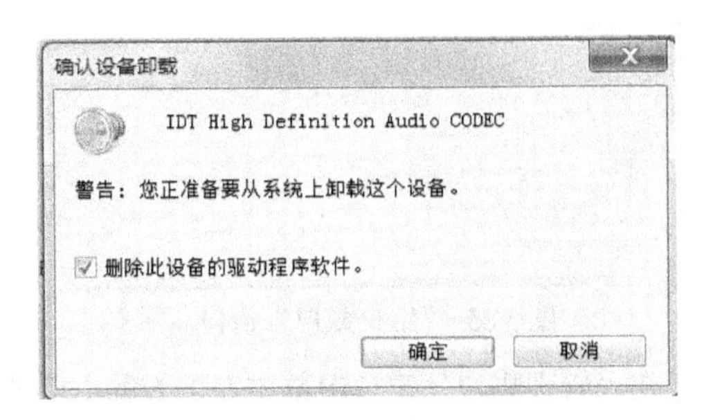

图 3.82 “确认设备卸载”对话框

⑥ 系统进入卸载过程，当全部IDT High Definition Audio CODEC设备都正常卸载完毕后，重新启动计算机，系统会提示找不到Conexant音频设备，应用程序无法正常运行，选择“确定”按钮，如图3.83所示。

⑦ 再次进入系统设备管理器查看，“声音、视频和游戏控制器”已经被卸载，如图3.84所示。

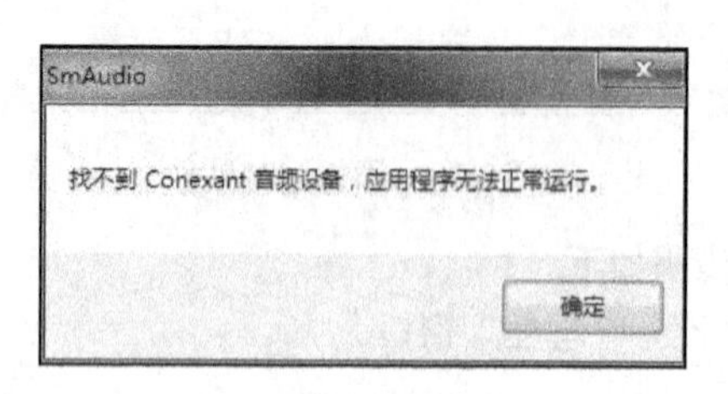

图3.83　系统提示

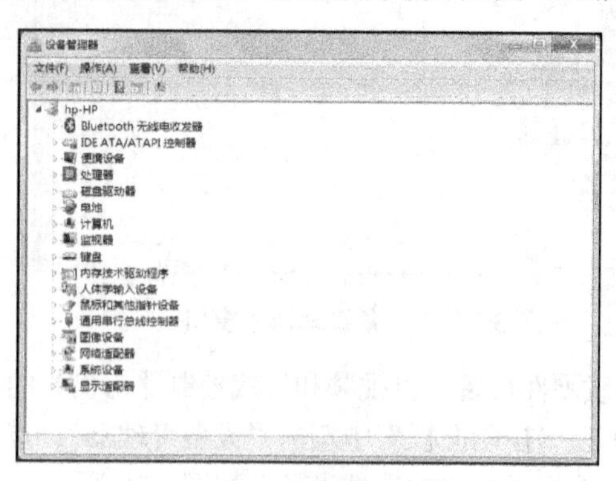

图3.84　设备被成功卸载

3.4.4　用户管理与安全防护

1. 管理用户账户

（1）用户账户。

用户账户是指Windows用户在操作计算机时具有不同权限的信息的集合。比如可以访问哪些文件和文件夹，可以对计算机和个人首选项（如桌面背景和屏幕保护程序）进行哪些更改。通过用户账户，可以在拥有自己的文件和设置的情况下与多个人共享计算机。每个人都可以使用用户名和密码访问其用户账户。

Windows 7提供了3种类型的用户账户，每种类型的用户账户为用户提供不同的计算机控制级别。其中，标准账户适用于日常管理，管理员账户可以对计算机进行最高级别的控制，来宾账户主要针对需要临时使用计算机的用户。

（2）用户账户的设置。

① 打开“控制面板”窗口，单击“用户账户”选项，打开 “用户账户”窗口，如图3.85所示。

② 在“用户账户”窗口中单击“管理其他账户”，打开 “管理账户”窗口，如图3.86所示。

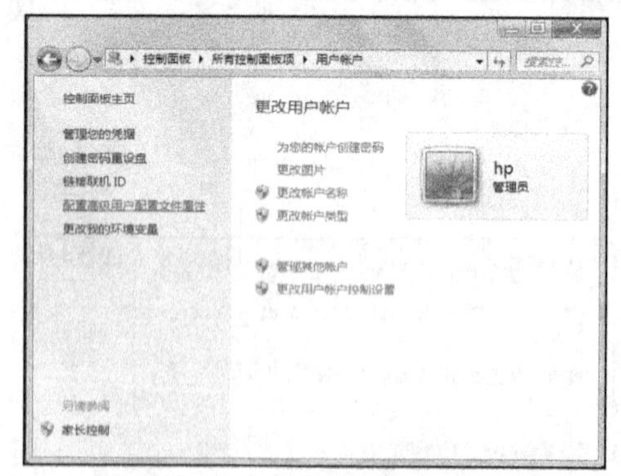

图3.85 “用户账户”窗口

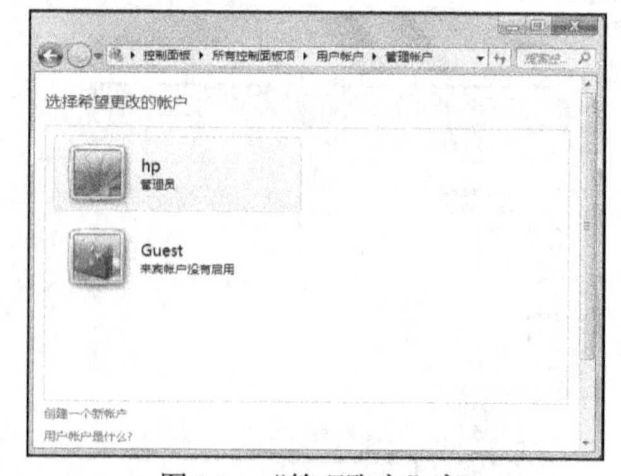

图3.86 “管理账户”窗口

③ 在“管理账户”窗口中单击左下方的“创建一个新账户”按钮，打开 “创建新账户”窗口，如图3.87所示。

④ 在“创建新账户”窗口中间位置的文本框中输入要创建新账户的账户名（如 liuyf），类型可以选择标准用户或管理员（在此选择标准用户），如图 3.88 所示。

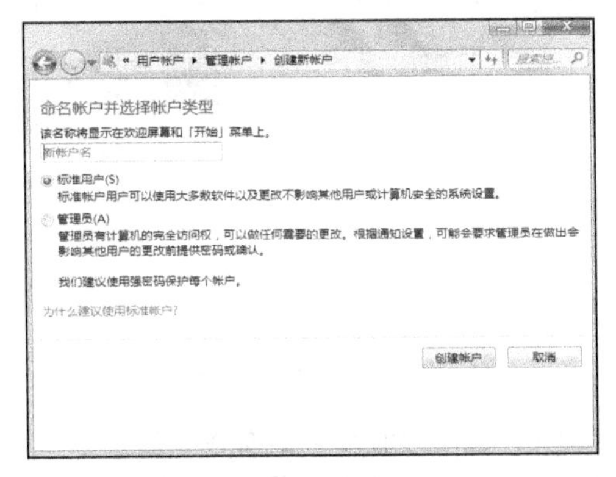

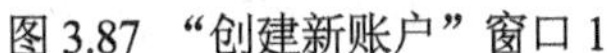
图 3.87 “创建新账户”窗口 1

图 3.88 “创建新账户”窗口 2

⑤ 输入完成后单击“创建账户”按钮。这时，在管理账户中便会多出一个刚刚创建的新账户“liuyf 标准用户”，如图 3.89 所示。

⑥ 单击该新创建的账户“liuyf 标准用户”按钮可以打开“liuyf 标准用户”的管理设置界面，在该界面中可以对该账户进行一些必要的设置，如更改账户名称、创建密码、更改图片、更改账户类型等，如图 3.90 所示。

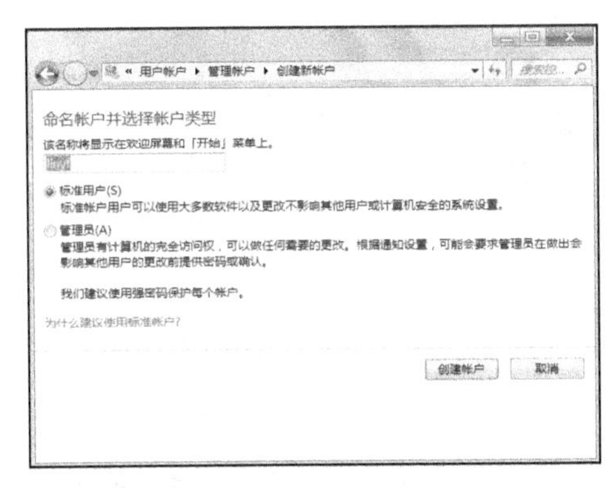

图 3.89 “管理账户”窗口

图 3.90 账户管理设置界面

2. 家长控制

家长控制是指家长针对儿童使用计算机的方式所进行的协助管理。Windows 7 的家长控制主要包括时间限制、游戏控制、程序控制三个方面的内容。

当家长控制阻止了对某个游戏或程序的访问时，将显示一个通知，声明已阻止了该程序的运行。孩子可以单击通知中的链接，以请求获得该游戏或程序的访问权限，家长可以通过输入账户信息来允许其访问。

若要设置家长控制，需要有一个带密码的管理员用户账户，家长控制的对象有一个标准的用户账户（家长控制只能应用于标准用户账户）。

首先确认登录计算机的用户为管理员账户，在“控制面板”中单击“家长控制”选项，打开“家长控制”窗口，如图 3.91 所示。

在“家长控制”窗口中选择一个要被控制的账户（被控制的账户应该设置密码），打开“用户控制”窗口，如图 3.92 所示。

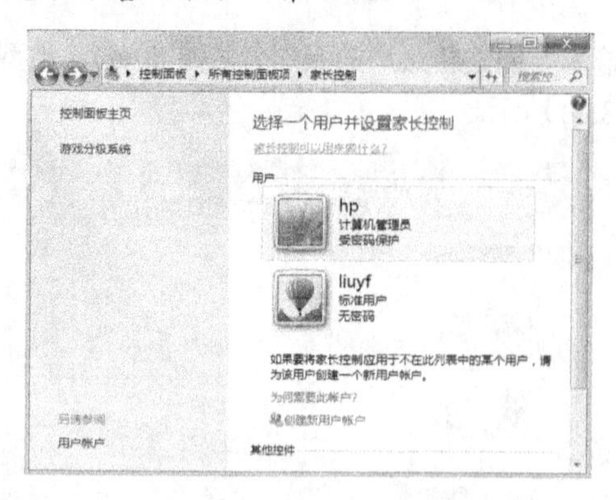

图 3.91 “家长控制”窗口

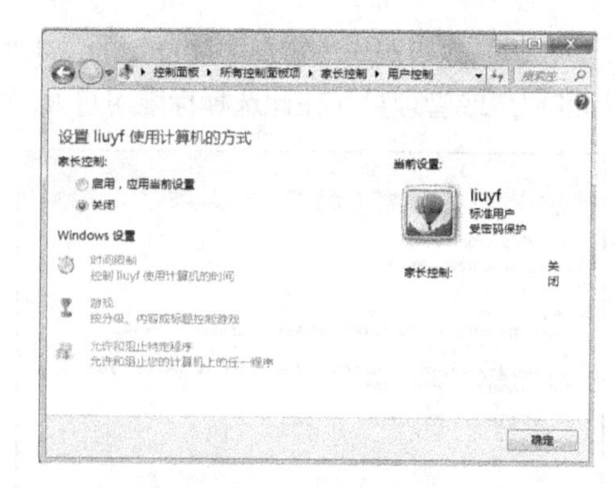

图 3.92 “用户控制”窗口 1

将“用户控制”窗口中的 “家长控制”设置为“启用，应用当前设置”，如图 3.93 所示。此时，在此窗口中就可以对用户的“时间限制”、“游戏控制”以及“程序控制”进行必要的设置。

- 时间限制。选择“时间限制”命令，在弹出的对话框中单击时间点便可以切换阻止或者允许，如图 3.94 所示。被控制账户在设置阻止的时间段登录时便会提示无法登录。
- 游戏控制。选择“游戏”命令，在弹出的对话框中，将游戏设置为不允许使用，如图 3.95 所示。当被控制的账户在运行游戏时便会被提示已受控制。

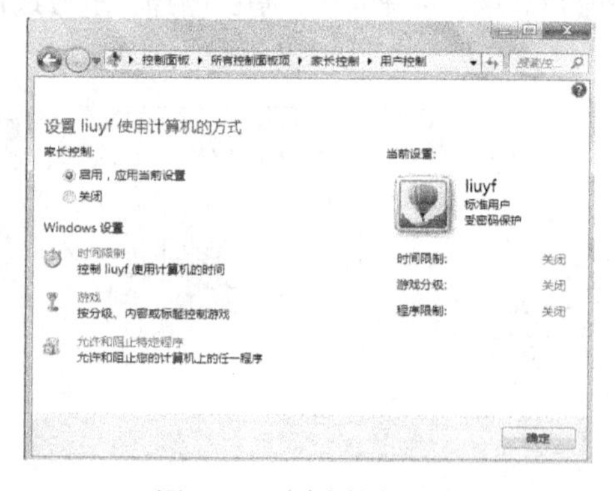

图 3.93 “用户控制”窗口 2

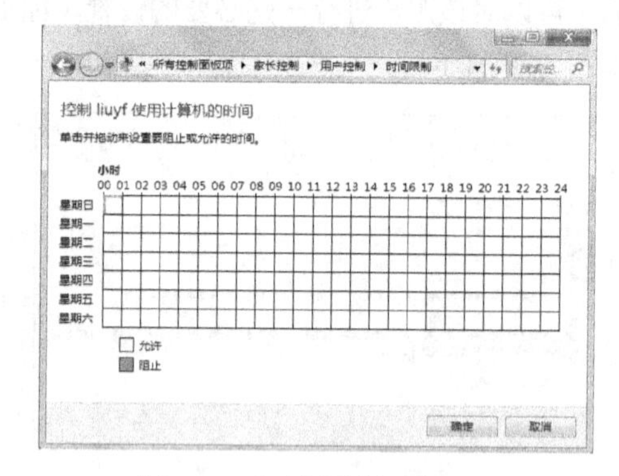

图 3.94 “时间限制”窗口

- 程序控制。程序控制可以设置为可以使用所有程序，或者只允许使用某些程序。系统会自动刷新可以找到的相关程序，如图 3.96 所示，勾选后便可以设置为允许使用该程序；或者单击“浏览”按钮添加系统无法找到的其他程序。当程序被阻止时会给出相关的提示信息。

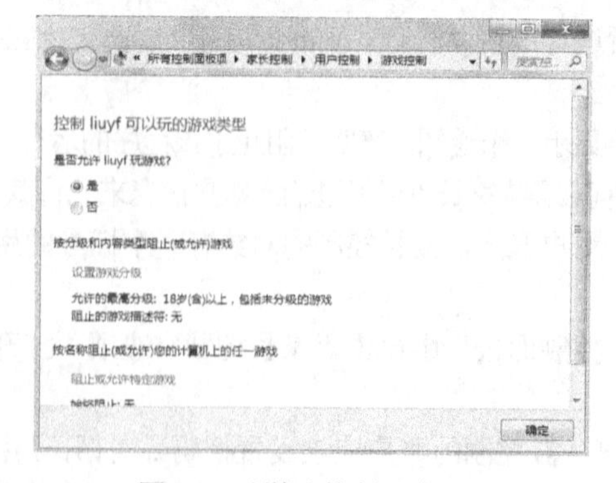

图 3.95 “游戏控制”窗口

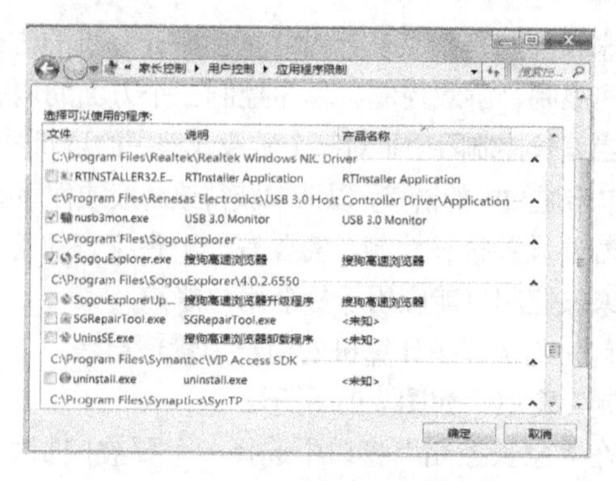

图 3.96 “程序控制”窗口

3.4.5 Windows 7 防火墙

防火墙的作用是用来检查网络或 Internet 的交互信息，并根据一定的规则设置阻止或者许可这些信息包通过，从而实现保护计算机的目的。Windows 7 防火墙是一个基于主机的准状态防火墙，安装在被保护的主机上，用来保护本台主机不被黑客入侵。在 Windows 7 系统中，内置的防火墙比以前的版本功能更加强大，使其替代其他的第三方主机防火墙产品成为一种切实的可能。

1. Windows 7 防火墙窗口的打开

Windows 7 防火墙的常规设置方法比较简单，依次选择“计算机”→“控制面板”→“Windows 防火墙”命令，即可打开 “Windows 7 防火墙”窗口，如图 3.97 所示。

2. Windows 7 防火墙的常规设置

Windows 7 防火墙窗口被分为左、右两个区域，窗口左侧为一些功能设置，右侧为两个帮助链接。Windows 7 防火墙的常规设置方法如下。

（1）启用和关闭 Windows 防火墙。单击图 3.97 左侧的“打开和关闭 Windows 防火墙”（或“更改通知设置”）可以打开 “启用 Windows 防火墙”窗口，如图 3.98 所示。

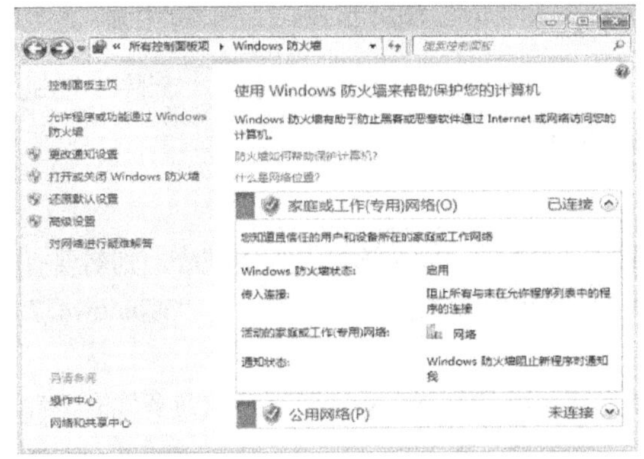

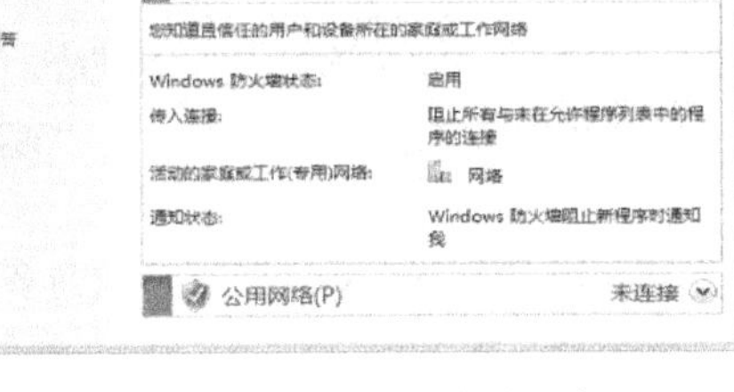

图 3.97 “Windows 7 防火墙”窗口

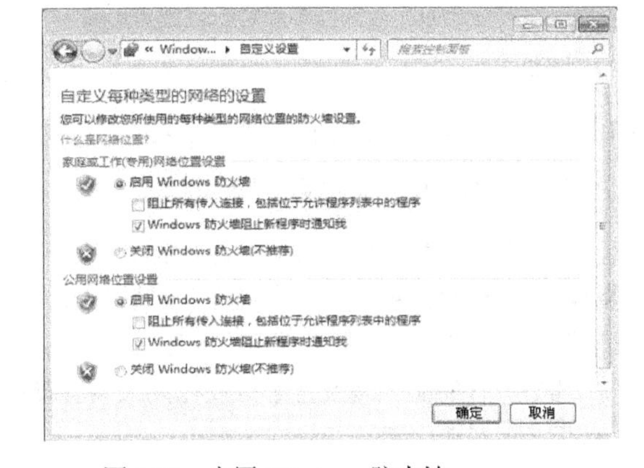

图 3.98 启用 Windows 防火墙

由图中可以看出，私有网络和公用网络的配置是完全分开的，可以分别启用和关闭 Windows 防火墙。在“启用 Windows 防火墙”窗口中，还有两个选项可以选择。

①“阻止所有传入连接，包括位于允许程序列表中的程序”，这个默认即可，否则可能会影响允许程序列表中一些程序的使用。

②“Windows 防火墙阻止新程序时通知我”，对于个人用户来说，该选项最好选中，以方便用户随时做出判断和响应。

如果需要关闭 Windows 防火墙，只需选择对应网络类型里的“关闭 Windows 防火墙（不推荐）”这一项，然后单击“确定”按钮即可。

（2）还原默认设置。如果用户觉得防火墙配置得有点混乱，可以单击图 3.97 左侧的“还原默认设置”选项。还原时，Windows 7 会删除所有的网络防火墙配置项目，恢复到初始状态。比如关闭防火墙后防火墙将会自动开启，如果设置了允许程序列表，则会全部删除添加的规则。

（3）允许程序规则配置。单击图 3.97 左上部的“允许程序或功能通过 Windows 防火墙”选项，打开“允许程序或功能通过防火墙”对话框，如图 3.99 所示。

在此对话框中，用户可以直接勾选允许的程序和功能，也可以添加、更改或删除所有允许的程序和端口。如果需要了解某个功能的具体内容，可以在勾选该项之后，单击下面的“详细信息”命令按钮进行查看。

（4）添加、删除允许通过防火墙的程序。如果要添加自己的应用程序许可规则，可以单击右下角的“允许运行另一程序”按钮，此时将打开“添加允许通过防火墙的程序”对话框，如图3.100所示。在此对话框中，用户选择要添加的程序（或单击“浏览”按钮查找未列出的程序），然后单击“确定”按钮。

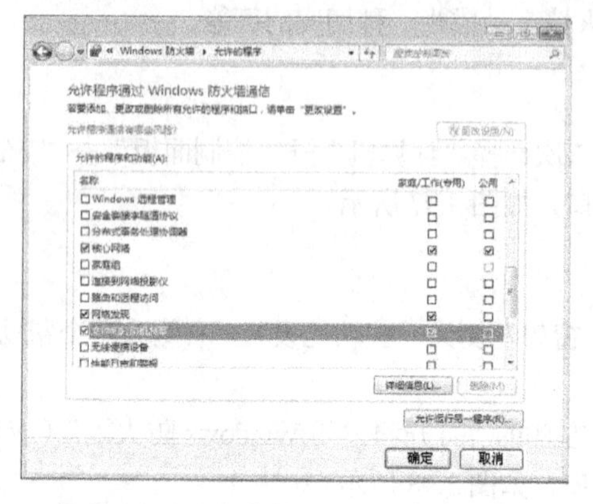

图3.99 允许程序或功能通过防火墙

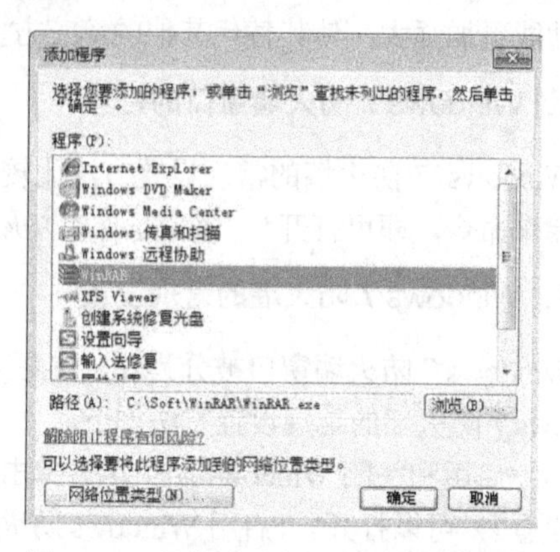

图3.100 添加允许通过防火墙的程序

如果用户需要删除已添加的程序，首先选中对应的程序项，然后单击下面的“删除”按钮，如图3.101所示（系统的服务项目是无法删除的，只能禁用）。

3．Windows 7 防火墙的高级设置

如果需要对增加的允许规则进行详细定制，比如端口、协议、安全连接及作用域等，则需要打开“高级安全 Windows 防火”墙窗口，如图3.102所示。其打开方法是在图3.97所示的“Windows 7 防火墙”窗口中单击“高级设置”按钮。

几乎所有的防火墙设置都可以在高级设置窗口中完成，而且 Windows 7 防火墙的诸多优秀特性也可以在这里展现出来。

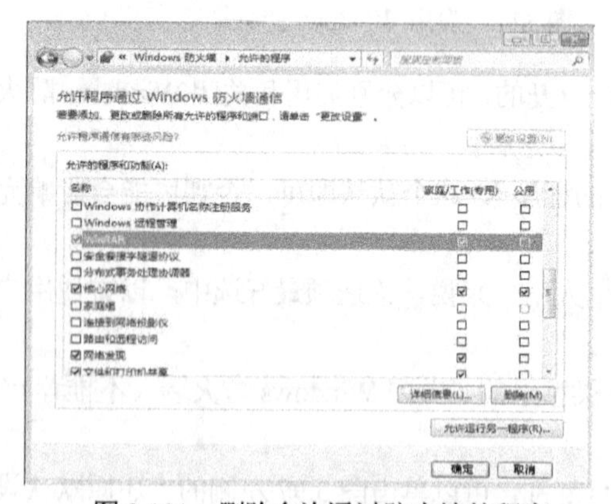

图3.101 删除允许通过防火墙的程序

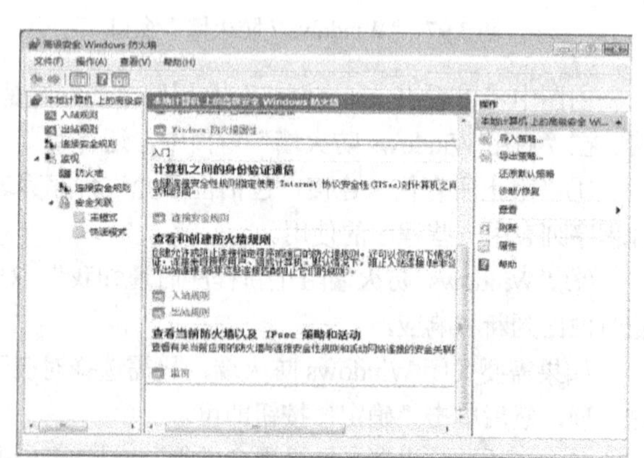

图3.102 “高级安全 Windows 防火墙”窗口

3.5 Windows 7 系统的优化设置

Windows 7 系统安装完成后，需要用户对 Windows 7 系统进行必要的**优化设置**，以便进一步提高系统的运行效率。

3.5.1 关闭特效以提高 Windows 7 系统的运行速度

右击“计算机”→“属性”→“高级系统设置”→“性能”→“设置”→“视觉效果”，勾选“平滑屏幕字体边缘”、“启用透明玻璃”、“启用桌面组合”、“在窗口和按钮启用视觉样式”、“在桌面上为图标标签使用阴影”5 个选项，这样可以有效地提高系统的运行速度。

3.5.2 自定义 Windows 7 的开始菜单

默认情况下，Windows 7 系统的“开始”菜单中会显示用户最近使用过的程序或项目的快捷方式。如果用户想取消“开始”菜单中的某些程序或项目的快捷方式，可以从右键菜单中选择“从列表中删除”，如图 3.103 所示。

另外，右击 Windows 7 的“开始”按钮，并选择“属性”选项，在打开的“任务栏和开始菜单属性”对话框中也可以通过勾选“隐私”项目中的复选框来取消“显示用户最近使用过的程序或项目的快捷方式”功能，如图 3.104 所示。

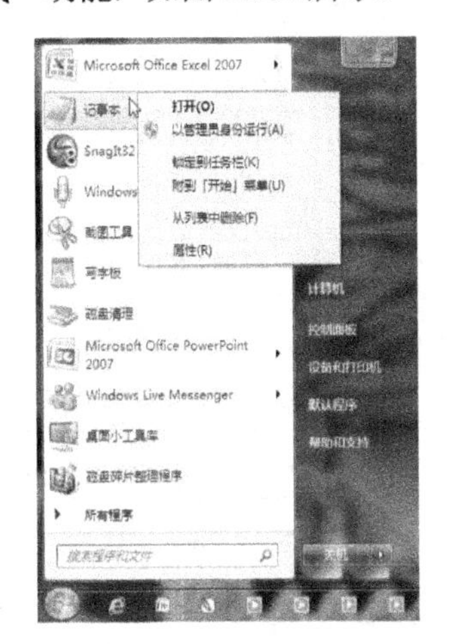

图 3.103 从列表中删除“开始”菜单

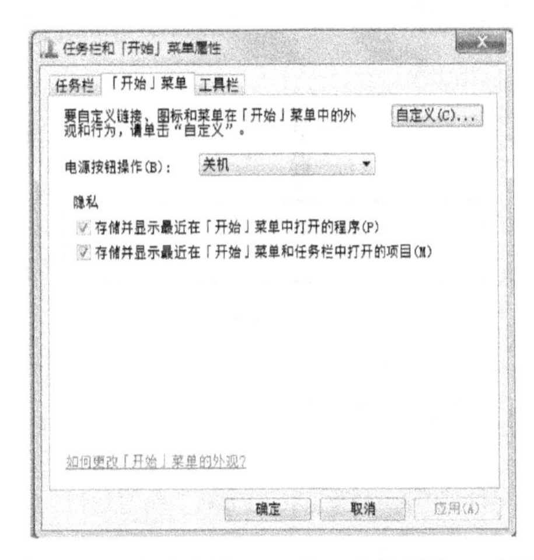

图 3.104 “任务栏和‘开始’菜单属性”对话框

单击对话框中的“自定义”按钮，将打开“自定义‘开始’菜单”对话框，如图 3.105 所示。通过该对话框可以对 Windows 7 的开始菜单做进一步的个性化设置。比如显示什么、不显示什么、显示的方式和数目等。如果想恢复初始设置，只需单击对话框左下角的“使用默认设置”按钮，即可一键还原所有的原始设置。

3.5.3 设置自动更新

对系统盘容量敏感的用户或者怕被“黑”的用户可以使用“检查更新，但是让我选择是否下载和安装更新”，设置方法如下。

（1）单击“开始”菜单，然后在搜索框内输入“检查更新”，如图 3.106 所示。

（2）在搜索结果（控制面板）里，单击“检查更新”选项，打开“检查更新”窗口，如图 3.107 所示。

（3）在窗口的左侧单击“更改设置”选项，打开“选择 Windows 安装更新的方法”窗口，如图 3.108 所示。

（4）在窗口的下拉列表框中选择“检查更新，但是让我选择是否下载和安装更新”选项，单击“确定”按钮。

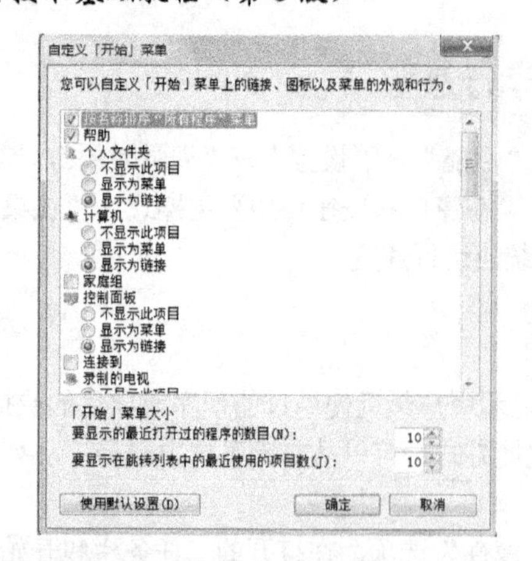

图 3.105 “自定义‘开始’菜单”对话框

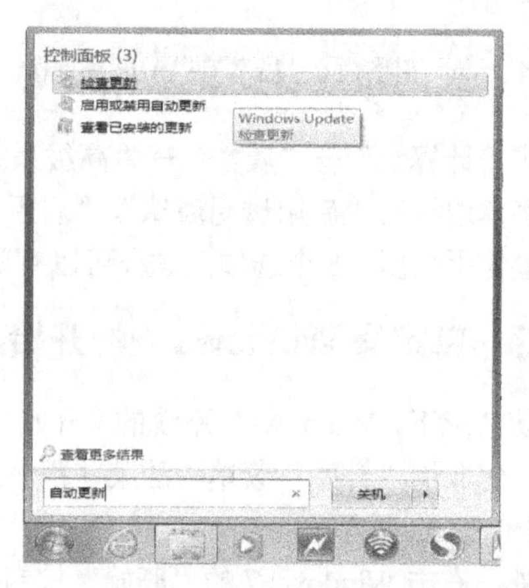

图 3.106 搜索“检查更新”

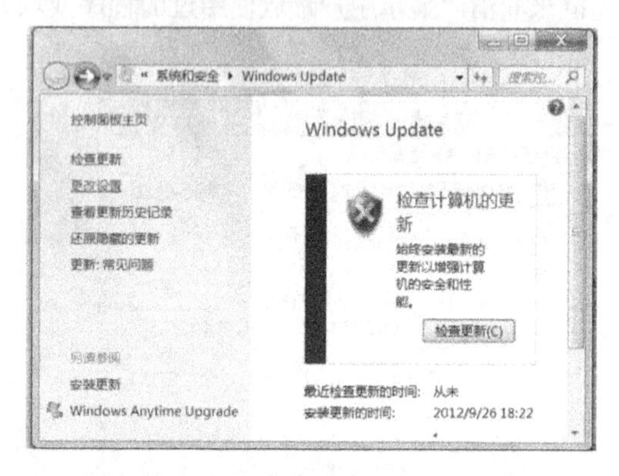

图 3.107 “检查更新”窗口

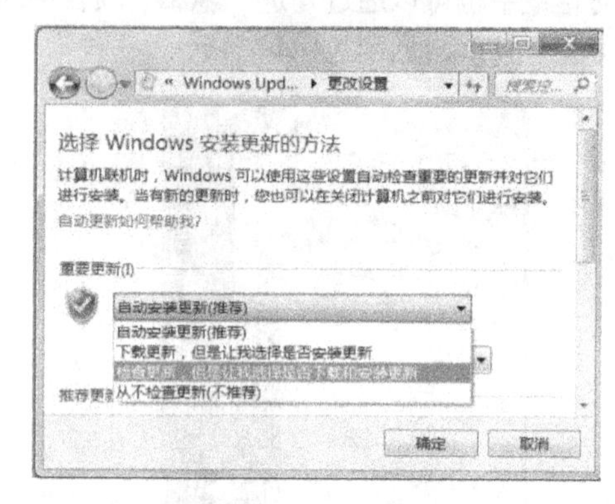

图 3.108 “选择 Windows 安装更新的方法”窗口

3.5.4 用户账户控制（UAC）

Windows 7 系统默认的安全级别是第三级，普通用户建议选择默认级别或是降一级（没有屏幕背景变暗）。如果感觉烦琐，可以关掉（此时，最好有其他保护系统的方式，比如防病毒软件）。设置方法如下。

（1）单击“开始”菜单，然后在搜索框内输入“UAC”，如图 3.109 所示。

（2）在搜索结果（控制面板）里，单击“更改用户账户控制设置”选项，打开 “用户账户控制设置”窗口，如图 3.110 所示。

图 3.109 搜索“UAC”

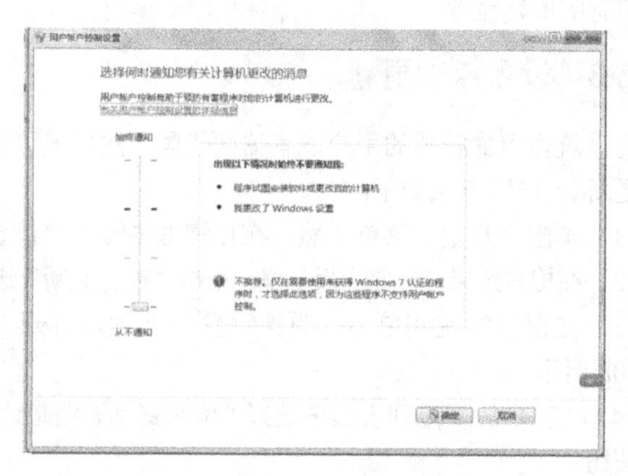

图 3.110 “用户账户控制设置”窗口

（3）调整窗口左侧的控制级别后单击“确定”按钮。

3.5.5　设置虚拟内存大小与存放位置

虚拟内存的大小最好设置为和物理内存大小相同或为物理内存的 1.5 倍。对于硬盘容量较小的用户可以少设置一点，但不能没有。另外，由于虚拟内存的读写频率较高，因此最好不要放在系统盘中。设置方法如下。

（1）右击桌面上的“计算机”图标，在弹出的快捷菜单中选择“属性”，打开“计算机的基本信息”窗口，如图 3.111 所示。

（2）选择窗口左侧的“高级系统设置”选项，打开“系统属性”对话框，如图 3.112 所示。

（3）在该对话框的“高级”选项卡中单击“设置”按钮，打开“性能选项”对话框，如图 3.113 所示。

（4）在该对话框的“高级”选项卡中单击“更改”按钮，打开“虚拟内存”对话框，如图 3.114 所示。

图 3.111　“计算机的基本信息”窗口

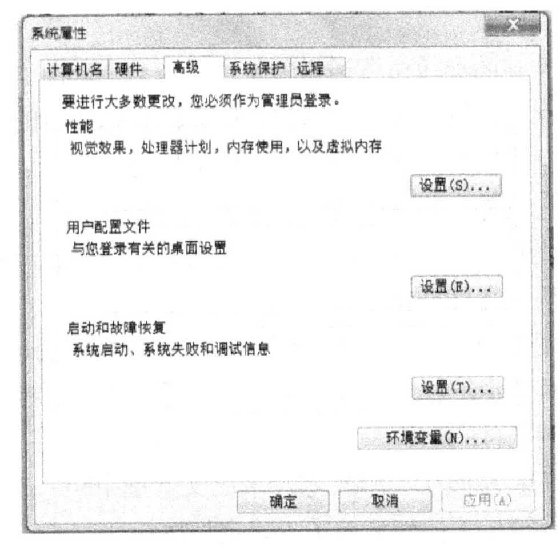

图 3.112　“系统属性”对话框

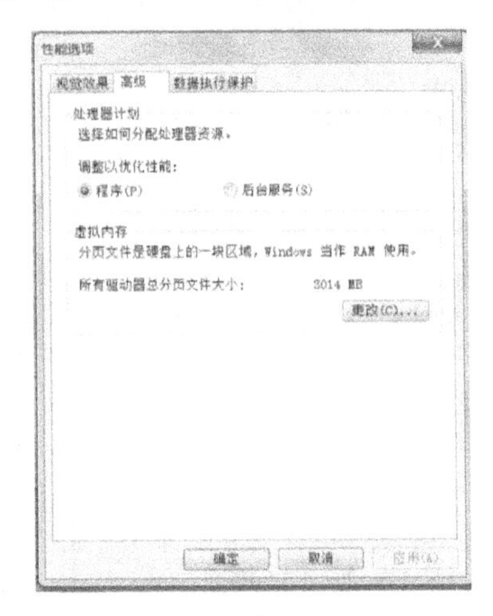

图 3.113　“性能选项”对话框

（5）在该对话框中，首先取消“自动管理所有驱动器的分页文件大小”复选框，然后即可根据自己的需要设置虚拟内存的位置以及大小，最后单击“确定”按钮。

说明：如果要将虚拟内存设置到非系统盘上，需要先将系统盘的虚拟内存大小设为 0，再在其他盘上设置虚拟内存的大小。

3.5.6 设置临时文件的存放位置

临时文件通常要占用大量的硬盘空间，且读写比较频繁，因此最好不要放在系统盘上。设置方法如下。

（1）右击桌面上的“计算机”图标，在弹出的快捷菜单中选择“属性”选项，打开“计算机的基本信息”窗口，如图 3.111 所示。

（2）选择窗口左侧的“高级系统设置”选项，打开“系统属性”对话框，如图 3.112 所示。

（3）在该对话框的“高级”选项卡中单击“环境变量”按钮，打开“环境变量”对话框，如图 3.115 所示。

（4）通过“编辑”按钮将用户和系统的 TEMP 和 TMP 变量都改到另外的路径上，最后单击“确定”按钮。

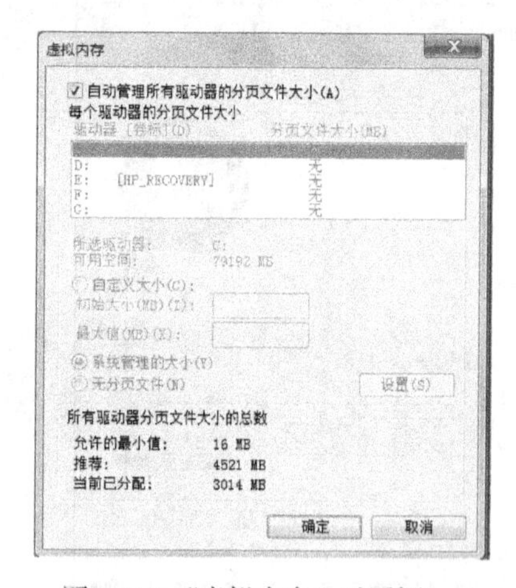

图 3.114 “虚拟内存”对话框

图 3.115 “环境变量”对话框

3.5.7 设置用户文件夹的存放位置

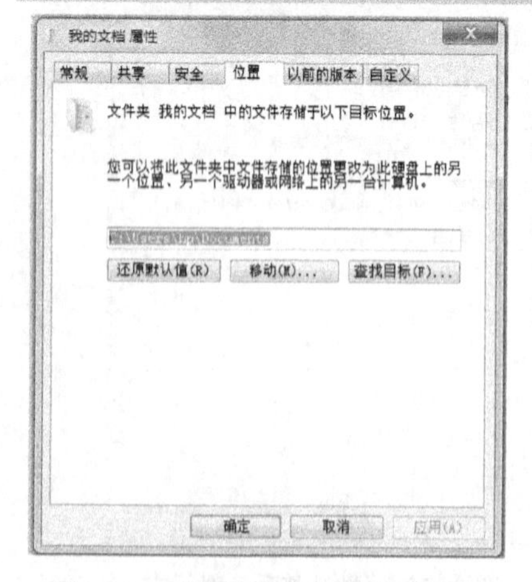

图 3.116 “我的文档 属性”对话框

用户文件夹的存放位置通常默认在系统盘中。由于该文件夹中通常要存放大量的文件，这样不但会占用系统盘的宝贵空间，而且当重新安装操作系统时，这些文件将全部丢失。为此用户最好将它设置到非系统盘上。设置方法如下。

（1）从“开始”菜单中选择右列最上方以用户名命名的文件夹，打开用户文件夹窗口。

（2）右击窗口中的“我的文档”或“My Documents”，从弹出的快捷菜单中选择“属性”选项，打开“我的文档 属性”对话框，如图 3.116 所示。

（3）在该对话框的“位置”选项卡的文本框中输入新的“用户文件夹”存放位置，然后单击“确定”按钮。

习　题　三

一、选择题

1. Windows 7 是一个（　　）。
   A. 多用户操作系统　　B. 图形化的单用户、多任务操作系统
   C. 网络操作系统　　D. 多用户、多任务操作系统
2. 在 Windows 7 的各个版本中，支持的功能最多的是（　　）。
   A. 家庭普通版　B. 家庭高级版　C. 专业版　D. 旗舰版
3. 安装 Windows 7 操作系统时，系统磁盘分区必须为（　　）格式才能安装。
   A. FAT　B. FAT16　C. FAT32　D. NTFS
4. 在 Windows 7 中，当一个应用程序窗口被最小化后，该应用程序将（　　）。
   A. 继续在前台运行　B. 暂停运行　C. 被转入后台运行　D. 被中止运行
5. 文件的类型可以根据（　　）来识别。
   A. 文件的大小　B. 文件的用途　C. 文件的扩展名　D. 文件的存放位置
6. 鼠标右键单击桌面上“计算机”图标，弹出的菜单被称之为（　　）。
   A. 下拉菜单　B. 弹出菜单　C. 快捷菜单　D. 级联菜单
7. 用鼠标器拖放功能实现文件或文件夹的快速移动时，下列操作一定可以成功的是（　　）。
   A. 用鼠标左键拖动文件或文件夹到目的文件夹
   B. 按住 Shit 键，同时用鼠标左键拖动文件或文件夹到目的文件夹
   C. 按住 Ctrl 键，同时用鼠标左键拖动文件或文件夹到目的文件夹
   D. 用鼠标右键拖动文件或文件夹到目的文件夹，然后在弹出的菜单中选择“移动到当前位置”菜单项
8. 快捷方式确切的含义是（　　）。
   A. 特殊文件夹　B. 特殊磁盘文件　C. 各类可执行文件　D. 指向某对象的指针
9. 在 Windows 7 中，每运行一个应用程序就（　　）。
   A. 创建一个快捷方式　　B. 打开一个应用程序窗口
   C. 在开始菜单中添加一项　　D. 创建一个文件夹
10. 剪贴板是在（　　）中开辟的一个特殊存储区域。
    A. 硬盘　B. 外存　C. 内存　D. 窗口
11. 在 Windows 7 中，要将整个桌面的内容存入剪贴板，应按（　　）键。
    A. PrintScreen　　B. Ctrl+PrintScreen
    C. Alt+PrintScreen　　D. Ctrl+Alt+PrintScreen
12. 在某个文档窗口中已进行了多次剪切（复制）操作，当关闭了该文档窗口后，当前剪贴板中的内容为（　　）。
    A. 空白　　B. 所有剪切（复制）的内容
    C. 第一次剪切（复制）的内容　　D. 最后一次剪切（复制）的内容
13. 回收站是（　　）。
    A. 硬盘上的一个文件　　B. 内存中的一个特殊存储区域
    C. 软盘上的一个文件夹　　D. 硬盘上的一个文件夹

14. “控制面板”窗口（　　）。

A. 是硬盘系统区的一个文件　　B. 是硬盘上的一个文件夹

C. 是内存中的一个存储区域　　D. 包含一组系统管理程序

15. 任务栏的位置是可以改变的，通过拖动任务栏可以将它移到（　　）。

A. 桌面横向中部　　B. 桌面纵向中部

C. 桌面四个边缘位置均可　　D. 任意位置

二、判断题

1. 正版 Windows 7 操作系统不需要激活即可使用。（　　）
2. 要开启 Windows 7 的 Aero 效果，必须使用 Aero 主题。（　　）
3. 在 Windows 7 中默认库被删除后，可以通过恢复默认库进行恢复。（　　）
4. 任何一台计算机都可以安装 Windows 7 操作系统。（　　）
5. 文件夹中只能包含文件。（　　）
6. 窗口的大小可以通过鼠标拖动来改变。（　　）
7. 桌面上的任务栏可根据需要移动到桌面上的任意位置。（　　）
8. 磁盘上刚刚被删除的文件或文件夹都可以从“回收站”中恢复。（　　）
9. 设置桌面背景时无论背景图片大小都可以全屏显示背景。（　　）
10. 打开文件或文件夹只能双击打开。（　　）
11. 鼠标左键双击和右键双击均可打开一个文件。（　　）
12. 从桌面删除应用程序的快捷方式就可以删除应用程序了。（　　）
13. 复制文件只能在“编辑”菜单中操作。（　　）
14. 对话框可以移动，也可以改变大小。（　　）
15. 当选定文件或文件夹后，不将文件或文件夹放到“回收站”而直接删除的操作是按 Delete 键。（　　）
16. 所有使用同一台计算机的用户都可以看到这台机上其他账户的密码提示。（　　）
17. 窗口被最大化后要调整窗口大小，正确的操作是用鼠标拖动窗口的边框线。（　　）
18. 如果想一次选定多个分散的文件或文件夹，操作方法是按住 Shift 键，用鼠标右键逐个选取。（　　）
19. 在 Windows 7 中可以同时打开多个窗口，但某一时刻只有一个窗口是活动的。（　　）
20. 在文件夹属性中可以为文件夹进行重命名。（　　）

第4章

Word 2010 文字处理软件

Office 是 Microsoft 公司开发和推出的办公套装软件，主要版本有 Office 97/2000/2003/2007/2010 等，包括 Word、Excel、Access、PowerPoint、FrontPage 等。

Word 2010 中文版是 Office 2010 中最主要的程序之一，是一个具有丰富的文字处理功能，图文表格混排、所见即所得、易学易用等特点的文字处理软件，是当前世界上应用最广泛的文字处理和文档编排系统之一。

本章主要介绍 Word 2010 的基本概念以及使用 Word 2010 编辑文档、排版、设置页面、制作表格和绘制图形等基本操作。通过本章的学习，应掌握：

（1）Word 的基本功能、运行环境，Word 的启动和退出；

（2）文档的创建、打开、输入、保护和打印等基本操作，美化文档外观；

（3）文本的选定、插入与删除、复制与移动、查找与替换等基本编辑技术，多窗口和多文档的编辑；

（4）字体格式设置、段落格式设置、文档页面设置和文档分栏等基本排版技术；

（5）表格的创建、修改，表格中数据的输入与编辑，数据的排序和计算；

（6）图形和图片的插入，图形的建立和编辑，文本框的使用；

（7）文档的修订与共享，长文档的编辑与管理。

4.1 Word 2010 基础

4.1.1 Word 2010 的启动与退出

1．Word 2010 中文版的启动

Word 2010 中文版的启动非常简便而且方法很多，概括起来主要有以下几种方法：

（1）常规方法：将鼠标指针移至屏幕左下角单击“开始”菜单按钮，执行“开始”→“所有程序”→“Microsoft Office”→“Microsoft Word 2010”命令，启动 Word 2010 中文版。

（2）如果 Word 是最近经常使用的应用程序之一，“Microsoft Word 2010”会出现在“开始”菜单中，执行“开始”→“Microsoft Word 2010”命令即可启动 Word 2010 中文版。

（3）在 Windows 资源管理器中找到带有图标 的文件（即 Word 文档，文档名后缀为“docx”或“doc”），双击该文件即可启动 Word 2010 中文版。

（4）在 Windows 7 的桌面上创建 Word 2010 中文版快捷方式图标。双击该图标，即可启动 Word 2010 中文版。

它们各有优缺点，用户可以根据不同的环境和个人习惯灵活地加以选择。

2. 退出 Word 2010

在完成对所有文档的编辑后，要关闭文件，退出 Word 2010 中文版环境。退出 Word 2010 常用以下几种方法：

（1）单击“文件”选项卡，在打开的 Office 后台视图中执行“退出”命令（以下用“执行‘文件’→‘退出’命令”表示）。

（2）执行“文件”→“关闭”命令。

（3）单击标题栏右边的“关闭”按钮☒。

（4）双击 Word 2010 窗口左上角的“控制菜单”图标；或单击“控制菜单”图标，弹出一个下拉菜单，单击“关闭”按钮。

（5）按快捷键 Alt + F4。

（6）右击“任务栏”，单击“关闭”按钮；或右击“标题栏”，选择“关闭”选项。

在执行退出 Word 2010 操作时，如有文档输入或修改后尚未保存，那么 Word 2010 将会给出一个对话框，询问是否要保存未保存的文档。

4.1.2 Word 2010 窗口的组成

作为 Windows 环境下的一个应用程序，Word 2010 中文版的窗口和窗口的组成与 Windows 其他应用程序大同小异，包括标题栏、快速访问工具栏、文件选项卡、工作区、功能区、状态栏、文档视图工具栏、显示比例控制栏、滚动条、标尺等。启动 Word 2010 中文版系统，便进入如图 4.1 所示的 Word 2010 中文版工作窗口。

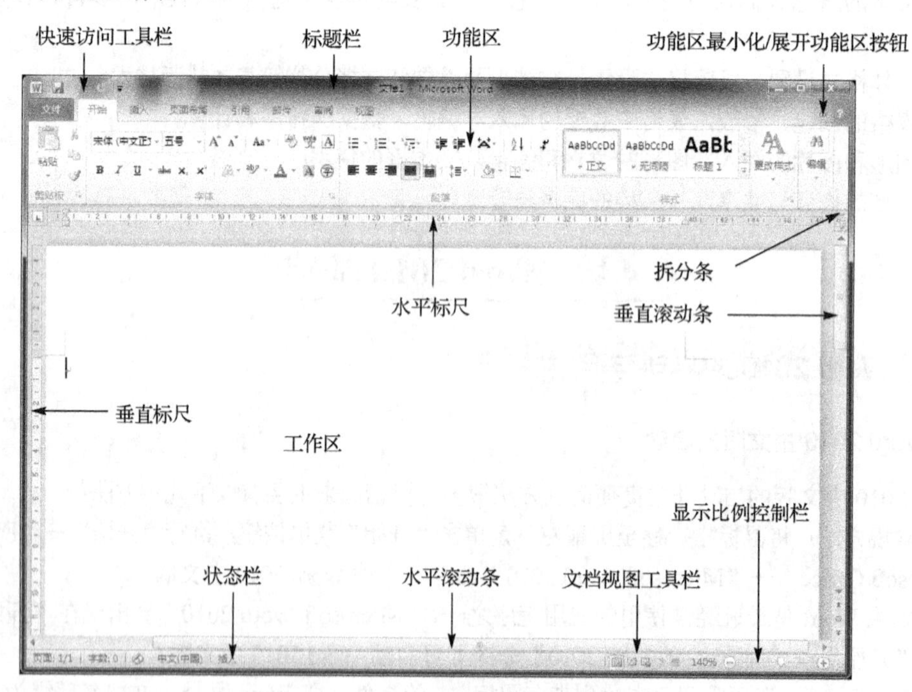

图 4.1　Word 2010 中文版工作窗口

（1）标题栏。标题栏位于 Word 窗口顶部，其上显示正在编辑的文档的文件名，左边是 Word 控制菜单按钮，右侧是窗口操作按钮 [最小化、最大化（还原）和关闭]。

（2）快速访问工具栏。快速访问工具栏默认位于标题栏下面、功能区上方，用户可以根据需要修改设置。它的作用是使用户能快速启动经常使用的命令。用户可以根据需要，使用“自定义快速访问工具栏”命令添加或定义自己的常用命令。Word 2010默认的快速访问工具栏包括保存、撤销、重复和自定义快速访问工具栏命令按钮。

（3）功能区和选项卡。在Word 2010中，传统的菜单和工具栏被功能区所代替。功能区是一个全新的设计，它以选项卡的方式对命令进行分组和显示。同时，功能区上的选项卡在排列方式上与用户所要完成任务的顺序相一致，并且选项卡中命令的组合方式更加直观，大大提升了应用程序的可操作性。

在Word 2010功能区拥有“开始”、“插入”等选项卡。

①“开始”选项卡。它包含了有关文字编辑和排版格式设置的各种功能，包括剪贴板、字体、段落、样式和编辑等几个命令组。

②“插入”选项卡。主要用于在文档中插入各种元素，包括页码、表格、图片、链接、页眉和页脚、文本、符号和特殊符号等命令组。

③“页面布局”选项卡。用于帮助用户设置文档页面样式，包括主题、页面设置、稿纸、页面背景、段落、索引和目录等命令组。

④“引用”选项卡。用于实现在文档中插入目录、引文、题注等索引功能，包括目录、脚注、引文与书目、题注、索引和引文目录等命令组。

⑤“邮件”选项卡。专门用于在文档中进行邮件合并方面的操作，包括创建、开始邮件合并、编写和插入域、预览结果和完成等命令组。

⑥“审阅”选项卡。主要用于对文档进行审阅、校对和修订等操作，适用于多人协作处理大文档，包括校对、中文简繁转换、批注、修订、更改、比较和保护等命令组。

⑦“视图”选项卡。主要用于帮助用户设置Word操作窗口的查看方式、操作对象的显示比例等，以便于用户获得较好的视觉效果，包括文档视图、显示、显示比例、窗口和宏等命令组。

（4）后台视图。在Office 2010应用程序中单击“文件”选项卡，即可查看Office后台视图。在后台视图中可以管理文档和有关文档的相关数据，是用于对文档或应用程序执行操作的命令集。例如，创建、保存和发送文档，检查文档中是否包含隐藏的元数据或个人信息，文档安全控制选项，应用程序自定义选项等。

（5）工作区。工作区是水平标尺以下和状态栏以上的一个屏幕显示区域。在Word 2010窗口的工作区中可以打开一个文档，输入文字、生成表格、插入图形，并可方便地进行编辑、校对、排版。文档窗口中的插入点，指明输入时字符出现的位置。Word 2010可以打开多个文档，每个文档有一个独立窗口。

可以通过单击功能区右上角的“功能区最小化/展开功能区”按钮来扩大/缩小工作区。

（6）状态栏。状态栏在Word 2010窗口的底部左侧，显示帮助工作的信息，用来显示当前的某些状态，如当前页面数、字数等；有用来发现校对错误的图标及对应校对的语言图标，还有用于将输入的文字插入到插入点的插入图标（单击它，将其变为“改写”模式）。

（7）视图切换按钮。所谓视图，就是查看文档的方式，即同一个文档可以在不同的视图下查看，虽然显示的方式不同，但是文档的内容是不变的。有以下5种“视图”，可以通过单击水平滚动条右侧的视图切换按钮来进行切换。

① 页面视图。主要用于版面设计，页面视图显示文档的每一页面与打印所得的页面相同，即“所见即所得”（最佳排版视图）；可以进行输入、编辑和排版文档，也可以处理页边距、文本框、分栏、页眉和页脚、图片和图形等。

② 阅读版式视图。适于阅读长篇文章，是最佳观看视图，分为左右两个窗口显示（阅读文章的最佳视图）。

③ Web版式视图。使用该视图，无须离开Word即可查看Web页在Web浏览器中的效果（最佳网上发布视图）。

④ 大纲视图。大纲视图显示文档的层次结构，如章、节、标题等，这对于长文档来说，可以让用户清晰地看到它的概况。在大纲视图中，可折叠文档只查看到某级标题，或者扩展文档以查看整个文档，还可以通过拖动标题来移动、复制或重新组织正文。进入大纲视图时会自动出现大纲工具栏。

⑤ 草稿视图。取消了页面边距、分栏、页眉和页脚以及图片等元素，仅显示标题和正文，是最节省计算机系统硬件资源的视图方式。

（8）标尺。标尺分为水平标尺和垂直标尺两种。在草稿视图下只能显示水平标尺，只有在页面视图下才能两种标尺都显示。标尺可以显示文字所在的实际位置、页边距尺寸，并且可以用来设置制表位、段落、页边距尺寸、左右缩进、首行缩进等。有两种方法可以隐藏/显示标尺。

方法一：单击“视图”选项卡“显示”组中的“标尺”复选按钮，可以显示/隐藏标尺；

方法二：单击垂直滚动条上方的“标尺”按钮，可以显示/隐藏标尺。

（9）滚动条。滚动条有垂直滚动条和水平滚动条，拖曳滚动条上的“滑块”或单击滚动箭头，可以移动文档，查看文档的不同位置。

（10）插入点。在Word 2010启动后，自动创建一个名为“文档1”的文档，其工作区是空的，只是在第1行第1列处有一个闪烁的黑色竖条（或称光标），称为插入点。

4.2 Word 2010文档的基本操作

4.2.1 Word 2010文档处理流程

在Word 2010中要完成一份Word文档处理工作，一般流程如下：

（1）启动Word 2010；

（2）创建或打开一个文档；

（3）页面设置；

（4）用户在文档中的插入点处输入文档的内容；

（5）编辑和排版；

（6）打印输出。

为了安全起见，在文档编辑过程中要及时存盘。

4.2.2 创建新文档

每次启动Word 2010时，会自动打开一个新的空白文档并暂时命名为“文档1”。通常这个文档对应的默认磁盘文件名为“doc1.docx”，在保存时也可按照需要更改它的名称。创建Word 2010文档也可以使用以下方法：

（1）执行“文件”→“新建”命令，或按组合键Alt+F，单击“空白文档”选项，即可创建Word文档。

（2）按快捷键Ctrl+N，即可创建Word文档。

4.2.3 打开已存在的文档

当要查看、修改、编辑或打印已存在的Word文档时，首先应该打开它。文档的类型可以是Word文档，也可以是利用Word软件的兼容性，经过转换打开的非Word文档（如WPS文件、纯文本文件等）。

1．打开一个已存在的文档

在资源管理器中，双击带有 Word 文档图标的文件名是打开 Word 文档最快捷的方式。除此之外，打开一个已存在的文档，通常还有以下几种方法：

（1）执行“文件”→“打开”命令。

（2）按快捷键 Ctrl+O。

这时 Word 会打开一个“打开”对话框，如图 4.2 所示。如果要打开的文件名在“文档库”列表区中，则单击该文件名，然后单击“打开”按钮；或双击要打开的文档名。

图 4.2　“打开”对话框

2．利用“打开”对话框

若“文档库”列表区中没有要打开的文件，可能是因为磁盘或文件夹的位置不对，或“文件类型”下拉列表框中给出的文件类型不符合要求。

在“打开”对话框左侧的文件夹树中单击所选定的驱动器，则右侧的“名称”列表框中就列出了该驱动器下所包含的文件夹和文件名。双击打开所选的文件夹，则“名称”列表框中就会列出该文件夹所包含的文件夹和文档名。重复这一操作，直到打开包含有要打开的文档名的文件夹为止。

如果在打开文档时，忘记了文档的文件名和存放位置，或者是不小心把文件挪动了位置，这时可以用搜索功能来查找、打开文件。在“打开”对话框右上角的“搜索文档”文本框输入要查找的文档名或部分文档名，搜索结果会显示在“文档库”列表区。

3．同时打开多个文档

Word 可以同时打开多个文档，通常有两种操作方法：一是逐一使用“打开”命令打开多个文档；二是使用“打开”对话框，选中多个文件一次打开多个文档。

在“打开”对话框的“文件及文件夹”列表区中，选择多个文档后（连续的多个文档按 Shift 键，不连续的多个文档按 Ctrl 键），单击“打开”按钮，即可同时打开多个文档。

每打开一个文档，Windows 任务栏就有一个相应的文档按钮与之对应。当打开的文档数量多于一个时，这些文档便以重叠的按钮组形式出现。将光标移至按钮（或按钮组）上停留片刻，按钮（或按钮组）便会展开为各自的文档窗口缩略图，单击文档窗口缩略图可实现文档的切换。另外，也可以通过单击“视图”选项卡中“切换窗口”下拉菜单中所列的文件名进行文档切换。

4．打开最近使用过的文档

如果要打开的是最近使用过的文档，Word 2010 提供了更快捷的操作方式，其中两种常用的操作方法如下：

（1）执行“文件”→“最近所用文件”命令，打开“最近所用文件”窗口，如图 4.3 所示。分别单击“最近的位置”和“最近使用的文档”栏目中所需文件夹和 Word 文档名，即可打开用户指定的文档。

（2）若当前已存在打开的一个（或多个）Word 文档，右击 Windows 任务栏中“已打开 Word 文档”

按钮，此时会弹出一个名为“最近”的列表框，如图 4.4 所示。列表框中含有最近使用过的 Word 文档，单击需要打开的文档名即可打开指定的文档。默认情况下，保留 10 个最近使用过的 Word 文档。

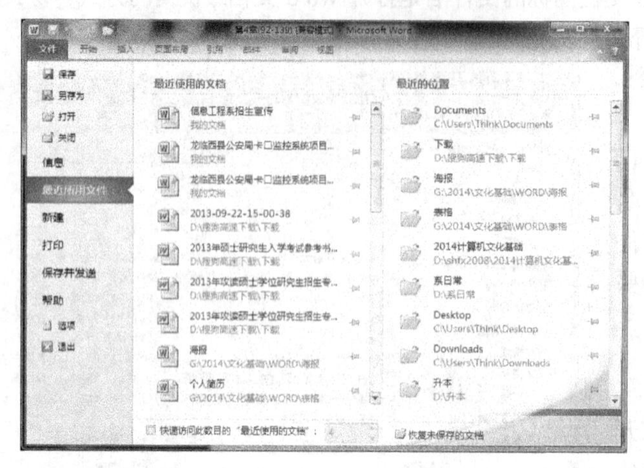

图 4.3 “最近所用文件”窗口

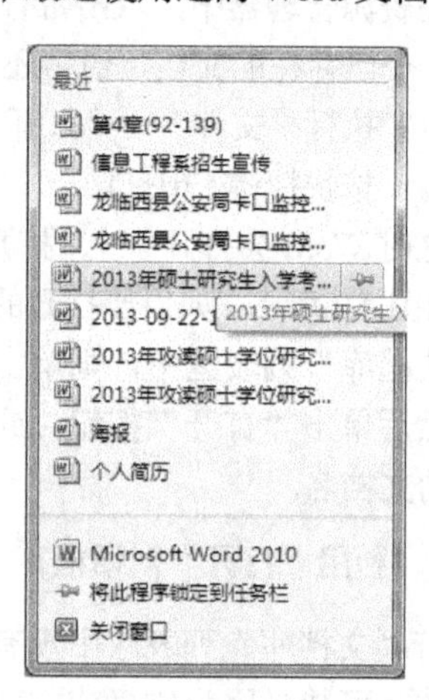

图 4.4 “最近”列表框

4.2.4 保存文档

用户编辑的文档内容，都暂时存放在计算机内存中，为了将其永久保存起来以备将来使用，需要给文档起一个文件名并存盘保存。保存文档不仅指的是一份文档在编辑结束后才将其保存，同时也指在编辑过程中进行保存。

1．保存新建文档

保存文档的常用方法有以下几种：

（1）单击快速访问工具栏的“保存”按钮；

（2）执行“文件”→“保存”命令；

（3）直接按快捷键 Ctrl+S。

若是第一次保存文档，会弹出“另存为”对话框，如图 4.5 所示。其操作方法如下：

（1）在左侧“文件夹树”中选定要保存文档的驱动器。

（2）在右侧“名称”下拉列表框中可以选择常用的文件夹。“名称”列表区列出了“保存位置”指定的文件夹和“保存类型”下拉列表框中类型相符的所有文件以及该文件夹中所包含的子文件夹。

（3）在“文件名”下拉列表框中可以输入或选择文件名称。

（4）在“保存类型”下拉列表框中可以选择合适的保存类型，默认为 Word 文档。

（5）单击“保存”按钮存盘；单击“取消”按钮则不存盘，返回编辑窗口。

2．保存已有文档

对已有的文件打开和修改后，同样可用上述方法将修改后的文档以原来的文件名保存在原来的文件夹中，此时不再出现“另存为”对话框。

3．用另一文档名保存文档

执行“文件”选项卡，在打开的 Office 后台视图中执行“另存为”命令，可以把一个正在编辑的文档以另一个不同的名字保存起来，而原来的文件依然存在。在“另存为”对话框中给出路径名及文件名，把当前文档保存在指定磁盘的指定文件夹中，并将另存后的文档作为当前的编辑文档。

4. 自动保存文档

自动保存是指 Word 2010 会在一定时间内自动保存一次文档，可以有效地防止用户进行大量工作之后，当发生意外（停电、死机等）时因没有保存而导致文档的内容大量丢失。方法如下：

（1）在 Word 2010 应用程序中，单击“文件”→“选项”命令。

（2）打开“Word 选项”对话框，单击左侧的“保存”命令，如图 4.6 所示。

（3）在“保存文档”选项区域，选中“保存自动恢复信息时间间隔”复选框，并指定具体分钟数（可输入 1～120 的整数）。默认自动保存的时间间隔是 10 分钟。

（4）单击“确定”按钮，自动保存文档设置完毕。

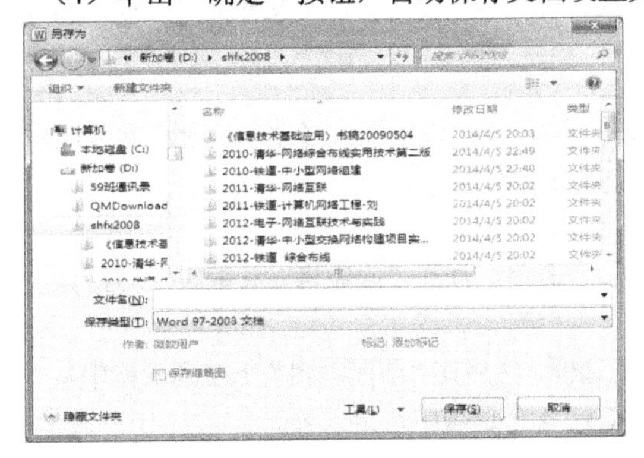

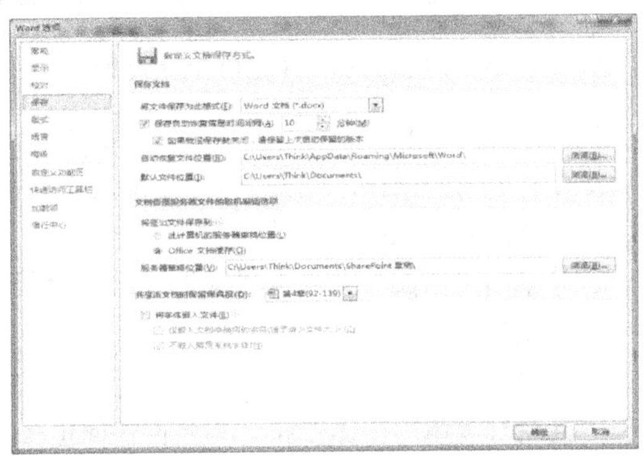

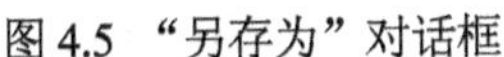

图 4.5 “另存为”对话框

图 4.6 “Word 选项”对话框

4.2.5 关闭文档

单击标题栏上的关闭窗口按钮，或执行“文件”→“关闭”命令，或直接选择控制菜单的“关闭”命令，或使用组合键 Alt+F4，都可以关闭当前文档。对于修改后没有存盘的文档，系统会给出提示信息（是否保存修改），单击“是”按钮保存后退出；单击“否”按钮，则不存盘退出；单击“取消”按钮，则重新返回 Word 编辑窗口。

4.2.6 文档的保护

如果所编辑的文档不希望无关人员查看，则可以给文档设置打开权限密码，那么再打开此文档，Word 会首先核对密码，只有密码正确才能打开，否则拒绝打开。设置密码保护文档有两种情况，即打开密码保护和修改密码保护。此外，还可将文档设置为“只读”属性，或对其中指定内容进行编辑限制。

1. 设置“打开权限密码”

（1）执行“文件”→“另存为”命令，打开“另存为”对话框。

（2）单击对话框右下方“工具”下拉菜单，打开“常规选项”对话框，如图 4.7 所示。在“打开文件时的密码”文本框中输入设定的密码。

（3）单击“确定”按钮，弹出“确认密码”对话框，在“请再次键入打开文件时的密码”文本框中再次输入要设置的密码（和前次一样）。单击“确定”按钮，如果两次密码核对正确，则返回“另存为”对话框；否则出现“密码确认不符”的警示信息，此时只能单击“确定”按钮，重新设置密码。

（4）单击“保存”按钮即可存盘。下次再打开此文档时，会出现“密码”对话框，要求用户键入密码以便核对。

如果要取消已设置的密码，在打开此文档的前提下，进入“常规选项”对话框，删除“打开文件时的密码”文本框中的“*”，然后保存即可。

注意：执行“文件”→“信息”→“保护文档”→“用密码进行加密”命令，弹出“加密文档”对话框，也可实现上述功能。

2．设置修改权限密码

如果允许别人打开并查看一个文档，但无权修改它，则可以在“常规选项”对话框中，通过设置“修改文件时的密码”实现。

3．设置文件为“只读”属性

在“常规选项”对话框中，勾选“建议以只读方式打开文档”复选框，则文件为“只读”属性。

4．对文档中的指定内容进行编辑限制

如果要保护文档中的某一内容（一句话、一段文字等），不允许被别人修改，但允许阅读或对其进行修订、审阅等操作，则在Word中称为文档保护。其方法如下：

（1）选定需要保护的文档内容；

（2）单击“审阅”选项卡“保护”组的“限制编辑”命令，打开“限制格式和编辑”对话框，如图4.8所示；

（3）勾选“仅允许在文档中进行此类型的编辑”复选框，然后在“限制编辑”下拉列表框中从“修订”、“批注”、“填写窗体”和“不允许任何更改（只读）”4个选项中选定一项。

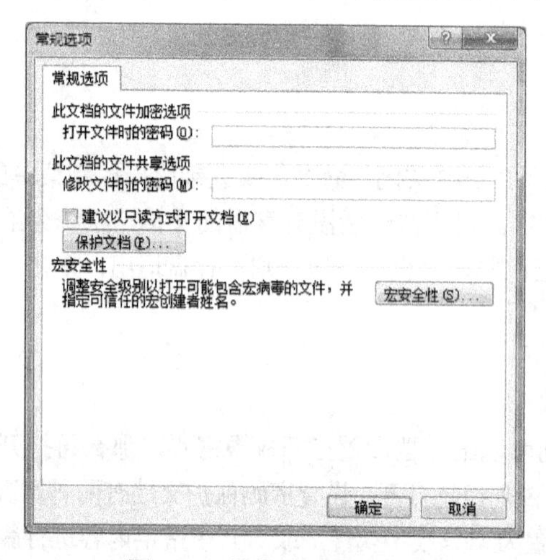

图4.7 “常规选项”对话框

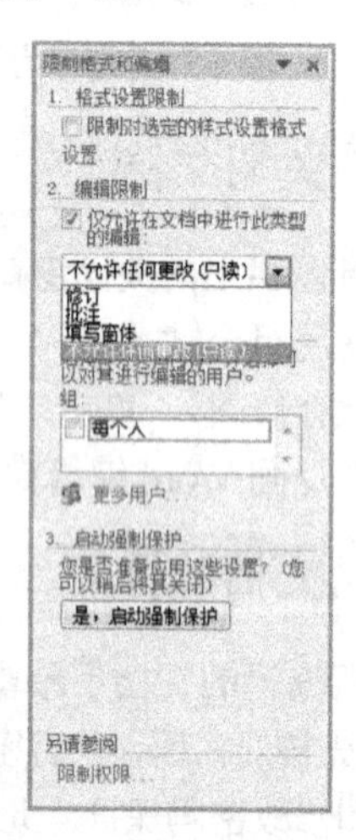

图4.8 “限制格式和编辑”对话框

4.3 Word 2010文档的基本操作和基本编辑

通常在启动Word 2010中文版后屏幕显示出一个空白文档供用户输入使用。此时，屏幕文本编辑区的左上角有一个闪烁的竖条，指明了文本插入的位置，称为插入点（即光标位置）。在该窗口内可以输入文字（中文和英文字符），插入特殊字符、当前日期、当前时间、图形、表格或其他内容。

4.3.1 输入文本

1．输入文本

（1）中文输入。Word 2010中文版自身不带汉字输入法，为了输入汉字，可以使用Windows 7自带的或搜狗和中文之星等提供的输入法。选择中文输入法，按相应输入法的具体要求输入汉字。

（2）标点符号的输入。全角和半角的区分：英文标点有全角和半角之分，全角字符占两个半角的位置。中文标点的输入，在中文标点状态下输入。

（3）插入特殊字符及符号。Word 2010 中文版提供了丰富的符号，除键盘上显示的字母、数字和标点符号外，还提供了项目符号、编号、版权号、注册号等特殊符号。单击“插入”选项卡中“符号”组“符号”下拉按钮，在弹出的列表中单击“其他符号”命令，打开“符号”对话框，如图 4.9 所示。

在“字体”下拉列表框中选择要插入符号的字体，在“子集”下拉列表框中选择要插入符号的类型，单击要插入的符号，再单击“插入”按钮，即可将该符号插入到插入点所在位置。用此方法可以连续插入多个符号。在“近期使用过的符号”框中列出了最近使用过的符号，可快速插入。

（4）输入当前日期和时间。在 Word 2010 中文版文档中，可以用不同的格式插入当前日期和时间。单击“插入”选项卡中“文本”组的“日期和时间”命令，打开“日期和时间”对话框，在“可用格式”下拉列表框中选择日期和时间的格式。

图 4.9 “符号”对话框

（5）插入脚注和尾注。在编写文章时，常常需要对一些从别人的文章中引用的内容、名词或事件加以注释，这称为脚注和尾注。脚注位于每一页面的底部，而尾注位于文档的结尾处。

将插入点移到需要插入脚注和尾注字符之后，打开“引用”选项卡，单击“脚注”右下方的箭头，打开“脚注和尾注”对话框，选定“脚注”或“尾注”，设定注释的编号格式、自定义标记、起始编号和编号方式等。如果要删除脚注和尾注，选定脚注或尾注后按“Delete”键。

2. 输入文本应注意的问题

（1）即点即输：Word 2010 提供了即点即输的功能，在页面上的有效范围内任何空白处双击，插入点便被定位于该处，在此处可以输入文本、插入表格、插入图片和图形等内容和设置对齐格式。如果在文档中看不到“即点即输”功能，那么应先启用该功能，执行“文件”→“选项”→“高级”命令，勾选“即点即输”复选框即可。

（2）Word 具有自动换行功能，当文字输入到行尾继续输入时系统会自动换行，后面的文字自动出现在下一行。为了有利于自动排版，不要在每行的行尾按 Enter 键，只有当一个段落结束时，才需要按 Enter 键，插入段落标记。若需要在一个自然段内强行换行（不是另起一段），则按组合键 Shift+Enter 进行强制换行。

（3）注意当前的编辑状态：插入或改写。可以通过键盘上的 Insert 键切换，当状态栏上“改写”为黑色时是为“改写”状态，为灰色时为“插入”状态。

“插入”状态下，随着新内容的输入，原内容后移；“改写”状态下，随着新内容的输入，原内容被覆盖。

（4）不要用加空格的方法实现段落的首行缩进。

（5）换行符。如果要另起一行，但不另起一个段落，可以输入换行符。可使用组合键 Shift+Enter 或单击“页面布局”选项卡“页面设置”组“分隔符”右侧下拉按钮，单击“自动换行符”按钮。

注意：换行符显示为“↓”，回车符为“↵”。

（6）段落的调整。自然段落之间用“回车符”分隔。两个自然段落的合并只需删除它们之间的回车符即可。一个段落要分成两个段落，只需在分段上键入回车符即可。段落格式具有继承性，结束一个段落按 Enter 键后，下一段落会自动继承上一段落的格式（标题样式除外）。

（7）文档中的标题最好用标题样式。

文档中的正文通常用“正文”样式。如果文档中有多级标题，最好按标题的级别从大到小依次选择“标题 1”、“标题 2”、“标题 3”等标题样式。选择方法是将光标定位在标题文字所在的行或段，在“样式”命令栏的“样式”框中选择一个标题样式即可。

（8）文档中红色与绿色波浪下画线的含义。

如果没有在文档中设置下画线格式，却在文本的下面出现了下画线，可能原因为：当 Word 2010 在检查“拼写和语法”状态时用红色波浪下画线表示可能的拼写错误，用绿色波浪下画线表示可能的语法错误。

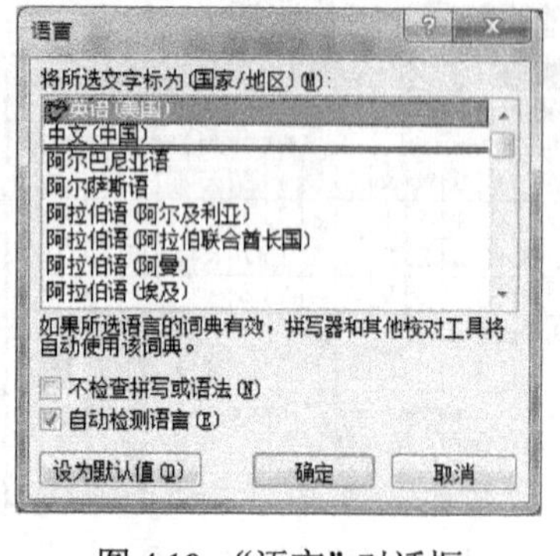

图 4.10 “语言”对话框

启动/关闭检查“拼写和语法”：在“审阅”功能区中的“语言”分组中，单击“语言”下拉菜单选择“设置校对语言”命令，打开“语言”对话框，如图 4.10 所示。勾选或取消“不检查拼写或语法”复选框。

隐藏/显示检查“拼写和语法”：执行“文件”→“选项”命令，打开“Word 选项”对话框，单击“校对”选项，在最下端勾选或取消“只隐藏此文档中的拼写错误”和“只隐藏此文档中语法错误”复选框。

（9）文档中蓝色与紫色下画线的含义。Word 2010 系统默认蓝色下画线的文本表示超链接，紫色下画线的文本表示使用过的超链接。

（10）注意保存文档。正在输入的内容通常在内存中，如果不小心退出、死机或断电，输入的内容会丢失，最好经常做存盘操作。也可执行“文件”→“选项”命令，单击“保存”选项卡，设置自动保存的时间，这样 Word 系统会定期自动保存文档内容。

4.3.2 文档的编辑操作

当文档的内容输入后，常常需要对文档的某一部分进行删除、复制、移动和其他修改操作。

1．插入点的移动

在文本区域中，插入点是一个不断闪烁的黑色竖条，称为插入点光标。在插入状态下，每输入一个字符或汉字，插入点右边的所有文字都相应右移一个位置。所以，可以在插入点前插入需要插入的文字和符号。

移动插入点是 Word 的基本操作之一，将插入点重新定位有以下方法：

（1）利用鼠标移动插入点。将鼠标指针的“I”形指针移到文本的指定位置并单击一下鼠标左键后，插入点就移动到刚才鼠标指针的指定位置。注意：鼠标指针和插入点是不同的，鼠标指针只有在文本区域单击后才能变为插入点。

（2）利用键盘光标键移动光标。可以用键盘上的光标键移动插入点（光标），表 4.1 示出了移动插入点的常用键。

（3）设置“书签”移动光标。

Word 提供的书签功能具有记忆某个特定位置的功能。在文档中可以插入多个书签，书签可以出现在文档的任何位置。插入书签时由用户为书签命名。

将光标移动到插入书签的位置，单击“插入”选项卡“链接”组“书签”按钮，打开“书签”对话框，输入书签名，单击“添加”按钮。

表 4.1　用键盘移动插入点

移　动	按　键	移　动	按　键
向前或后移动一个字符	←或→	向下移一页	Alt+Ctrl+PageDown
向上或向下移动一行	↑或↓	向上移一页	Alt+Ctrl+PageUp
移至行首	Home	移到本屏底部	Ctrl+PageDown
移至行尾	End	移到本屏顶部	Ctrl+PageUp
向上或向下移动一个段落	Ctrl+↑或Ctrl+↓	移至文档的开头	Ctrl+Home
向下移一屏	PageDown	移至文档的结尾	Ctrl+End
向上移一屏	PageUp	移动光标到最近曾经修改过的 3 个位置	Shift+F5

若要删除已设置的书签，在“书签”对话框中选择要删除的书签名，单击“删除”按钮。

光标移动到书签，通常有以下两种方式：

① 在“书签”对话框，选择书签名，单击“定位”按钮。

② 单击“开始”选项卡“编辑”组的“替换”命令，打开“查找与替换”对话框，选择“定位”选项卡，在“定位目标”列表框选择“书签”，在“请输入书签名称”栏中输入要定位的书签名，单击“定位”按钮。

（4）用定位快速按钮。

在垂直滚动条的底部有 3 个用于快速浏览对象的按钮，单击垂直滚动条上的◎，弹出“选择浏览对象”列表，如图 4.11 所示。该列表中包含 12 种浏览对象。选择“定位”浏览对象，可打开“查找和替换”对话框，如图 4.12 所示。

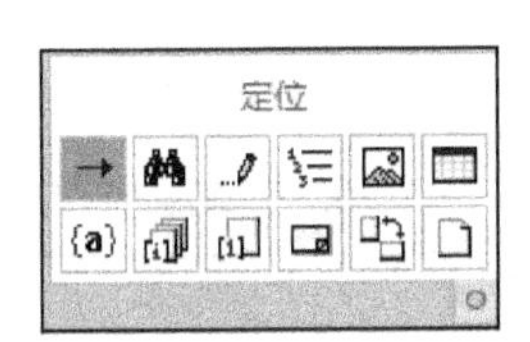

图 4.11　“选择浏览对象”列表

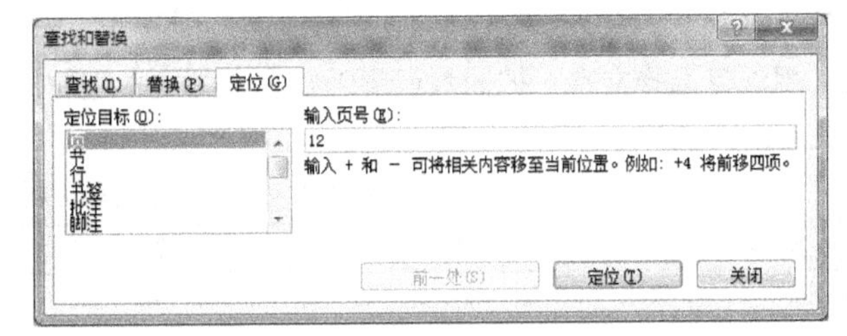

图 4.12　“查找和替换”对话框

在“查找和替换”对话框中，可按页、行、节、书签等在文档中进行快速定位。下面以“页”为例说明操作方法。打开“查找和替换”对话框，在“定位目标”中选择“页”，输入页号，单击“定位”按钮，即可定位到文档中的相应页。

例如，在一个长文档中有许多插图，可以单击“选择浏览对象”列表中“按图形浏览”按钮快速定位到任意一个插图位置。

2. 插入和删除空行

插入空行：在“插入”状态下，只需将插入点移到需要插入空行的地方，按 Enter 键。在文档开始前插入空行，只需将光标定位到文首，按 Enter 键。

删除空行：将光标移到空行，按 Delete 键。

3. 断行和续行

断行即将原来的一行分为两行。例如，若把“河北省邢台市邢台职业技术学院”在“市”字后分成两行，在插入状态下，可将插入点定位到“邢”字前，按 Enter 键即可。在“市”字后会出现一个换行符，即段落标记。

续行即将由换行符分开的两行或两个段落合成一行或一段，只需将第一行或第一段后的换行符删除即可。

4. 选定文本

编辑文本的第一步就是使其突出显示，即“选定”文本。首先通过“选定”来标志需要修改的部分，然后再进行操作，称为“先选后做”。一旦选定了文本，就可以对其进行复制、移动，插入到另一位置或另外一个文档，设置格式，以及删除字、词、句子和段落等一系列操作。完成操作后，可以单击文档的其他位置，取消选定。

（1）用鼠标选择。这种方法是最常用，也是最基本、最灵活的方法。

① 选定任意大小的文本区。拖动鼠标选择文本，用户只需将鼠标指针停留在所要选定内容的开始部分，然后按住鼠标左键拖动，直到所要选定部分的结尾处，即所有需要选定的内容都已成高亮状态，松开鼠标即可。

② 选中一行。将鼠标移到所选行左侧的文本选择区域，鼠标指针变为右指箭头，单击鼠标，即选中一行。

③ 选中一段。将鼠标移到所选段左侧的文本选择区域，鼠标指针变为右指箭头，双击鼠标，即选中一段。用鼠标三击段落内的任意位置，也可选中该段落。

④ 选择不相邻的多段文本。选择一段文字后，按住 Ctrl 键，再选择另外一处或多处文本。

⑤ 选定矩形区域中的文本。用 Alt 键和鼠标配合，先按下 Alt 键不放，再用鼠标拖动矩形区域，矩形区域即被选中。

⑥ 选择整篇文章。将鼠标移到所选段左侧的文本选择区域，鼠标指针变为右指箭头，三击鼠标，即选中整篇文章。

（2）用键盘选择文本。把插入点置于要选定的文本之前，使用表 4.2 给出的组合键，在相应范围内选取文本。

表 4.2　键盘选定文本功能键

选定范围	功能键	选定范围	功能键
右侧一格字符	Shift+→	下一屏	Shift+PgDn
左侧一格字符	Shift+←	上一屏	Shift+PgUp
单词结尾	Ctrl+Shift+→	窗口结尾	Ctrl+Shift+PgDn
单词开头	Ctrl+Shift+←	窗口开始	Ctrl+Shift+PgUp
行首	Shift+Home	文档开始处	Ctrl+Shift+Home
行尾	Shift+End	文档结尾处	Ctrl+Shift+End
下一行	Shift+↓	整篇文档	Ctrl+A
上一行	Shift+↑	纵向文本块	Ctrl+Shift+F8+箭头
段尾	Ctrl+Shift+↓	段首	Ctrl+Shift+↑

（3）用扩展功能键 F8 选定文本。利用 Word 的扩展功能，可以很方便地选定光标所在的整句、整段或全文。

右击状态栏，勾选“选定模式”，然后可以用连续按 F8 键扩大选定范围等方法来选定文本。反复按组合键 Shift+F8 可以逐级缩小选定范围。

5. 删除文本

利用 Word 2010 的删除功能可以方便且不留痕迹地达到这一目的。

（1）利用 Delete 键可以删除插入点后面的内容。

（2）利用 BackSpace 键可以删除光标前面的内容。

（3）如果需要删除一句话或一段文字，可先选定，再利用 Delete 键或 BackSpace 键来删除。

6. 撤销与重复

撤销：在对 Word 文档进行编辑操作过程中，如果对先前所做的工作感到不满意，可利用快速访问工具栏上“撤销”按钮，恢复到原来的状态。Word 2010 可以撤销最近进行的多次操作。单击快速访问工具栏上的“撤销”按钮旁边的向下箭头，打开允许撤销的动作表，该动作表记录了用户所做的每一步动作，如果希望撤销前几次的动作，可以在列表中滚动到该动作并选择它。键盘上的 Ctrl+Z 组合键为撤销快捷键。

重复：单击常用工具栏上的“重复”按钮允许撤销一个“撤销”动作（即恢复前一个操作），同样，允许撤销上几次的“撤销”操作（单击“重复”旁边的向下箭头）。

7. 文本的移动和复制

在编辑文档过程中，利用 Word 的剪切、复制和粘贴功能以及鼠标的拖放功能可以很容易地实现文本的移动和复制。

（1）移动文本。选定需要移动的文本，单击“开始”选项卡“剪贴板”组的“剪切”按钮（或右击选择“剪切”），选择的文本即被从文本中删除，保存在剪贴板中。将插入点移动到需要插入的文本位置（该位置可以位于本文档或另一文档中，也可以是其他应用软件的文本编辑区），单击“开始”选项卡“剪贴板”组的“粘贴”按钮（或右击选择“粘贴”），刚才的文本即被移动到文档中插入点处。

利用鼠标的拖放技术也可以实现文本的移动，操作步骤如下：

① 选择文档中要移动的内容。

② 按住鼠标左键拖动，这时鼠标光标会变成移动释放光标（鼠标箭头下方出现一虚的方框，并且在鼠标箭头的左边会出现一条竖直的虚线表示插入点）。

③ 在目标位置松开鼠标，即可完成文本的移动。

（2）复制文本。选择需要复制的文本，单击“开始”选项卡“剪贴板”组的“复制”按钮（或右击选择“复制”）（选择的文本仍被保留并被保存在剪贴板中），将插入点移动到目标位置，单击“开始”选项卡“剪贴板”的“粘贴”按钮（或右击选择“粘贴”），文本即被复制到文档中插入点处。

利用鼠标的拖放技术也可以实现文本的复制，其操作步骤和移动文本相似：

① 选择文档中要复制的内容。

② 将鼠标指向被选择的对象，此时鼠标将由“I”字形光标变成箭头光标，此时按住 Ctrl 键的同时按下鼠标左键。

③ 拖动鼠标，这时鼠标光标会变成复制释放光标。

④ 当到达目标位置时松开鼠标左键，这时被选择的文档内容就被复制到用户想要放置的地方。

以上操作中，复制、剪切、粘贴对应的快捷键分别为 Ctrl+C、Ctrl+X、Ctrl+V。

文本的移动或复制也可以利用 Office 剪贴板。单击“开始”选项卡的“剪贴板”按钮，打开“剪贴板”窗口，在文档中选定要移动或复制的文本，则选定的内容将以图标形式出现在“剪贴板”任务窗格中。在任务窗格中选中某项内容，即可进行移动或复制。

Office 2010 的剪贴板可以存放 24 个项目，而 Windows 的系统剪贴板只能存放一个项目。当向 Office 剪贴板复制多个项目时，所复制的最后一项将被复制到系统剪贴板上；当清空 Office 剪贴板时，系统剪贴板也将同时被清空；当使用“粘贴”命令时，“粘贴”按钮或快捷键 Ctrl+V 所粘贴的是系统剪贴板的内容，而非 Office 剪贴板上的内容。

4.3.3 查找和替换

在长文档编辑过程中，经常要对文本进行定位，或查找、替换某些特定的内容。这些操作可用 Word 的查找和替换功能来实现。Word 不仅能查找和替换普通文本，还可查找和替换一些特殊标记，如制表符“^t”、分节符“^b”、尾注标记“^e”等。

1．查找文本

（1）单击“开始”选项卡“编辑”组的“查找”按钮，打开“导航”任务窗格，如图 4.13 所示。在“导航”下方的文本栏输入要查找的内容，如“Word 2010”，就会弹出文档中包含所查找内容（黄色突出显示）的段落，以及有多少个匹配项。

（2）单击“开始”选项卡“编辑”组的“替换”按钮，打开“查找和替换”对话框，单击“查找”选项卡。

① 在“查找内容”文本框中输入所要查找的文本，如“Word 2010”，或单击文本框右侧的下拉箭头，从中选择以前查找过的文本。

② 单击“查找下一处”按钮开始查找，单击此按钮可以反复查找，找到的文本将反相显示。

③ 选择“阅读突出显示”下拉框中的“全部突出显示”，匹配的内容全部突出显示，再次选择“阅读突出显示”下拉框中的“清除突出显示”，则匹配的查找内容恢复原状。

④ 在“在以下项中查找”指定搜索的范围，包括“主文档”、“页眉和页脚”及“主文档的文本框”，如果文档中有选定的内容，则还会增加“当前所选内容”。

（3）单击“更多”按钮，弹出“查找和替换”扩展对话框，如图 4.14 所示。常用的选项包括以下几个。

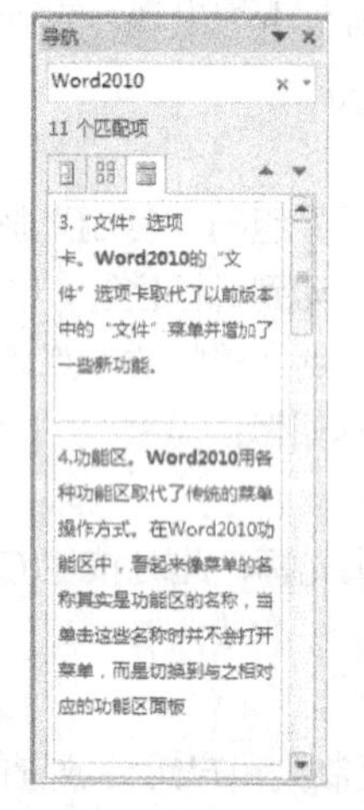

图 4.13 “导航”任务窗格

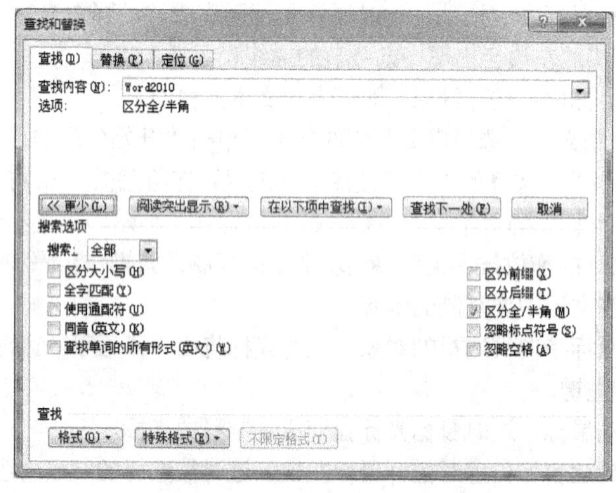

图 4.14 “查找和替换”扩展对话框

① 在“搜索”下拉列表框中指定搜索范围和方向，包括：全部、向上和向下。

② 选中“区分大小写”复选框，只搜索大小写完全匹配的字符串，如“A”和“a”是不同的。

③ 选中“全字匹配”复选框，搜索到的字必须为完整的词，而不是单词的一部分。例如，此复选框有效时，查找“wo”便不会找到“word”；否则，全部查找。

④ 选中“使用通配符”复选框，可以使用通配符查找文本，常用的通配符有“*”和“？”两个。

⑤ 选中“区分全/半角”复选框，则区分字符全角、半角。

⑥ 单击“特殊格式”按钮可以选择要查找的特殊字符，如段落标记、手动换行符等。

⑦ 单击“格式”按钮，显示查找格式列表，包括字体设置（如大小、颜色等）、段落设置（如查找指定行间距的段落）、制表位等，选定查找内容的文本格式。

2. 替换文本

利用查找和替换功能可以将文档中（一次或多次）出现的错词/字更改或替换为另一个词/字，例如将“计算机”替换为“电脑”。单击“开始”选项卡的“替换”按钮打开“查找和替换”对话框。

替换操作与查找相似，在“查找内容”文本框中输入要查找的内容，在“替换为”文本框中输入替换后的内容，按“查找下一处”按钮开始向下查找第一处匹配的文本，查到后单击“替换”按钮，即可对当前查到的内容进行替换。单击“查找下一处”按钮，继续下一处的查找、替换操作，直到完成全部工作。如果要将文档中查到的内容全部替换掉，只需单击“全部替换”按钮即可。

单击“更多”按钮，可看到“搜索选项”、“格式”和“特殊格式”等。

（1）单击“格式”按钮，可设置要查找或替换的内容的字体、段落等格式，如将七号字替换为小四号字，黑色替换成红色，全角字符替换为半角字符等。

（2）单击“特殊格式”按钮可查找或替换一些特殊字符，如将“手动换行符”替换为“段落标记”等，如图 4.15 所示。

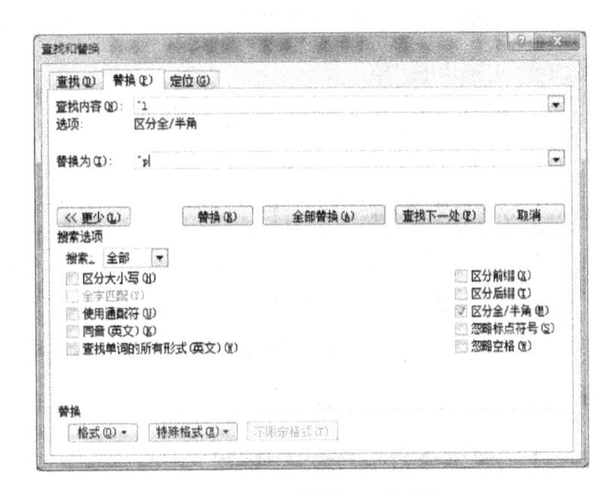

图 4.15 “替换”选项卡

4.3.4 多窗口编辑技术

1. 窗口的拆分

Word 的文档窗口可以拆分为两个窗口，利用窗口拆分可以将一个大文档不同位置的两部分拆分成两个窗口，方便编辑文档。拆分窗口的方法通常有两种。

（1）单击“视图”选项卡“窗口”组的“拆分”按钮，鼠标指针变为上下箭头形状且与屏幕上同时出现的一条灰色水平线相连，将鼠标指针移动到要拆分的位置，单击鼠标左键即可。可以利用鼠标拖动水平线改变窗口的大小。此时，“拆分”按钮变为“取消拆分”按钮。

（2）拖动垂直滚动条上端的窗口拆分条，当鼠标指针变为上下箭头形状时，向下拖动鼠标可将一个窗口拆分为两个窗口。

光标所在的窗口称为工作窗口。通过单击可以变换工作窗口。在这两个窗口间可以对文档进行各种编辑。

2. 多个窗口间的编辑

Word 允许同时打开多个文档进行编辑，每个文档对应一个窗口。

在“视图”选项卡的“切换窗口”下拉菜单中列出了所有被打开的文档名，其中只有一个文档名前含有“√”符号，该文档窗口是当前文档窗口。单击文档名可切换到当前文档窗口，也可以单击 Windows 任务栏中相应的文档按钮来切换。

单击“并排查看”按钮，可以将所有文档窗口排列在屏幕上。单击某个文档窗口可使其成为当前窗口。

各文档窗口间的各类内容可以进行剪切、复制、粘贴等操作。

4.4 Word 的文档排版技术

文档经过输入、编辑、修改后，通常还需要进行排版，才能使之成为一篇图文并茂、赏心悦目的文章。Word 2010 提供了丰富的排版功能，包括页面设置、字符格式设置、段落的排版、分栏和文档的打印等排版技术。

4.4.1 文字格式的设置

文字的格式主要包括字体、字形、字号，另外还可以给文字设置颜色、边框，加下画线、着重号和改变文字间距等。

设置文字的格式通常有以下两种方法：

（1）利用“开始”选项卡“字体”组中的“字体”、“字号”、“字形”等；

（2）在文本编辑区的任意位置右击，在快捷菜单中选择“字体”命令，打开“字体”对话框。

Word 默认的字体格式：宋体、五号，西文为 Times New Roman、五号。

在文字输入前后都可以对字符进行格式设置。在文字输入前，可以通过选择新的格式对将要输入的文本进行定义。对于已输入的文字进行格式修改，则必须“先选定，后操作”。对同一文字设置新的格式后，原有格式自动取消。

1．设置字体、字形和颜色

（1）利用“开始”选项卡“字体”组设置文字格式。当前光标所在的文字格式设置在格式栏中显示。如果不重新定义，所显示的字体和字号将应用于下一个输入的字符。若当前光标处于含有多种字体和字号的选定区中，则字体和字号框的显示为空白。

① 选定要设置格式的文本。

② 单击“开始”选项卡“字体”组“字体”右端的下拉按钮，在随之展开的字体列表中单击所需的字体，如图 4.16 所示。“字号”的设置与此类似。

单击“颜色”右端的下拉按钮，在随之展开的“主题颜色”列表中单击所需的颜色，如图 4.17 所示。如果系统提供的主题颜色和标准色不能满足用户的个性需求，可以选择“其他颜色”命令，打开“颜色”对话框，如图 4.18 所示。然后在“标准”选项卡和“自定义”选项卡选择合适的字体颜色。

如果需要，单击“加粗”、“倾斜”、“下画线”、“字符边框”等按钮，则所选文字设置为所选的格式。

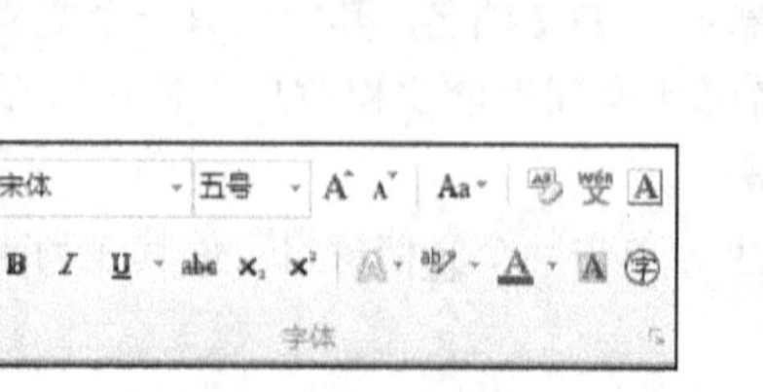

图 4.16 “字体”组按钮

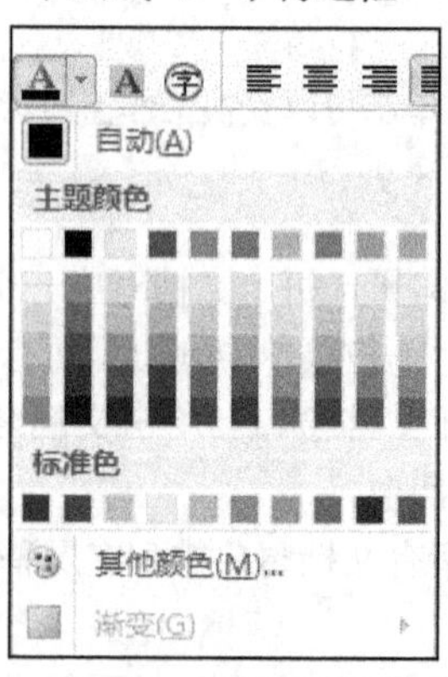

图 4.17 设置字体颜色

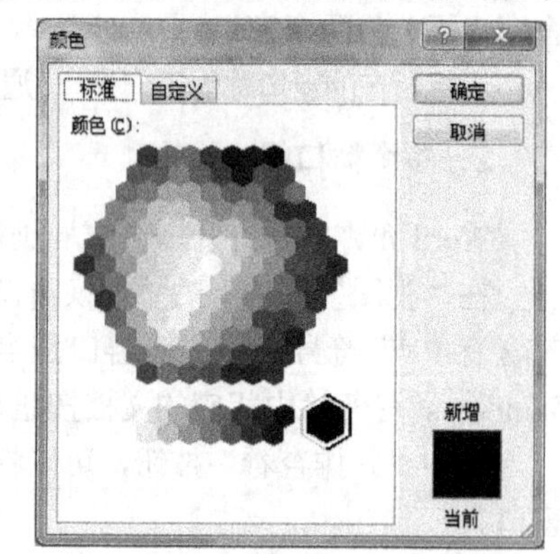

图 4.18 “颜色”对话框

（2）利用“字体”对话框设置文字格式。

① 选定要设置格式的文本。

② 右击，在打开的快捷菜单中选择“字体”命令，或单击“开始”选项卡“字体”组右下角对话框启动按钮，打开“字体”对话框，如图 4.19 所示。

在此设置字体、字号、字形、颜色等格式。

2. 设置字符间距、字宽度和水平位置

（1）选定要调整的文本。

（2）单击“字体”对话框中“高级”选项卡，如图 4.20 所示。

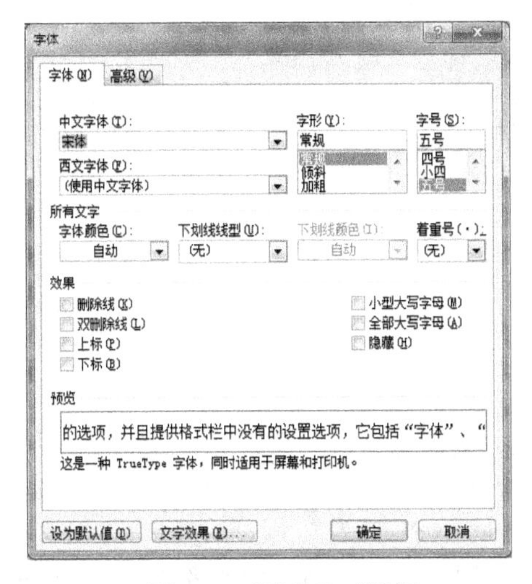

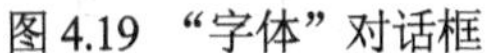
图 4.19 “字体”对话框

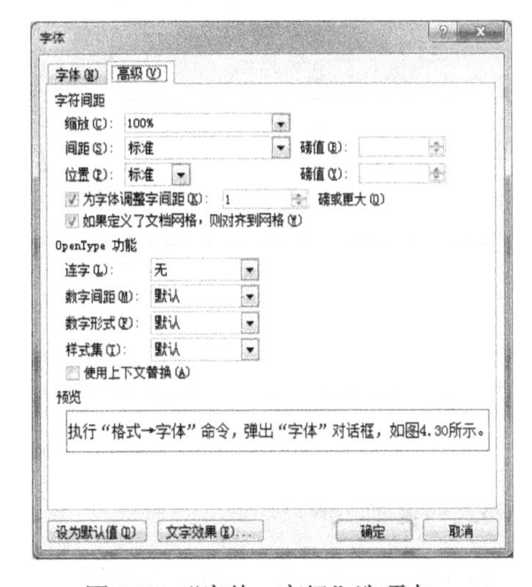

图 4.20 “字体→高级”选项卡

在“字符间距”选项区域中包括诸多选项设置，用户可以通过这些选项设置来轻松调整字符间距。

①“缩放”：在水平方向上扩展或压缩文字，“100%”为标准缩放字体。

②“间距”：调整“磅值”加大或缩小文字的字间距，默认的字间距为“标准”。

③“位置”：调整“磅值”改变文字相对水平基线，提升或降低显示的位置，默认为“标准”。

④“为字体调整字间距”复选框用于调整文字或字母组合间的距离，可以使文字看上去更加美观、均匀。

⑤ 选中“如果定义了文档网格，则对齐到网格”复选框，Word 2010 将自动设置每行字符数，使其与“页面设置”对话框中设置的字符数一致。

设置完成后，可在预览框中查看设置结果，单击“确定”按钮予以确认。

3. 给文本添加下画线、着重号、边框和底纹

（1）利用“开始”选项卡“字体”组给文本添加下画线、着重号、边框和底纹。选定要设置格式的文本后，单击“开始”选项卡“字体”组中“下画线”、“边框”和“底纹”按钮即可，但没有边框和底纹的线型和颜色的变化。

（2）利用“字体”对话框。选定要设置格式的文本后，打开“字体”对话框，可以设置下画线的线型、颜色以及着重号。

在“字体”对话框的“效果”组还有一组“删除线”、“上标”等复选框，可以使文字格式显现相应的效果。

4. 对文本添加边框和底纹

选定要加边框和底纹的文本，单击“页面布局”选项卡“页面背景”组“页面边框”按钮，打开“边框和底纹”对话框，如图4.21所示。

在“边框”选项卡的“设置”、“样式”、“颜色”、“宽度”等列表中选定所需的参数。在“应用于”列表框中选定为“文字”，在预览框中可查看结果，确认后单击“确定”按钮。

如果要加底纹，单击“底纹”选项卡，选定底纹的颜色和图案，在“应用于”列表框中选定为“文字”，在预览框中可查看结果，确认后单击“确定”按钮。边框和底纹可以同时或单独加在文本上。

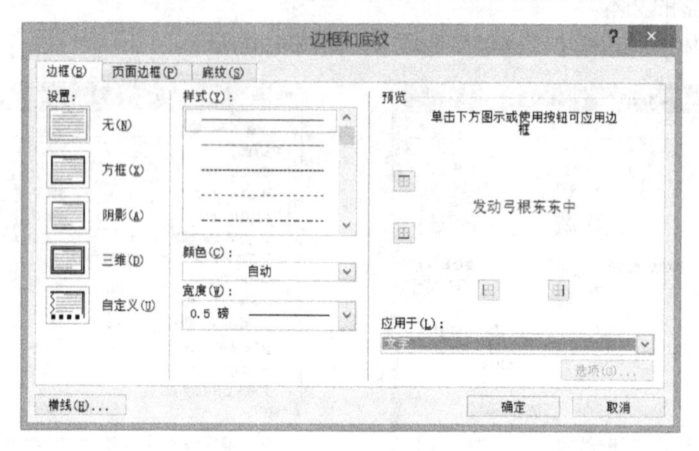

图4.21 “边框和底纹”对话框

5. 格式的复制和清除

对一部分文字设置的格式可以复制到另一部分的文字上，使其具有相同的格式。设置好的格式如果觉得不满意，也可以清除它。使用“开始”选项卡“剪贴板”组中的“格式刷”按钮可以实现格式的复制。

（1）格式的复制。选定已设置格式的文本。单击“开始”选项卡“剪贴板”组的“格式刷”按钮，此时鼠标指针变为刷子形。将鼠标指针移到要复制格式的文本开始处，拖动鼠标直到要复制格式的文本结束处，放开鼠标左键就完成格式的复制。

注意：上述方法的格式刷只能使用一次。如果想多次使用，应双击“格式刷”按钮，此时，格式刷可使用多次。如果要取消“格式刷”功能，只要单击“格式刷”按钮一次即可。

（2）格式的删除。如果对于所设置的格式不满意，那么可以清除所设置的格式，恢复到Word默认的状态。

选定需要清除格式的文本，单击“开始”选项卡“样式”组的“样式”按钮，选择“清除格式”命令，即可清除所选文本的格式。

4.4.2 段落的排版

简单地说，段落就是以段落标记“↵”作为结束的一段文字。每按一次Enter键就插入一个段落标记，并开始一个新的段落（新段落的格式设置与前一段相同）。如果删除段落标记，下一段文本就连接到上一段文本之后，成为上一段文本的一部分，其段落格式改变成与上一级相同。

文档中，段落就是一个独立的格式编排单位，它具有自身的格式特征。对段落的整体布局进行格式化操作称为段落的格式化，如设置段落的首行缩进、悬挂缩进、左缩进、右缩进、段前间距、段后间距、行间距、对齐方式和分栏等。

1. 段落左、右边界的设置

段落的左边界是指段落的左端与页面左边距之间的距离（以厘米或字符为单位）。同样，段落的右边界是指段落的右端与页面右边距之间的距离。Word 默认以页面左右边距为段落的左右边界，即页面左边距与段落左边界重合，页面右边距与段落右边界重合。

（1）使用“开始”选项卡“段落”组的命令按钮。单击“开始”选项卡“段落”组中“减少缩进量”或“增加缩进量”按钮可缩进或增加段落的左边界。每次的缩进量是固定不变的，灵活性差。

（2）使用“段落”对话框。要设置左、右边界的段落，单击“开始”选项卡“段落”组右下角的按钮，打开“段落”对话框，如图 4.22 所示。

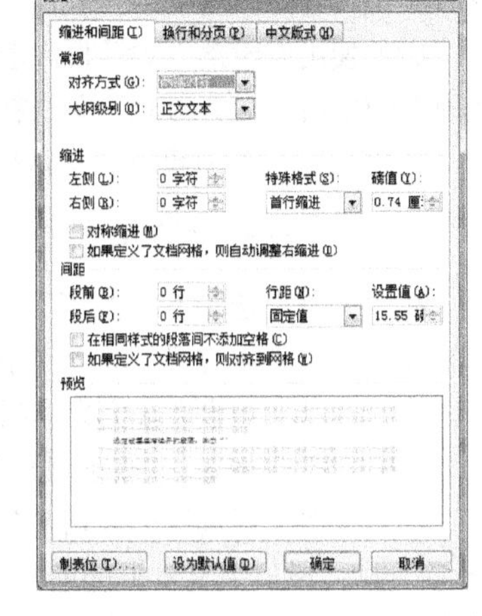

图 4.22　“段落”对话框

在“缩进和间距”选项卡中，单击“缩进”组下的“左侧”或“右侧”文本框的增减按钮，设定左、右边界的字符数。

单击“特殊格式”列表框的下拉按钮，选择“首行缩进”、“悬挂缩进”或“无”，确定段落首行的格式。段落的 4 种缩进方式如表 4.3 所示。

表 4.3　段落的 4 种缩进方式

缩进方式	解　释
首行缩进	每个段落中第一行第一个字符的缩进空格位，中文段落普遍采用首行缩进 2 个字符；其余行的左边界不变
悬挂缩进	段落首行的左边界不变，其余各行的左边界相对于页面左边界向右缩进一段距离
左缩进	整个段落的左边界向右缩进一段距离
右缩进	整个段落的右边界相对于页面右边界向左缩进一段距离

在“预览”框中查看排版效果，确认后单击“确定”按钮。若排版效果不理想，单击“取消”按钮取消本次设置。

（3）用鼠标拖动标尺上的缩进标记。在普通视图和页面视图下，Word 窗口中可以显示一水平标尺。在标尺的两端有可以用来设置段落左、右边界的可滑动的缩进标记，包括首行缩进标记、悬挂缩进标记、左缩进标记和右缩进标记等。

使用鼠标拖动这些标记，可以对选定的段落设置左、右边界和首行缩进的格式。如果在拖动标记的同时按住 Alt 键，那么标尺上会显示出具体缩进的数值。

注意：在拖动标记时，文档窗口中出现一条虚的竖线，它表示段落边界的位置。

2. 设置段落对齐方式

段落对齐方式有文本左对齐、文本右对齐、居中对齐、两端对齐、分散对齐 5 种，如表 4.4 所示。Word 默认的对齐方式是文本左对齐。

表 4.4　段落的对齐方式

对 齐 方 式	解　释
文本左对齐	段落按左缩进标记对齐，右边根据文本的长短连续或参差不齐
文本右对齐	段落按右缩进标记对齐，左边根据文本的长短连续或参差不齐
两端对齐	通过微调每一行文字间的距离，使段落各行的文字与左、右缩进标记都对齐；段落结束时，行保持左对齐
居中对齐	段落按左、右缩进标记居中对齐
分散对齐	使段落在每一行上都对齐左、右缩进标记，段落结束时也不例外

（1）使用“开始”选项卡“段落”组中各功能按钮设置对齐方式。先选定要设置对齐方式的段落，然后单击“开始”选项卡“段落”组中相应的对齐方式按钮即可。

（2）使用“段落”对话框。选定要设置对齐方式的段落，打开“段落”对话框，在“缩进和间距”选项卡中单击“对齐方式”列表框的下拉按钮，选定相应的对齐方式。

在“预览”框中查看，确认排版效果满意后，单击“确定”按钮。

3. 行间距与段间距的设定

在“开始”选项卡“段落”组有“行和段落间距”下三角按钮，单击它可弹出下拉列表并选择所需的行距，如图4.23所示。如果执行“行距选项”命令，打开“段落”对话框（右击选择“段落”命令也可）可以精确设置段间距和行间距。

（1）设置段间距。“段前（后）”表示所选段与上（下）一段之间的距离。

选定要改变段间距的段落，打开“段落”对话框，在“缩进和间距”选项卡中单击“间距”组的“段前”和“段后”文本框的增减按钮，设定间距，每按一次增加或减少0.5行，也可以在文本框中直接输入数字和单位（如厘米或磅）。

在“预览”框中查看，确认排版效果满意后，单击“确定”按钮；如不满意，则取消。

也可在“页面布局”选项卡“段落”组中“间距”栏，设置段前或段后间距。

（2）设置行距。行距决定了段落中各行文字之间的垂直距离。一般情况下，Word会根据用户设置的字体自动调整段落内的行距。

选定要设置行距的段落，打开“段落”对话框，在“缩进和间距”选项卡中单击“行距”列表框，选择所需的行距选项。

- “单倍行距”：默认值，设置每行的高度为可容纳这行中最大的字体，并上下留有适当的空隙。
- “1.5倍行距”：设置每行的高度为这行中最大的字体高度的1.5倍。
- “固定值”：设置成固定的行距，Word不能调节。以磅为单位。
- “多倍行距”：允许行距设置成可以到小数的倍数，如1.25倍。以基本行距的倍数值为单位。

在“设置值”框中输入具体的设置值。

在“预览”框中查看，确认排版效果满意后，单击“确定”按钮；如不满意，则取消。

注意： 段落的左右边界、特殊格式、段间距、行距的单位可以设置为“字符”、“行”、“厘米”、“磅”等，通过执行“文件”→“选项”→“高级”命令，打开“Word选项”窗口，如图4.24所示，在“显示”栏目中更改“度量单位”的选项即可。

采用“字符”单位设置首行缩进时，无论字体大小如何变化，其缩进量始终保持两个字符数。

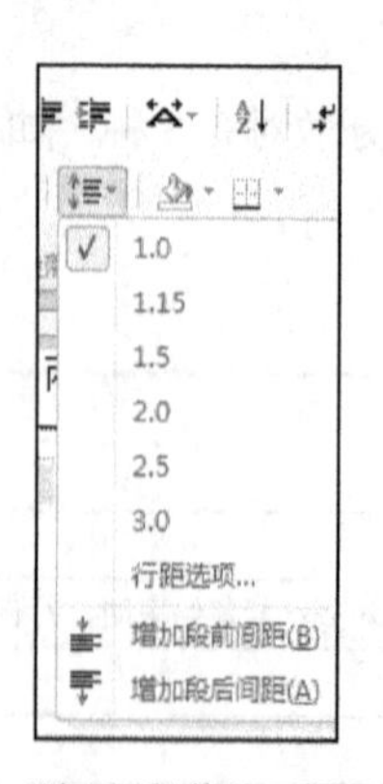

图4.23 “行和段落”下拉列表

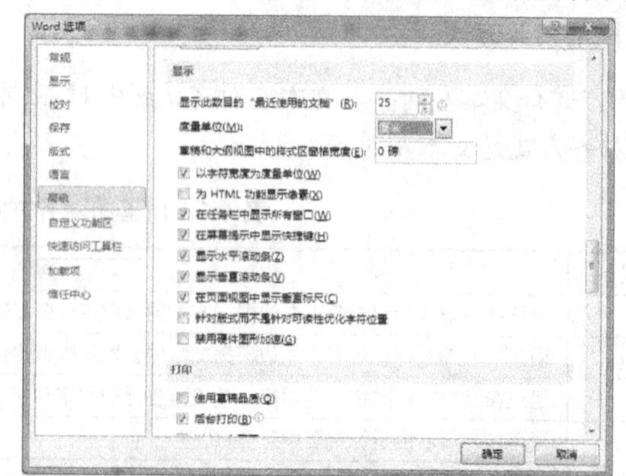

图4.24 “Word选项”窗口

4. 给段落添加边框和底纹

对文档中的某些重要段落或文字加上边框或底纹，使其更为突出和醒目。其方法同给文本加边框或底纹。

5. 项目符号和段落编号

编排文档时，在某些段落前加上编号或某种特定的符号（称项目符号），这样可以提高文档的可读性。手工输入段落编号，在修改时容易出错。

（1）在输入文本时自动创建编号或项目符号。在输入文本时，先输入一个星号“*”，后面跟一个空格，然后输入文本。当输完一段按 Enter 键时，星号会自动改变成黑色圆点的项目符号，并在新的一段开始处自动添加同样的项目符号。如果要结束自动添加项目符号，可以按 BackSpace 键删除插入点前的项目符号，或再按一次 Enter 键。

在键入文本时，先输入“1.”、“（1）”、“一”等格式的起始编号，然后输入文本。当输完一段按 Enter 键，在新的一段开始处就会根据上一段的编号格式自动创建编号。如果要结束自动创建编号，可以按 BackSpace 键删除插入点前的编号，或再按一次 Enter 键。

（2）对已输入的各段文本添加项目符号或编号。选定要添加项目符号（或编号）的各段落。在“开始”选项卡“段落”组中单击“项目符号”按钮（或“编号”按钮）中的下拉菜单按钮，打开“项目符号”列表框，如图 4.25 所示（图 4.26 所示为“编号”列表框）。选定所需的项目符号（或编号），单击“确定”按钮。

如果“项目符号”列表中没有所需的项目符号，可以单击“定义新项目符号”按钮，打开“定义新项目符号”对话框，如图 4.27 所示，选定或设置所需的项目符号。

图 4.25 “项目符号”列表框

图 4.26 “编号”列表框

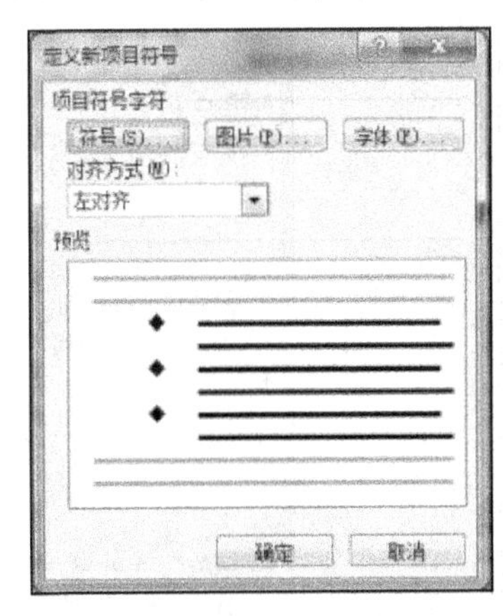

图 4.27 “定义新项目符号”对话框

6. 制表位的设定

按 Tab 键，插入点移动到的位置叫制表位。各行文本之间的对齐是通过按 Tab 键来将插入点移动到下一制表位的。Word 中，默认制表位是从标尺左端开始自动设置，各制表位间的距离是 2 字符。另外，Word 还提供了 5 种不同的制表位，可以根据需要选择和设置各制表位间的距离。

（1）使用标尺设置制表位。

① 将插入点置于要设置制表位的段落。

② 单击水平标尺上要设置制表位的地方，此时在该位置上出现一“制表位”图标。

③ 可以拖动水平标尺上的“制表位”图标来调整其位置，如果拖动的同时按住 Alt 键，则可以看到精确的位置数据。

设置好制表位后，当输入文本并按 Tab 键时，插入点将依次移动到所设置的下一制表位上。要取消制表位的设置，用鼠标将制表位图标拖离水平标尺即可。

（2）使用“制表位”对话框设置制表位

① 将插入点置于要设置制表位的段落。

② 双击水平标尺上的“制表位”图标，或在“段落”对话框中，单击“制表位”按钮，都可以弹出“制表位”对话框，如图 4.28 所示。

③ 在“制表位位置”文本框中键入具体的位置值（以字符为单位）。

④ 在“对齐方式”中选择一种对齐方式。其中有左对齐、居中对齐、右对齐、小数点对齐和竖线对齐 5 个制表符。

⑤ 在“前导符”组中选择一种前导符，单击“设置”按钮。

重复以上步骤可设置多个制表位。单击“清除”按钮，可以清除当前的制表位；单击“全部清除”按钮，可以清除所有已设置的制表位。

7. 段落的换行和分页控制

Word 2010 中文版具有自动换行功能，但在自动换行时要注意避头字符和避尾字符的出现。段落的换行与分页控制操作步骤如下：

① 选中要改变格式的段落。

② 单击“开始”选项卡“段落”组右下角按钮，打开“段落”对话框，选中“换行与分页”选项卡，如图 4.29 所示。

- 孤行控制：阻止段落的最前面一行或最后一行与段落之间有分页符。

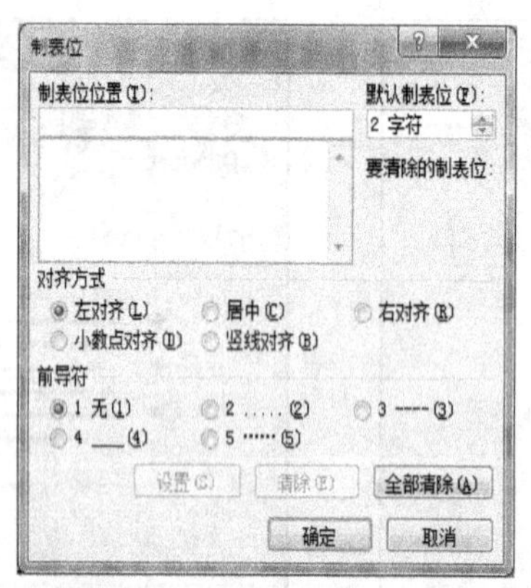

图 4.28 “制表位”对话框

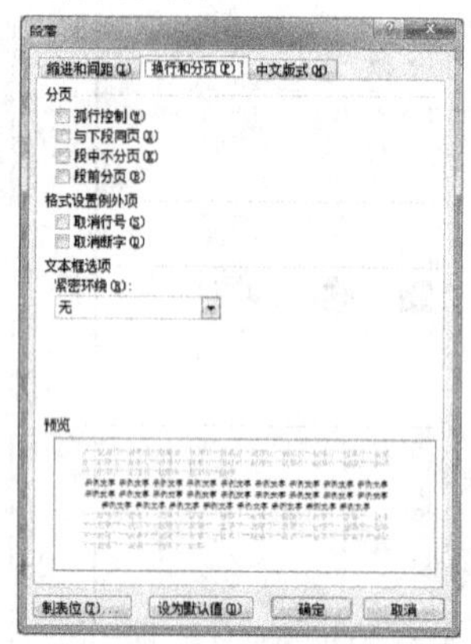

图 4.29 “段落”对话框

- 与下段同页：在选中的段落和下一段之间不能插入分页符。
- 段中不分页：在该段落中不插入分页符，即段落中的所有行在同一页打印。
- 段前分页：强制在选中的段落前面插入分页符，即该段在一页的开始打印。
- 取消行号：取消选定段落中的行号打印。
- 取消断字：在选中段落中不进行断字处理（英文排版）。

③ 单击“确定”按钮，关闭对话框。

4.4.3 版面设置

建立新文档时，Word 预设了一个以 A4 纸为基准的 Normal 模板，其版面几乎可以使用大部分文档；但 Word 允许根据需要随时调整或更改设置。

1. 页面设置

纸张大小、页边距确定了可用文本区域。文本区域的宽度等于纸张的宽度减去左、右页边距，文本区的高度等于纸张的高度减去上、下页边距。

（1）选择“页面布局”选项卡“页面设置”组，有“页边距”、“纸张方向”、“纸张大小”三个按钮可以设置，也可单击右下角按钮，弹出“页面设置”对话框，对话框中包含“页边距”、“纸张”、“版式”和“文档网格”4 个选项卡。

（2）在“页边距”选项卡中，可以设置上、下、左、右边距，如图 4.30 所示。

① 在“页边距”栏的“上”、“下”、“左”、“右”数字框中利用上下箭头改变或直接输入新的页边距，单位为厘米。

② 在“应用于”列表框中可选“整篇文档”或“插入点之后”，通常选“整篇文档”。

③ 如果需要一个装订边，那么可以在“装订线”文本框中填入边距的数值，并选择“装订线位置”。

④ 在“纸张方向”组中可选“纵向”或“横向”，通常选“纵向”。

⑤ 在“页码范围”栏中，如需要双面打印，可选中“对称页边距”；如需要打印后的页面对折，可选中“拼页”。

（3）在“纸张”选项卡中，可以设置纸张大小和方向，如图 4.31 所示。单击“纸张大小”列表框下拉按钮，在标准纸张的列表中选择一项；也可选定“自定义大小”，并在“宽度”和“高度”框中分别填入纸张的大小。Word 2010 中文版提供了包括“自定义大小”在内的多种规格的纸张供选择。在“纸张来源”框中，可以选定纸张的来源。

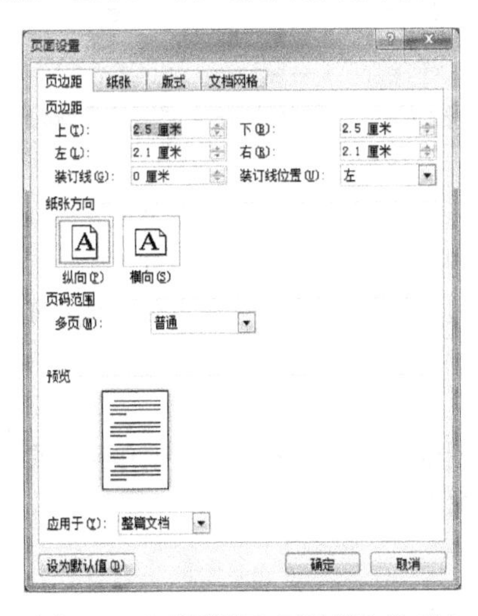

图 4.30 “页面设置-页边距”选项卡

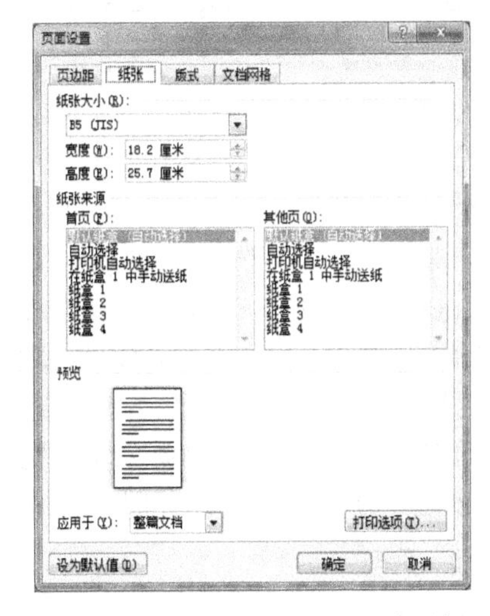

图 4.31 “页面设置-纸张”选项卡

（4）在“版式”选项卡中，可设置页眉和页脚在文档中的编排，如图 4.32 所示，可以设置整个文档或本节的版式。

① 在“节的起始位置”下拉列表框中可通过选择其更改节的设置。Word 2010 将一种排版格式定为一节，该参数定义新设置的版面格式（页面大小、页边距、打印进纸方式等）所适用的范围，可以从新建栏、新建页开始，或从偶（奇）数页开始，也可以选择“接续本页”。

② 在“页眉和页脚”栏中，选中“奇偶页不同”复选框，可以设置奇偶页不同的页眉和页脚；选中“首页不同”复选框，可以设置首页有不同的页眉。

③ 在“页眉”、“页脚”数字框中利用上下箭头来改变或直接输入页眉和页脚与上、下边框之间的边距。

④ 在“垂直对齐方式”下拉列表框中设置文本在页面上的纵向对齐方式，有“顶端对齐”、“居中”、“两端对齐”、“底端对齐”4种选择。

⑤ 单击“行号”按钮，弹出“行号”对话框，可以为文档添加行号，设置起始行号和行号间隔，以及编号的方式等。

⑥ 单击 “边框”按钮，设置页面的边框和底纹。

（5）在“文档网格”选项卡中，可以设置文字排列的方向、每行的字符数、每页的行数以及分栏等操作，在绘图时可以起到精确定位的作用，如图4.33所示。

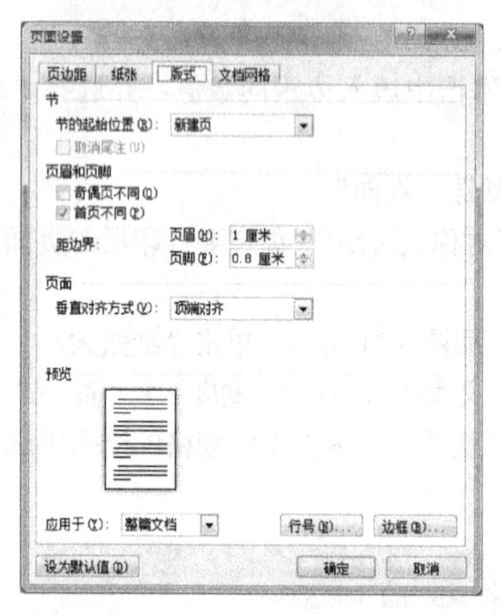

图4.32 “页面设置-版式”选项卡

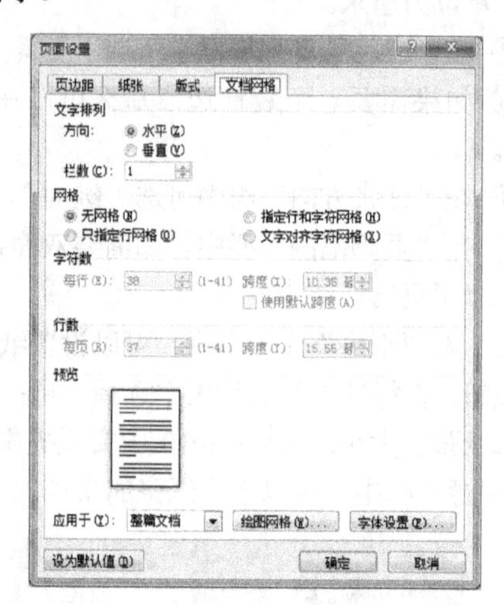

图4.33 “页面设置-文档网格”选项卡

2. 插入分页符

Word具有自动分页的功能，即当输入文本或插入的图形满一页时，Word会自动分页。当编辑排版时，Word会根据情况自动调整分页的位置。有时为了将文档的某一部分内容单独形成一页，可以插入分页符进行人工分页。插入分页符的步骤如下：

① 将插入点移到新的一页的开始位置。

② 单击“插入”选项卡“页”组的“分页”按钮，或按组合键Ctrl+Enter，或单击“页面布局”选项卡“页面设置”组的“分隔符”列表中的“分页符”命令。

3. 插入页码

在每页文档中可以插入页码。插入页码的步骤如下：

① 单击“插入”选项卡“页眉和页脚”组的“页码”下拉菜单，如图4.34所示，根据需要选择页码的位置。

② 单击“页面顶端”右侧按钮，选择页码数字的格式。

③ 如果要更改页码的格式，单击“页码”下拉菜单中的“设置页码格式”命令，打开“页码格式”对话框，如图4.35所示。

可以编辑页码的数字格式，如是否包含章节号，以及页码起始样式等属性。可以设置页码编号，如续前节、起始页码等。

在页面视图和打印预览方式下，可以看到插入的页码。

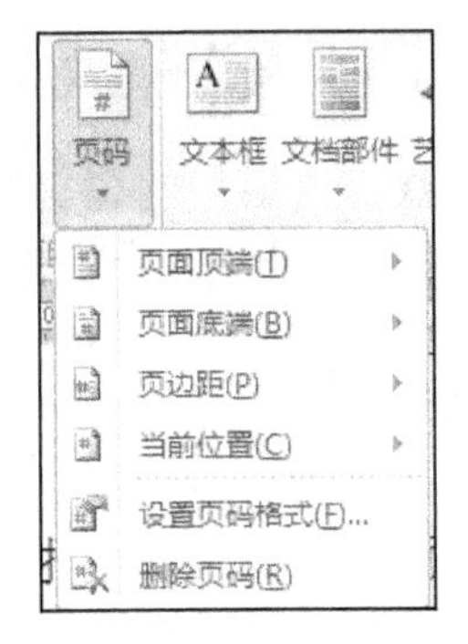

图 4.34 “页码”下拉菜单

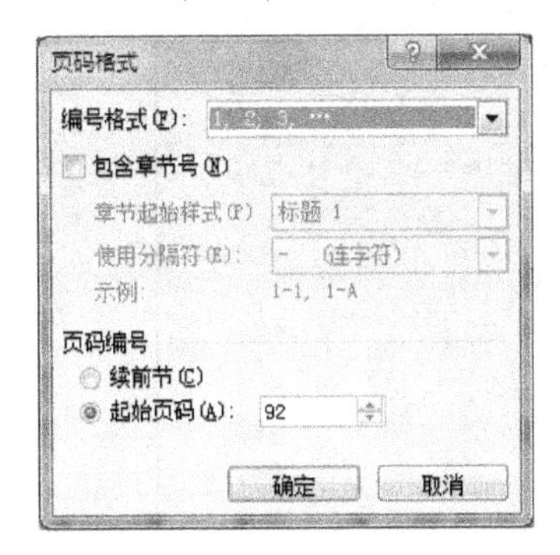

图 4.35 “页码格式”对话框

4．首字下沉

首字下沉是在文章开头一段的第一个字下沉其他字符几行，使内容醒目。设置首字下沉的步骤如下：

（1）选定需要首字下沉的段落或将光标移到要首字下沉的段落中的任何一个地方。

（2）单击“插入”选项卡“文本”组中的“首字下沉”下拉菜单，选择首字下沉的格式，可选“无”、“下沉”或“悬挂”，如图 4.36 所示。

（3）如需设置更多参数，在“首字下沉”下拉菜单中选择“首字下沉选项”，弹出“首字下沉”对话框（如图 4.37 所示），可以设置首字下沉的位置、字体、下沉的行数，以及首字下沉后字与段落正文之间的距离，然后单击“确定”按钮即可。

5．分栏

在编辑报纸、杂志时，经常需要对文章做各种复杂的分栏排版，使得版面更生动，更具有可读性。多栏版式仅在页面视图或打印预览下有效。在普通视图下，只能按一栏的宽度显示文本。多栏操作包括创建相等宽度的栏和不等宽的栏，创建不等宽的多栏，更改栏宽和栏间距，更改栏数和在栏间添加竖线等。

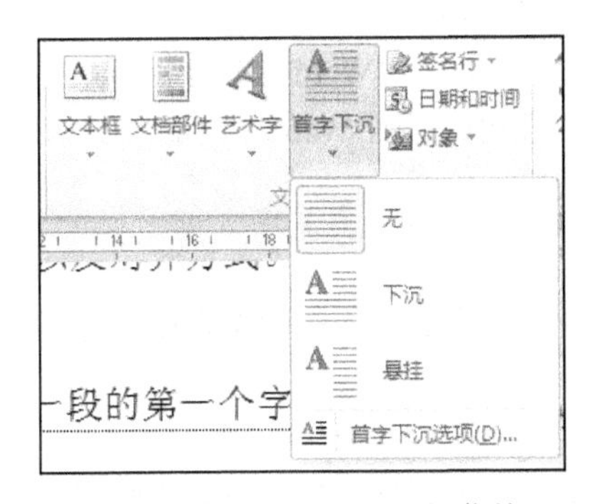

图 4.36 “首字下沉”下拉菜单

图 4.37 “首字下沉”对话框

下面以创建等宽的栏为例说明操作步骤：

（1）打开要进行分栏排版的文档，单击“页面布局”选项卡“页面设置”组的“分栏”下拉菜单，如图 4.38 所示，单击所需格式的分栏。

（2）单击图 4.38 中的“更多分栏”命令，打开“分栏”对话框，如图 4.39 所示。在“预设”选项卡中选择所需的栏数，在“宽度和间距”栏中设置栏宽和间距。单击“分隔线”复选框，可以在各栏之间加一条分隔线；单击“栏宽相等”复选框，则各栏宽相等，否则可以逐栏设置栏宽。最后单击“确定”按钮。

图 4.38 “分栏”下拉菜单

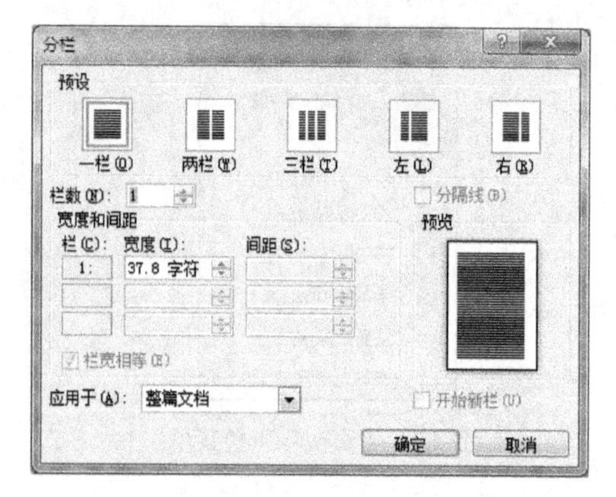

图 4.39 “分栏”对话框

6．分节的创建

“节”即文档中的一部分内容，默认情况下一个文档即一个节。可向文档插入分节符进行分节。分节的好处是可在不同的节中使用不同的页面格式设置。每个分节符包含了该节的格式信息，如页边距、页眉/页脚、分栏、对齐、脚注/尾注等。节可以是一个段落，也可以是整个文档。节用分节符标志，在普通和大纲视图中，分节符是两条横向平行的虚线，虚线中有“节的结尾”字样。

（1）插入分节符。

① 将插入点移到新节开始的地方，单击“页面布局”选项卡“页面设置”组的“分隔符”下拉菜单，如图 4.40 所示。在“分节符”区中有 4 种分节符供用户选择。

- 下一页：在插入点设置分页符，新的一节从下一页开始。
- 连续：在插入点设置分节符，但不分页。新节与前面一节共存于当前页中。
- 偶数页：从插入点所在页的下一个偶数页开始新的一节。
- 奇数页：从插入点所在页的下一个奇数页开始新的一节。

② 选择其中一种类型，单击“确定”按钮，完成节的设置。

（2）删除分节符。要删除分节符，可按如下步骤进行：打开“Word 选项”窗口，在“显示”选项卡中选中“显示所有格式标记”复选框，单击“确定”按钮，返回 Word 文档选中分节符，按 Detele 键，该分节符即被删除。

7．设置页眉和页脚

页眉和页脚是打印在一页顶部和底部的注释性文字或图形。它不是随文本输入的，而是通过命令设置的。页码就是最简单的页眉或页脚。

（1）页眉或页脚的建立。页眉或页脚的建立过程类似，下面以页眉为例。

① 单击“插入”选项卡“页眉和页脚”组的“页眉”按钮，打开内置“页眉”版式列表，如图 4.41 所示。

② 在内置“页眉”版式列表中选择所需的页眉版式，并随之输入页眉内容。当选定页眉版式后，Word 窗口会自动添加一个名为“页眉和页脚工具-设计”的上下文选项卡，如图 4.42 所示。此时，仅能对页眉内容进行编辑操作，而不能对正文进行编辑操作。若要退出页眉编辑状态，单击“页眉和页脚工具-设计”选项卡中的“关闭”按钮即可。

③ 单击内置“页眉”版式列表下的“编辑页眉”命令，直接进入“页眉”编辑状态并输入页眉内容，且在“页眉和页脚工具”功能区中设置页眉的相关参数。

这样，整个文档的各页都具有同一格式的页眉。

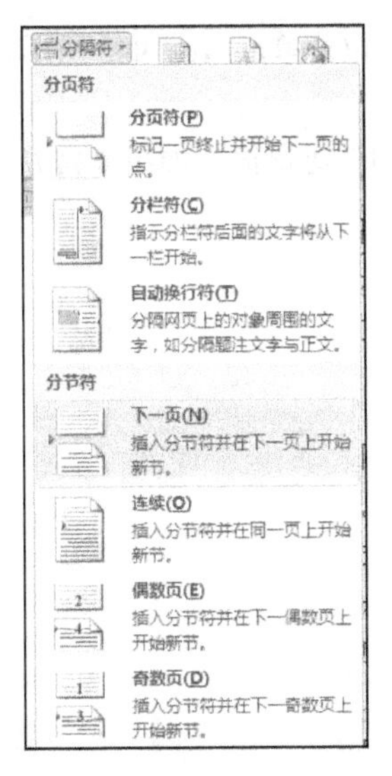

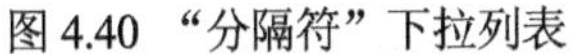
图 4.40 “分隔符”下拉列表

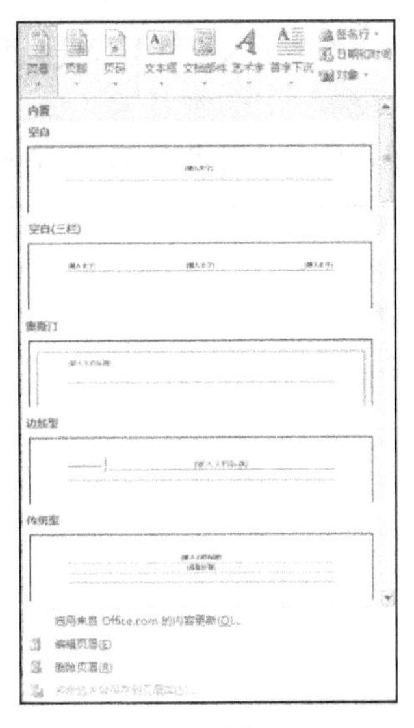

图 4.41　内置“页眉”版式列表

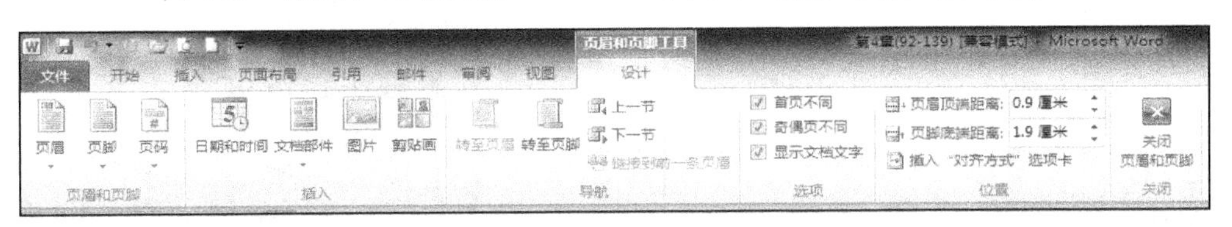

图 4.42 “页眉和页脚工具-设计”上下文选项卡

（2）建立奇偶页不同的页眉。通常情况下，文档的页眉和页脚的内容是相同的；但有时需要建立奇偶页不同的页眉或页脚。

在图 4.42 中，选中“奇偶页不同”复选框，就可以分别编辑奇偶页的页眉内容了。

（3）页眉和页脚的删除。在图 4.41 中，单击“删除页眉”命令就可以删除页眉。另外，选定页眉或页脚，按 Delete 键也可删除。

（4）设置首页的页眉和页脚。在图 4.42 中，选中“首页不同”复选框，系统将对首页的页眉页脚单独处理。

（5）为文档各节创建不同的页眉和页脚。用户可以为文档的各节创建不同的页眉和页脚，例如为一本著作的各章应用不同的页眉格式。

① 将鼠标指针放置在文档的某一节中，插入页眉内容。

② 在“页眉和页脚工具”的“导航”选项组中单击“下一节”按钮，进入“页眉”的第二节区域中。

③ 在“导航”选项组中，单击“链接到前一条页眉”按钮，断开新节中的页眉与前一节中的页眉之间的链接。此时，Word 2010 页面中将不再显示“与上一节相同”的提示信息，这时，用户可以更改本节现有的页眉页脚了。

④ 在新一节中插入页眉。

（6）调整页眉和页脚的位置。用户也可以更改页眉和页脚的默认位置。在图 4.42 中的“位置”组，可以设置页眉顶端距离、页脚底端距离以及对齐方式。

8. 水印

水印是页面背景的形式之一。例如，给文档设置“绝密”、“严禁复制”或“样式”等字体的“水印”可以提醒读者对文档的正确使用。

单击“页面布局”选项卡“页面背景”组的“水印”下拉菜单，如图4.43所示，选择所需的水印即可。

如果不能满足，单击“自定义水印”命令，打开“水印”对话框，如图4.44所示。

图4.43 “水印”下拉菜单

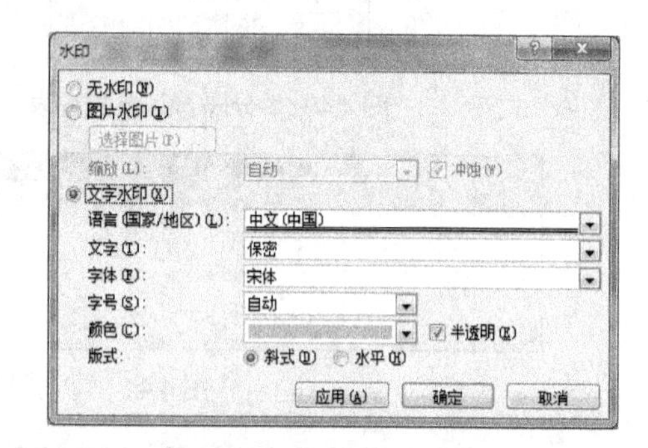

图4.44 “水印”对话框

在“水印”对话框中，有“图片水印”和“文字水印”两种水印形式，选定其中一种。

如果选定“图片水印”，则需要选择用作水印的图片；如果选定“文字水印”，则可以设置文字的内容，以及字体、字号、颜色、版式等。

9．脚注和尾注

使用脚注和尾注可用来解释、注解或提供文档中正文的引用、名词的解释、背景的介绍等。在正文中注解引用的正文位置放一个引用记号，同时在对应的脚注或尾注的开始处使用相同的引用记号来标志它。脚注位于其引用记号出现的页面底部，而尾注放在文档的最后。

脚注的引用记号可以是符号（如“*”），也可以是顺序编号；而尾注一般都是按顺序编号引用的。

插入、修改、移动、删除脚注和尾注可单击“引用”选项卡的“脚注”组右下角的按钮，打开“脚注和尾注”对话框，如图4.45所示。单击“脚注”或“尾注”按钮，并在按钮右侧下拉列表框中选择脚注或尾注要显示的位置。在“格式”区域中选择编号格式、起始编号等。单击“插入”按钮开始输入注释文本，输入完毕时单击文档任意位置即可继续处理其他内容。

10．插入文档封面

专业的文档要配以漂亮的封面才会更加完美，在Word 2010中，内置的封面库为用户提供了充足的选择空间。

单击“插入”选项卡“页”组的“封面”下拉菜单，打开系统内置的封面库列表，如图4.46所示。

选定一个满意的封面，此时，该封面就会自动插入到当前文档的第一页，现有的文档内容自动后移。

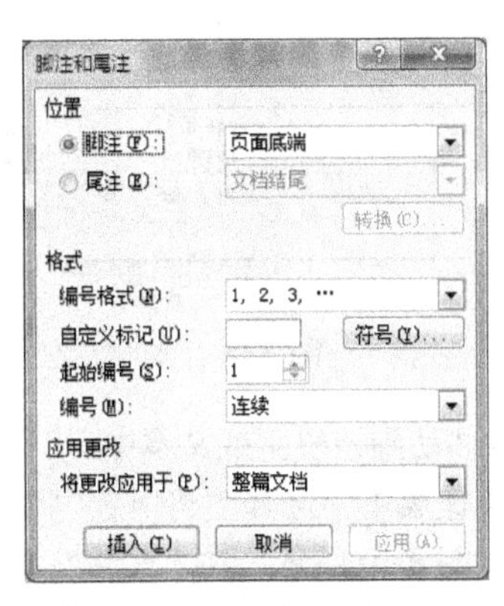

图 4.45　“脚注和尾注”对话框

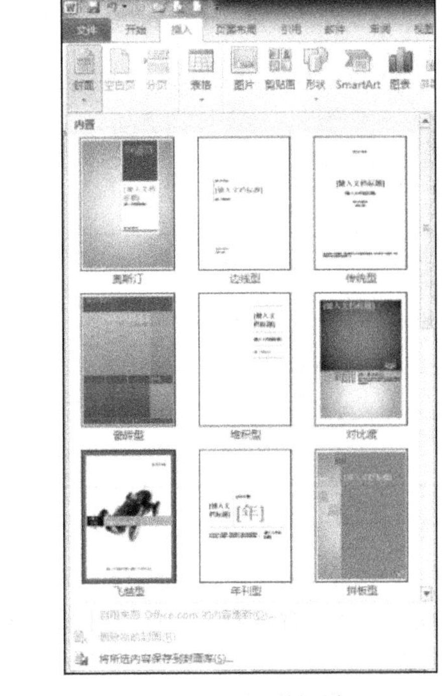

图 4.46　内置封面库

4.4.4　定义和使用样式

样式是一组字符格式化和段落格式化命令的组合，也可以说是关于文档格式化的批处理。当把某种样式应用到一段文本时，即相当于对这段文本执行了一系列操作。可以使用 Word 中各种内置样式或者直接创建自己的新样式，并将它们应用到文档中，这样既可以简化编辑工作，又能够保证整篇文档编排格式的一致性。

1. 样式的应用

为文档中某段文本设置样式的操作非常简单，只需选中一段或几段段落或者将插入点移到需要应用样式的段落中，单击“开始”选项卡“样式”组的“其他”按钮，打开“快速样式库”列表，如图 4.47 所示。

用户只需在各种样式之间轻松滑动鼠标，标题文本就会自动呈现出当前样式应用后的视觉效果。如果用户不满意，只需将鼠标移开，就会恢复到原来的样式。如果用户单击它，该样式就会被应用到当前所选文本中。

用户还可以使用“样式”任务窗格将样式应用于选中文本。

在 Word 2010 文档中，选择要应用样式的标题文本，单击“开始”选项卡“样式”组的右下角按钮，打开“样式”任务窗格，如图 4.48 所示。

在列表框中选择希望应用到选中文本的样式，即可将该样式应用到文档中。

2. 创建新样式

Word 2010 中文版提供了两种创建样式的方法：使用样例文本和使用样式对话框。

（1）使用样例文本。用户可以把文档中的某个段落或文本的格式直接设置成新样式，此段落或文本称为样例文本。使用样例文本创建样式的过程如下：

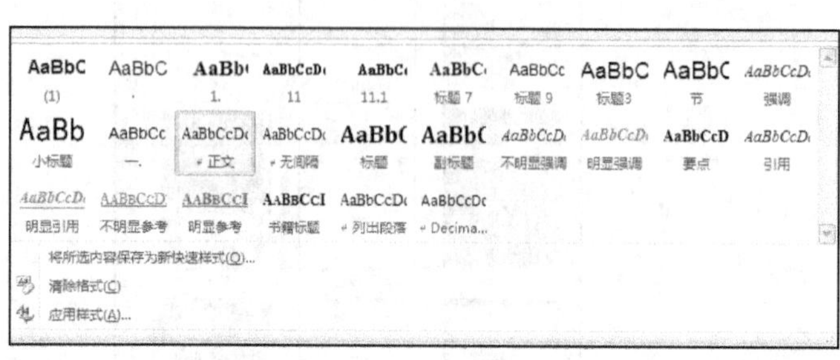

图 4.47 “快速样式库”列表

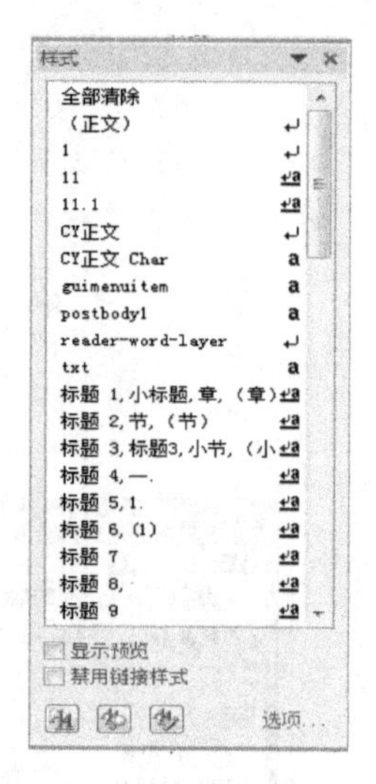

图 4.48 “样式”任务窗格

① 把某段落或文本设置成需要的样式格式，然后将插入点移动到该段落或文本中。

② 单击“开始”选项卡“样式”组的“其他”按钮，在快捷菜单中选择“将所选内容保存为新快速样式”命令，打开“根据格式设置创建新样式”对话框，如图 4.49 所示，在“名称”文本框中输入新的样式名称。单击“修改”按钮，打开如图 4.50 所示的对话框，设置字体、字号等格式，然后单击“确定”按钮。

（2）使用样式对话框。打开“样式”任务窗格，单击“新建样式”按钮，弹出“新建样式”对话框，如图 4.50 所示，在此可以设置该样式的各种属性。

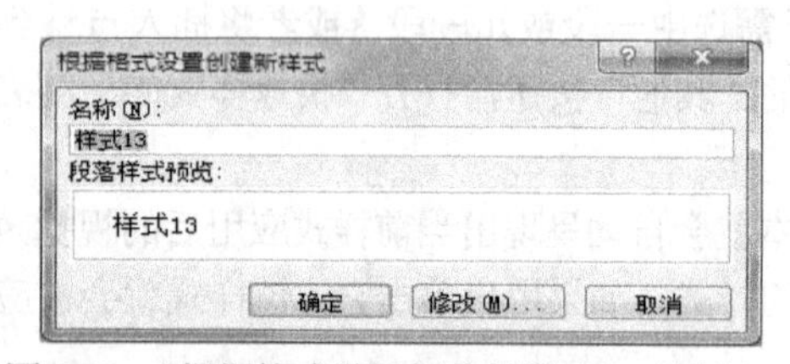

图 4.49 “根据格式设置创建新样式”对话框

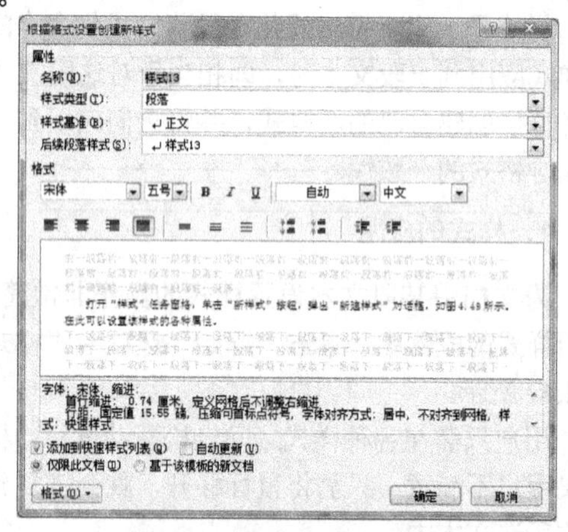

图 4.50 修改新样式对话框

① 名称：样式名称，新建的样式名称不能与内置样式相同。

② 样式类型：注明该样式的类型是“段落”还是“字符”。

③ 样式基准：新样式在未做任何格式化之前就可具有基准样式的所有格式属性，用户可以根据自己的新样式类型选择一个最相似的已有样式作为基准样式，这样在格式化新样式时就可以尽量地减少手工格式化的工作量。一般系统以正文样式为默认基准样式。

④ 后续段落样式：后续段落样式指的是该样式的段落后面自动跟随的样式，在绝大多数情况下，新的段落总是继承前一段落的样式。可以设置后续样式来规定各种样式后面所自动跟随的段落样式。

⑤ 格式：在“格式”栏中可以设置字体、字号、字形等，修改样式。

3. 复制和管理样式

在编辑文档的过程中，如果需要使用其他模板或文档的样式，可以将其复制到当前的活动文档或模板中，而不必重复创建相同的样式。

（1）打开需要复制样式的文档，打开“样式”任务窗格，单击“管理样式”按钮，打开“管理样式”对话框，如图 4.51 所示。

（2）单击“导入/导出”按钮，打开“管理器”对话框，如图 4.52 所示。其中左侧区域显示的是当前文档中所包含的样式列表，而右侧区域则显示在 Word 默认文档模板中所包含的样式。

（3）选择样式，单击“复制”按钮，将所选样式复制到 Word 默认文档模板中。

（4）创建新文档，会发现复制过来的样式。

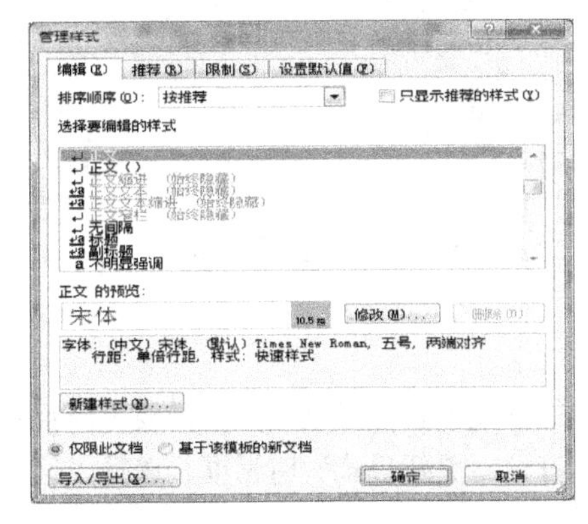

图 4.51 “管理样式”对话框

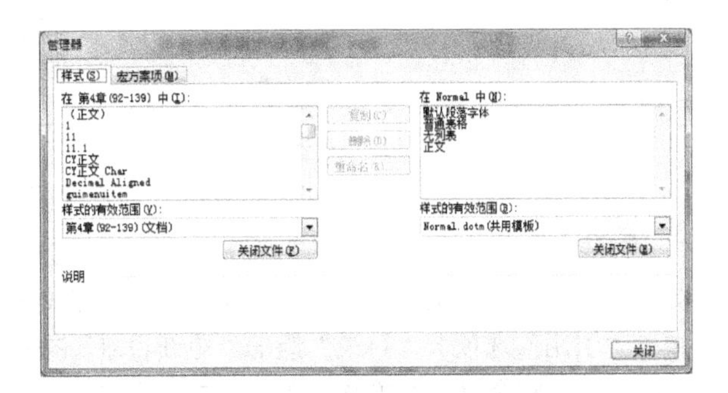

图 4.52 “管理器”对话框

4.4.5 生成文档目录

目录是用来列出文档中的各级标题及该标题在文档中所在页码的。当编辑完一个长文档之后，为了使读者更好地阅读文档及在文档中查找所需的信息，应在文档中生成一个目录，并且将其打印出来。Word 2010 提供了一个内置的目录库，其中有多种目录样式可供选择，从而可代替用户完成大部分工作，使得插入目录的操作变得非常快捷、简便。

1. 生成文档目录

在 Word 2010 中文版中生成文档目录的操作过程如下：

（1）将插入点移动到要插入目录的位置；

（2）单击“引用”选项卡“目录”组中“目录”下拉菜单，打开“内置目录库”列表，如图 4.53 所示；

（3）用户只需单击其中一个满意的目录样式，Word 2010 就会自动根据所标记的标题在指定位置创建目录。

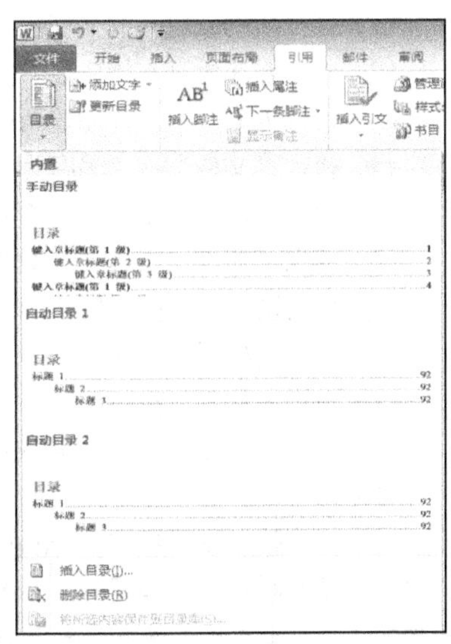

图 4.53 “内置目录库”列表

2. 使用自定义样式创建目录

（1）将鼠标指针定位在需要建立文档目录的地方。

（2）单击“引用”选项卡“目录”组的“目录”下拉菜单中的“插入目录”命令，打开“目录”对话框，如图 4.54 所示。

（3）单击“选项”按钮，打开“目录选项”对话框，如图 4.55 所示。

在“有效样式”区域可以查找应用于文档中标题的样式，在“目录级别”文本框中输入目录的级别，以指定希望标题样式代表的级别。

设置完毕，单击“确定”按钮即可在插入点位置插入文档目录。

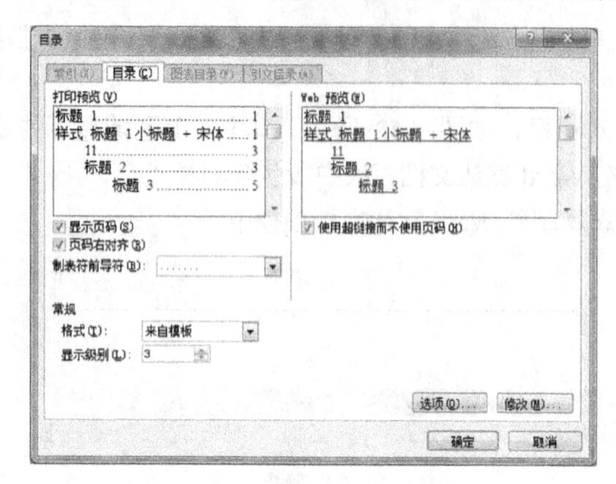

图 4.54 “目录”对话框

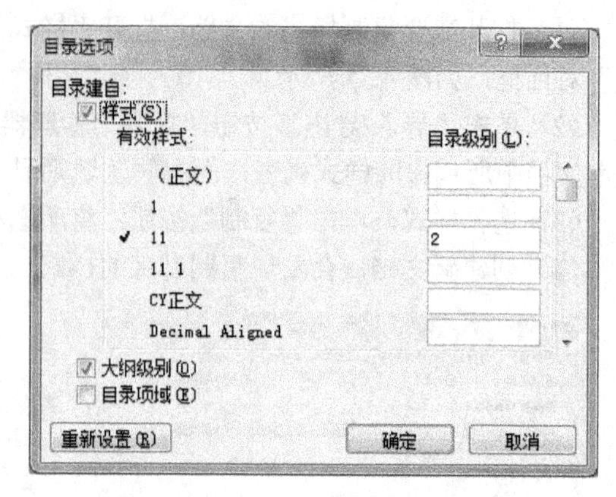

图 4.55 “目录选项”对话框

3. 更新目录

如果用户在创建目录后，又添加、删除或更改了文档中的标题或其他目录项，就需要更新目录。

单击“引用”选项卡“目录”组的“更新目录”按钮，打开“更新目录”对话框，选择“只更新页码”或“更新整个目录”单选按钮，单击“确定”按钮即可。

4.4.6 使用模板和向导

模板是存储可以用于其他文档的文本、样式、格式、宏和页面信息的专用文档。Word 2010 提供了多种模板，用户可以根据具体的应用需要选择不同的模板。

1. 将文档保存为模板

用户可以将文档保存为模板，其操作如下：

（1）打开新的或现有的文档；

（2）添加要在所有文档中显示的以模板为基础的文本、图片和格式，并根据需要调整页边距；

（3）设置页面大小，并创建新样式；

（4）执行“文件”→“另存为”命令，弹出“另存为”对话框；

（5）单击“保存类型”下拉箭头，然后单击“Word 模板”按钮；

（6）确保“模板”文件夹（通常位于 Programs 文件夹中的 Microsoft Office 文件夹中）或者它的一个子文件夹显示在“保存位置”框中；

（7）输入新模板的名称；

（8）单击“保存”按钮。

用户可以打开模板，进行更改并保存所做的更改，就像在其他文档中进行操作一样。

提示：

（1）默认情况下，所有 Word 文档都使用 Normal 模板。

（2）复制模板文本和图形。如果要将模板文本或图形添加到已有的文档中，则可以打开模板，然后将需要的文本或图形复制、粘贴到文档中。

2．利用模板创建新文档

（1）在 Word 2010 应用程序中，执行“文件”→“新建”命令。

（2）在“可用模板”选项区中选择“样本模板”选项，即可打开在计算机中已经安装的 Word 模板类型。选择需要的模板后，在窗口右侧会显示利用本模板创建的文档外观。

（3）单击“创建”按钮，即可快速创建出一个带有格式的文档。

4.5 Word 表格的制作

表格是一种简洁而有效地将一组相关的数据组织在一起的文档信息组织方式。它具有清晰直观、信息量大的特点，在人事管理、科学研究和商业领域的文档和报表中有着广泛的应用。表格由行和列构成，行与列相交产生的方格称为单元格，可以在单元格中输入文本、数字或图形。可以在表格内按列对齐数字，然后对数字进行排序和计算。

4.5.1 创建和绘制表格

1．自动创建简单表格

简单表格是指由多行或多列构成的表格，即表格中只有横线和竖线，不出现斜线。Word 2010 提供了两种创建简单表格的方法。

（1）用“插入”选项卡“表格”组的“表格”命令创建表格。

① 将光标移至要插入表格的位置；

② 单击“插入”选项卡“表格”组下拉按钮，弹出“表格”下拉菜单，如图 4.56 所示；

③ 鼠标在表格框内向右下方拖动，选定所需的行数和列数，松开鼠标，表格自动插入到当前的光标处。

（2）用“插入”选项卡“表格”组下拉菜单中的“插入表格”命令创建表格。

在图 4.56 中，单击“插入表格”命令，打开“插入表格”对话框，如图 4.57 所示。

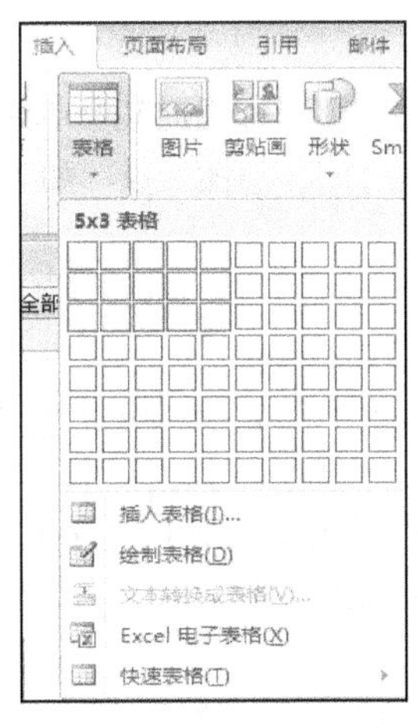

图 4.56 “表格”下拉菜单

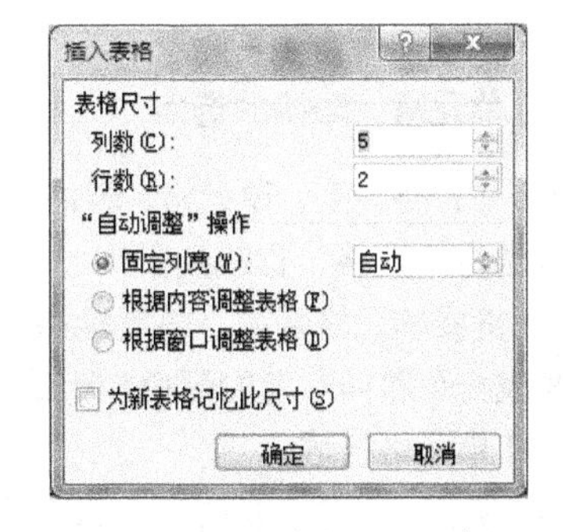

图 4.57 “插入表格”对话框

输入表格的行数和列数，可创建所需行数和列数的表格。

在“自动调整”操作栏中，可以选中“固定列宽”、“根据内容调整表格”和“根据窗口调整表格”单选按钮，三者只能选其一。

此时 Word 2010 功能区中会自动打开“表格工具”选项卡，包含“设计”和“布局”两个功能区，以下用“表格工具-设计”选项卡表示“表格工具”选项卡“设计”功能区。

2．手工绘制复杂表格

Word 提供了绘制如斜线等不规则表格的功能。

单击“插入”选项卡“表格”下拉菜单中的“绘制表格”命令，此时鼠标指针在文本窗口会显示为铅笔形状，在需要插入表格的位置按下鼠标左键，向右下方拖动鼠标，直到适当位置后放开，这时得到一个表格的外框。用户可以根据自己的需要绘制其他的表格线。

3．使用快速表格库

Word 2010 提供了一个快速表格库，其中包含了一组预先设计好格式的表格，用户可以从中选择以快速创建表格。

（1）将光标移至要插入表格的位置。

（2）单击“插入”选项卡“表格”下拉菜单中的“快速表格”按钮，打开系统内置的快速表格库样式列表，如图 4.58 所示。

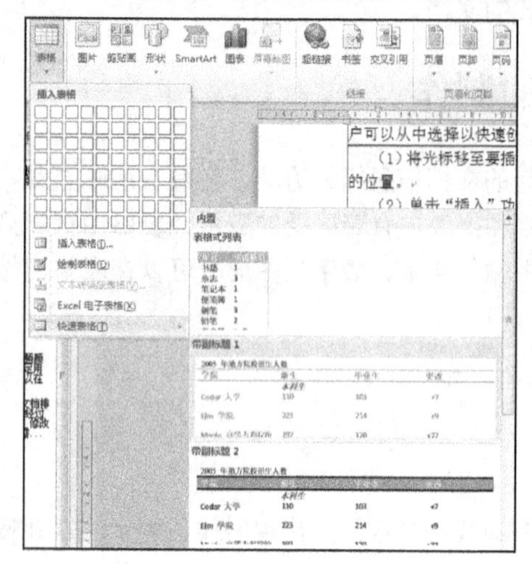

图 4.58　快速表格库样式列表

（3）用户可以根据实际需要进行选择，如选择“带副标题 1”，此时所选表格就会插入到文档中。

4.5.2　表格的编辑与修饰

表格创建后，通常要对它进行编辑与修饰，包括调整行高和列宽，插入与删除行、列、单元格，单元格的合并与拆分，表格的拆分，表格框线和底纹的设置，单元格中文字的排版等。

1．在表格中移动插入点

光标插入点显示了输入的文本将在表格中出现的位置。可以用鼠标指向某个单元格，然后单击，即可将插入点移动到单元格中；也可以使用键盘按键在单元格之间移动插入点，如 Tab 键将插入点移动到下一个单元格等。

2．行、列、单元格、表格的选定

在 Word 2010 中，行、列、单元格、表格的选定方法与选定文本的方法相似，可以使用键盘或鼠标。

（1）用鼠标选定单元格、行或列。

① 选定单元格或单元格区域。将鼠标指针移到要选定的单元格的选定区（单元格的回车符之前，此时鼠标指针变成一个斜向右上的黑色加粗箭头），单击鼠标选定单元格，向上下左右拖动鼠标选定相邻多个单元格，即单元格区域。

② 选定一行或多行。单击要选定的第一行旁边的页面左侧空白处，然后上下拖动选定所需的行。

③ 选定一列或多列。只需单击要选择的第一列上方，然后左右拖动，选定所需的列。

④ 选定不连续的单元格。按住 Ctrl 键，依次选中多个不连续的区域。

⑤ 选定整个表格。单击表格左上角的移动控制点，可以选定整个表格。

（2）用键盘选定单元格、行或列。

与用键盘选定文本的方法类似，也可以用键盘选定表格，但不如鼠标方便，限于篇幅不再详述。

（3）用“表格工具-布局”选项卡“表”组中的“选择”下拉菜单选定单元格、行、列及表格。

3．插入或删除单元格、行、列

在插入操作前，必须明确插入位置。插入单元格后，当前单元格的位置会发生变化，插入单元格的数量、行数、列数与当前选中的单元格的数量、行数、列数相同。

（1）单元格的插入。选定相应数量的单元格，单击“表格工具-布局”选项卡“行和列”组右下角“表格中插入单元格”按钮，打开“插入单元格”对话框，选择下列操作之一：

① 活动单元格右移，即当前选定的单元格右移，新插入的单元格成为选定单元格，会造成表格右边线不齐。

② 活动单元格下移，即当前选定的单元格下移，并插入同数量的单元格，此时表格的行数会增加，增加的行数与选定单元格所占用的行数相同。

单击“确定”按钮完成操作。

（2）插入行、列。行和列的编辑方法相似，下面以列操作为例进行介绍。

选择要插入列的位置（可选一列或多列，插入的列数将与选择的列数相同），单击“表格工具-布局”选项卡“行和列”组中的“在左侧插入”或“在右侧插入”按钮，这样就可在当前列（或选定列）左侧/右侧插入一列或与选定列数相同的列。也可以在要插入列的地方右击，在弹出的快捷菜单中选择“插入列”选项。

（3）在表尾快速插入行。将插入点定位到表格右下角最后一个单元格内，按 Tab 键即可在表尾插入一空行。

（4）删除单元格、行、列、表格。选定要删除的单元格，执行“表格工具-布局”选项卡“删除”命令下拉菜单，如图 4.59 所示，选择相应的选项（包括删除单元格、删除行、删除列、删除表格）即可。如选择删除单元格，则打开“删除单元格”对话框（右击选择“删除单元格”也可），如图 4.60 所示。

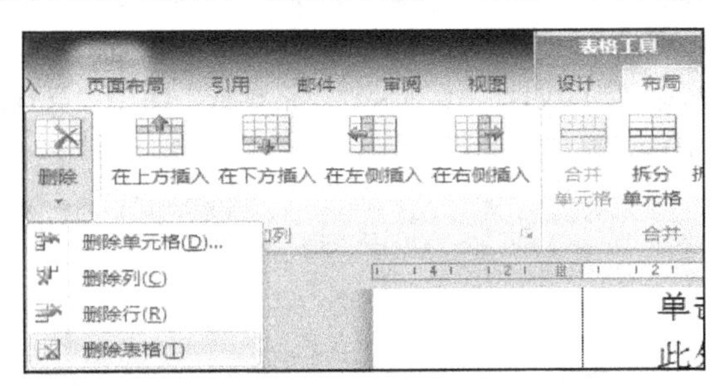

图 4.59 “删除”下拉菜单

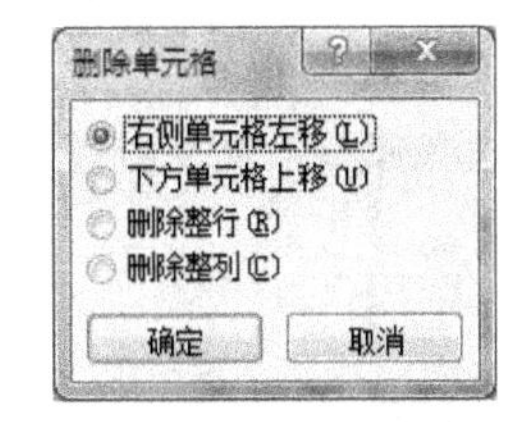

图 4.60 “删除单元格”对话框

- 右侧单元格左移：删除当前选定的单元格，右侧同行的单元格左移，会造成表格右边线不齐。
- 下方单元格上移：删除当前选定的单元格，表格的行数不变，单元格上移后，列末会出现相同数量的空单元格。
- 删除行：删除选定单元格占用的行。
- 删除列：删除选定单元格占用的列。

单击“确定”按钮完成操作。

4．合并或拆分单元格

在简单表格的基础上，通过对单元格的合并或拆分可以构成比较复杂的表格。

（1）拆分单元格。单元格的拆分是指将单元格拆分成多行或多列的多个单元格。

将插入点移动到需要拆分的单元格，右击，在快捷菜单中选择“拆分单元格”命令，弹出“拆分单元格”对话框，输入要将所选单元格拆分的行数或列数，取消选中“拆分前合并单元格”复选框，然后单击“确定”按钮。

（2）合并单元格。单元格的合并是指将多个相邻的单元格合并成一个单元格。

选择要合并的多个单元格，右击，在快捷菜单中选择“合并单元格”命令，将所选择的单元格合并。合并后单元格的内容将集中在一个单元格中。

5．拆分或合并表格

有时需把一个表格拆分成两个独立的表格，拆分表格的操作如下：将插入点移至表格中欲拆分的那一行（此行将成为拆分后第二个表格的首行），单击“表格工具-布局”选项卡“合并”组中的“拆分表格”按钮，这样就在插入点所在行的上方插入一空白段，把表格拆分成两个表格。

如果要合并两个表格，只要删除两个表格之间的换行符即可。

如果要将表格当前行后面的部分强行移至下一页，可在当前行按 Ctrl+Enter 组合键。

6．表格标题行的重复

当一张表格超过一页时，通常希望在第二页的续表中也包括表格的标题行。Word 提供了重复标题行的功能，操作步骤为：选定标题行，单击“表格工具”选项卡“布局”功能区“数据”组中的“重复标题行”按钮。这样，Word 会在因分页而拆开的续表中重复表格的标题行，在页面视图下可以查看。

7．表格格式的设置

（1）表格自动套用格式。表格创建后，可以使用“表格工具-设计”选项卡“表格样式”组中内置的表格样式对表格进行排版。该功能还提供修改表格样式，预定义了许多表格的格式、字体、边框、底纹、颜色供选择，使表格的排版变得轻松、容易。

将插入点移到要排版的表格内，单击“表格工具-设计”选项卡“表格样式”组中“其他”按钮，打开表格样式列表，如图 4.61 所示，选定所需的表格样式即可。

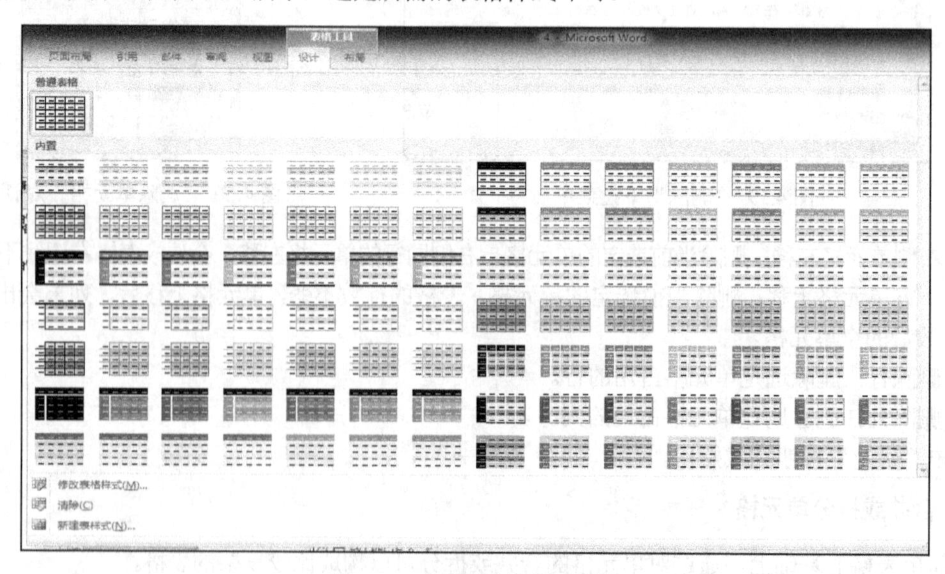

图 4.61　内置的表格样式列表

（2）表格边框与底纹的设置。单击“表格工具-设计”选项卡“表格样式”组中的“底纹”和“边框”按钮，可以对表格边框线的线型、粗细和颜色、底纹颜色、单元格中文本的对齐方式等进行个性化的设置。

单击“边框”按钮的下拉按钮，打开边框列表，可以设置所需的边框。

单击“底纹”按钮的下拉按钮，打开底纹颜色列表，可以选择所需的底纹颜色。

（3）表格在页面中的位置。设置表格在页面中的对齐方式和是否文字环绕表格，其操作如下：

① 将插入点移动到表格的任意单元格内。

② 右击，选择“表格属性”选项，打开“表格属性”对话框，默认打开“表格”选项卡，如图 4.62 所示。

③ 在“尺寸”组中，如选中“指定宽度”复选框，则可设定具体的表格宽度。

④ 在“对齐方式”栏中，选择表格对齐方式；在“文字环绕”栏中，选择“无”或“环绕”。单击“文字环绕”栏中的“环绕”单选按钮，可以实现表格与文字的混排。单击“定位”按钮，打开“表格定位”对话框，如图 4.63 所示，可在其中调整表格水平、垂直位置以及距正文等的距离。

表格中的文字同样可以用对文档文本排版的方法进行字体、字号、颜色等的设置。

要设置文字的对齐方式，可以右击选择“单元格对齐方式”下拉菜单中的一种。

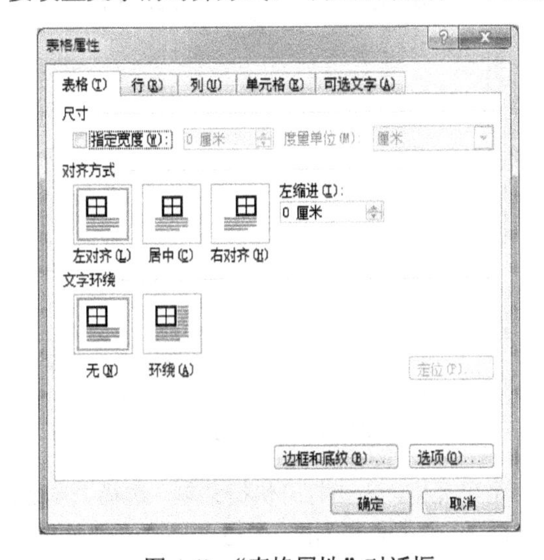

图 4.62 “表格属性”对话框

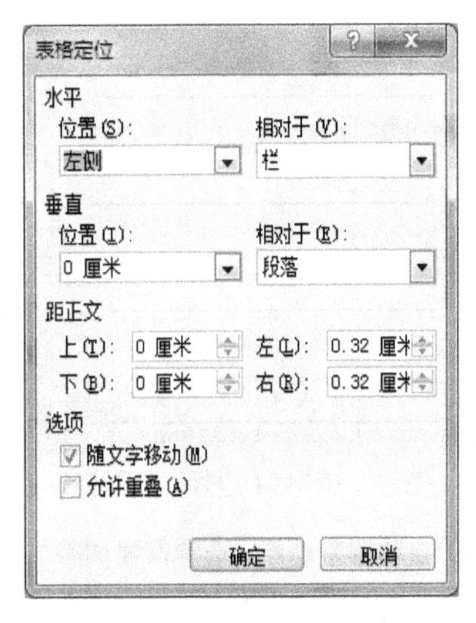

图 4.63 “表格定位”对话框

8. 改变单元格的行高、列宽

（1）使用表格中行、列边界线。使用表格中行、列边界线可以不精确地调整行高、列宽。

将鼠标指针移到表格的列网格线上时，鼠标指针会变成带有水平箭头的双竖线状，此时按住鼠标左键可以左右拖动，这样会减少或增加列宽，并且同时调整相邻列的宽度。

① 如果在拖动列网格线的过程中同时按住 Shift 键，则该列左边一列的单元格列宽发生改变，其他单元格的列宽不改变，即该列网格线右边的所有单元格作为一个整体一起随着移动。

② 如果在拖动列网格线的过程中同时按住 Ctrl 键，则该列右边的各列按原比例自动调整。

③ 如果在拖动列网格线的过程中同时按住 Alt 键，则每一列的列宽显示在标尺上。

④ 如果在拖动列网格线的过程中同时按住 Shift+Alt 组合键或 Ctrl+Alt 组合键，则可以达到复合的效果。

将鼠标指针移到单元格的下边时，指针变为带有上下箭头的双横线状，此时按住鼠标左键可以上下拖动，这样会减少或增加行高，而对相邻行无影响。

（2）利用“表格属性”对话框设置。将插入点定位到表格内的任意位置，单击“表格工具-布局”选项卡“表”组的“属性”命令，弹出“表格属性”对话框，如图4.64所示，其中包含有“表格”、“行”、“列”、“单元格”等选项卡。

① 利用“行”选项卡设定行高。单击“行”选项卡，如图4.64所示。选中“指定高度”复选框，输入或选择表格的高度，在“行高值是”下拉列表框中有“最小值”或“固定值”两种选项。

如果表格较大，可以选中“允许跨页断行”复选框，则允许表格行中的文字跨页显示。如果希望后继表格的第一行能够自动重复该表格的标题行，则打开“表格”下拉菜单，选中“标题行重复”即可。

单击“上一行”、“下一行”按钮，可以对各行分别设置行高。

② 利用“列”选项卡设定列宽。单击“列”选项卡，如图4.65所示，可以设置每一列的宽度。

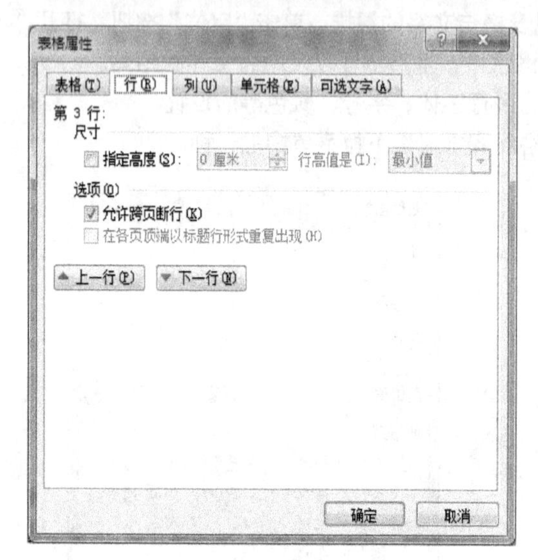

图4.64 “行”选项卡

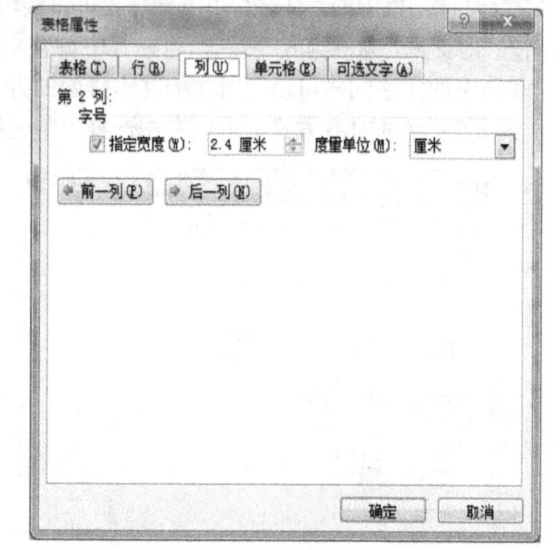

图4.65 “列”选项卡

（3）自动调整功能。选定需要调整的行、列或整个单元格，右击打开快捷菜单，选择“自动调整”命令，在弹出的级联菜单中选择需要的选项，如图4.66所示；或者单击“表格工具-布局”选项卡“单元格”组的“自动调整”按钮。

9．表格的移动和缩放

（1）表格的移动。单击表格移动控制点并拖动，可以移动表格。

（2）表格的缩放。当鼠标指针移过表格时，表格的右下角会出现缩放点；单击缩放点并拖动鼠标，可实现表格的缩放。

4.5.3 表格内容的输入和格式设置

（1）表格内容的输入。建立空表格后，可以将插入点移动到表格的单元格中输入文本。表格中的单元格是一个编辑单元，当输入到单元格右边线时，单元格高度会自动增加，把输入的内容转到下一行。如同编辑文本，如果要另起一行，则按Enter键。

（2）单元格文字格式、段落格式设置。每个单元格的内容都可看作一个独立的文本，可以选定其中的一部分或全部内容进行字体和段落格式的设置。

（3）单元格的边框和底纹设置。边框和底纹的设置不只针对表格或表格中的单元格，也可以对页面、节进行设置。所有边框和底纹的设置都是通过“边框和底纹”对话框来完成的。

（4）单元格中内容的格式化。表格中内容的格式操作与普通文档中的格式操作相似。

① 选择要对齐的单元格、行或列。

② 单击“表格工具-布局”选项卡“对齐”中的“单元格对齐方式”按钮，或在选定的单元格、行或列上右击，在弹出的快捷菜单中指向“单元格对齐方式”按钮下拉箭头，如图 4.67 所示。

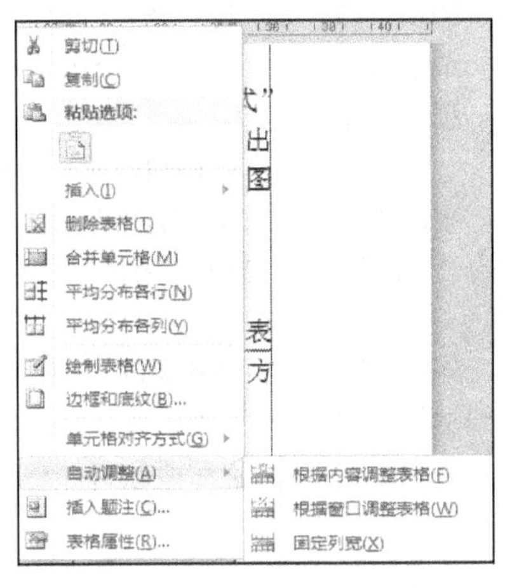

图 4.66 “自动调整”级联菜单

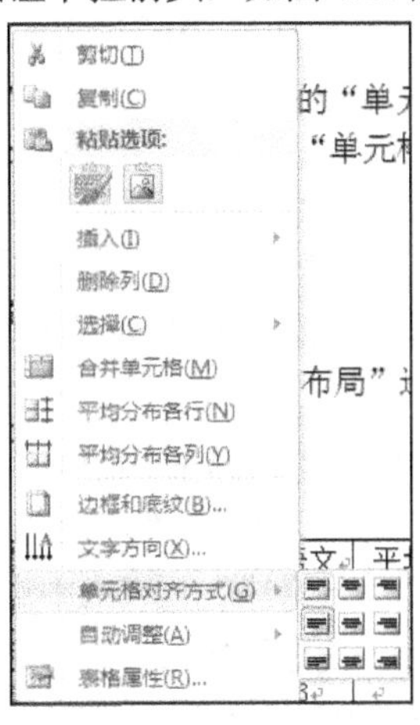

图 4.67 “单元格对齐方式”列表框

③ 单击 9 种对齐方式按钮之一进行选定。

（5）更改单元格中的文本方向。将光标移到要更改的单元格，单击“表格工具-布局”选项卡中“对齐方式”组的“文字方向”按钮，单元格中的文本方向会自动更改。

4.5.4 灵活控制和运用表格

首先制作班级成绩单，如表 4.5 所示。

表 4.5 班级成绩单

姓 名	英 语	数 学	物 理	语 文	平均成绩
张三	78	88	44	78	72
李四	76	98	56	76	
王五	66	67	87	93	

1．表格排序

在 Word 2010 中文版中，可以对表格项目内容按设定的方式和规则（如字母顺序、数字顺序或日期顺序的升序或降序）进行排序。在表 4.5 中，排序要求是：按数学成绩进行递减排序，当两个学生的数学成绩相同时，再按语文成绩递减排序。

选中表格或将插入点移动到表格中，单击“表格工具-布局”选项卡“数据”组中的“排序”按钮，打开“排序”对话框，如图 4.68 所示。

在“主要关键字”下拉列表框中选择“数学”，在“类型”下拉列表框中选择“数字”，单击“降序”单选按钮。

在“次要关键字”下拉列表框中选择“语文”，在“类型”下拉列表框中选择“数字”，单击“降序”单选按钮。

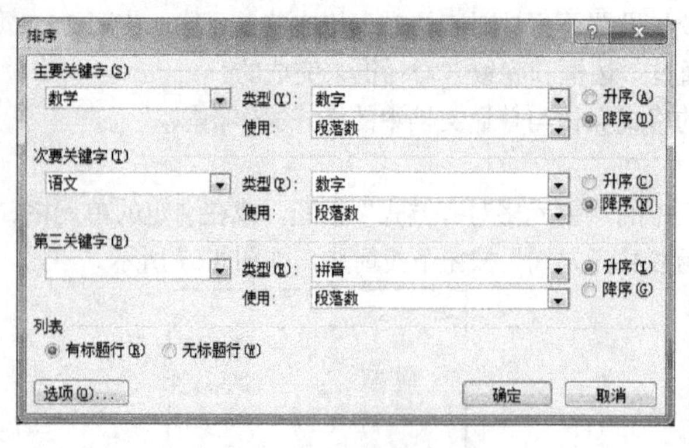

图 4.68 “排序”对话框

在“列表”选项组中，单击“有标题行”单选按钮。

最后单击“确定”按钮。

2. 表格计算

Word 2010 提供了对表格中数据进行简单的加、减、乘、除、求百分比，以及求最大、最小值运算。下面对表 4.5 所示的学生考试成绩计算平均成绩。

（1）将插入点移到存放平均成绩的单元格中。本例中放在第二行的最后一列。

（2）单击“表格工具-布局”选项卡 “数据”组中的“公式”按钮，打开“公式”对话框，如图 4.69 所示。

（3）在“公式”列表框中显示“＝SUM(LEFT)”，表明计算左边各列数据的总和，在这里需要计算其平均值，修改为“=AVERAGE(LEFT)”，也可在“粘贴函数”下拉列表中选取 AVERAGE。

（4）在“编号格式”列表框中选定“0.00”格式，表示精确到小数点后两位。

（5）单击“确定”按钮，得出计算结果。

3. 虚框表格的使用

虚框表格的表格线只能显示在屏幕上而不会被打印出来。虚框表格在排版上可以代替制表符对齐和排列文本，将不同的图片和文字组合在一起形成特殊的效果。

用户可以在“边框和底纹”对话框中选择“无边框”来将表格的边框设置为虚框，同时通过“表格”下拉菜单中的“隐藏/显示虚框”命令来控制虚框的隐藏和显示。

4. 表格与文本之间的相互转换

用户可以根据需要将文字转换成表格，也可以将表格中的内容转换成文字。

（1）文字转换为表格。选择要转换成表格的文本，单击“插入”选项卡“表格”组的“表格”下拉按钮，在弹出的菜单中选择“文本转换为表格”命令，弹出“将文字转换成表格”对话框，如图 4.70 所示。

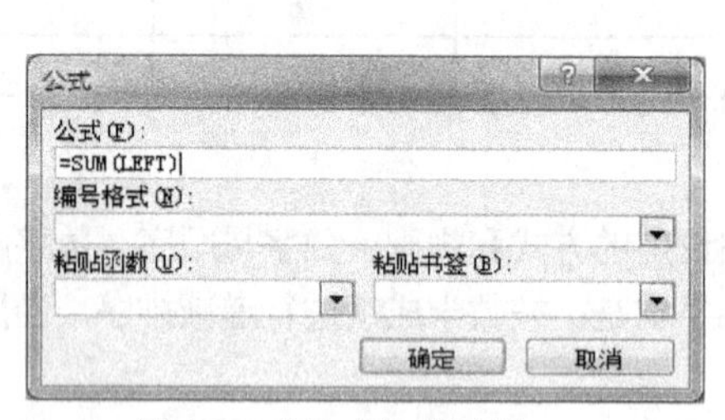

图 4.69 “公式”对话框

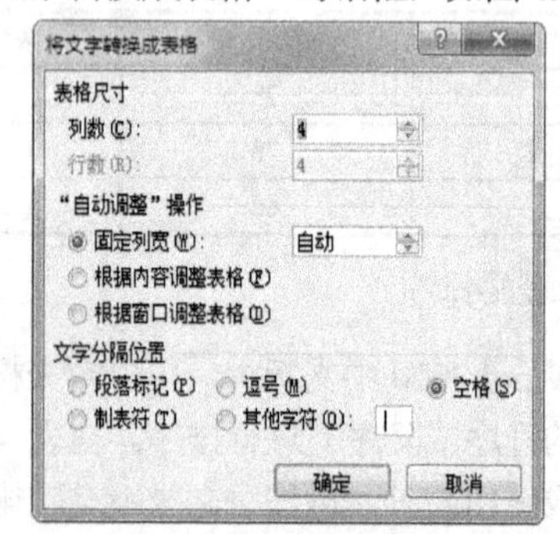

图 4.70 “将文字转换成表格”对话框

在“文字分隔位置”选项区域中包括段落标记、逗号、空格、制表符、其他字符等。选择不同的文字分隔位置，“表格尺寸”栏下的“列数”和“行数”会根据文字分隔位置的不同而不同，然后单击“确定”按钮即可。

（2）表格转换为文字。选择某个表格后，执行“表格工具”→“布局”→“转换”→“转化为文本”按钮，可以将表格转换为文字。

4.6　Word 2010 的图文混排功能

图文混排是 Word 的特色功能之一，可以在文档中插入由其他软件制作的图片，也可插入用 Word 提供的绘图工具绘制的图形，达到图文并茂的效果。

4.6.1　插入图片

在 Word 2010 中，能够轻松地将几乎所有能在计算机屏幕上见到的图形或图像作为图片插入到 Word 文档中。

1．剪贴画的插入

Word 2010 中文版为用户提供了许多剪贴画，并且将它们按类别分类。

将插入点移到要插入剪贴画的位置，单击“插入”选项卡“插图”组的“剪贴画”按钮，弹出“剪贴画”任务窗格，如图 4.71 所示。

在“搜索文字”文本框中输入要插入的剪贴画类别，如“动物”，并在“结果类型”下拉列表框中选择媒体类型复选框。

单击“搜索”按钮，如果被选中的收藏集中含有指定关键字的剪贴画，则会显示剪贴画搜索结果。如果计算机联网，选中“包括 Office.com 内容”复选框，就可以到 Microsoft 公司的剪贴画库中搜索。

单击所选择的剪贴画，或单击剪贴画右侧的下拉三角按钮，选择“插入”命令，该剪贴画即可被插入到文档中。

2．图片文件的插入

在 Word 2010 中文版中，用户可以将其他应用程序（如 PhotoShop、CorelDRAW 等）所生成的图片文件插入到文档中。

将插入点移到要插入图片文件的位置，单击“插入”选项卡“插图”组的“图片”按钮，弹出“插入图片”对话框，如图 4.72 所示。

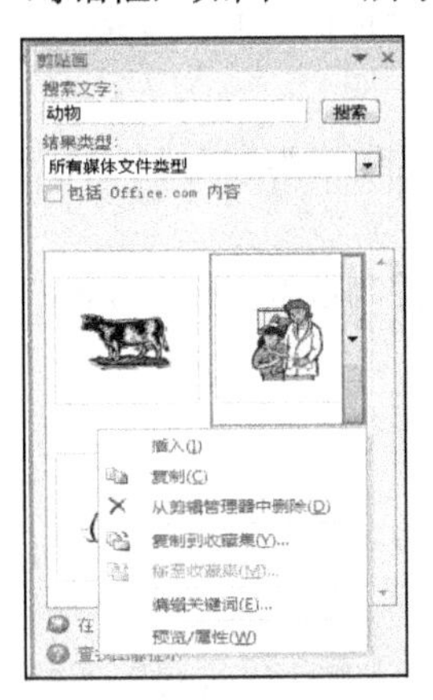

图 4.71　“剪贴画”任务窗格

图 4.72　“插入图片”对话框

选择需要的图片文件的路径和文件名，单击“插入”按钮即可将图片插入到插入点处。

3．图片格式的设置

当选中图片时，图片周围出现 8 个空心小方块（控制点），拖动这 8 个控制点可以改变图片的大小，同时弹出“图片工具”中的“格式”上下文选项卡，如图 4.73 所示。

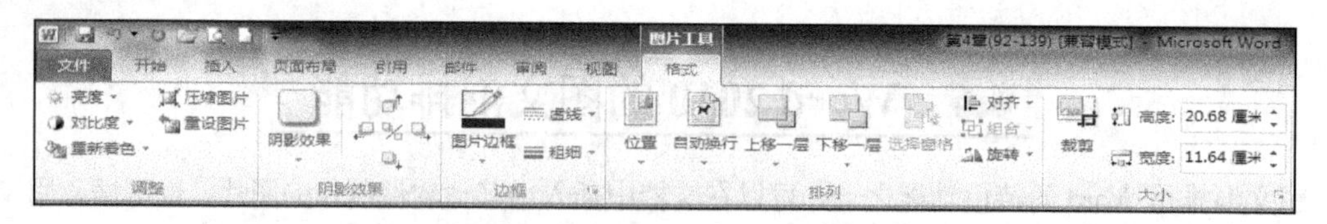

图 4.73 “图片工具-格式”选项卡

设置图片格式最常用的方法有两种：利用“图片工具-格式”选项卡和右击图片后在快捷菜单中选择“设置图片格式”命令。

（1）改变图片的大小和移动图片位置。单击选定的图片，将鼠标指针移到图片中的任意位置，当指针变成十字箭头时，拖动它可以移动图片到新的位置。

将鼠标指针移到任意一个空心小方块，鼠标指针会变成水平、垂直或斜对角的双向箭头，按箭头方向拖动鼠标指针可以改变图片的水平、垂直或斜对角方向的大小尺寸。

（2）图片的剪裁。如果要裁剪图片中某一部分的内容，可以单击“图片工具-格式”选项卡“大小”组中的“裁剪”按钮，此时图片的 4 个角会出现 4 个直角线段，图片四边中部出现 4 个黑色短线，共计 8 个。

将鼠标指针移到图片四周的 8 个黑色线段处，向图片内侧拖动鼠标，可裁去图片中不需要的部分。如果在拖动鼠标的同时按住 Ctrl 键，那么可以对称裁去图片。

（3）文字的环绕。通常，图片插入文档后像字符一样嵌入到文本中。

选中要进行设置的图片，右击它，在打开的快捷菜单中选择“位置和大小”命令，或单击“图片工具-格式”选项卡“排列”组中“自动换行”下拉菜单的“其他布局选项”命令，打开“布局”对话框，选择“文字环绕”选项卡，如图 4.74 所示。

在 Word 中将文档分为三层：文本层、文本上层、文本下层。文本层即通常的工作层，同一位置只能有一个文字或对象，利用文本上层、文本下层可以实现图片和文本的层叠。

- 嵌入型。此时图片处于文本层，作为一个字符出现在文档中，其周边控制点为实心小方块。用户可以像处理普通文字那样处理此图片。
- 四周型和紧密型。这也是把图片和文本放在同一层上，但是将图片和文本分开来对待，图片会挤占文本的位置，使文本在页面上重新排列。
- 衬于文字下方。此时图片处于文字下层，单击图片后，其周边控制点为空心小方块，可实现水印的效果。
- 浮于文字上方。此时图片处于文字上层，单击图片后，其周边控制点为空心小方块，可实现文字和图片的环绕排列。

单击选中所需的环绕方式，单击“确定”按钮。

在这里单击“大小”选项卡，可以改变图片尺寸的大小。

（4）设置图片在页面上的位置。Word 2010 提供了可以便捷控制图片位置的工具，让用户可以合理地根据文档类型布局图片。

选中要进行设置的图片，单击“图片工具-格式”选项卡“排列”选项组“位置”下拉菜单中的“其他布局选项”命令，打开“布局”对话框，根据需要设置水平、垂直位置以及相关的选项，如图 4.75 所示。

- 对象随文字移动。该选项将图片与特定的段落关联起来，使段落始终保持与图片显示在同一页面上。其设置只影响页面上的垂直位置。
- 锁定标记。该选项将图片锁定在页面上的当前位置。

- 允许重叠。该选项允许图片对象相互覆盖。
- 表格单元格的版式。该选项允许使用表格在页面上安排图片的位置。

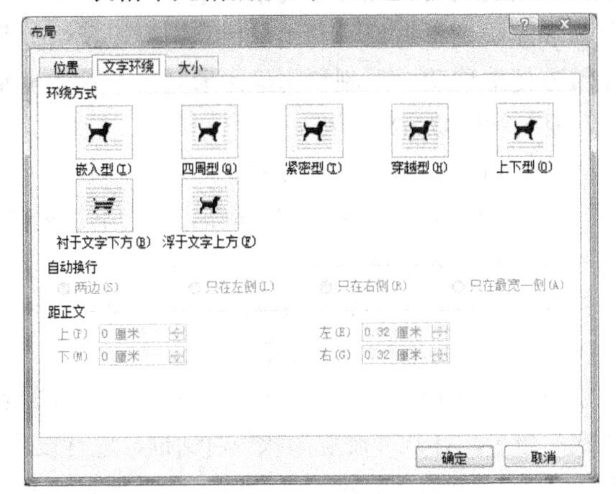

图 4.74 “布局-文字环绕”选项卡

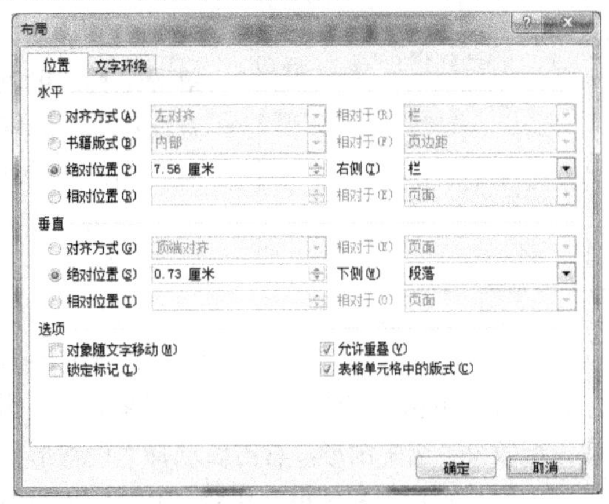

图 4.75 “布局-位置”选项卡

（5）为图片添加边框。右击图片，在打开的快捷菜单中选择“设置图片格式”命令，打开“设置图片格式”对话框，可设置线条颜色、线型、阴影等。

4.6.2 利用绘图工具栏绘制图形

Word 提供了一套绘制图形的工具（只能在页面视图下），利用它可以创建各种图形。单击“插入”选项卡“插图”组中的“形状”按钮，可打开自选图形单元列表框，从中选择所需的图形单元并绘制图形。

绘制好图形单元后，经常需要对其进行修饰、添加文字、组合、调整叠放次序等操作。此时可选中图形单元，弹出“绘图工具”功能区，或者右击它后弹出快捷菜单，然后进行所需的操作。

1. 图形的创建

绘图画布可用来绘制和管理多个图形对象。使用绘图画布，可以将多个图形对象作为一个整体，在文档中移动、调整大小或设置文字环绕方式；也可以对其中的单个图形对象进行格式操作，且不影响绘图画布。绘图画布内可以放置自选图形、文本框、图片、艺术字等多种不同的图形。若要使用绘图画布来放置图形对象，可先插入绘图画布。

将插入点移动到插入绘制图形的位置。

单击“插入”选项卡“插图”组的“形状”下拉菜单，单击“新建绘图画布”命令，在插入点插入一个画布。

选中“绘图工具”选项卡“插入形状”组的各种形状，就可以在画布上用鼠标拖出一个同样的图形。

如果只绘制直线、箭头、矩形和椭圆等简单图形，直接选用“绘图工具”功能区上的相应按钮即可。

2. 编辑所绘制的图形

单击图形，图形周围除了 8 个尺寸控制点外，还有一个绿色控制点和一个黄色菱形控制点（称为调整控制点）。绿色控制点用于旋转图形，黄色控制点用于改变图形形状。

（1）选择图形对象。编辑图形对象前首先必须选择它。如果需要选择一个单独的图形对象，一般用鼠标单击该图形即可。如果要同时选择多个图形对象，可以利用 Ctrl 或 Shift 键；或者用鼠标从要选择的图形对象外围的左上角开始，单击并拖动一个虚框将所要选择的对象包围起来，松开鼠标左键，此时刚才被虚框包围的所有图形就被全部选中。

图形对象被选择后，在对象的周围将出现一些白色的小方框，称为对象句柄。当鼠标指针落在图形对象的边框附近时，鼠标指针将变成“十”字形状，表明此时可以通过拖动鼠标来移动该图形。

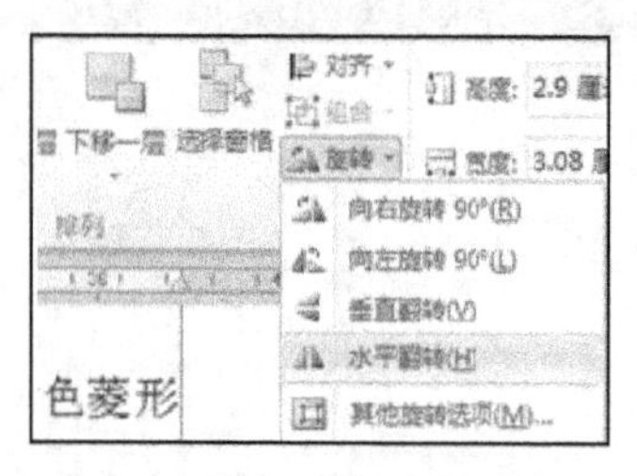

图 4.76 “旋转”列表

（2）移动、复制和删除图形对象。利用鼠标和键盘以及快捷菜单等工具，可以非常方便地移动、复制和删除图形对象，具体操作方法和文本的移动、复制和删除方法一样。

（3）旋转和翻转图形对象。单击要旋转的图形对象，单击“绘图工具-格式”选项卡“排列”组“旋转”下拉按钮，弹出下拉菜单，如图 4.76 所示，可以让图形旋转或翻转。

（4）调整图形的大小。调整图形大小有两种方式：利用尺寸控制点进行拖动调整或右击图形对象打开快捷菜单。

（5）设置阴影与三维效果。绘制的图形中，除了直线、箭头等线条类图形外，几乎都可以设置阴影或三维效果。选中图形，右击后选择“设置形状格式”命令，打开“设置形状”对话框，进行设置。

（6）组合图形对象和取消组合。Word 2010 允许用户将几个独立的对象组合成一个对象来处理，这有利于编辑操作，例如，图形的移动或整体按比例缩放。同时，还允许用户将组合在一起的图形对象再重新取消组合，还原成原来的多个独立对象。将操作对象选定后，右击它，在弹出的菜单中选择“组合”和“取消组合”命令即可。

（7）在图形中添加标注。标注是一种通过某种指示标志与图形对象相连接的文本框。利用“自选图形”中的“标注”面板可以为图形添加各种样式的标注，用来说明或解释图形中的某一部分。

在“标注”面板上选定某种样式的标注后，单击图形中需要标注的位置，然后拖动鼠标定义标注框的大小，松开鼠标，此时会出现一个内容为空的标注框，在标注框中输入文字或插入图片即可。

（8）在自制图形上添加文字。选定图形对象，右击它，在弹出的菜单中选择“添加文字”命令，系统自动添加文本框，在文本框内可输入文字，并可按普通文本进行文字格式的设置。

3. 图形的叠放次序

Word 能够将图形或正文对象放置在不同的层次上，上面一层的对象会覆盖下面一层对象的内容。例如常说的水印，就是位于最下面一层的文本，其他所有层次的对象都能将其覆盖。

右击图形对象，在快捷菜单中选择“叠放次序”命令，可以实现图形的各种分层叠放操作。

4.6.3 插入艺术字

艺术字在文档中是一种介于图像和文本之间的对象。准确地说，艺术字应该是一种以嵌入对象的形式存在的特殊文本。应用 Microsoft WordArt 艺术字处理程序，可以给文本添加各种艺术字。

1. 插入艺术字

单击“插入”选项卡“文本”组“艺术字”下拉菜单，弹出内置艺术字列表版式，如图 4.77 所示。单击需要的版式，打开“编辑艺术字文字”对话框。在“文本”框中输入艺术字的文本，如图 4.78 所示，在此可以对字体进行相关设置。编辑完毕后，单击“确定”按钮，此时就会在插入点的位置插入以用户所选择的样式所生成的艺术字。

2. 编辑和修饰艺术字

用户可以对已经生成的艺术字进行编辑和修饰。当用户选择某个艺术字对象时，Word 会弹出“艺术字工具→格式”上下文选项卡。利用该选项卡，用户可以继续插入另一种新的艺术字对象，编辑被选择的艺术字的文本，设置艺术字样式、版式、字符间距等属性。

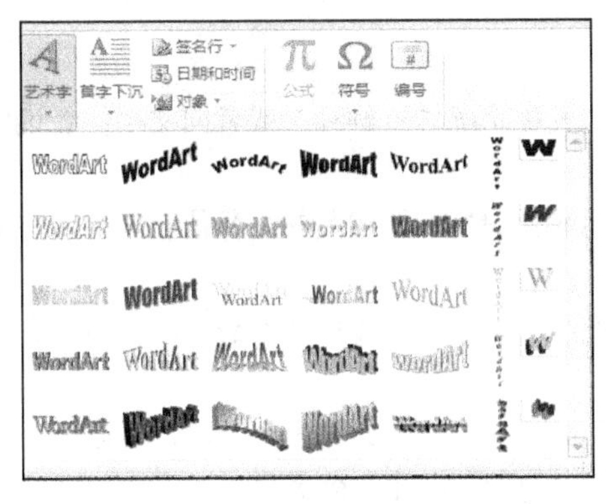

图 4.77 内置艺术字版式列表

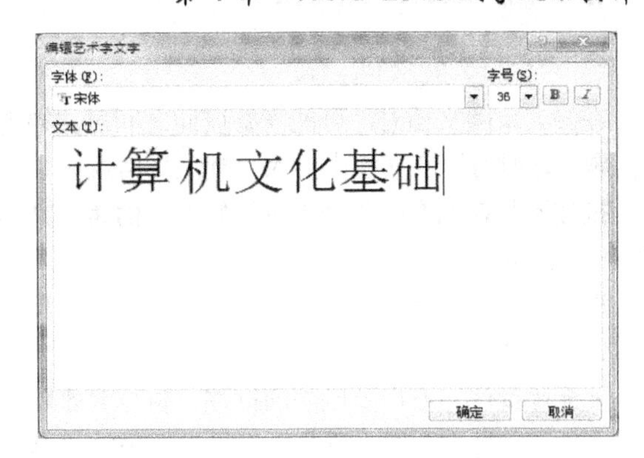

图 4.78 “编辑艺术字文字”对话框

4.6.4 文本框

文本框也是 Word 的一种绘图对象。可在文本框中方便地输入文字、图形等对象，并可将文本框放在页面的任意地方。

1. 插入文本框

选择插入点，单击“插入”选项卡“文本”组的“文本框”命令，可在插入点插入一个文本框；或者单击“绘图工具”选项卡的“文本框”按钮，将在插入点处插入绘图画布，此时鼠标指针变成“十”字状，按住左键移动鼠标便可绘制出一个文本框，在文本框中可添加文字或图形。

2. 编辑文本框

Word 将文本框作为图形对象处理，所以文本框的格式设置与图形的格式设置基本相同。单击文本框边框，右击后选择“设置文本框格式”选项打开“设置文本框格式”对话框，在对话框中可设置文本框的颜色与线条、大小、版式、文本框内部边距等。

4.7 文档的修订与共享

在与他人协同处理文档的过程中，审阅、跟踪文档的修订状况成为最重要的环节之一，用户需要及时了解其他用户更改了文档的哪些内容，以及为何要进行这些更改。

4.7.1 审阅与修订文档

1. 修订文档

当用户在修订状态下修改文档时，Word 应用程序将跟踪文档中所有内容的变化状况，同时会把用户在当前文档中修改、删除、插入的每一项内容记录下来。

用户打开要修订的文档，单击“审阅”选项卡“修订”组的“修订”命令，即可开启文档的修订状态。

用户在修订状态下直接插入的文档内容会通过颜色和下画线标记下来，删除的内容则可以在右侧的页边空白处显示出来。

当多个用户同时参与同一文档的修订时，文档将通过不同的颜色来区分不同用户的修订内容。

单击“审阅”选项卡“修订”组的“修订”下拉按钮下的“修订选项”命令，打开“修订选项”对话框，用户可以在“标记”、“移动”、“表单元格突出显示”、“格式”、“批注框”5 个选项区域中，根据用户自己的习惯和具体要求设置修订内容的显示情况。

2. 为文档添加批注

在多人审阅文档时，可能需要彼此之间对文档内容的变更状况做一解释，或者向文档作者询问一些问题，这时可以在文档中插入“批注”信息。

批注不是在原文的基础上进行修改，而是在文档页面的空白处添加相关的注释信息，并用有颜色的方框括起来。

选定需要添加批注的文本，单击“审阅”选项卡“批注”组的“新建批注”命令，然后在右侧的空白处输入批注内容。

要删除批注，右击要删除的批注，执行“删除批注”命令即可。如果是多个批注，可以单击“审阅”选项卡“批注”组“删除”下拉按钮中的“删除文档中的所有批注”命令。

当文档被多人修改或审批后，单击“审阅”选项卡“修订”组的“显示标记”下拉按钮，可选择某一选项进行查看。

3. 审阅修订和批注

文档内容修订完成以后，用户还需要对文档的修订和批注进行最终审阅，并确定最终的文档版本。

单击“审阅”选项卡“批注”组的“上一条（或下一条）”按钮，可定位到文档中的上一条或下一条批注。

单击“拒绝”或“接受”按钮，来选择接受或拒绝，一直到文档中不再有修订和批注。

4.7.2 快速比较文档

图 4.79 “比较文档”对话框

Word 2010 提供了精确比较的功能，可以帮助用户显示两个文档的差异。

单击“审阅”选项卡“比较”组的“比较文档”命令，打开“比较文档”对话框，如图 4.79 所示。在“原文档”区域，通过浏览找到原始文档；在“修订的文档”区域，通过浏览找到修订完成的文档。

单击“确定”按钮，两个文档的不同之处将突出显示在“比较结果”文档的中间，供用户查看。

4.7.3 删除文档中的个人信息

文档中的个人信息可能存储在文档本身或文档属性中，在共享文档前应该删除，以保护个人隐私。

打开要检查是否存在隐藏数据或个人信息的 Office 文档副本。执行“文件”→“信息”→“检查问题”→“检查文档”命令，打开“文档检查器”对话框。选择要检查的隐藏内容类型，然后单击“检查”按钮。检查完毕后，可以删除检查出的结果。

4.7.4 标记文档的最终状态

如果文档已经确定修改完成，用户可以为文档标记最终状态来标记文档的最终版本，此时将文档设置为只读。

执行“文件”→“信息”→ “保护文档”→“标记为最终状态”命令完成设置。

4.7.5 构建和使用文档部件

文档部件实际上就是一段指定文档内容（文本、图片、表格、段落等文档对象）的封装手段，也可以单纯地将其理解为对这段文档内容的保存和重复使用。

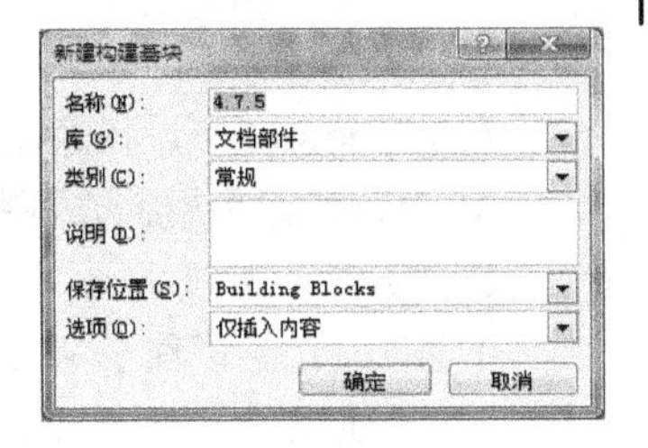

图 4.80　“新建构建基块”对话框

选定要保存为文档部件的文本内容。单击“插入”选项卡“文本”组的“文档部件”下拉按钮，选择“将所选内容保存到文档部件库”命令，打开“新建构建基块”对话框，如图 4.80 所示。在“名称”文本框中输入文档部件的名称，单击“确定”按钮。

打开需要使用文档部件的文档，将插入点移动到要插入文档部件的位置，执行“插入→文本→文档部件”下拉按钮，可看到存在的文档部件，单击它即可。

4.8　Word 2010 文档的输出

4.8.1　打印文档

打印文档在日常办公中是一项很常见且很重要的工作。在打印 Word 文档之前，可以通过打印预览功能查看一下整篇文档的排版效果，确认无误后再打印。

执行“文件”→“打印”命令，打开“打印”后台视图，如图 4.81 所示。在视图的右侧可以即时预览文档的打印效果；同时，用户可以选择打印机和对打印页面进行调整，如页边距、纸张大小、方向等。

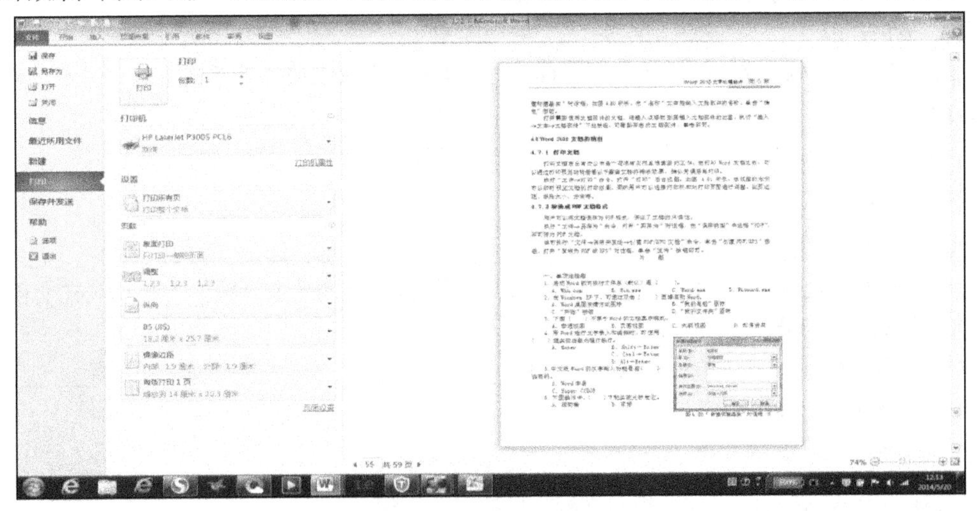

图 4.81　“打印”后台视图

4.8.2　转换成 PDF 文档格式

用户可以将文档保存为 PDF 格式，保证了文档的只读性。

执行“文件”→“另存为”命令，打开“另存为”对话框，在“保存类型”中选择“PDF”，即可存为 PDF 文档。也可执行“文件”→“保存并发送”→“创建 PDF/XPS 文档”命令，单击“创建 PDF/XPS”按钮，打开“发布为 PDF 或 XPS”对话框，单击“发布”按钮即可。

习　题　四

一、选择题

1. 启动 Word 的可执行文件名（默认）是（　　）。

A．Win.com　　B．Win.exe　　C．Word.exe　　D．Winword.exe

2．在Windows 7下，可通过双击（　　）直接启动Word。

A．Word桌面快捷方式图标　　B．“我的电脑”图标

C．“开始”按钮　　D．“我的文件夹”图标

3．下面（　　）不属于Word的文档显示模式。

A．普通视图　　B．页面视图　　C．大纲视图　　D．邮件合并

4．用Word进行文字录入和编排时，可使用（　　）键实现在段内强行换行。

A．Enter　　B．Shift+Enter　　C．Ctrl+Enter　　D．Alt+Enter

5．中文版Word的汉字输入功能是由（　　）实现的。

A．Word本身　　B．Windows中文版或其外挂中文平台

C．Super CCDOS　　D．DOS

6．下面操作中，（　　）能实现光标定位。

A．滚动条　　B．鼠标　　C．键盘　　D．菜单命令

7．在Word中称表格的每一个内容填空单元为（　　）。

A．栏　　B．容器　　C．单元格　　D．空格

8．Word文档存盘时的默认文件扩展名为（　　）。

A．txt　　B．wps　　C．dot　　D．docx

9．通常在建立Word文档时，按如下流程进行：首先创建新文件，接着进行（　　）设置，然后才录入内容。

A．字体　　B．字号　　C．段落　　D．页面

二、填空题

1．页面设置的主要项目包括________、________、________、________等。

2．在“插入”状态下，只需将插入点移动到需要插入空行的地方，按________。在文档开始前插入空行，只需将光标定位到文首，按________。

3．设置图片格式最常用的方法有两种：利用_______选项卡，右击在快捷菜单中选择_______命令。

4．在Word中将文档分为三层：________、________和________。

三、简述题

1．简述利用Word 2010中文版编辑文档文件的一般步骤。

2．简述Word 2010 中文版窗口由哪些基本元素组成。

3．创建新文档有几种方法？如何操作？

4．打开文档意味着什么？打开文档有几种常用的方法？

5．保存文档时，“保存”和“另存为”命令有何区别？

6．什么是剪贴板？如何利用剪贴板实现移动和复制操作？

7．什么是“应答式”的查找与替换？如何操作？

8．Word 2010提供了几种视图？各有什么作用？

9．文档的格式化包括哪些内容？

10．表格的建立有几种方法？如何在表格中加入斜线？

11．浮动图片和嵌入图片有什么区别？

12．图片的环绕方式有哪几种？它们的设置效果如何？

13．什么是对象的链接与嵌入，二者有何区别？

第5章

Excel 2010 电子表格处理软件

Excel 2010 是 Microsoft Office 2010 中最主要的应用程序之一。使用 Excel 2010 可以对表格式的数据进行组织、计算、分析和统计，以各种具有专业外观的图表来显示数据；可以对数据进行排序、筛选和分类汇总等数据库操作，以多种方式透视数据。

本章将详细介绍 Excel 2010 的基本操作和使用方法。通过本章的学习，应掌握：

（1）Excel 电子表格的基本概念和基本功能、运行环境、启动、保存和退出；

（2）Excel 2010 单元格、电子表格、工作簿的概念和基本操作，工作簿和工作表的建立、保存和退出；数据录入、编辑，工作表和单元格的选定、插入、删除、复制、移动；工作表的重命名和工作表窗口的拆分和冻结；

（3）表格的格式化，包括设置单元格格式，设置列宽、行高、条件格式等；

（4）单元格绝对地址和相对地址的概念，工作表中公式的输入、复制，常用函数的使用；

（5）Excel 图表的创建、编辑、修改和修饰；

（6）数据清单的概念，数据清单的建立，数据清单内容的排序、筛选、分类汇总、数据合并，数据透视表的建立；

（7）工作表的页面设置、打印预览和打印，工作表中超链接的建立；

（8）保护和隐藏工作簿和工作表。

5.1 Excel 2010 基础

5.1.1 Excel 的基本功能

（1）制作表格。Excel 可以快捷地建立数据表格，方便、灵活地输入和编辑工作表中的数据以及对工作表进行多种格式化设置。

（2）计算能力。Excel 提供简单易学的公式输入方式和丰富的函数，可以进行各种数据的复杂计算。

（3）制作图表。Excel 提供了便捷的图表向导，可以建立和编辑出与工作表中数据对应的多种类型的统计图表，并可以对图表进行精美的编辑。

（4）管理和分析数据库。Excel 把数据表与数据库操作相结合，对以工作表形式存在的数据清单进行排序、筛选和分类汇总等操作。

（5）共享数据。Excel 可以实现多个用户共享同一个工作簿文件，建立超链接。

5.1.2 Excel 2010 的启动与退出

Excel 2010 中文版的启动与退出和 Word 2010 类似：在 Windows 7 环境下，执行“开始→所有程序→Microsoft Office→Microsoft Excel 2010”命令。

5.1.3 Excel 2010 窗口的组成

Excel 2010 启动后的主窗口如图 5.1 所示。窗口保持了 Windows 窗口风格，Excel 2010 工作窗口由窗口上部标题栏、功能区和下部的工作表窗口组成。功能区包括所操作工作簿标题、一组选项卡和相应命令，选项卡中集成了相应的操作命令，根据命令功能的不同每个选项卡内又划分了不同的命令组；工作表窗口包括标题栏、数据编辑区、状态栏、工作表窗口等元素。

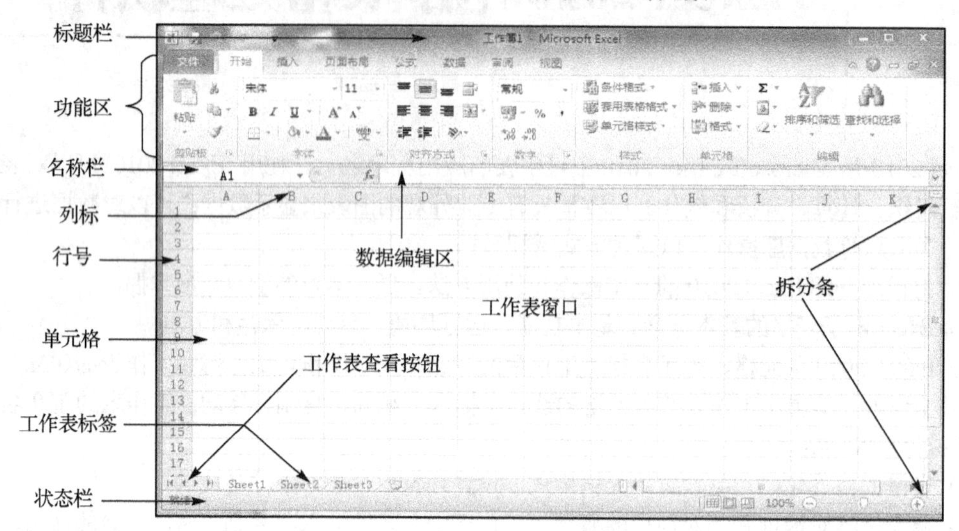

图 5.1 Excel 2010 主窗口

1. 标题栏

工作簿标题位于功能区顶部，其左侧的图标包含还原窗口、移动窗口、改变窗口大小、最大（小）化窗口和关闭窗口选项，还包括保存（Ctrl+S）、撤销清除（Ctrl+Z）、恢复清除（Ctrl+V）、自定义快速访问工具栏等；其右侧包含工作簿、功能区及工作表窗口的最小化、还原、隐藏、关闭等按钮。拖动功能区可以改变 Excel 窗口的位置，双击功能区可放大 Excel 应用程序窗口到最大化或还原到最大化之前的大小。

2. 功能区和选项卡

功能区包含一组选项卡，各选项卡内均含有若干命令，主要包括文件、开始、插入、页面布局、公式、数据、审阅、视图等；根据操作对象的不同，还会增加相应的选项卡，用它们可以进行绝大多数 Excel 操作。使用时，先单击选项卡名称，然后在命令组中选择所需命令，Excel 将自动执行该命令。通过 Excel 帮助可了解选项卡大部分功能。

3. 工作表窗口

工作表窗口位于工作簿的下方，包含数据编辑区、名称栏、工作表窗口、状态栏等。

数据编辑区用来输入或编辑当前单元格的值或公式，该区的左侧为名称栏，它显示当前单元格（或区域）的地址或名称，在编辑公式时显示的是公式名称。数据编辑区和名称栏之间在编辑时有 3 个命令按钮，分别为“取消”按钮、“输入”按钮和“插入函数”按钮。单击“取消”按钮，即撤销编辑内容；单击“输入”按钮，即确认编辑内容；单击“插入函数”按钮，则编辑计算公式。

工作表窗口除包含单元格数据外，还包含当前工作簿所含工作表的工作表标签等相关信息，并可对其进行相应操作。

状态栏位于窗口的底部，用于显示当前窗口操作命令或工作状态的有关信息。例如，在为单元格输入数据时，状态栏显示“输入”信息，完成输入后，状态栏显示“就绪”信息，还可以进行普通页面、页面布局、分页浏览和设置缩放级别等操作。

4．工作簿

工作簿是在 Excel 2010 中文版环境中用来计算和存储数据的文件，其扩展名为“.xlsx”。一个工作簿可以包含多张具有不同类型的工作表（最多可以有 255 个）。默认情况下，每个工作簿文件中有 3 个工作表，分别以 Sheet1、Sheet2、Sheet3 来命名，也可以根据需要改变新建工作表时默认的工作表数。工作表的名字显示在工作簿文件窗口底部的标签里。

工作表的名字可以修改，工作表的个数也可以增减。工作表就像一个表格，由含有数据的行和列组成。在工作表窗口中单击某个工作表标签，则该工作表就会成为当前工作表，可以对它进行编辑。若工作表较多，可以利用工作表窗口左下角的标签滚动按钮来滚动显示各工作表名称。单击所显示的名称，可以使之成为当前工作表。

5．工作表

工作表又称为电子表格，是 Excel 完成一项工作的基本单位，可用于对数据进行组织和分析。每个工作表最多由 1 048 576 行和 16 384 列组成。行的编号由上到下从 1 到 1 048 576 编号；列的编号由左到右从字母 A 到 XFD 编号。

6．单元格、单元格地址及活动单元格

在工作表中行与列相交形成单元格，它是存储数据的基本单位。这些数据可以是字符串、数字、公式、图形、音频等。在工作表中，每一个单元格都有自己唯一的地址，这就是它的名称。单元格的地址由单元格所在列标和行号组成，且列标写在前，行号写在后。例如，C3 表示单元格在第 C 列的第三行。

单击任意一个单元格，这个单元格的四周就会由粗线条包围起来，它就成为活动单元格，表示用户当前正在操作该单元格。活动单元格的地址在编辑栏的名称框中显示，通过使用单元格地址，可以很清楚地表示当前正在编辑的单元格，用户也可以通过地址来引用单元格中的数据。

由于一个工作簿文件中可能有多个工作表，为了区分不同工作表中的单元格，可在单元格地址前面增加工作表名称。工作表与单元格之间用“!”分开。例如，Sheet2!A6 表示该单元格是 Sheet2 工作表中的 A6 单元格。

7．行号

每一行左侧的阿拉伯数字为行号，表示该行的行数。如第 1 行、第 2 行等。

8．列标

每一列上方大写的英文字母为列标，代表该列的列名。如 A 列、B 列等。

5.2　Excel 2010 基本操作

5.2.1　建立与保存工作簿

1．建立新工作簿

可选择下列方法之一建立新工作簿。

（1）启动 Excel 应用程序时系统自动建立空白工作薄。

（2）单击 Excel 窗口“文件”选项卡下的“新建”命令，在“可用模板”下双击“空白工作簿”。

（3）打开 Excel 应用程序，按“Ctrl+N”键可快速新建空白工作簿。

2．保存工作簿

可选择下列方法之一保存工作簿。

（1）单击 Excel 窗口“文件”选项卡下的“保存”或“另存为”命令，在此可以重新命名工作簿及选择存放文件夹。

（2）单击功能区域“保存”按钮。

5.2.2 工作表的操作

在 Excel 中，新建一个空白工作簿后，会自动在该工作薄中添加 3 个工作表，并依次命名为 Sheet1、Sheet2 和 Sheet3。

1．选定工作表

（1）选定一个工作表。单击工作表的标签，选定该工作表，该工作表称为当前活动工作表。

（2）选定相邻的多个工作表：单击第一个工作表的标签，按住“Shift”键的同时单击最后一个工作表的标签。

（3）选定不相邻的多个工作表：单击第一个工作表的标签，按住“Ctrl”键的同时单击其他工作表的标签。

（4）选定全部工作表：鼠标右键单击工作表标签，在快捷菜单中选择“选定全部工作表”命令。

2．插入新工作表

Excel 2010 允许一次插入一个或多个工作表。选定一个或多个工作表标签，单击鼠标右键，在弹出的菜单中选择“插入”命令，即可插入与所选定数量相同的新工作表。Excel 默认在选定的工作表左侧插入新的工作表。还可以单击工作表标签右边的“插入工作表”按钮 Sheet1 Sheet2 Sheet3，可在最右边插入一张空白工作表。

3．删除工作表

选定一个或多个要删除的工作表，选择“开始”选项卡中的“单元格”命令组，选择“删除”命令下的“删除工作表”子命令即可。或鼠标右键单击选定的工作表标签，在弹出的快捷菜单中选择“删除”命令。

4．重命名工作表

双击工作表标签，输入新的名字即可，或者鼠标右键单击要重新命名的工作表标签，在弹出的快捷菜单中选择“重命名”命令，输入新的名字即可。

5．移动或复制工作表

（1）利用鼠标在工作簿内移动或复制工作表

若在一个工作簿内移动工作表，可以调整工作表在工作簿中的先后顺序。复制工作表可以为已有的工作表建立一个备份。

在工作簿内移动工作表的操作是：选定要移动的一个或多个工作表标签，鼠标指针指向要移动的工作表标签，按住鼠标左键沿标签向左或向右拖动工作表标签的同时会出现黑色小箭头，当黑色小箭头指向要移动到的目标位置时，放开鼠标左键，就完成了移动工作表。

在工作簿内复制工作表的操作：与移动工作表类似，只是拖动工作表标签的同时按住 Ctrl 键，当鼠标指针移到要复制的目标位置时，先放开鼠标左键，后放开 Ctrl 键即可。

（2）利用对话框在不同的工作簿之间移动或复制工作表

利用“移动或复制工作表”对话框，可以实现一个工作簿内工作表的移动或复制，也可以实现不同工作簿之间工作表的移动或复制。在两个不同的工作簿之间移动或复制工作表，要求两个工作簿文件都必须在同一个 Excel 应用程序下打开。在移动或复制操作中，允许一次移动、复制多个工作表。具体操作如下。

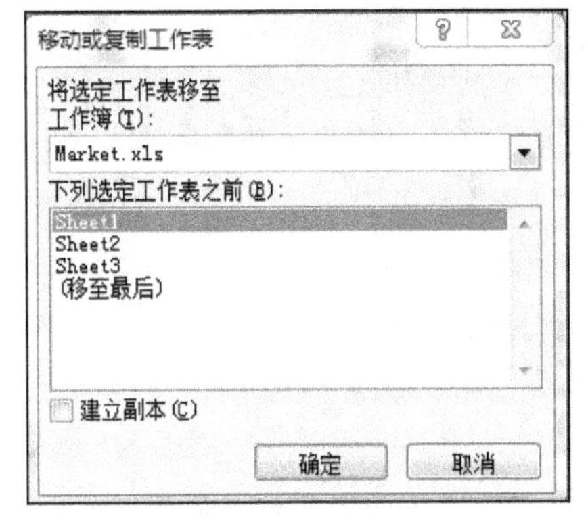

图 5.2 移动或复制工作表

步骤 1：在一个应用程序窗口下，分别打开两个工作簿（源工作簿和目标工作簿）。

步骤 2：使源工作簿成为当前工作簿。

步骤 3：在当前工作簿选定要复制或移动的一个或多个工作表标签。

步骤 4：单击鼠标右键，在弹出的快捷菜单中选择“移动或复制工作表”命令，弹出的“移动或复制工作表”对话框如图 5.2 所示。

步骤 5：在“工作簿”下拉列表框中选择要移动或复制的目标工作簿。

步骤 6：在“下列选定工作表之前”下拉列表框中选择要插入的位置。

步骤 7：如果移动工作表，清除“建立副本”选项前的对勾；如果复制工作表，选中“建立副本”选项，单击“确定”按钮，即可完成工作表移动或复制到目标工作簿。

6. 设置工作表标签的颜色

为工作表标签设置颜色可以突出显示该工作表。右键单击要改变颜色的工作表标签，在弹出的快捷菜单中选择“工作表标签颜色”命令，选择所需颜色即可。

7. 拆分和冻结工作表窗口

一个工作表窗口可以拆分为“两个窗口”或“四个窗口”，如图 5.3 所示。分隔条将窗口拆分为四个窗格。窗口拆分后，可同时浏览一个较大工作表的不同部分。拆分窗口的具体操作如下。

方法一：鼠标指针指向水平滚动条（或垂直滚动条）上的“拆分条”（见图 5.1），当鼠标指针变成双向箭头时，沿箭头方向拖动鼠标到合适的位置，放开鼠标即可。拖动分隔条，可以调整分隔后窗格的大小。

方法二：鼠标单击要拆分的行或列的位置，单击“视图”选项卡内“窗口”命令组的“拆分”命令，一个窗口被拆分为两个窗格。

8. 取消拆分

将拆分条拖回到原来的位置或单击“视图”选项卡中的“拆分”命令即可。

9. 冻结窗口

当工作表较大时，在向下或向右滚动浏览器时将无法始终在窗口中显示前几行或前几列，采用“冻结”行或列的方法可以始终显示表的前几行或前几列。

冻结第一行的方法：选定第二行，选择“视图”选项卡的“窗口”命令组，单击“冻结窗格”命令下的“冻结拆分窗格”。

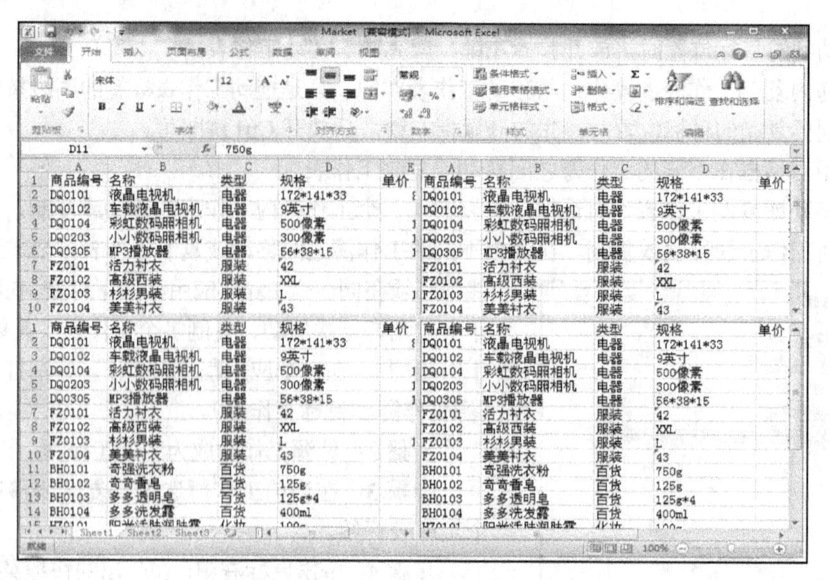

图 5.3　拆分窗口

冻结前两行的方法：选定第三行，选择“视图”选项卡的“窗口”命令组，单击“冻结窗格”命令下的“冻结拆分窗格”。

冻结第一列的方法：选定第二列，选择“视图”选项卡的“窗口”命令组，单击“冻结窗格”命令下的“冻结拆分窗格”。

利用“视图”选项卡“窗口”组“冻结窗格”命令还可以冻结工作表的首行或首列。如图 5.4 所示为冻结首行后的工作表。

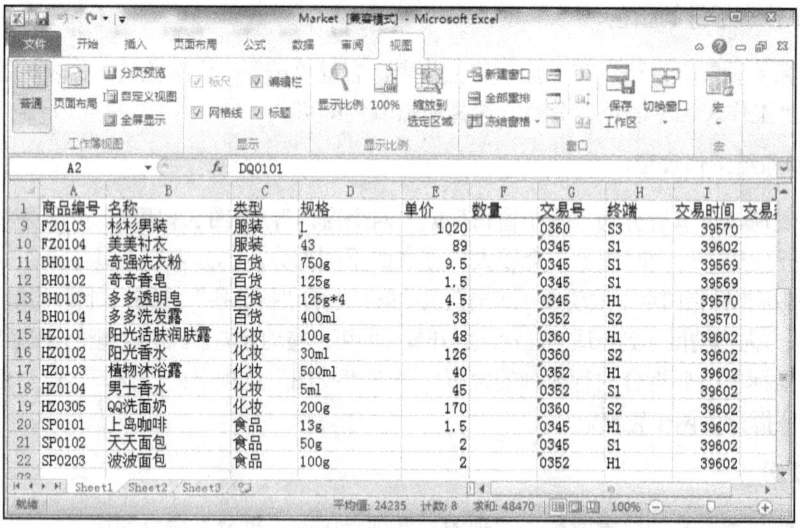

图 5.4　冻结窗口

10. 取消冻结

利用“视图”选项卡“窗口”组“冻结窗格”命令中的“取消冻结窗格”子命令即可取消冻结。

11. 显示或隐藏工作表

右键单击要隐藏的工作表标签，在弹出的快捷菜单中选择“隐藏”命令即可实现隐藏工作表；或者在“开始”菜单“单元格”组中单击“格式”命令中的“可见性”下的“隐藏或取消隐藏”子命令中的“隐藏工作表”命令即可隐藏所选工作表。

5.2.3 单元格的操作

工作表的大多数编辑主要是针对单元格操作的。

1. 选定单个单元格

方法一：鼠标指针移至需选定的单元格上，单击鼠标左键，该单元格即被选定为当前单元格。

方法二：在单元格名称栏输入单元格地址，单元格指针可直接定位到该单元格。如 C23。

2. 选定一个单元格区域

方法一：左键单击要选定单元格区域左上角的单元格，按住左键沿对角线拖动鼠标到区域的右下角单元格，然后放开左键即选定单元格区域。单元格区域用该区域左上角和右下角单元格的地址表示，中间用“：”分隔，如 A1:C5。

方法二：左键单击要选定单元格区域左上角的单元格，按住“Shift”键的同时单击右下角单元格即选定单元格区域。

3. 选定不相邻单元格区域

先选择第一个单元格区域，按住“Ctrl”键的同时选择其他单元格区域。

单击工作表行号可以选中整行；单击工作表列标可以选中整列；单击工作表左上角行号和列标交叉处的单元格（即全选按钮）可以选中整个工作表；单击工作表行号或列标，再按“Ctrl”键，单击其他行号或列标，可以选中不相邻的行或列。

4. 插入行、列与单元格

单击“开始”选项卡下的“单元格”命令组的“插入”命令，选择其下的“行”、“列”、“单元格”可进行行、列与单元格的插入，选择的行数或列数即是插入的行数或列数。

5. 删除行、列与单元格

选定要删除的行、列或单元格，单击“开始”选项卡下的“单元格”命令组的“删除”命令，即可完成行、列或单元格的删除，此时，单元格的内容和单元格将一起从工作表中消失，其位置由周围的单元格补充。而选定要删除的行、列或单元格时按 Delete 键，将仅删除单元格的内容，空白单元格、行或列仍保留在工作表中。

6. 隐藏行与列

在“开始”菜单“单元格”组中单击“格式”命令中的“可见性”下的“隐藏或取消隐藏”子命令中的“隐藏行”或者“隐藏列”命令即可隐藏所选工作表的某行或某列。

5.2.4 数据的编辑

1. 基本数据的输入

（1）数值型数据的输入。

数值型数据只能包含正号（+）、负号（–）、小数点、0～9 的数字、百分号（%）、千分位号（,）等符号，数字直接输入即可，但必须是一个数值的正确表示。

① 数值型数据在单元格中默认靠右对齐。如果要输入负数，在数字前加一个负号，或者将数字放在圆括号内。

② 如果要输入分数（如 1/2），应先输入“0”及一个空格，然后输入“1/2”，否则 Excel 会把该数据作为日期处理，认为输入的是“1月2日”。

③ Excel 数值型数据的输入与显示未必相同，如果输入数据位数超过 11 位，Excel 自动以科学记数法表示，例如输入“123456789012”，则显示 1.23457E+11。如果显示“123456789012”，需要在前面加上西文的单引号“'”。如果单元格数字格式设置为带两位小数，此时输入三位小数，则末位将进行四舍五入。当输入数据宽度超过单元格的宽度时，单元格内显示一串“#”，表示列宽不够，此时只要将列宽加大即可正确显示。

（2）文本型数据的输入。

① 文本中可以包括汉字、字母、数字、空格及键盘上可以输入的任何符号。这些符号直接输入即可。

② 当文本过长，可以按 Alt+Enter 键在单元格内强行换行。输入完毕后，单元格高度自动增加，以容纳多行文本数据。

③ 将数字作为文本输入。例如身份证号码、电话号码、商品条形码等文本数字串，输入时应先输入英文输入法下的单引号，然后再输入文本数据。例如输入“'123”，则单元格中显示“123”。

（3）日期、时间型数据的输入。

① 日期中年、月、日的分隔符可以用半角的“-”、“/”或汉字分隔。

② 时间中的时、分、秒的分隔符可以用半角的“:”或汉字分隔。

默认文本型数据在单元格内自动左对齐。

（4）单元格数据编辑、修改。

① 通过编辑栏修改：选中要编辑或修改的单元格，将鼠标指针移动到编辑栏框内，单击鼠标左键激活编辑框，在编辑框中输入和修改数据，然后按 Enter 键确认即可。

② 直接在单元格中修改：双击要编辑的单元格，即可直接修改。

（5）单元格数据的清除。

当用户不再需要单元格内数据时，可以把单元格中数据清除。操作步骤：先选择要清除数据的一个或多个单元格，再单击“文件”选项卡下的“编辑”命令组，单击右侧的下三角，在子菜单的 5 种方式中选择一种清除方式即可。

- “清除全部”表示全部清除，包括批注、格式、内容和超链接等。
- “清除格式”表示仅清除单元格设置的格式，内容不变。
- “清除内容”表示只清除单元格内容。
- “清除批注”表示只清除批注信息。
- “清除超链接”表示只清除超链接。

（6）单元格数据移动和复制。

Excel 中单元格数据移动和复制与 Word 中内容的移动和复制类似。

常用单元格移动、复制的方法有 3 种。

① 使用“剪贴板”复制和移动单元格。首先选定待“复制/移动”的内容，如果是复制操作，则按“Ctrl+C”键或单击工具栏的“复制”按钮；如果是移动操作，则按“Ctrl+X”键或单击工具栏的“剪切”按钮；然后选定“复制/移动”到目标区域的第一个单元格，按“Ctrl+V”键或单击工具栏的“粘贴”按钮，即可实现“复制/移动”操作。

② 使用鼠标左键拖曳“复制/移动”单元格内容。选定待“复制/移动”的内容区域，将鼠标指向选定区域的外边界，按下鼠标左键拖曳到目标区域，当目标区域为空白区域时，释放鼠标左键前按下

“Ctrl”键实现数据复制，直接释放鼠标左键实现数据移动。当目标区域有数据时，复制操作将直接用源数据覆盖目标区域中的数据；移动操作将弹出对话框，询问“是否替换目标单元格内容？”，如果用户想覆盖目标区域中数据，可单击对话框中的“确定”按钮，否则单击“取消”按钮。

③ 使用鼠标右键拖曳“复制/移动”的单元格内容。选定待“复制/移动”的内容区域，将鼠标指向选定区域的外边界，按下鼠标右键拖曳到目标区域，释放鼠标右键，在弹出的快捷菜单中选择要执行的操作，如图 5.5 所示。

（7）选择性粘贴数据。

有时需要有选择地复制单元格中的内容，例如只复制公式的运算结果而不复制公式本身，或只复制单元格的格式而不复制单元格内容等，则可选择“选择性粘贴”选项。

具体步骤：首先选定数据源并将内容复制到剪贴板，其次选定目标区域起始单元格，然后单击“开始”选项卡下“粘贴”按钮下拉菜单中的“选择性粘贴”命令，打开“选择性粘贴”对话框，如图 5.6 所示。最后在对话框中选择“粘贴”选项，单击“确定”按钮。

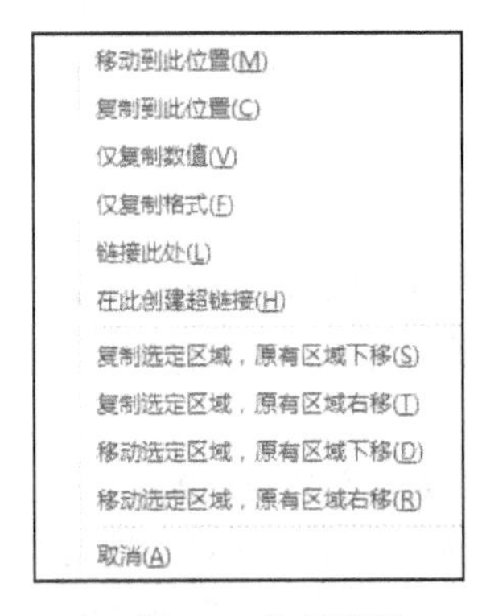

图 5.5 快捷菜单

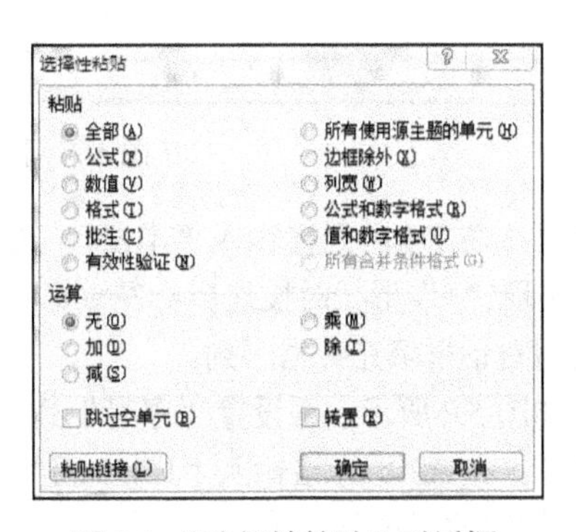

图 5.6 “选择性粘贴”对话框

（8）给单元格内容添加批注。

批注是为单元格内容加注释。一个单元格添加了批注后，会在单元格的右上角出现一个三角标志，当鼠标指针指向这个标志时，显示批注信息。

① 添加批注，选定要添加批注的单元格，选择“审阅”选项卡下的“批注”命令组中的“新建批注”按钮，即可打开输入批注内容的文本框，完成输入后，单击批注文本框外部的工作表区域即可退出批注编辑。

② 编辑/删除批注。选定有批注的单元格，选择“审阅”选项卡下的“批注”命令组中的“删除”按钮，即可删除批注内容。单击有批注的单元格，可直接修改批注。

2. 单元格的填充

对于表格中有规律或相同的数据，可以利用自动填充功能快速输入。

（1）利用填充柄填充数据序列。

在工作表中选定一个单元格或单元格区域，则在所选区域的右下角有一黑色块，当鼠标移动到黑色块时会出现“+”形状的填充柄，拖动填充柄，可以实现快速自动填充。利用填充柄既可以填充相同的数据，也可以填充有规律的数据。

【例 5.1】 如图 5.7 所示，在 Market 工作簿的 Sheet1 工作表中，需设置“类型”列 D2:D6 单元格区域的内容都是“电器”，D7:D10 单元格区域的内容都是“服装”，D11:D14 单元格区域的内容都是“百货”，D15:D19 单元格区域的内容都是“化妆”，D20:D22 单元格区域的内容都是“食品”。

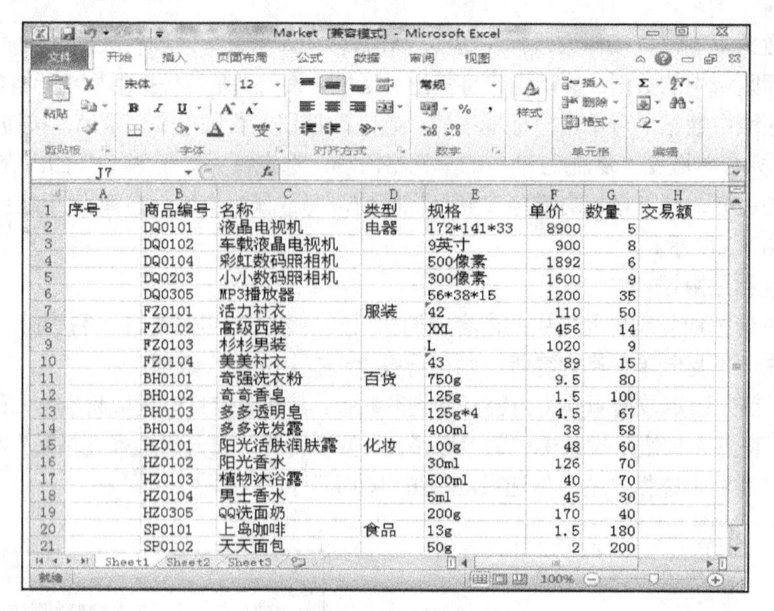

	A	B	C	D	E	F	G	H
1	序号	商品编号	名称	类型	规格	单价	数量	交易额
2		DQ0101	液晶电视机	电器	172*141*33	8900	5	
3		DQ0102	车载液晶电视机		9英寸	900	8	
4		DQ0104	彩虹数码照相机		500像素	1892	6	
5		DQ0203	小小数码照相机		300像素	1600	9	
6		DQ0305	MP3播放器		56*38*15	1200	35	
7		FZ0101	活力衬衣	服装	42	110	50	
8		FZ0102	高级西装		XXL	456	14	
9		FZ0103	杉杉男装		L	1020	9	
10		FZ0104	美美衬衣		43	89	15	
11		BH0101	奇强洗衣粉	百货	750g	9.5	80	
12		BH0102	奇奇香皂		125g	1.5	100	
13		BH0103	多多透明皂		125g*4	4.5	67	
14		BH0104	多多洗发露		400ml	38	58	
15		HZ0101	阳光活肤润肤露	化妆	100g	48	60	
16		HZ0102	阳光香水		30ml	126	70	
17		HZ0103	植物沐浴露		500ml	40	70	
18		HZ0104	男士香水		5ml	45	30	
19		HZ0305	QQ洗面奶		200g	170	40	
20		SP0101	上岛咖啡	食品	13g	1.5	180	
21		SP0102	天天面包		50g	2	200	

图 5.7 利用填充柄填充数据

具体步骤：在D2单元格输入“电器”，选定D2单元格为当前单元格，移动光标至D2单元格填充柄处，当出现“+”形状时按住鼠标左键拖动光标至D6单元格，即可完成填充。其他以此类推。

（2）利用对话框填充数据序列。

例如，如图5.7所示，需设置“序号”列A2:A22单元格区域内容是1～22。

具体步骤：在A2单元格输入“1”，选定A2:A22单元格区域，打开“开始”选项卡下“编辑”组的 填充 按钮的子菜单，如图5.8所示，单击子菜单中的“系列（S）…”子命令，打开“序列”对话框，如图5.9所示。

在图5.9中，选择序列产生在“列”，类型选择“等差序列”，步长值设置为1，单击“确定”按钮即可。

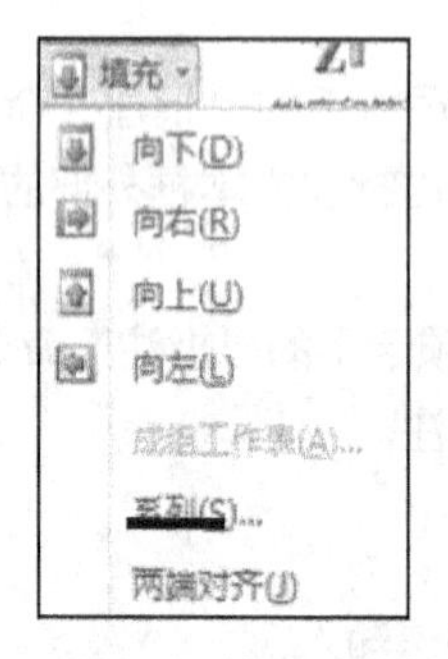

图 5.8 填充子菜单

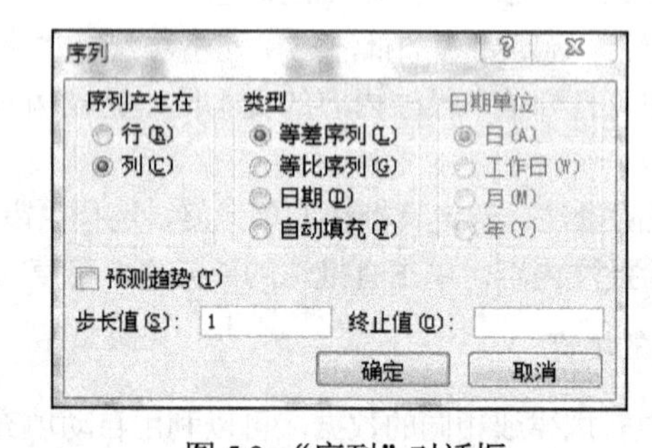

图 5.9 “序列”对话框

注意：有规律数据的自动填充是根据初始值来计算填充项的，常用的有以下5种情况。

① 数值型数据的填充：直接拖曳填充柄，数值不变；按住Ctrl键拖曳填充柄，生成步长为1的等差序列。

② 文本型数据的填充：不含数字串的文本，无论是否按住Ctrl键拖曳填充柄，数据都保持不变。

对含有数字串的文本，如B12V03H，直接拖曳填充柄，最后一个数字串“03”成等差序列；按住Ctrl键拖曳填充柄，数据不变。

（3）日期和时间型数据的填充。

日期型：直接拖曳填充柄，按日期中的“日”生成等差序列；按住 Ctrl 键拖曳填充柄，数据不变。

时间型：直接拖曳填充柄，按时间中的“小时”生成等差序列；按住 Ctrl 键拖曳填充柄，数据不变。

（4）“自定义序列”数据的填充。

利用“自定义序列”对话框填充数据序列，可自己定义要填充的序列。首先选择“文件”选项卡下的“选项”命令，打开“Excel 选项”对话框，如图 5.10 所示，然后单击左侧的“高级”选项，在“常规”栏目下单击“编辑自定义列表（O）…”打开“自定义序列”对话框，选择左侧“新序列”选项卡，在右侧“输入序列”下输入用户自定义的数据序列，单击“添加”和“确定”按钮即可；或利用右下方的折叠按钮，选中工作表中已定义的数据序列，按“导入”按钮即可。

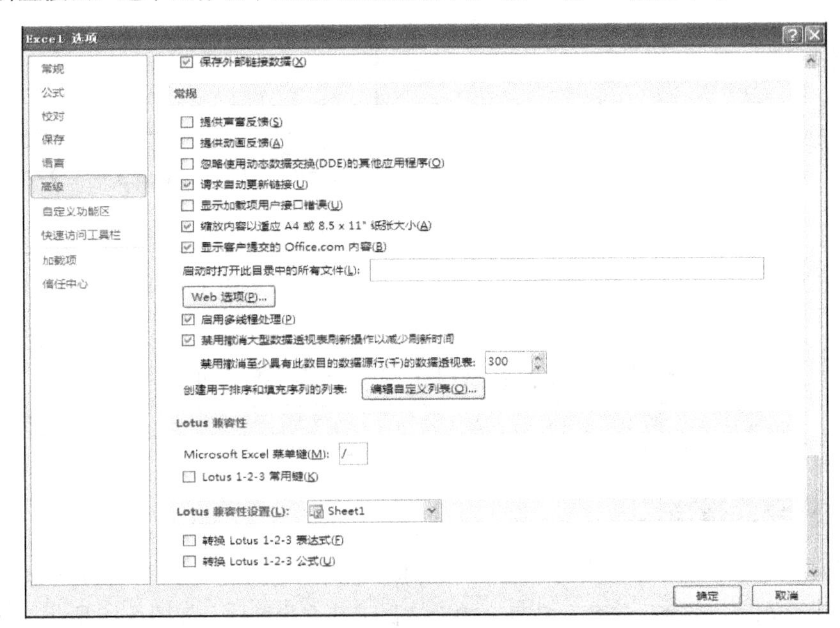

图 5.10　“Excel 选项”对话框

【例 5.2】在“课程表”工作表中利用“序列”对话框按等差数列填入时间序列，步长值为“0:50”，终止值为“10:30”。利用“自定义序列”定义“数学、语文、物理、英语”，再利用“序列”对话框填入 C3:C6 单元格区域。

步骤 1：在 B3 单元格填入“8:00”并选中 B3:B6 单元格区域，单击“开始”选项卡中“编辑”组的“填充”命令，选择“系列”操作，打开“序列”对话框，如图 5.11 所示。

步骤 2：选择序列产生在“列”，类型为“等差序列”，步长值为“0:50”，终止值为“10:30”，单击“确定”按钮即完成填充，如图 5.12 所示。

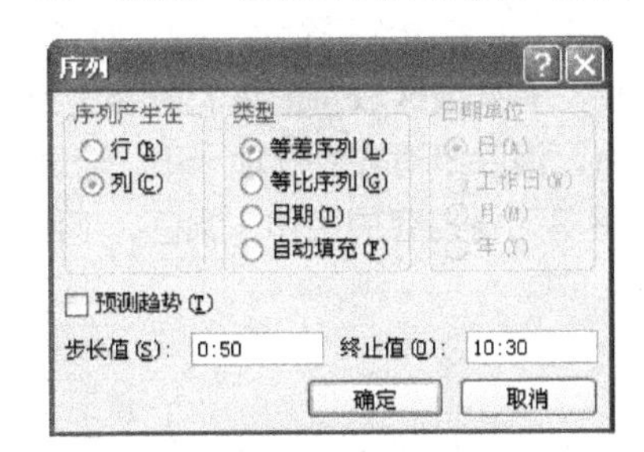

图 5.11　“序列”对话框

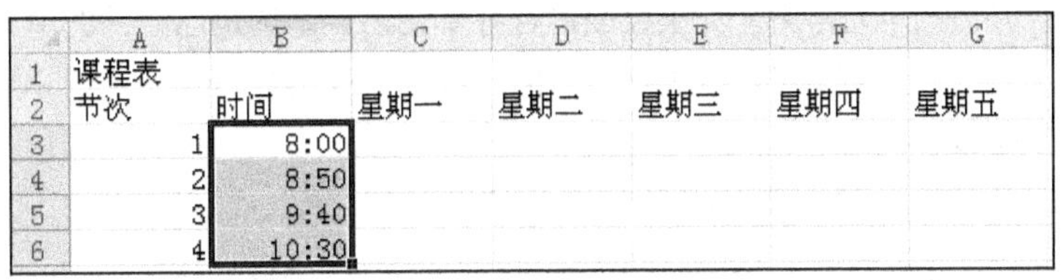

	A	B	C	D	E	F	G
1	课程表						
2	节次	时间	星期一	星期二	星期三	星期四	星期五
3	1	8:00					
4	2	8:50					
5	3	9:40					
6	4	10:30					

图 5.12　自动填充时间信息

步骤3：选择“文件”选项卡下“选项”命令，打开“Excel选项”对话框，如图5.10所示，选择“高级”选项，在“常规”栏目下单击“编辑自定义列表”打开对话框，选取对话框中的“自定义序列”选项卡，在“输入序列”下输入“数学、语文、物理、英语”，单击“添加”按钮，如图5.13所示。

步骤4：在C3单元格内输入“数学”，选定C3:C6单元格区域，可利用填充柄完成自动填充，或利用“序列”对话框，类型选择“自动填充”完成填充，如图5.14所示。

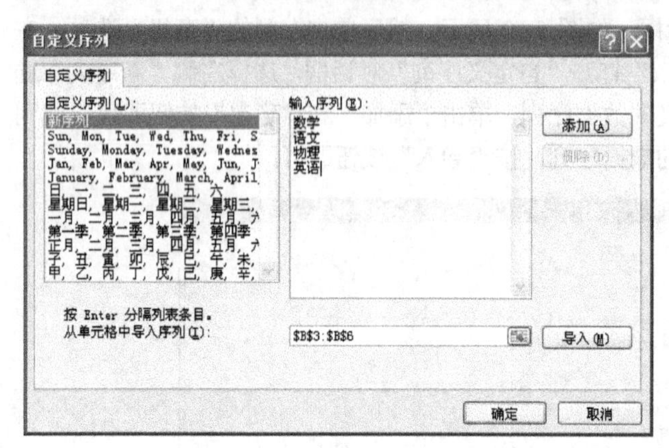

图5.13 “自定义序列”选项卡

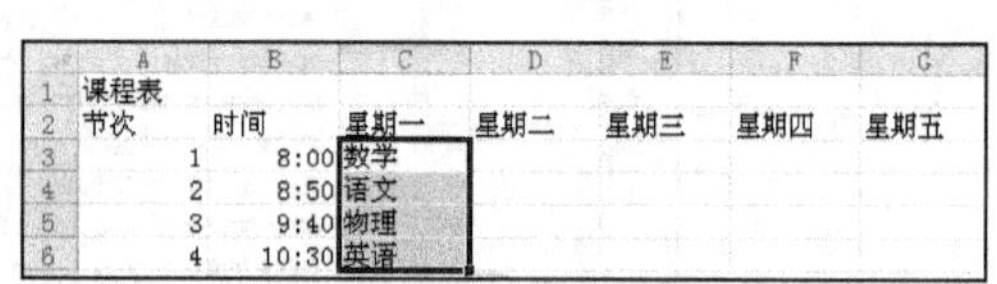

图5.14 自动填充自定义序列

5.3 Excel 2010工作表格式化

工作表建立后，对表格进行格式化操作，可以使表格更加美观。

5.3.1 设置单元格格式

选择“开始”选项卡的“数字”命令组，单击其右下角的小按钮“ ”，在弹出的“设置单元格格式”对话框中有数字、对齐、字体、边框、填充、保护共6个选项，如图5.15所示。利用这些选项可以设置单元格格式。

1．设置数字格式

利用“设置单元格格式”对话框中“数字”选项卡，可以改变数字（包括日期）在单元格汇总的显示形式，但不改变在编辑区的显示形式。数字格式的分类主要有：常规、数值、货币、会计专用等，如图5.15所示。默认情况下数字格式是“常规”格式。如果一个单元格中显示一串“########”标记，这表示单元格宽度不够，无法显示数据长度，这时加宽列宽即可。

2．设置对齐和字体格式

在图5.15中，分别选择“对齐”、“字体”选项卡，可以设置单元格中内容的水平对齐、垂直对齐、文本控制和文字方向。文本控制可以完成相邻单元格的合并，合并后只有选定区域左上角的内容放到合并后的单元格中。如果要取消合并单元格，则选定已合并的单元格，清除“对齐”选项卡下“合并单元格”复选框对勾即可。利用图5.15中“字体”选项卡，可以设置单元格内容的字体、颜色、下画线和特殊效果等。

3．设置单元格边框

在图5.15中，利用“边框”选项卡下的“预置”选项组，可以设置单元格或单元格区域的“外边框”和“边框”；利用“边框”选项组，可以设置单元格或单元格区域的“上边框”、“下边框”、“左边框”、“右边框”和“斜线”等；还可以设置边框的线条样式和颜色。如果要取消设置的边框，选择“预置”选项组中的“无”即可。

4．设置单元格颜色

在图 5.15 中，利用“填充”选项卡，可以设置突出显示某些单元格或单元格区域的背景色图案。

选择“开始”选项卡的“对齐方式”命令组、“数字”命令组内的命令可以快速完成某些单元格格式化操作。

【例 5.3】 Market 工作簿的数据如图 5.16 所示。设置如下单元格格式：合并 A1:H1 单元格区域、且内容水平居中，合并 A17:F17 单元格区域且内容靠右；C6:C9 单元格区域设置图案颜色为“白色、背景 1、深色 35%”，样式为“25%灰色”；H3:H17 单元格区域设置为货币格式，保留小数点后两位小数；A1:H17 单元格区域设置样式为黑色单实线的内部和外部边框。

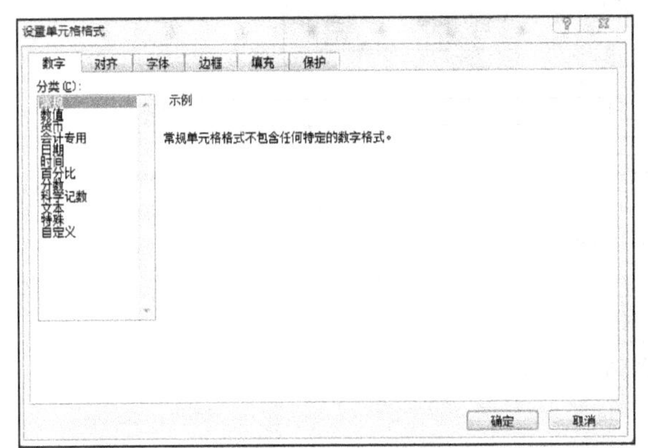

图 5.15 “设置单元格格式”对话框

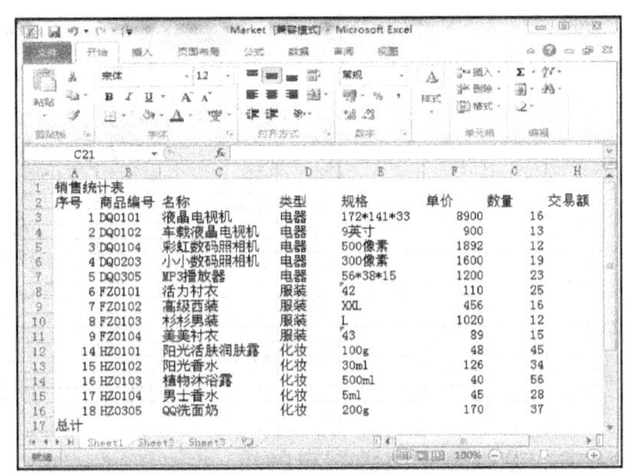

	A	B	C	D	E	F	G	H
1	销售统计表							
2	序号	商品编号	名称	类型	规格	单价	数量	交易额
3	1	DQ0101	液晶电视机	电器	172*141*33	8900	16	
4	2	DQ0102	车载液晶电视机	电器	9英寸	900	13	
5	3	DQ0104	彩虹数码照相机	电器	500像素	1892	12	
6	4	DQ0203	小小数码照相机	电器	300像素	1600	19	
7	5	DQ0305	MP3播放器	电器	56*38*15	1200	23	
8	6	FZ0101	活力衬衣	服装	42	110	25	
9	7	FZ0102	高级西装	服装	XXL	456	16	
10	8	FZ0103	杉杉男装	服装	L	1020	12	
11	9	FZ0104	美美衬衣	服装	43	89	15	
12	14	HZ0101	阳光活肤润肤露	化妆	100g	48	45	
13	15	HZ0102	阳光香水	化妆	30ml	126	34	
14	16	HZ0103	植物沐浴露	化妆	500ml	40	56	
15	17	HZ0104	男士香水	化妆	5ml	45	28	
16	18	HZ0305	QQ洗面奶	化妆	200g	170	37	
17	总计							

图 5.16 Market 待设置格式的数据表

步骤 1：选定 A1:H1 单元格区域，选择“开始”选项卡内的“数字”命令组，单击其右下角的小按钮“ ”，打开“设置单元格格式”对话框，选择“对齐”选项卡，“水平对齐”方式选择“居中”，“文本控制”选择“合并单元格”，单击“确定”按钮；选择 A17:F17 单元格区域，重复以上操作，“水平对齐”方式选择“靠右”，文本控制选择“合并单元格”，单击“确定”按钮。

步骤 2：选定 C6:C9 单元格区域，打开“设置单元格格式”对话框，选择“填充”选项卡，选择“图案颜色”为“白色、背景 1、深色 35 %”，如图 5.17 所示。“图案样式”为“25%灰色”，如图 5.18 所示。单击“确定”按钮。

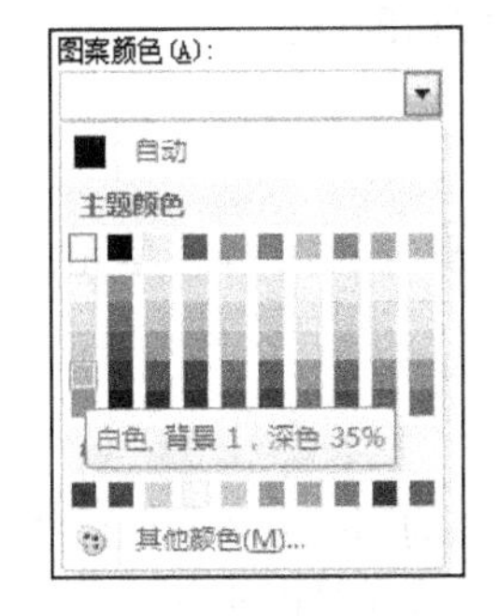

图 5.17 “图案颜色”对话框

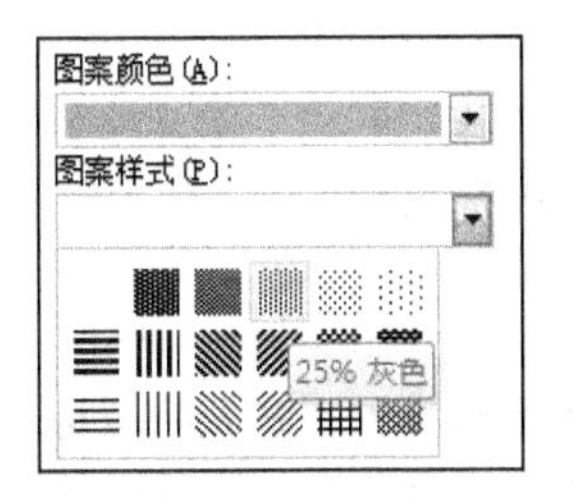

图 5.18 “图案样式”对话框

注意：当鼠标指向“图案颜色”中的“主题颜色”下的颜色块时，将显示“颜色、背景、深色百分比”的具体数值。当鼠标指向“图案样式”下的样式块时，将显示“百分比”的具体数值。

步骤3：选定H3:H17单元格区域，打开“设置单元格格式”对话框，选择“数字”选项卡下的“货币”选项，设置“小数位数”为2，“货币符号”为“¥”，单击“确定”按钮。

步骤4：选定A1:H17单元格区域，打开“设置单元格格式”对话框，选择“边框”选项卡，预置“外边框”和“内部”，“线条”样式为“细单实线”，“颜色”为“自动”，单击“确定”按钮。

设置格式后的工作簿如图5.19所示。

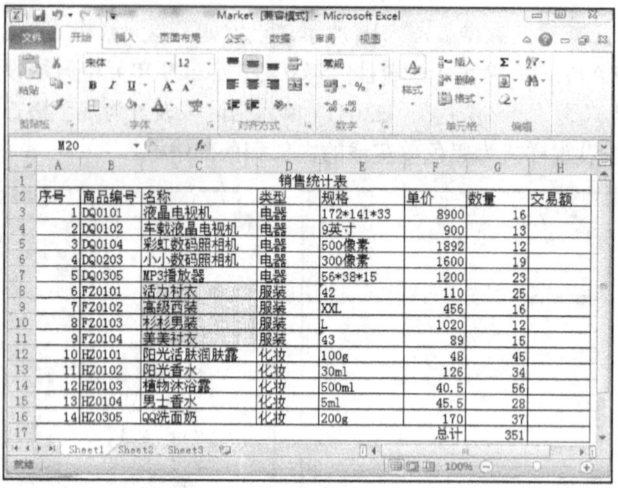

销售统计表

序号	商品编号	名称	类型	规格	单价	数量	交易额
1	DQ0101	液晶电视机	电器	172*141*33	8900	16	
2	DQ0102	车载液晶电视机	电器	9英寸	900	13	
3	DQ0104	彩虹数码照相机	电器	500像素	1892	12	
4	DQ0203	小小数码照相机	电器	300像素	1600	19	
5	DQ0305	MP3播放器	电器	56*38*15	1200	23	
6	FZ0101	活力衬衣	服装	42	110	25	
7	FZ0102	高级西装	服装	XXL	456	16	
8	FZ0103	杉杉男装	服装	L	1020	12	
9	FZ0104	美美衬衣	服装	43	89	15	
10	HZ0101	阳光活肤润肤露	化妆	100g	48	45	
11	HZ0102	阳光香水	化妆	30ml	126	34	
12	HZ0103	植物沐浴露	化妆	500ml	40.5	56	
13	HZ0104	男士香水	化妆	5ml	45.5	28	
14	HZ0305	QQ洗面奶	化妆	200g	170	37	
					总计	351	

图5.19 设置格式后的工作簿

5. 设置单元格数据有效性

在Excel中为了避免在输入数据时出现过多错误，可以通过在单元格中设置数据有效性来进行相关的控制，保障数据正确性、提高工作效率。

数据有效性用于定义在单元格中输入数据类型、数据范围、数据格式等。可以通过配置数据有效性以防止输入无效数据，或者在录入无效数据时自动发出警告。设置数据有效性的步骤如下：

步骤1：选择需要设置有效性的单元格或区域。

步骤2：单击“数据”→“数据工具”→“数据有效性”→“数据有效性”命令，在弹出的“数据有效性”对话框中指定各种数据有效性控制条件即可。

步骤3：如取消有效性，则单击“数据”→“数据工具”→“数据有效性”→“数据有效性”命令，在弹出的“数据有效性”对话框左下角的“全部清除”按钮即可。

5.3.2 设置列宽和行高

默认情况下，工作表的每个单元格具有相同的列宽和行高，但由于输入单元格的内容形式多样，用户可以自行设置列宽和行高。

1. 设置列宽

（1）使用鼠标粗略设置列宽。将鼠标指针指向要改变列宽的列标之间的分隔线上，鼠标指针变成水平双向箭头形状，按住鼠标左键并拖动鼠标到合适的宽度，放开鼠标即可。

（2）使用“列宽”命令精确设置列宽。选定需要调整列宽的区域，选择“开始”选项卡内的“单元格”命令组的“格式”命令，选择“列宽”对话框可精确设置列宽。

2. 设置行高

（1）使用鼠标粗略设置行高。将鼠标指针指向要改变行高的行号之间的分割线上，鼠标指针变成垂直双向箭头形状，按住鼠标左键并拖动鼠标到合适的高度，放开鼠标即可。

（2）使用“行高”命令精确设置行高。选定需要调整行高的区域，选择“开始”选项卡内的“单元格”命令组的“格式”命令，选择“行高”对话框可精确设置行高。

5.3.3 设置条件格式

条件格式可以对含有数值或其他内容的单元格或者含有公式的单元格应用某种条件来决定数值的显示格式。条件格式的设置是利用“开始”选项卡内的“样式”命令组完成的。

【例 5.4】 对于例 5.3 的工作表设置条件格式，将 F3:F16 单元格区域数值大于 1 000 的字体设置为“红色文本”。

选定 F3:F16 单元格区域，选择“开始”选项卡下的“样式”命令组，单击“条件格式”命令，如图 5.20 所示，选择其下的“突出显示单元格规则”下的“大于”对话框，如图 5.21 所示。

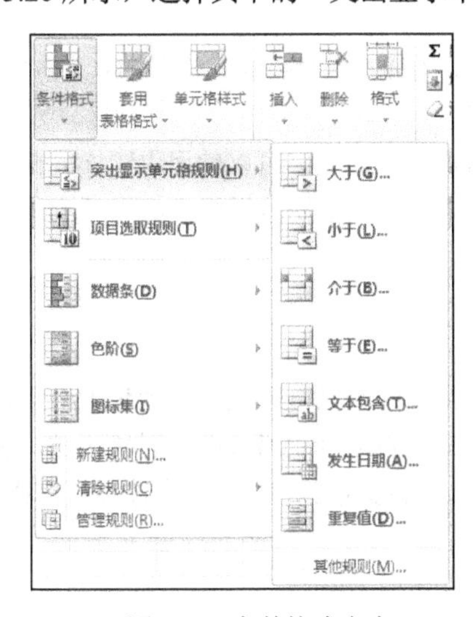

图 5.20 条件格式命令

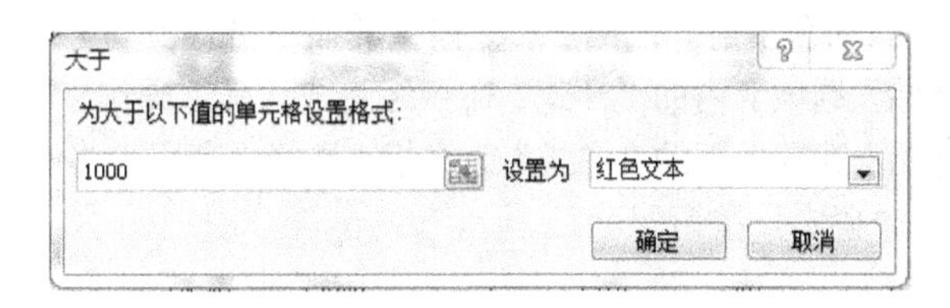

图 5.21 “大于”对话框

5.3.4 使用样式

样式是单元格字体、字号、对齐、边框和图案等一个或多个设置特性的组合，将这样的组合加以命名和保存，供用户使用。

样式包括内置样式和自定义样式。内置样式是 Excel 内部定义的样式，用户可以直接使用，包括常规、货币和百分数等；自定义样式是用户根据需要自定义的组合设置，需定义样式名。样式设置是利用“开始”选项卡内的“样式”命令组完成。

【例 5.5】 对例 5.3 的数据表，利用“样式”对话框自定义“表标题”样式，包括：“数字”为通用格式，“对齐”为水平居中和垂直居中，“字体”为华文彩云 11，“边框”为左右上下边框，“图案颜色”为标准色、浅绿色，设置合并后的 A1:H1 单元格区域“表标题”样式，利用“货币”样式设置 F1:F16 单元格区域的数值。

步骤 1：选定 A1:H1 单元格区域，选择“开始”选项卡下的“样式”组，单击“单元格样式”命令，选择“新建单元格样式”，如图 5.22 所示，弹出“样式”对话框，如图 5.23 所示。

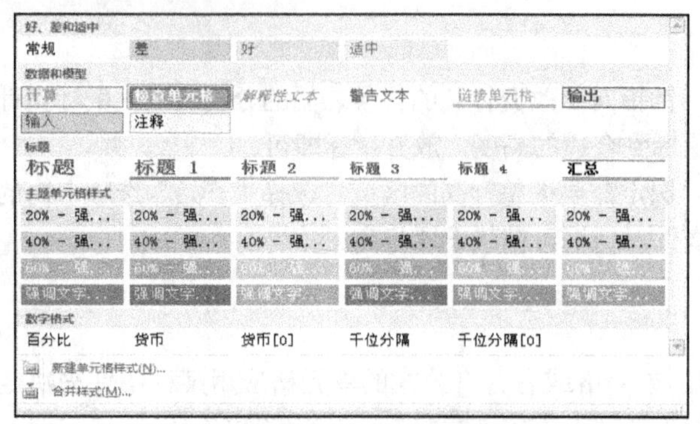

图 5.22 样式列表

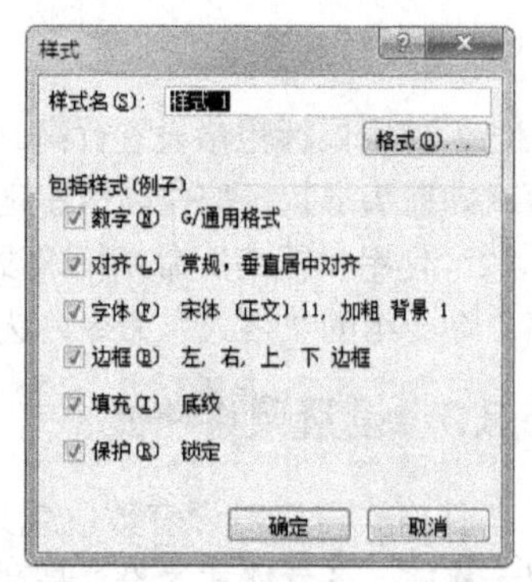

图 5.23 新建“样式”对话框

步骤 2：在“样式”对话框的“样式名”栏内输入“表标题”，单击“格式...”按钮，弹出“设置单元格格式”对话框。

步骤 3：在“设置单元格格式”对话框中完成“数字、对齐、字体、边框、图案”的设置，单击“确定”按钮。

步骤 4：选定 F1:F16 单元格区域，选择“开始”选项卡下的“样式”命令组，单击“单元格样式”命令，在“数字格式”下选择“货币”名，单击“确定”按钮。

选择“开始”选项卡下的“样式”命令组，单击“单元格样式”命令，可以使用内置样式或已定义样式，单击“格式”按钮，可以利用弹出的“设置单元格格式”对话框修改样式，如果要删除已定义的样式，选择样式名后，单击“删除”按钮即可。

5.3.5 自动套用格式

自动套用格式是把 Excel 提供的显示格式自动套用到用户指定的单元格区域，自动套用格式利用“开始”选项卡内的“样式”命令组完成。具体操作步骤：选定需要自动套用格式的单元格区域，选择“开始”选项卡下的“样式”命令组，选择“套用表格格式”命令。在弹出的“样式”中选择所需样式，单击“确定”按钮即可。

5.4 公式和函数

5.4.1 自动计算

利用“公式”选项卡下的“自动求和”命令 Σ 或者在状态栏上单击鼠标右键，无须公式即可自动计算一组数据的累加和、平均值、统计个数、求最大值和最小值等。

【例 5.6】 对例 5.3 的 Market 数据表，计算 G3:G16 单元格区域的数量总和。具体步骤：选定 G3:G16 单元格区域，单击“公式”选项卡下的自动求和命令，在弹出的下拉菜单中选择“求和”命令，计算结果将显示在 G17 单元格中。

5.4.2 利用公式计算

Excel 可以使用公式对工作表中的数据进行各种计算，如算术运算、关系运算、字符串运算等。

1. 公式的输入规则

在单元格中输入公式总是以等号“=”开头，后面跟“表达式”。输入完成后按回车键即可。

例如：图 5.19 中，计算每种物品交易额的公式：交易额 = 单价×数量

计算第一个物品的交易额为 H3=F3×G3，即计算 H3 单元格的值，需要使用 F3 和 G3 两个单元格中的数据做乘法运算。默认情况下，公式的计算结果显示在单元格中，公式本身显示在编辑栏中。

2．公式中的运算符

Excel 允许使用以下运算符。

（1）算术运算符：加（+）、减（–）、乘（*）、除（/）、乘方（^）等。

（2）关系运算符：等于（=）、大于（>）、小于（<）、大于等于（>=）、小于等于（<=）、不等于（<>）等。

（3）文本运算符“&”：可以使用“&”将一个或多个文本连接为一个文本。例如：在单元格中输入“=”后面紧跟“Hel” & “lo”将得到 Hello。

注意：公式中的文本必须用英文输入法状态下的双引号引起来。

（4）引用运算符：Excel 使用冒号（:）、逗号（,）运算符来描述引用的单元格区域。例如：A3:B7 表示引用以 A3 单元格和 B7 单元格为对角线的一组单元格区域；

A3:A7,C3:C7: 表示引用 A3 至 A7 和 C3 至 C7 两组单元格区域。

（5）公式实例

=200×32　　　　常量运算

=A5×100–C3　　　使用单元格运算

=SQRT(A1+B4)　　使用函数（开平方函数）

3．公式复制

方法一：选定待复制的含有公式的单元格，复制该单元格，鼠标移动到目标单元格，单击鼠标右键，在弹出的快捷菜单中选择“粘贴公式”命令，即可完成公式复制。

方法二：选定待复制的含有公式的单元格，拖动单元格的自动填充柄到目标地址，即可完成相邻单元格公式的复制。

4．公式中单元格的引用

Excel 公式中单元格的引用分为绝对引用、相对引用和混合引用。

（1）在单元格引用中，如果列标和行号前加一个“$”符号，如$A$2，表示单元格的引用是绝对引用，不管公式复制或移动到何处，都是引用 A2 单元格的值。

（2）在单元格引用中，如果列标和行号前没有“$”符号，如 A2，表示单元格的引用是相对引用，随着公式的复制或移动，单元格的引用会自动改变。

（3）单元格的混合引用含有相对引用和绝对引用。如$A2，表示引用的列固定不变，行是相对变化的。

（4）跨工作簿单元格地址引用。

单元格地址的一般形式为：［工作簿文件名.xlsx］工作表名！单元格地址

用“工作表名！单元格标识”表示引用同一个工作簿中不同工作表单元格，如 Sheet2!A3。

引用其他位置工作簿中的单元格，要在引用前加工作簿名，工作簿文件名必须用中括号括起来，如 C:\[Student.xlsx]Sheet1!B4。

5．公式的填充

输入到单元格中的公式，可以像普通数据一样，通过拖动单元格右下角的填充柄进行公式的复制填充，此时自动填充的实际上不是数据本身，而是复制的公式。

5.4.3 利用函数计算

Excel 提供了大量的函数，帮助用户快速方便地完成各种复杂的计算。可以利用“公式”选项卡下的“插入函数”命令使用函数进行计算，也可以使用“公式”选项卡下的函数库“财务、逻辑、文本、日期与时间、查找和引用、数学和三角函数”等完成相应功能的计算。在公式中引用函数，必须注意函数的语法规则。

1．函数的语法规则

函数名（参数列表）

参数可以多个，每个参数间用逗号（,）分隔，如果函数不带参数，如 TODAY()、NOW()等，函数名后面的圆括号不能省略。

2．引用函数示例

=TODAY()　　　　　　显示出当前日期

=MIN(B3,C5,E2)　　显示出 B3,C5,E2 三个单元格中的最小值

【例 5.7】 如图 5.24 所示 Fund.xlsx 工作簿的 Sheet1 中：

（1）“部门编号”与“部门名称”的对应关系是：

部门编号= {
010　部门名称=教务处
011　部门名称=学生处
012　部门名称=办公室
013　部门名称=人事处
}

如图 5.24 所示，单击 A2 单元格，输入“=IF(B2=″教务处″,″010″, IF(B2=″学生处″,″011″, IF(B2=″办公室″, ″012″, IF(B2= ″人事处″, ″013″))))”。单击 A2 单元格填充柄，按住鼠标左键拖动鼠标到最后一个需要填充的单元格，松开鼠标即可完成“部门编号”列的填充。

注意：IF 函数的格式：IF（条件表达式，参数 2，参数 3）。当条件表达式成立时，函数值为参数 2 的值，否则函数值为参数 3 的值。

A2　fx　=IF(B2="教务处","010",IF(B2="学生处","011",IF(B2="办公室","012",IF(B2="人事处","013"))))

	A	B	C	D	E	F	G	H
1	部门编号	部门名称	存入日	期限	年利率	金 额	到期日	银 行
2	010	教务处	2009/9/17	3	5.0	2860	2012/9/17	中国银行
3	011	学生处	2010/2/17	3	5.0	2340	2013/2/17	建设银行
4	012	办公室	2010/3/19	3	5.0	6500	2013/3/19	中国银行
5	013	人事处	2009/10/17	3	5.0	3640	2012/10/17	工商银行
6	013	人事处	2009/7/20	5	5.5	3250	2014/7/20	中国银行
7	010	教务处	2010/10/18	5	5.5	2080	2015/10/18	建设银行
8	013	人事处	2009/12/17	5	5.5	4680	2014/12/17	工商银行
9	013	人事处	2010/1/17	5	5.5	3640	2015/1/17	工商银行
10	011	学生处	2010/5/19	5	5.5	4940	2015/5/19	中国银行
11	010	教务处	2010/6/19	5	5.5	2860	2015/6/19	建设银行
12	010	教务处	2010/8/18	5	5.5	5460	2015/8/18	工商银行
13	011	学生处	2002/11/18	5	5.5	2340	2007/11/18	河北银行
14	012	办公室	2003/1/18	5	5.5	5200	2008/1/18	中国银行

图 5.24　IF 函数用例

（2）“到期日”=“存入日”+“期限”，如图 5.25 所示，单击 G2 单元格，选择“公式”选项卡下“函数库”命令组中的“日期与时间”命令下的“DATE”函数。打开“DATE”函数对话框，在“Year”、“Month”、“Day”文本框中分别输入如图 5.25 所示的内容，单击“确定”按钮，即可完成 G2 单元格计算。单击 G2 单元格填充柄，按住鼠标左键拖动鼠标到最后一个需要填充的单元格，松开鼠标即可完成“到期日”列的填充。

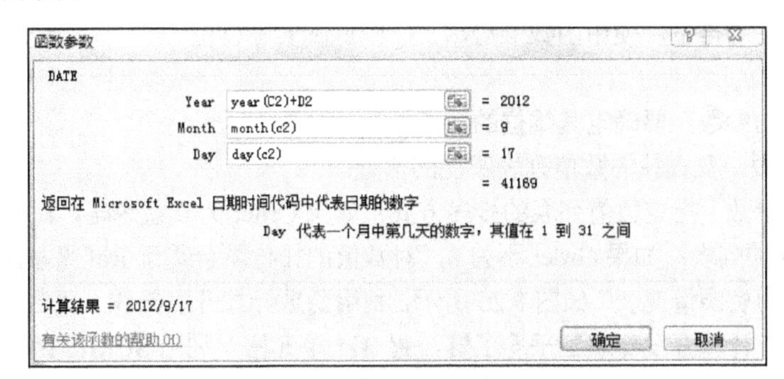

图 5.25 “DATE 函数参数”窗口

3. Excel 函数

（1）常用函数

① SUM(参数 1，参数 2，…)：求和函数，求各参数的累加和。

例如：=SUM(A1：A5)是对 A1 至 A5 单元格区域中的所有数值求和；=SUM(A1，A5)是对 A1 和 A5 两个单元格中的数值求和。

② AVERAGE(参数 1，参数 2，…)：算术平均值函数，求各参数的算术平均值。

例如：=AVERAGE(A1：A5)是对 A1 至 A5 单元格区域中的所有数值求平均值；=AVERAGE(A1，A5)是对 A1 和 A5 两个单元格中的数值求平均值。

③ MAX(参数 1，参数 2，…)：最大值函数，求各参数中的最大值。

④ MIN(参数 1，参数 2，…)：最小值函数，求各参数中的最小值。

（2）统计个数函数

① COUNT(参数 1，参数 2，…)：求各参数中数值型数据的个数。

② COUNTA(参数 1，参数 2，…)：求“非空”单元格的个数。

③ COUNTBLANK(参数 1，参数 2，…)：求“空”单元格的个数。

（3）四舍五入函数 ROUND（数值型参数，n）

返回对“数值型参数”进行四舍五入到第 n 位的近似值。

当 n>0 时，对数据的小数部分从左到右的第 n 位四舍五入；

当 n=0 时，对数据的小数部分最高位四舍五入取数据的整数部分；

当 n<0 时，对数据的整数部分从右到左的第 n 位四舍五入。

（4）条件计数 COUNTIF(条件数据区，“条件”)

统计“条件数据区”中满足给定“条件”的单元格的个数。

COUNTIF 函数只能对给定的数据区域中满足一个条件的单元格统计个数，若对一个以上的条件统计单元格的个数，需用数据库函数 DCOUNT 或 DCOUNTA 实现。

（5）条件求和函数 SUMIF(条件数据区，“条件”[，求和数据区])

在“条件数据区”查找满足“条件”的单元格，计算满足条件的单元格对应于“求和数据区”中数据的累加和。如果“求和数据区”省略，统计“条件数据区”满足条件的单元格中数据的累加和。

SUMIF 函数中的前两个参数与 COUNTIF 中的两个参数的含义相同。如果省略 SUMIF 中的第 3 个参数，SUMIF 是求满足条件的单元格内数据的累加和。COUNTIF 是求满足条件的单元格的个数。

（6）排位函数 RANK（排位的数值 Number，数值列表所在的位置 Ref，排序方式 Order）

RANK 函数返回一个数值在指定数值列表中的排位，如果多个值具有相同的排位，使用函数 RANK.AVG 将返回平均排位，使用函数 RANK.EQ 则返回实际排位。

参数说明如下。

Number：必需的参数，要确定其排位的数值。

Ref：必需的参数，要查找的数值列表所在的位置。

Order：可选的参数，指定数值列表的排序方式。如果 Order 为 0 或忽略，对数值的排位就会基于 Ref 是按照降序排序的列表；如果 Order 不为 0，对数值的排位就会基于 Ref 是按照升序排序的列表。

【例 5.8】 “人力资源情况表”如图 5.26 所示，利用函数计算开发部职工人数，置 B10 单元格（利用 COUNTIF 函数）；计算开发部职工平均工资，置 B11 单元格（利用 SUMIF 函数和已求出的开发部职工人数）；根据基本工资列，按降序计算职工工资排名至 D3～D8 单元格（利用 RANK 函数）。

步骤 1：选定 B10 单元格，选择“公式”选项卡下“插入函数”命令，在“插入函数”对话框中选择“COUNTIF”函数。打开“COUNTIF 函数参数”对话框，各项参数设置如图 5.27 所示。单击“确定”按钮，此时 B10 单元格中得到的值为“3”。

	A	B	C	D
1	人力资源情况表			
2	职工号	部门	基本工资	工资排名
3	1001	工程部	5100	
4	1002	销售部	8600	
5	1003	开发部	6100	
6	1004	销售部	7900	
7	1005	开发部	6500	
8	1006	开发部	8900	
9				
10	开发部职工人数			
11	开发部职工平均工资			

图 5.26 人力资源情况表

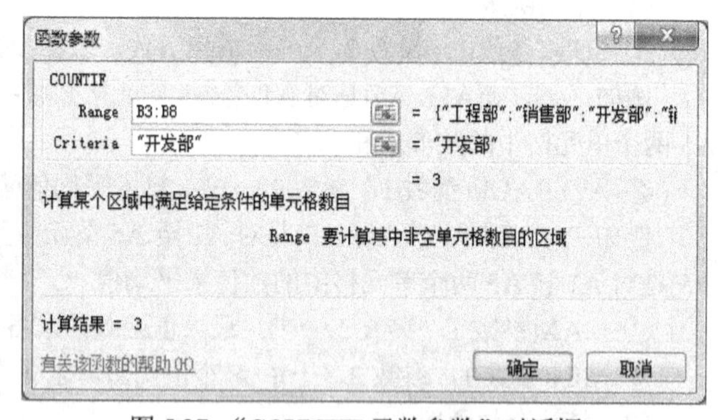

图 5.27 “COUNTIF 函数参数”对话框

步骤 2：选定 B11 单元格，选择“公式”选项卡下“插入函数”命令，在“插入函数”对话框中选择“SUMIF”函数。打开“SUMIF 函数参数”对话框，各项参数设置如图 5.28 所示。单击“确定”按钮，此时 B11 单元格中得到的值为“21 500”，继续在编辑栏中编辑公式，如图 5.28 所示。公式编辑及最终结果见图 5.29。

函数参数

SUMIF

Range B3:B8 = {"工程部";"销售部";"开发部";"...

Criteria "开发部" = "开发部"

Sum_range C3:C8 = {5100;8600;6100;7900;6500;8900}

= 21500

对满足条件的单元格求和

Range 要进行计算的单元格区域

计算结果 = 21500

有关该函数的帮助(H)　确定　取消

图 5.28 “SUMIF 函数参数”对话框

B11　=SUMIF(B3:B8,"开发部",C3:C8)/B10

	A	B	C	D
1	人力资源情况表			
2	职工号	部门	基本工资	工资排名
3	1001	工程部	5100	
4	1002	销售部	8600	
5	1003	开发部	6100	
6	1004	销售部	7900	
7	1005	开发部	6500	
8	1006	开发部	8900	
9				
10	开发部职工人数	3		
11	开发部职工平均工资	7166.666667		

图 5.29 公式编辑及最终结果

步骤 3：选定 D3 单元格，选择“公式”选项卡下“插入函数”命令，在“插入函数”对话框中选择 “RANK”函数。打开“RANK 函数参数”对话框，各项参数设置如图 5.30 所示。单击“确定”按钮，此时 D3 单元格中得到的值为“6”，将光标放置到 D3 单元格的右下角，当光标变为“黑色十字”形后，拖动鼠标至 D8 单元格，得到最终排名结果，如图 5.31 所示。

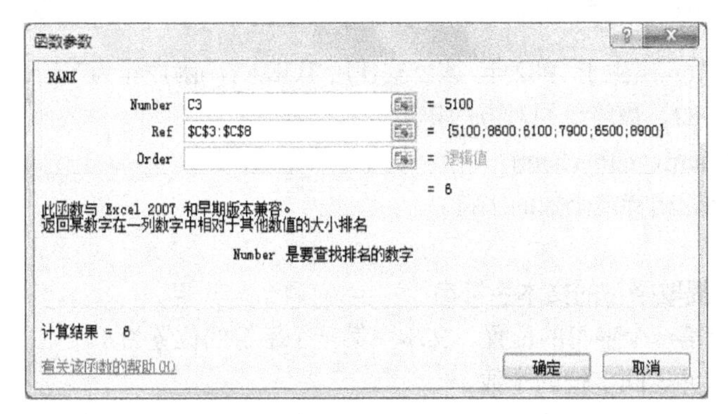

图 5.30 “RANK 函数参数”对话框

	A	B	C	D
1	人力资源情况表			
2	职工号	部门	基本工资	工资排名
3	1001	工程部	5100	6
4	1002	销售部	8600	2
5	1003	开发部	6100	5
6	1004	销售部	7900	3
7	1005	开发部	6500	4
8	1006	开发部	8900	1
9				
10	开发部职工人数	3		
11	开发部职工平均工资	7166.666667		

图 5.31　排名结果

（7）绝对值函数 ABS(number)

功能：返回数值 number 的绝对值，number 为必需的参数。

例如：=ABS(B3)表示求 B3 单元格中数的绝对值。

（8）垂直查询函数 VLOOKUP(lookup_value，table_array，col_index_num，[range_lookup])

功能：搜索指定单元格区域中的第一列，然后返回该区域相同行上任何单元格中的值。

参数说明：

- lookup_value：必需的参数，要在表格或区域的第 1 列中搜索到的值。
- table_array：必需的参数，要查找的数据所在的单元格区域，table_array 第 1 列中的值就是 lookup_value 要搜索的值。
- col_index_num：必需的参数，最终要返回数据所在的列号。col_index_num 为 1 时，返回 table_array 第 1 列中的值；col_index_num 为 2 时，返回 table_array 第 2 列中的值，以此类推。如果 col_index_num 的参数小于 1，则 VLOOKUP 返回错误值#VALUE!；大于 table_array 的列数，则 VLOOKUP 返回错误值#REF！。
- range_lookup：可选的参数。一个逻辑值，取值为 TURE 或 FALSE，指定希望 VLOOKUP 查找精确匹配还是近似匹配值；如果 range_lookup 的值为 TURE 或被省略，则返回近似匹配值。如果 range_lookup 的值为 FALSE，则返回精确匹配值。如果 table_array 的第 1 列中有两个或更多值与 lookup_value 匹配，则使用第一个找到的值；如果找不到精确匹配值，则返回错误值#N/A。

例如：= VLOOKUP(1，A2：C10，2)要查找区域为 A2：C10，因此 A 列为第 1 列，B 列为第 2 列，C 列为第 3 列。表示使用近似匹配搜索 A 列（第 1 列）中的值 1，如果在 A 列中没有 1，则近似找到 A 列中与 1 最接近的值，然后返回同一行中 B 列（第 2 列）的值。

= VLOOKUP(0.7，A2：C10，3，FALSE)表示使用精确匹配搜索 A 列（第 1 列）中的值 0.7，如果在 A 列中没有 0.7，则返回错误值#N/A。否则返回同一行中 C 列（第 3 列）的值。

（9）函数 YEAR(serial_number)

功能：返回指定日期对应的年份。返回值 Wie1900 到 9999 之间的整数。

参数说明：serial_number 必需是一个日期值，其中包含年份。

例如：=YEAR(B2)当在 B2 单元格中输入日期“2017 年 6 月 27 日”或“2017/6/27”时，该函数返回年份 2017。

（10）函数 TODAY()

功能：返回今天的日期。该函数没有参数，返回的是当前计算机的系统日期。该函数也可以用于计算时间间隔，可以用来计算一个人的年龄。

例如：=YEAR(TODAY( ))-1982，假设一个人出生于 1982 年，该公式使用 TODAY( )函数作为 YEAR 函数的参数来获取当年的年份，然后减去 1982，最终返回对方的年龄。

（11）截取字符串函数 MID(text，start_num，nub_chars)

功能：从文本字符串中的指定位置开始返回特定个数的字符。

参数说明：

Text：必需的参数，字符串类型，表示提取字符的文本字符串。

start_num：必需的参数，文本中要提取第一个字符的位置。文本中第一个字符的位置为 1。

nub_chars：必需的参数，文本中要提取并返回字符的个数。

例如：=MID(A2，7，4)表示从 A2 单元格中的文本字符串中的第 7 个字符开始提取 4 个字符。

5.5 图　　表

将工作表中的数据做成图表，可以更加直观地表达数据的变化规律，并且当工作表中的数据变化时，图表中的数据能自动更新。

5.5.1 图表的基本概念

图表以图形的形式来显示数据，使人更直观地理解大量数据以及不同数据系列之间的关系。

1. 图表的类型

Excel 提供了标准图表类型，每一种图表类型又分为子类型，可以根据需要选择不同的图表类型来表示数据。常用的图表类型有：柱形图、条形图、折线图、饼图、面积图、XY 散点图、圆环图等。

2. 图表的构成

一个图表主要由以下部分构成，如图 5.32 所示。

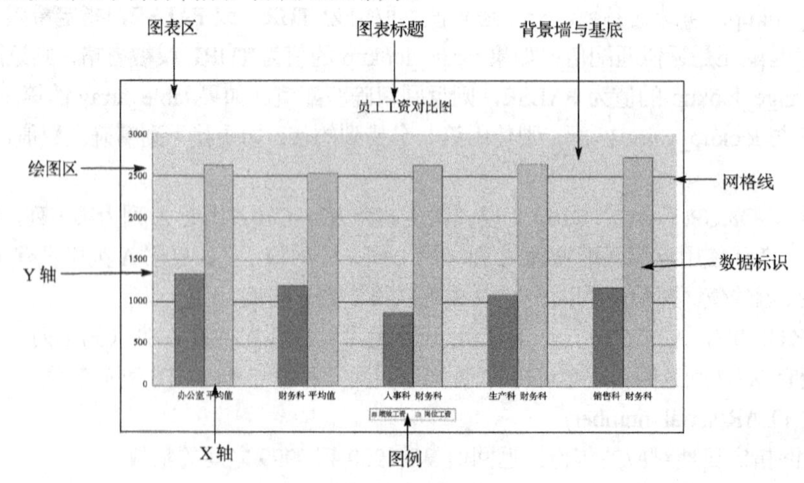

图 5.32　图表构成

（1）图表标题。描述图表名称，默认在图表的顶端，可有可无。

（2）坐标轴与坐标轴标题。坐标轴标题是 X 轴和 Y 轴的名称，可有可无。

（3）图例。包含图表中相应数据系列的名称和数据系列在图中的颜色。

（4）绘图区。以坐标轴为界的区域。

（5）数据系列。一个数据系列对应工作表中选定区域的一行或一列数据。

（6）网格线。从坐标轴刻度线延伸出来并贯穿整个绘图区的线条系列，可有可无。

（7）背景墙与基底。三维图表中会出现背景墙与基底，是包围在许多三维图表周围的区域，用于显示图表中的维度和边界。

5.5.2 创建图表

1. 嵌入式图表与独立图表

“嵌入式图表”与“独立图表”的创建操作基本相同，主要区别在于存放的位置不同。

（1）嵌入式图表。是指图表作为一个对象与其相关的工作表数据存放在同一工作表中。

（2）独立图表。它是以工作表的形式插入到工作簿中，与其相关的工作表数据不在同一工作表中。

创建图表主要利用“插入”选项卡“图表”命令组完成。当生成图表后，单击图表，功能区会出现“图表工具”选项卡，“图表工具”选项卡下的“设计、布局、格式”选项卡可以完成图表的图形颜色、图表位置、图表标题、图例位置等的设计和布局等设计，如图 5.33 所示。

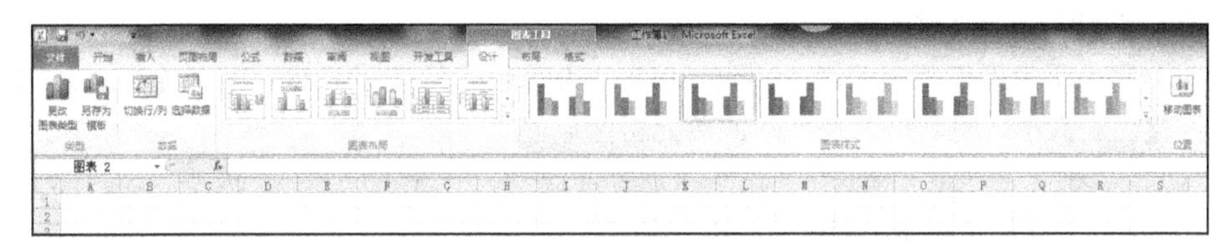

图 5.33 “图表工具”选项卡

2. 创建图表的方法

创建图表常用以下两种方法：方法一，选定好做图的数据区域，直接按 F11 键快速创建图表工作表；方法二，利用图表向导创建图表。

下面介绍利用图表向导创建图表。

【例 5.9】 staff.xlsx 工作簿中 Sheet2 工作表数据如图 5.34 所示。建立图表工作表。

- 分类轴：“所属部门”；数值轴：“岗位工资”、“绩效工作”的平均值。
- 图表类型：簇状柱形图。
- 图表标题：员工工资对比图，图例在底部。
- 图表位置：作为新工作表插入，工作表名称“对比图”。
- 设置图表区字号大小为 10 号。
- 设置图表标题：字体为楷体_GB2312、字号 20、红色。

操作步骤如下。

步骤 1：选定 staff.xlsx 工作簿中 Sheet2 工作表创建图表的数据区域，如图 5.34 所示。选择“插入”选项卡下的“图表”命令组，单击“柱形图”命令，选择“簇状柱形图”，如图 5.35 所示。

步骤 2：功能区出现“图表工具”选项卡，选择“设计”选项卡下的“图表样式”命令组可以改变图表的图形颜色。选择“设计”选项卡下的“图表布局”命令组，可以改变图表布局。

步骤3：选择“布局”选项卡下的“标签”命令组，使用“图表标题”命令和“图例”命令，可以输入图表标题为“员工工资对比图”，图例位置在底部。

1	员工姓名	所属部门	岗位工资	绩效工资
2	李明浩	办公室	2150	1000
3	张峰	办公室	3500	2000
4		**办公室 平均值**	2825	1500
5	张宁	财务科	3500	2000
6	王孟	财务科	1800	500
7	潘成文	财务科	1950	500
8		**财务科 平均值**	2416.667	1000
9	张中心	人事科	1960	500
10	张小可	人事科	1960	500
11	王根柱	人事科	3050	1000
12		**人事科 平均值**	2323.333	666.66667
13	邢易	生产科	3600	2000
14	姜秀全	生产科	3650	2000
15		**生产科 平均值**	3625	2000
16	王嘉	销售科	1850	500
17	李东慧	销售科	2350	1000
18		**销售科 平均值**	2100	750

图 5.34 选择数据区域

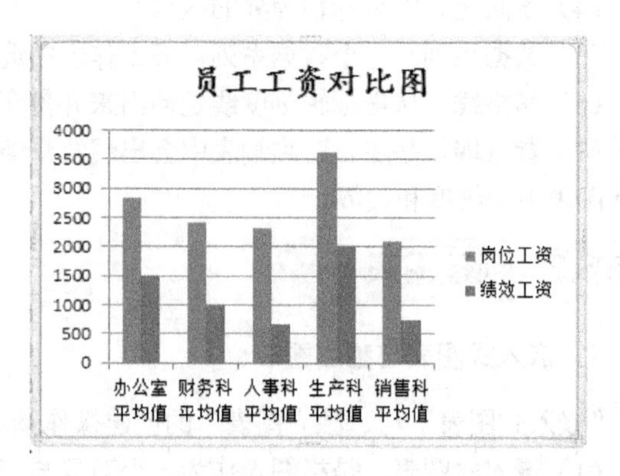

图 5.35 簇状柱形图

步骤4：默认情况下，图表放在工作表上。如果要将图表放在单独的工作表中，则单击嵌入图表中的任意位置以将其激活。在“设计”选项卡上的“位置”组中，单击“移动图表”按钮。打开移动工作表对话框，如图5.36所示。在“选择放置图表的位置”下，单击“新工作表”按钮，在“新工作表”框中键入新的名称如“对比图”。

若要将图表显示为工作表中的嵌入图表，单击“对象位于”按钮，然后在“对象位于”框中单击工作表。调整图表大小，将其插入在要求的单元格区域。

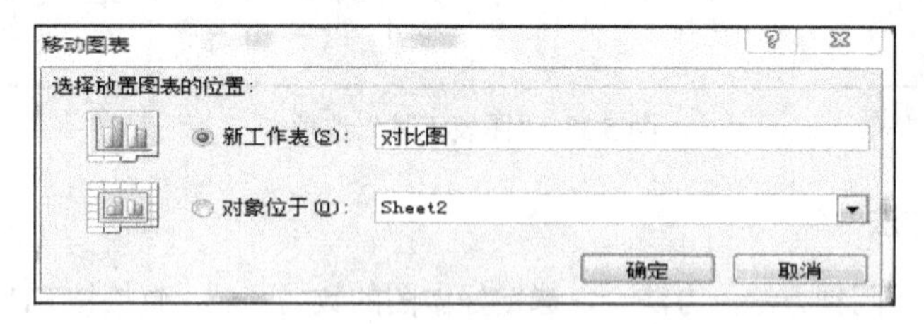

图 5.36 “移动图表位置”对话框

步骤5：单击“图表标题”，选择“开始”选项卡下的“字体”命令组，设置图表标题：楷体_GB2312、字号20、红色。分别单击Y坐标轴、X坐标轴、图例，选择“开始”选项卡下的“字体”命令组，设置图表区字号大小为10号。

5.5.3 编辑和修改图表

图表创建完成后，如果对工作表进行修改，图表的信息也将随之变化。如果工作表不变，也可以对图表的“图表类型、图表源数据、图表位置”等进行修改。

当选中了一个图表后，功能区会出现“图表工具”选项卡，其下的“设计、布局、格式”选项卡内的命令可以编辑和修改图表。

1. 修改图表类型

单击图表绘图区，选择“设计”选项卡下“类型”组中的“更改图表类型”命令，可以修改图表类型。

2．修改图表源数据

（1）向图表中添加数据源。单击图表绘图区，选择“设计”选项卡下“数据”组中的“选择数据”命令，打开“选择数据源”对话框，如图5.37所示。重新选择数据源，可以修改图表中数据。也可以将工作表中的待添加到图表的数据区域（带字段名）复制到剪贴板，然后右键单击图表，选择快捷菜单中的“粘贴”命令即可向图表中添加数据。

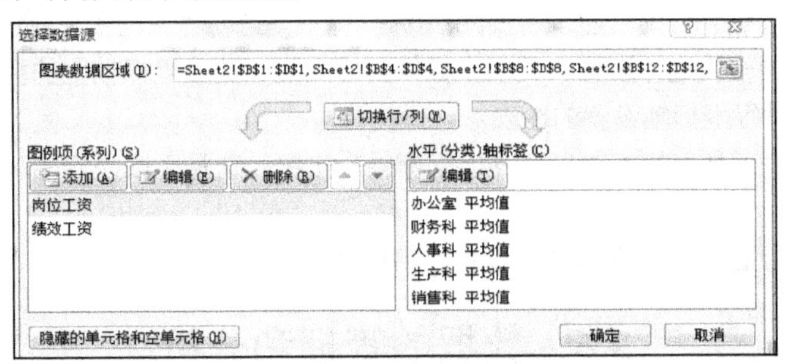

图5.37 “选择数据源”对话框

（2）删除图表中的数据。如果要同时删除工作表和图表中数据，只要删除工作表中数据，图表将会自动更新。如果只要删除图表中数据，在图表上单击要删除的图表系列，按Delete键即可完成删除。

3．修饰图表

为了使图表更易于理解，可以添加图表标题、坐标轴标题。

（1）添加图表标题步骤

步骤1：单击要添加标题的图表中的任意位置，单击“图表工具”的“布局”→“标签”→“图表标题”按钮。

步骤2：在打开的下拉列表中选择标题的位置。

步骤3：输入标题文字并设置标题文字的格式。

步骤4：在“图表工具”的“布局”→“标签”→“图表标题”→“其他标题选项”选项上，可以对图表标题进行更详细的设置。

（2）添加坐标轴标题步骤

步骤1：单击要添加标题的图表中的任意位置，单击“图表工具”的“布局”→“标签”→“坐标轴标题”按钮。

步骤2：在打开的下拉列表中选择纵坐标轴标题还是横坐标轴标题。

步骤3：输入标题文字并设置标题文字的格式。

4．添加数据标签

要快速识别图表中的数据系列，可以向图表的数据点添加数据标签。默认情况下，数据标签链接到工作表中的数据值，在工作表中对这些值进行更改时，图表中的数据值会自动更新。

步骤1：在图表中选择要添加数据标签的数据系列，其中单击图表空白区域可向所有数据系列添加数据标签。

步骤2：在“图表工具”的“布局”选项卡上选择“数据标签”按钮，指定标签的位置。如果在“数据标签”按钮下拉列表中选择“其他数据标签选项”命令，可以对数据标签进行更详细的设置。

5．设置图例和坐标轴

创建图表时，会自动显示图例。在图表创建完毕后可以隐藏图例或更改图例的位置和格式。

（1）设置图例

步骤1：单击要进行图例设置的图表。

步骤2：在“图表工具”的“布局”选项卡上选择“图例”按钮，指定标签的位置。如果在“图例”按钮下拉列表中选择“其他图例选项”命令，可以对图例进行更详细的设置。

（2）设置坐标轴

在创建图表时，一般会为图表显示主要的横/纵坐标轴。当创建三维图表时还会显示竖坐标轴。可以根据需要对坐标轴的格式进行设置、调整坐标轴刻度间隔、更改坐标轴上的标签等。

步骤1：单击要进行坐标轴设置的图表。

步骤2：在“图表工具”的“布局”→“坐标轴”按钮，选择主横坐标轴、主纵坐标轴，然后进行设置。

图表中网格线的设置类似于坐标轴的设置，不再详述。

5.6 数据的管理和分析

Excel 不但具备强大的表格编辑和图表功能，还具备关系数据库的某些管理功能，如数据排序、筛选、分类汇总、数据透视等。Excel 数据管理功能主要集中在“数据”选项卡。

5.6.1 数据清单

数据清单又称为数据列表，是一个规则的二维表，其特点如下。

（1）数据清单的一行为一条记录，一列为一个字段。第一行为表头，称为标题行，标题行的每个单元格为一个字段名。

（2）数据清单中同一列中的数据具有相同的数据类型。

（3）同一数据清单内不允许有空行、空列。

（4）同一张工作表中可以容纳多个数据清单，但两个数据清单之间至少有一行、一列间隔。

5.6.2 数据排序

1. 单字段排序

单字段排序是指按一个字段值的升序或降序对数据清单排序，标题行不参与排序。操作方法：单击排序列内任意一个单元格（有内容的），单击“数据”选项卡下“排序和筛选”命令组中的“升序”或“降序”命令，即可完成数据清单内的所有字段按排序字段升序或降序排列。

2. 多字段排序

多字段排序指先按第一个字段值排序，在第一个字段值相同的情况下，再按第二个字段值排序，以此类推。第一个字段叫“主要关键字”，其余字段叫“次要关键字”。具体操作如下。

（1）单击数据清单内有数据的任意一个单元格，选择 “数据”选项卡下“排序和筛选”命令组中的“排序”命令，打开如图5.38所示的“排序”对话框。

（2）在“主要关键字”后面的下拉列表框中选择第一排序字段、排序类型等。单击“添加条件”按钮，增加次要关键字。

（3）在“次要关键字”后面的下拉列表框中选择第二排序字段、排序类型等。单击“添加条件”按钮，可再增加次要关键字。以此类推。

（4）单击“确定”按钮，完成多字段排序。

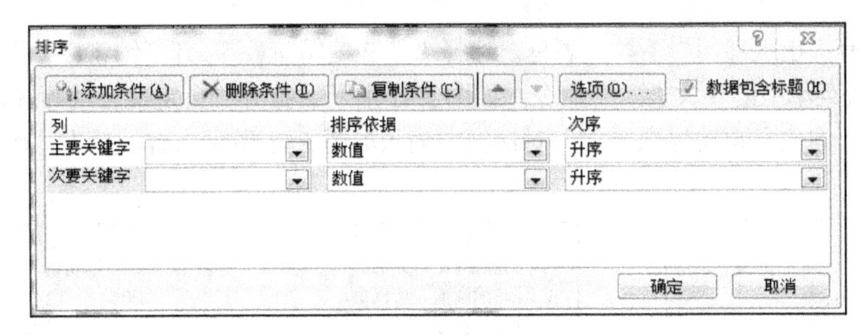

图 5.38 “排序”对话框

3. 排序数据区域的选择

Excel 2010 允许对全部数据区域和部分数据区域进行排序。如果选定的区域包含所有的列，则对所有数据区域进行排序；如果所选的数据区域没有包含所有的列，则仅对已选定的数据区域排序，未选定的数据区域不变（有可能引起数据错误）。在图 5.38 所示的“排序”对话框中单击“选项”按钮，可以利用“排序选项”对话框选择是否区分大小写、排序方向、排序方法。

5.6.3 数据筛选

筛选是指从数据清单中选出满足条件的记录，筛选出的数据可以显示在原数据区域（不满足条件的记录将隐藏）或新的数据区域中。

Excel 筛选有两种方式：自动筛选和高级筛选。

利用“数据”选项卡下“排序和筛选”命令组中的“筛选”命令，进行“自动筛选”；利用“排序和筛选”命令组中的“高级”命令，进行“高级筛选”。

“自动筛选”操作简单，但筛选条件受限；“高级筛选”相对而言操作较为复杂，但可以实现任何条件的筛选。

1. 自动筛选

【例 5.10】 对“Book.xlsx”工作簿的“图书销售情况表”工作表数据清单内容进行自动筛选，如图 5.39 所示。条件为“出版部门”的“第 2 编辑室”并且“销售额”大于 8 500 并且小于 15 000 的记录。

步骤 1：单击数据清单中任意一个有数据的单元格，选择“数据”选项卡下“排序和筛选”命令组中的“筛选”命令，此时工作表数据清单的列标题全部变成下拉列表框，如图 5.40 所示。

	A	B	C	D	E	F
2	出版部门	图书类别	月份	数量(册)	销售额(元)	销售点
3	第2编辑室	基础类	1	156	8350	图批
4	第3编辑室	基础类	1	178	8900	新华书店
5	第3编辑室	基础类	3	189	9450	图批
6	第2编辑室	考试类	1	206	14420	新华书店
7	第2编辑室	基础类	2	211	10550	中山书店
8	第3编辑室	考试类	1	212	14840	图批
9	第2编辑室	基础类	3	218	11901	图批
10	第2编辑室	编程类	1	221	6630	中山书店
11	第3编辑室	基础类	2	231	9630	新华书店
12	第2编辑室	考试类	3	234	16380	图批
13	第3编辑室	编程类	2	242	7260	新华书店
14	第2编辑室	考试类	2	256	17920	中山书店
15	第3编辑室	编程类	1	306	9180	图批
16	第2编辑室	编程类	2	312	9360	图批
17	第1编辑室	考试类	3	323	22610	新华书店
18	第1编辑室	基础类	3	324	16200	中山书店
19	第1编辑室	基础类	2	343	21750	图批
20	第1编辑室	考试类	1	345	24150	中山书店
21	第3编辑室	考试类	2	345	24150	新华书店

图 5.39 数据清单

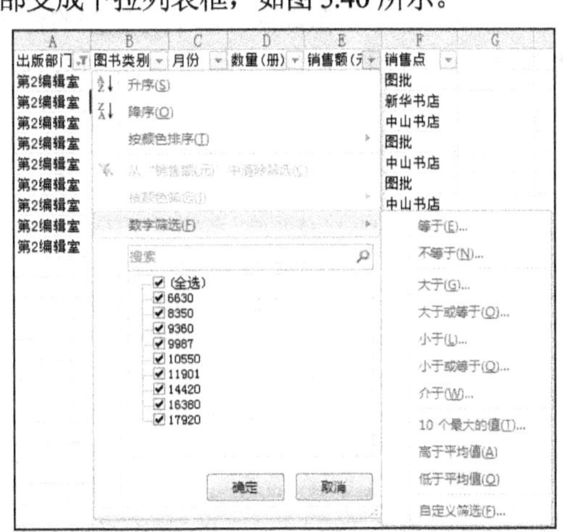

图 5.40 销售额数字筛选级联菜单

步骤2：打开“出版部门”下拉列表框，选择“第2编辑室”，打开“销售额”下拉列表框，选择“数字筛选”级联菜单中的“大于...”命令，如图5.41所示。打开“自定义自动筛选方式”对话框。

步骤3：在“自定义自动筛选方式”对话框中输入如图5.41所示内容。单击“确定”按钮。结果如图5.42所示。

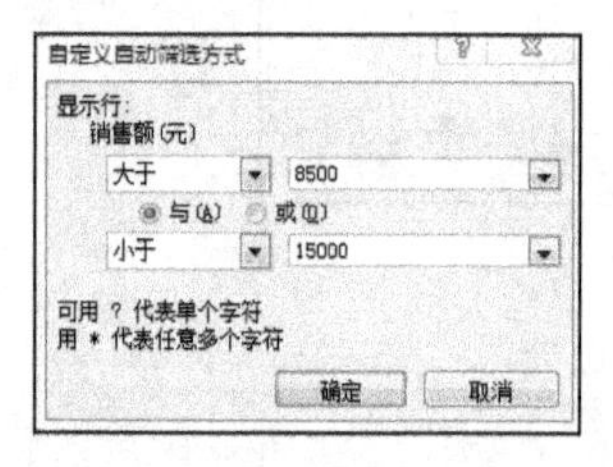

图5.41 “自定义自动筛选方式”对话框

	A	B	C	D	E	F
2	出版部门	图书类别	月份	数量(册)	销售额(元	销售点
6	第2编辑室	考试类	1	206	14420	新华书店
7	第2编辑室	基础类	2	211	10550	中山书店
9	第2编辑室	基础类	3	218	11901	图批
16	第2编辑室	编程类	2	312	9360	图批
26	第2编辑室	基础类	3	543	9987	中山书店

图5.42 自定义自动筛选结果

2. 高级筛选

高级筛选必须有一个条件区域，条件区域距离数据清单至少有一行或一列的间隔。筛选结果可以显示在原数据区域，也可以显示在新的数据区域。

【例5.11】 如图5.24所示Fund.xlsx工作簿的Sheet1中，完成以下高级筛选操作。

- 筛选条件：银行为“河北银行”且金额大于39 000；或银行为“建设银行”且金额大于40 000或小于2 000；
- 条件区域：起始单元格定位在K5；
- 结果复制到：起始单元格定位在K15。

具体操作步骤如下。

步骤1：输入筛选字段名到条件区域。

复制所需筛选内容的字段名，粘贴在起始单元格K5开始的区域。为了确保数据清单和条件区域的字段名完全相同，建议从源数据清单复制字段名粘贴到条件区域。

步骤2：在条件区域输入筛选条件。

筛选条件输入的基本原则：条件名中用的字段名必须写在同一行且连续排列，在字段名下面的单元格中输入条件值，写在同一行的条件是“并且”关系（“与”关系），写在不同行的条件是“或者”关系，如图5.43所示。

步骤3：单击源数据区域中有数据的任一单元格，选择“数据”选项卡下“排序和筛选”组中的“高级”命令，打开“高级筛选”对话框，如图5.44所示。

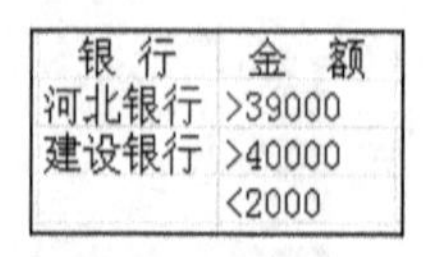

银 行	金 额
河北银行	>39000
建设银行	>40000
	<2000

图5.43 筛选条件

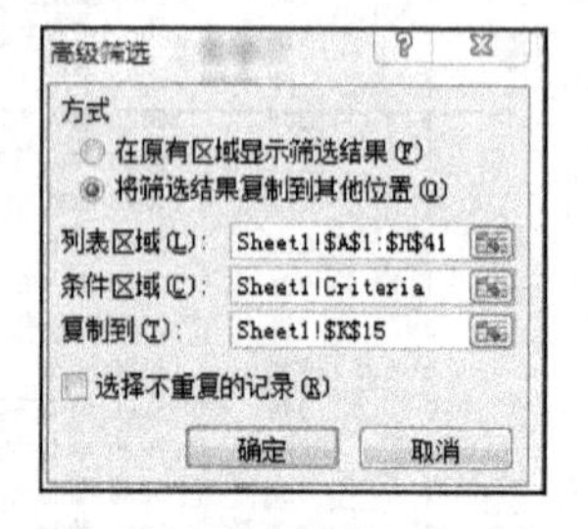

图5.44 “高级筛选”对话框

步骤4：在“高级筛选”对话框中选择“将筛选结果复制到其他位置”单选项，单击“列表区域”后面文本框中的“红箭头”，选择高级筛选源数据区域；单击“条件区域”后面文本框中的“红箭头”，选择高级筛选条件区域；单击“复制到”后面文本框中的“红箭头”，选择高级筛选结果区域的起始单元格。

步骤 5：单击“确定”按钮，完成高级筛选。结果如图 5.45 所示。

部门编号	部门名称	存入日	期限	年利率	金 额	到期日	银 行
012	办公室	2009/6/19	1	3.5	1300	2010/6/19	建设银行
012	办公室	2008/3/19	3	5.0	45500	2011/3/19	河北银行
011	学生处	2009/3/19	2	4.4	41600	2011/3/19	建设银行

图 5.45 高级筛选结果

高级筛选条件示例。

输入条件：部门名称为“办公室”或“学生处”，且金额≥2500 元，如图 5.46(a)所示。

输入条件：部门名称为“办公室”或银行为“建设银行”，如图 5.46(b)所示。

部门名称	金 额
办公室	>=2500
学生处	>=2500

(a)

部门名称	银 行
办公室	
	建设银行

(b)

图 5.46 高级筛选条件示例

5.6.4 分类汇总

Excel 分类汇总是对工作表中数据清单的内容进行分类，然后对同类记录应用分类汇总函数得到相应的统计或计算结果。分类汇总的结果可以按分组明细进行分级显示，以便于显示或隐藏每个分类汇总的结果信息。

1. 创建分类汇总

分类汇总是将数据清单中的记录按某个字段值分类（该字段称为分类字段），同类字段再进行汇总，因此执行“分类汇总”前，必须先按分类字段排序，使字段值相同的记录连续排列。

【例 5.12】 在如图 5.24 所示 Fund.xlsx 工作簿的 Sheet1 工作表中，按“部门名称”分类汇总“金额”之和。

具体步骤如下。

步骤 1：对分类字段“部门名称”进行排序（升序或降序）。

步骤 2：单击数据区域中任一有数据的单元格，选择 “数据”选项卡下“分级显示”命令组中的“分类汇总”命令，打开“分类汇总”对话框。

分类汇总
分类字段(A)：
部门编号
汇总方式(U)：
求和
选定汇总项(D)：
存入日
期限
年利率
金 额
到期日
银 行
替换当前分类汇总(C)
每组数据分页(P)
汇总结果显示在数据下方(S)
全部删除(R) 确定 取消

图 5.47 “分类汇总”对话框

步骤 3：在“分类字段”下选择“部门编号”，汇总方式下选择“求和”，选定汇总项中单击“金额”复选框，如图 5.47 所示。

步骤 4：单击“确定”按钮。

注意：

选中“替换当前分类汇总”项，则只显示最新的分类汇总结果。

选中 “每组数据分页” 项，则在每类数据后插入分页符。

选中 “汇总结果显示在数据下方” 项，则分类汇总结果显示在明细数据下方，否则显示在明细数据上方。

2. 撤销分类汇总

单击分类汇总数据区域中任一有数据的单元格，选择 “数据”选项卡下“分级显示”命令组中的“分类汇总”命令，打开“分类汇总”对话框。如图 5.47 所示，单击“全部删除”按钮，即撤销分类汇总。

5.6.5 数据透视表

分类汇总只能按一个字段分类，进行多次汇总。如果按多个字段进行分类并汇总，就需要用数据透视表。数据透视表是一种可以快速汇总大量数据的交互式方法，使用数据透视表可以深入分析数值数据。

在 Microsoft Excel 2010 中，Excel 早期版本的“数据透视表和数据透视图向导”已替换为“插入”选项卡下的“表格”组中的“数据透视表”和“数据透视图”命令。

创建数据透视表

【例 5.13】 如图 5.48 所示工作簿，创建数据透视表，要求：部门名称是列字段、银行是行字段，对“金额”进行求和汇总。

步骤 1：单击数据区域中任一有数据的单元格，选择“插入”选项卡下的“表格”组中的“数据透视表”命令，打开“创建数据透视表”对话框，如图 5.49 所示。

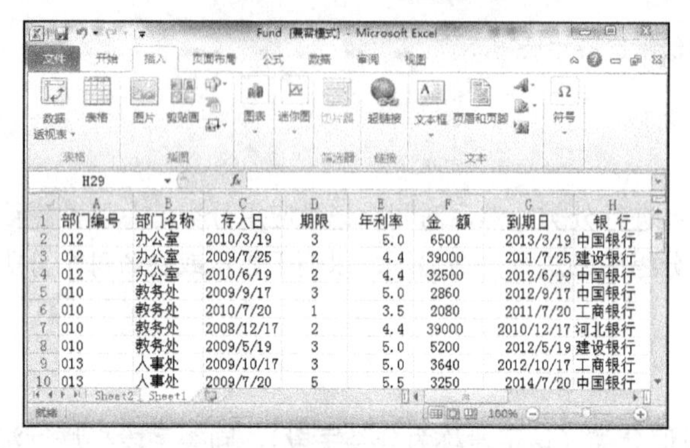

部门编号	部门名称	存入日	期限	年利率	金 额	到期日	银 行
012	办公室	2010/3/19	3	5.0	6500	2013/3/19	中国银行
012	办公室	2009/7/25	2	4.4	39000	2011/7/25	建设银行
012	办公室	2010/6/19	2	4.4	32500	2012/6/19	中国银行
010	教务处	2009/9/17	3	5.0	2860	2012/9/17	中国银行
010	教务处	2010/7/20	1	3.5	2080	2011/7/20	工商银行
010	教务处	2008/12/17	2	4.4	39000	2010/12/17	河北银行
010	教务处	2009/5/19	3	5.0	5200	2012/5/19	建设银行
013	人事处	2009/10/17	3	5.0	3640	2012/10/17	工商银行
013	人事处	2009/7/20	5	5.5	3250	2014/7/20	中国银行

图 5.48 数据源

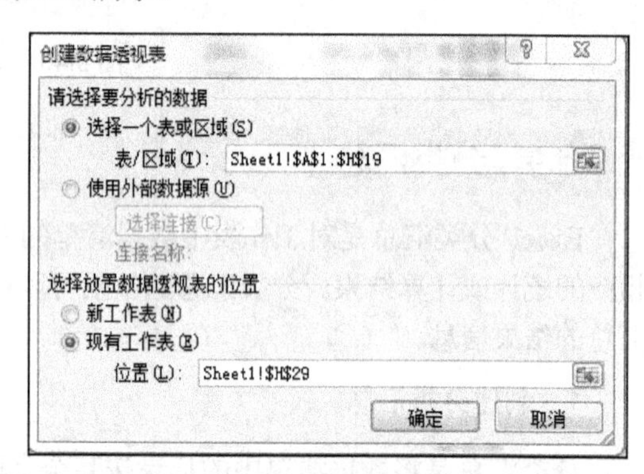

图 5.49 “创建数据透视表”对话框

步骤 2：单击“选择一个表或区域”，单击“表/区域”文本框后的红色箭头，选择待做数据透视表的数据源区域，单击“选择放置数据透视表的位置”下的“现有工作表”，单击“位置”文本框后的红色箭头，选择放置结果的起始单元格。

步骤 3：单击“确定”按钮，打开如图 5.50 所示对话框，将鼠标指向“数据透视表字段列表”对话框中的“银行”字段名（图 5.50 右侧），按住鼠标左键，拖动鼠标到图 5.50 所示的左侧的“将行字段拖至此处”，放开鼠标。将鼠标指向“数据透视表字段列表”对话框中的“部门名称”字段名，按住鼠标左键，拖动鼠标到图 5.50 所示左侧的“将列字段拖至此处”，放开鼠标。将鼠标指向“数据透视表字段列表”对话框中的“金额”字段名，按住鼠标左键，拖动鼠标到图 5.50 所示中间的“将值字段拖至此处”，放开鼠标，即可完成数据透视表操作。结果如图 5.51 所示。

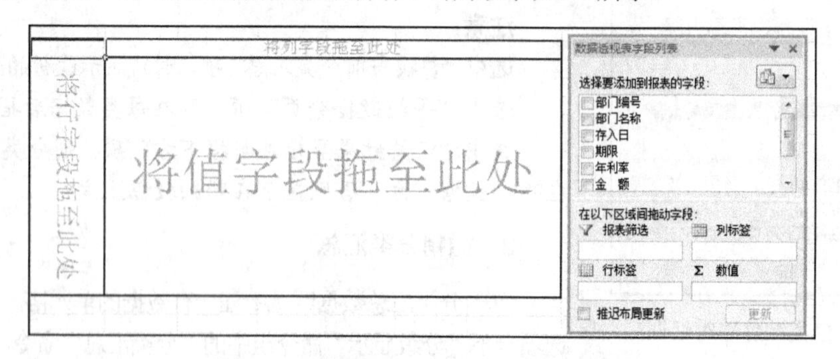

图 5.50 “数据透视表字段列表”对话框

步骤 4：图 5.51 所示的数据透视表结果的汇总方式是“求和”，如果汇总方式改为“求平均”，单击图 5.52 右下角“求和项：金额”后面的黑三角，单击下拉菜单中的“值字段设置...”命令，打开如图 5.53 所示的“值字段设置”对话框。

求和项:金 额	部门名称				
银 行	办公室	教务处	人事处	学生处	总计
工商银行		2080	8320	3640	14040
河北银行		39000	32500	6240	77740
建设银行	39000	5200		43940	88140
中国银行	39000	2860	3250	38740	83850
总计	78000	49140	44070	92560	263770

图 5.51　数据透视表结果

步骤 5：选择“值汇总方式”选项卡，选择所需的值汇总方式即可。

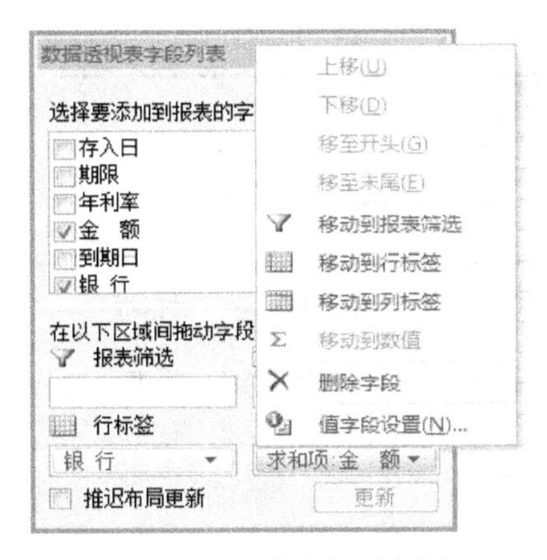

图 5.52　值字段设置菜单

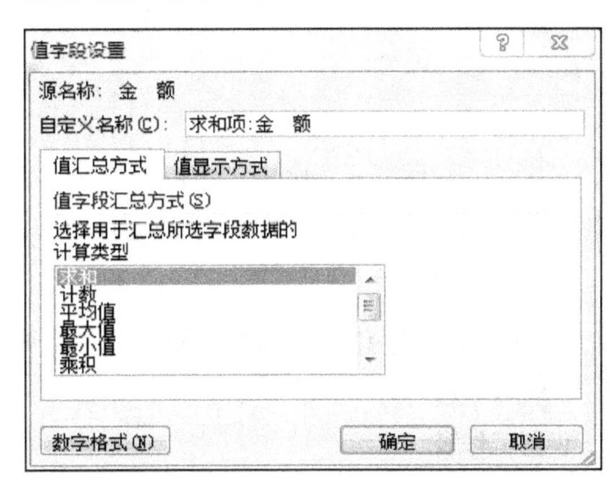

图 5.53　“值字段设置”对话框

5.7　工作表的打印和超链接

设置好的工作表，可以将其打印出来，也可以建立超链接。

5.7.1　页面布局

对工作表进行页面布局，可以控制打印出的工作表的版面。页面布局是利用“页面布局”选项卡内的命令组完成的，包括设置页面、页边距、页眉/页脚和工作表。

1．设置页面

选择“页面布局”选项卡下 “页面设置”组中的命令或单击“页面设置”组右下角的小按钮，打开“页面设置”对话框，进行页面设置，如图 5.54 所示。

2．设置页边距

选择“页面布局”选项卡下的“页面设置”中的“页边距”命令，或在图 5.54 中选择“页边距”选项卡，进行页边距设置。

3．设置页眉/页脚

页眉是打印页面顶部出现的文字，而页脚则是打印页面底部出现的文字。通常把工作簿的名称作为页眉，页码作为页脚。当然也可以自定义。页眉/页脚一般居中打印。

选择图5.54所示的“页眉/页脚”选项卡，打开如图5.55所示的对话框，进行页眉/页脚设置。如果要自定义页眉/页脚，则单击图5.55中的“自定义页眉...”和“自定义页脚... ”按钮，在打开的对话框中完成所需的设置即可。

图5.54　页面设置

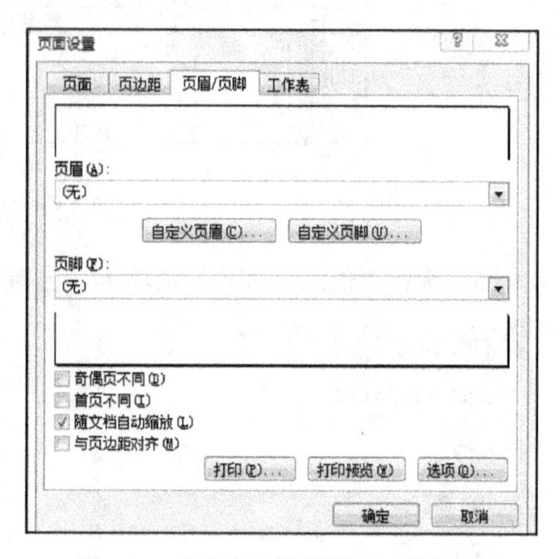

图5.55　“页眉/页脚设置”对话框

如果要删除页眉或页脚，则选定要删除页眉或页脚的工作表，在“页眉/页脚”选项卡选择“无”下拉列表框，表明不使用页眉或页脚。

4．设置工作表

选择图5.54所示的“工作表”选项卡，可以设置打印区域。因为工作表最多由1 048 576行和16 384列组成，是一个非常庞大的区域，而通常要打印的只是有限的区域。可以利用“工作表”选项卡下“打印区域”右侧的切换按钮选定打印区域；利用“打印标题”右侧的切换按钮选定行标题或列标题区域；利用“打印”设置是否有网格线、行号、列标和批注等；利用“打印顺序”设置先行后列还是先列后行。

5.7.2　打印预览和打印

在打印之前，最好先进行打印预览以观察打印效果，然后再打印。利用单击“页面设置”对话框下方的“打印预览”按钮，可以看到实际的打印效果。

若打印预览效果满足需要，单击“页面设置”对话框下方的“打印”按钮，即可进行打印。

5.7.3　工作表中的链接

工作表中的链接包括超链接和数据链接两种情况，超链接可以从一个工作簿或文件快速跳转到其他工作簿或文件，超链接可以建立在单元格的文本或图形上；数据链接是使得数据发生关联，当一个数据发生更改时，与之相关联的数据也会更改。

1．建立超链接

选定要建立超链接的单元格或单元格区域，右击鼠标，在弹出的快捷菜单中选择“超链接...”命令，打开“超链接”对话框，设置链接到的目标地址、屏幕提示（当鼠标指向建立的超链接时，显示相应的提示信息）等。要取消已经建立的超链接，选定超链接区域，右击鼠标，在弹出的快捷菜单中选择“取消超链接...”命令即可取消超链接。

2. 建立数据链接

复制欲关联的数据，打开欲关联的工作表，在工作表中指定单元格右键单击，在“粘贴选项”中选择“粘贴链接”即可。

5.8 保护工作簿和工作表

任何人都可以自由访问和修改未经保护的工作簿和工作表。

1. 保护工作簿

工作簿的保护包含两个方面：一是保护工作簿，防止他人非法访问；二是禁止他人对工作簿或工作簿中工作表的非法操作。

打开工作簿，选择“文件”选项卡下的“另存为”命令，打开“另存为”对话框，在“另存为”对话框中单击“工具”按钮，选择“常规选项...”，打开“常规选项”对话框，如图5.56所示。输入“打开权限密码”并确认，限制打开工作簿权限；输入“修改权限密码”并确认，则限制修改工作簿权限。

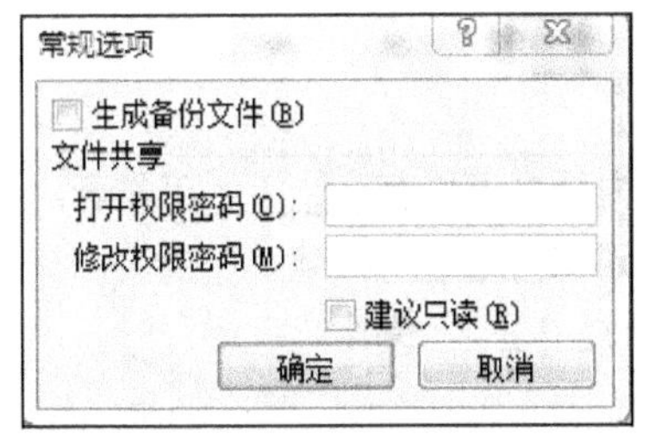

图5.56 “常规选项”对话框

2. 保护工作表

除了保护整个工作簿外，也可以保护工作簿中指定的工作表。具体步骤：选择要保护的工作表使之成为当前工作表，选择“审阅”选项卡下的“更改”命令组，选择“保护工作表”命令，出现“保护工作表”对话框。选中“保护工作表及锁定的单元格内容”复选框，在“允许此工作表的所有用户进行”下提供的选项中选择允许用户操作的项，输入密码，单击“确定”按钮。

习 题 五

一、单项选择题

1. Excel 2010 工作簿文件的扩展名是（　　）。

   A. .txt　　B. .exe　　C. .xls　　D. .xlsx

2. 在 Excel 2010 的单元格中换行，需按的组合键是（　　）。

   A. Tab+Enter　　B. Shift+Enter　　C. Ctrl+Enter　　D. Alt+Enter

3. 单元格A1为数值1，在B1中输入公式：=IF(A1>0,"Yes","No")，结果单元格B1的内容是（　　）。

   A. Yes　　B. No　　C. 不确定　　D. 空白

4. 单元格右上角有一个红色三角形，该单元格是（　　）。

   A. 被选中　　B. 被插入备注　　C. 被保护　　D. 被关联

5. 从Excel工作表产生Excel图表时，下列说法正确的是（　　）。

   A. 无法从工作表中产生图表
   B. 图表只能嵌入在当前工作表中，不能作为新工作表保存
   C. 图表不能嵌入在当前工作表中，只能作为新工作表保存
   D. 图表既可以嵌入在当前工作表中，又能作为新工作表保存

6．Excel 中的数据库属于（　　）。

A．层次模型　　B．网状模型　　C．关系模型　　D．结构化模型

7．对某个工作表进行分类汇总前，必须先进行（　　）。

A．查询　　B．筛选　　C．检索　　D．排序

8．一个工作表中各列数据的第一行均为标题，若在排序时选取标题行一起参与排序，则排序后标题行在工作表数据清单中将（　　）。

A．总出现在第一行　　B．总出现在最后一行

C．依排序顺序而定其位置　　D．总不显示

9．在工作表单元格中输入公式：=A3×100–B4，则该单元格的值（　　）。

A．为单元格 A3 的值乘以 100 再减去单元格 B4 的值，该单元格的值不再变化

B．为单元格 A3 的值乘以 100 再减去单元格 B4 的值，该单元格的值随着 A3 和 B4 的变化而变化

C．为单元格 A3 的值乘以 100 再减去单元格 B4 的值，其中 A3 和 B4 分别代表某个变量的值

D．为空，因为该公式非法

二、填空题

1．Excel 默认一个工作表中包含________工作表，一个工作簿内最多可以有________工作表。

2．Excel 中高级筛选可以用来建立复杂的筛选条件，首先必须建立________区域。

3．Excel 中，对数据建立分类汇总之前，必须先对分类字段进行________操作。

4．Excel 提供的图表类型有________和________。

三、简述题

1．什么是工作簿？什么是工作表？它们之间的关系是什么？

2．Excel 存储数据的基本单位是什么？它们是如何表示的？

3．Excel 如何自动填充数据？

4．独立图表和嵌入式图表有何区别？

5．分类汇总前必须先进行什么操作？

6．分类汇总和数据透视表有什么不同？

7．Excel 公式中单元格的引用分为哪些？

8．在单元格中输入公式的规则是什么？

9．工作表中的链接分为哪几种？它们的区别是什么？

10．表格的建立有几种方法？如何在表格中加入斜线？

11．工作表打印之前需要先设置什么？

12．高级筛选和自动筛选的区别是什么？

13．如何保护工作簿和工作表？

四、实训题

到华信教育资源网（http://www.hxedu.com.cn）下载本章练习所需要的文件。

打开“LxExcel”文件夹下的 Fund.xlsx 文件，如图 5.57 所示。按如下要求进行操作。

1．基本编辑

（1）编辑 Sheet1 工作表。

在第一列前插入一列，输入标题“部门编号”。

部门编号	部门名称	存入日	期限	年利率	金　额	到期日	银　行
	教务处	2009/9/17	3	5.0	2860	2012/9/17	中国银行
	学生处	2010/2/17	3	5.0	2340	2013/2/17	建设银行
	办公室	2010/3/19	3	5.0	6500	2013/3/19	中国银行
	人事处	2009/10/17	3	5.0	3640	2012/10/17	工商银行
	人事处	2009/7/20	5	5.5	3250	2014/7/20	中国银行
	教务处	2010/10/18	5	5.5	2080	2015/10/18	建设银行
	人事处	2009/12/17	5	5.5	4680	2014/12/17	工商银行
	人事处	2010/1/17	5	5.5	3640	2015/1/17	工商银行
	学生处	2010/5/19	5	5.5	4940	2015/5/19	中国银行
	教务处	2010/6/19	5	5.5	2860	2015/6/19	建设银行
	教务处	2010/8/18	5	5.5	5460	2015/8/18	工商银行
	学生处	2002/11/18	5	5.5	2340	2007/11/18	河北银行
	办公室	2003/1/18	5	5.5	5200	2008/1/18	中国银行
	办公室	2009/6/19	1	3.5	1300	2010/6/19	建设银行
	学生处	2009/8/17	1	3.5	3900	2010/8/17	河北银行
	教务处	2009/11/17	5	5.5	5460	2014/11/17	工商银行
	办公室	2010/4/19	1	3.5	3120	2011/4/19	中国银行
	教务处	2010/7/20	1	3.5	2080	2011/7/20	工商银行
	人事处	2010/9/18	1	3.5	4680	2011/9/18	建设银行

图 5.57　Fund.xlsx 文件夹

根据“部门名称”列数据公式填充“部门编号”列。教务处、学生处、办公室、人事处的编号依次为 010、011、012、013。

根据“存入日”和“期限”，用公式填充“到期日”列数据。

（2）在 Sheet1 之后建立 Sheet1 的副本，并将副本重命名“分类汇总”。

（3）删除“分类汇总”工作表中的“部门编号”和“到期日”列。

（4）复制“分类汇总”工作表数据到新工作表，将新工作表命名为“高级筛选”。

（5）将以上修改结果以 ExcelA.xlsx 为名保存到“LxExcel”文件夹下。

2. 数据处理

（1）根据“分类汇总”工作表中的数据，按“部门名称”分类汇总“金额”平均值。

（2）根据“高级筛选”工作表中的数据，完成以下高级筛选操作。

筛选条件：银行为“中国银行”且金额大于 35 000；或银行为“建设银行”且金额大于 40 000 或小于 2 000。

条件区域：起始单元格定位在 K5。

复制到：起始单元格定位在 K15。

最后保存文件。

第6章 PowerPoint 2010演示文稿制作软件

PowerPoint 2010（以下简称PowerPoint）是微软公司Microsoft Office 2010办公套装软件中的一个重要组件，是一款演示文稿编创与展示工具。演示文稿由用户根据软件提供的功能自行设计、制作和放映，图文并茂且具有动态性、交互性和可视性，广泛应用在演讲、报告、产品演示和课件制作等情形下，借助演示文稿，可更有效地进行表达与交流。

一般情况下演示文稿是由一系列的幻灯片组成的，本章主要介绍如何利用PowerPoint设计、制作和放映演示文稿，通过本章的学习，应能掌握以下内容。

（1）演示文稿的创建、幻灯片版式设置、幻灯片编辑、幻灯片放映等基本操作。

（2）演示文稿视图模式的使用，幻灯片页面、主题、背景及母版的应用与设计。

（3）幻灯片中图形和图片、SmartArt图形、表格和图表、声音和视频及艺术字等对象的编辑及工具的使用。

（4）幻灯片中动画效果、切换效果和交互效果等设计。

（5）演示文稿的放映设置与控制，输出与打印。

6.1 PowerPoint使用基础

6.1.1 PowerPoint基本功能

PowerPoint作为演示文稿制作软件，提供了方便、快速建立演示文稿的功能，包括幻灯片的建立、插入、删除等基本功能，以及幻灯片版式的选用，幻灯片中信息的编辑及最基本放映方式等。

对于已建立的演示文稿，为了方便用户从不同角度阅读幻灯片，PowerPoint提供了多种幻灯片浏览模式，包括普通视图、浏览视图、备注页视图模式、阅读模式和母版视图等。

为了更好地展示演示文稿的内容，利用PowerPoint可以对幻灯片的页面、主题、背景及母版进行外观设计。对于演示文稿中的每张幻灯片，可利用PowerPoint提供的丰富功能，根据用户的需求设置具有多媒体效果的幻灯片。

PowerPoint提供了具有动态性和交互性的演示文稿放映方式，通过设置幻灯片中对象的动画效果、幻灯片切换方式和放映控制方式，可以更加充分地展现演示文稿的内容并达到预期的目的。

PowerPoint可以对演示文稿打包输出和格式转换，以便在未安装PowerPoint的计算机上放映演示文稿。

6.1.2 PowerPoint的启动和退出

演示文稿是以.pptx为扩展名的文件，文件由若干张幻灯片组成，按序号由小到大排列。

PowerPoint 的启动与退出和 Word 类似。在启动 PowerPoint 后，将在 PowerPoint 窗口中自动新建一个名为“演示文稿 1”的空白演示文稿，如图 6.1 所示。

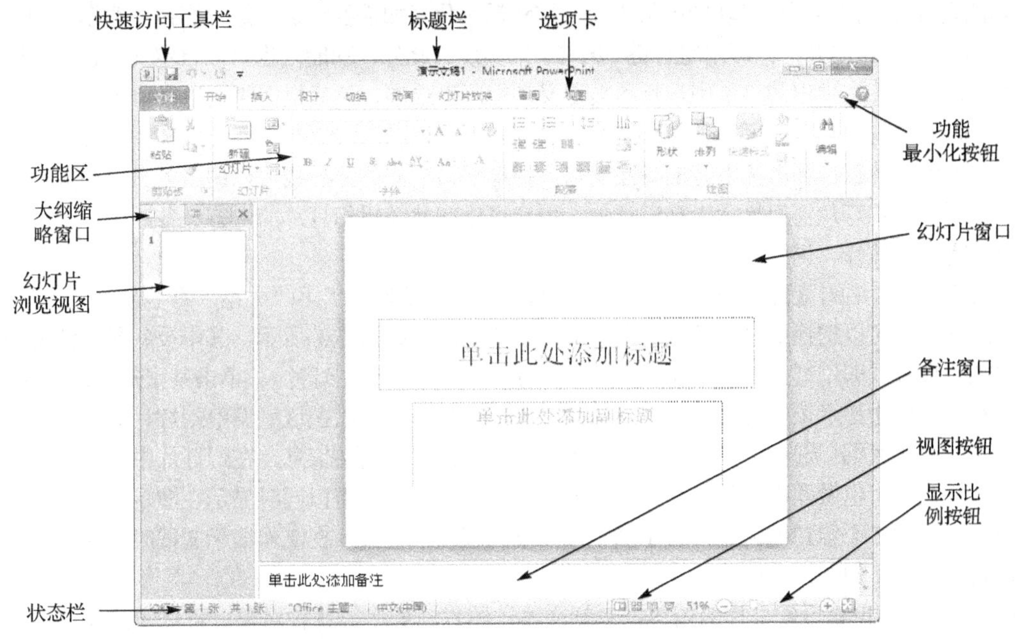

图 6.1 PowerPoint 工作窗口

6.1.3 PowerPoint 的窗口结构

PowerPoint 的功能是通过其窗口实现的，启动 PowerPoint 即可打开 PowerPoint 应用程序工作窗口，如图 6.1 所示。它由标题栏、快速访问工具栏、选项卡、功能区、幻灯片/大纲浏览窗口、幻灯片窗口、备注窗口、状态栏、视图按钮、显示比例调节区等部分组成。

（1）标题栏。标题栏位于窗口的顶端，其中央区域用于显示当前演示文稿对应的文件名；右端有“最小化”、“最大化/还原”和“关闭”3 个按钮；最左端是控制菜单图标，其中包括“还原”、“移动”、“大小”、“最小化”、“最大化”和“关闭”命令，与相应按钮功能一样，根据操作状态有些命令可用，有些则不可用；控制菜单图标右侧是快速访问工具栏。拖动标题栏可以移动窗口，双击标题栏可最大化或还原窗口。

（2）快速访问工具栏。在默认状态下位于标题栏左端，把常用的几个命令按钮放在此处，便于快捷操作。默认设置下有“保存”、“撤销”、“恢复”3 个按钮。在“恢复”按钮的右侧还设有“自定义快速访问工具栏”下拉菜单，可根据需要修改快速访问工具栏的设置。

（3）选项卡。标题栏下面是选项卡，默认情况下有“文件”、“开始”、“插入”等 9 个不同的选项卡，每个选项卡下包含不同类别的命令按钮组。单击选项卡，将在功能区显示与该选项卡类别对应的多组操作命令。如单击“文件”选项卡，就出现“保存”、“打开”、“关闭”、“新建”、“打印”等命令，此外还有“保护演示文稿”、“属性”等命令按钮供选择操作。

默认情况下有些选项卡不会出现，只有在特定操作状态下才会自动出现，并提供相应的命令，这种选项卡称为“上下文选项卡”。如在进入幻灯片编辑状态后，就会自动出现“绘图工具-格式”选项卡。

（4）功能区。功能区用来显示与对应选项卡功能类型一致的命令按钮，一般命令按钮以功能类属原则分组显示。如“开始”选项卡下就有“剪贴板”、“幻灯片”、“字体”、“段落”、“绘图”和“编辑”等分组，每个分组内的命令按钮功能类属接近。

功能区可以根据需要用“功能区最小化”按钮最小化（如需要增加幻灯片窗口的显示面积）或用“展开功能区”按钮展开，也可用组合键Ctrl+F1来实现。此外，功能区也可以自定义，在功能区任意空白处单击右键，在弹出的菜单中选择“自定义功能区”选项，然后根据需要进行修改。

（5）演示文稿编辑区。功能区下方的演示文稿编辑区分为3个部分：左侧的幻灯片/大纲浏览窗口、右侧上方的幻灯片窗口和右侧下方的备注窗口。拖动窗口之间的分界线可以调整各窗口的大小，以便满足编辑需要。幻灯片窗口显示当前幻灯片，用户可以在此编辑幻灯片的内容。备注窗口中可以添加与幻灯片有关的注释、说明等信息。

① 幻灯片/大纲浏览窗口。幻灯片/大纲浏览窗口含有“幻灯片”和“大纲”两个选项卡。单击“幻灯片”选项卡，可以切换到显示各张幻灯片缩略图的状态，如图6.3所示，其中反底显示的是当前正在编辑的幻灯片（即幻灯片窗口中显示的那张幻灯片，也称当前幻灯片）。单击某张幻灯片的缩略图，将在幻灯片窗口中显示该幻灯片，即可以切换当前幻灯片。还可以在这里调整幻灯片顺序、添加或删除幻灯片。在“大纲”选项卡下，可以显示各幻灯片的标题与正文信息，在幻灯片中编辑标题或正文信息时，大纲窗口也做同步刷新。在“普通视图”下，上述3个窗口同时显示在演示文稿编辑区，用户可以同时看到3个窗口的内容，便于从不同角度处理演示文稿。在制作演示文稿时，这也是人们最常用的视图状态。幻灯片窗口。

② 幻灯片窗口显示幻灯片的内容，包括文本、图片、表格等各种对象。可以直接在该窗口中输入和编辑幻灯片内容。

③ 备注窗口。对幻灯片的解释、说明等备注信息可以在此窗口中直接输入、编辑，以供制作、展示和演讲时备忘、参考。

（6）视图按钮。视图是当前演示文稿的不同显示方式。PowerPoint提供了普通、幻灯片浏览、幻灯片放映、阅读、备注页和母版6种视图。普通视图下可以同时显示幻灯片/大纲浏览窗口、幻灯片窗口和备注窗口，而幻灯片放映视图下可以放映当前演示文稿。

各种视图间的切换可以使用“视图”选项卡中的相应命令，也可以用窗口底部右侧的视图按钮，这里提供了“普通视图”、“幻灯片浏览”、“阅读视图”和“幻灯片放映”4个按钮，单击某个按钮就可快捷地切换到相应视图状态。

（7）显示比例调节区。显示比例调节区位于视图按钮的右侧，单击“放大”、“缩小”按钮可以调整幻灯片窗口区域的幻灯片显示比例，也可以通过拖动滑块实现。

（8）状态栏。状态栏位于窗口底部左侧，在普通视图下主要显示当前幻灯片的序号、当前演示文稿的幻灯片总数、当前幻灯片选用的主题、拼写错误等信息。

6.1.4 演示文稿的打开与关闭

演示文稿的打开与关闭与Word文档类似，具体参见相关内容。

6.2 演示文稿的基本操作

6.2.1 创建演示文稿

创建演示文稿主要有创建空白演示文稿、根据主题创建、根据模板创建和根据现有演示文稿创建等方式。

1. 创建空白演示文稿

使用空白演示文稿方式，可以创建一个没有任何设计方案和示例文本的空白演示文稿，根据自己需要选择幻灯片版式，然后开始演示文稿的制作。

创建空白演示文稿有两种方法。

（1）在启动 PowerPoint 时自动创建一个空白演示文稿。

（2）在 PowerPoint 已经启动的情况下，单击“文件”选项卡“新建”命令，在右侧“可用的模板和主题”中选择“空白演示文稿”命令，再单击右侧的“创建”按钮即可，也可以直接双击“可用的模板和主题”中的“空白演示文稿”。

2. 用主题创建演示文稿

主题是事先设计好的一组演示文稿的样式框架，主题规定了演示文稿的外观样式，包括母版、配色、文字格式等设置。使用主题方式，不必费心设计演示文稿的母版和格式，直接在系统提供的各种主题中选择一个最适合自己的主题，创建一个该主题的演示文稿，且使整个演示文稿外观一致。

单击“文件”选项卡“新建”命令，在右侧“可用的模板和主题”中选择“主题”，在随后出现的主题列表中选择一个主题，并单击右侧的“创建”按钮即可，如图 6.2 所示。也可以直接双击主题列表中的某主题。

图 6.2　创建主题演示文稿

3. 用模板创建演示文稿

模板是预先设计好的演示文稿样本，PowerPoint 系统提供了丰富多彩的模板。因为模板已经提供多项设置好的演示文稿外观效果，所以用户只需将内容进行修改和完善即可创建美观的演示文稿。使用模板方式，可以在系统提供的各式各样的模板中根据自己的需要选用其中一种内容最接近自己需求的模板，对模板中的提示内容幻灯片，用户根据自己的需要补充完善即可快速创建专业水平的演示文稿。这样可以不必自己设计演示文稿的样式，省时省力，提高了工作效率。

单击“文件”选项卡“新建”命令，在右侧“可用的模板和主题”中选择“样本模板”，在随后出现的样本模板列表中选择一个所需模板，并单击右侧的“创建”按钮即可。也可以直接双击模板列表中所选模板。

例如，使用“项目状态报告”模板创建的演示文稿含有同一主题的 11 张幻灯片，分别给出“项目状态报告”标题和“项目概述”、“当前状态”、“问题和解决方法”、“日程表”等其他幻灯片的提示内容。用户只需根据实际情况按提示修改填充内容即可。

预设的模板毕竟有限，如果“样本模板”中没有符合要求的模板，也可以在 Office.com 网站下载。联网情况下，在下方“Office.com 模板”列表中选择一个模板，系统在网络上搜索同类模板并显示，从中选择一个模板，然后单击“创建”按钮，系统自动下载模板并创建相应演示文稿。

4．用现有演示文稿创建演示文稿

如果希望新演示文稿与现有的演示文稿类似，则不必重新设计演示文稿的外观和内容，直接在现有演示文稿的基础上进行修改从而生成新的演示文稿。用现有演示文稿创建新演示文稿的方法如下。

单击“文件”选项卡“新建”命令，在右侧“可用的模板和主题”中选择“根据现有内容新建”，在出现的“根据现有演示文稿新建”对话框中选择目标演示文稿文件，并单击“新建”按钮。系统将创建一个与目标演示文稿样式和内容完全一致的新演示文稿，只要根据需要适当修改并保存即可。

6.2.2 幻灯片版式应用

PowerPoint 为幻灯片提供了多个幻灯片版式供用户根据内容需要选择，幻灯片版式确定了幻灯片内容的布局。单击“开始”选项卡“幻灯片”组的“版式”命令，打开 Office 主题列表，可为当前幻灯片选择版式，如图 6.3 所示，有“标题幻灯片”、“标题和内容”、“节标题”、“内容与标题”、“图片与标题”、“标题和竖排文字”和“垂直排列标题与文本”等。对于新建的空白演示文稿，默认的版式是“标题幻灯片”。

确定了幻灯片的版式后，即可在相应的栏目和对象框内添加或插入文本、图片、表格、图形、图表、媒体剪辑等内容，如图 6.4 所示为“两栏内容”幻灯片版式。

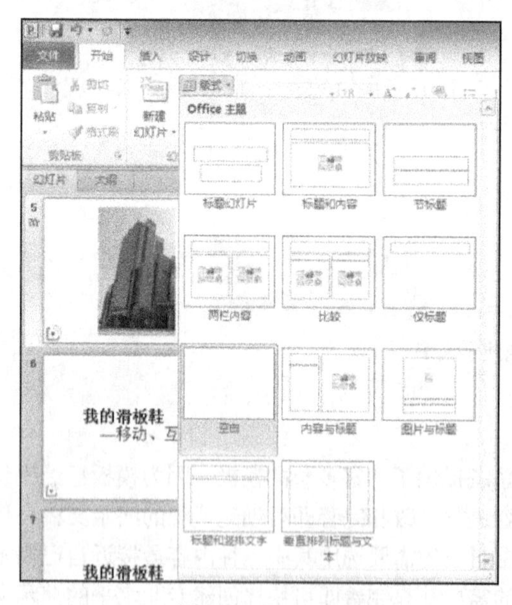

图 6.3 Office 主题列表

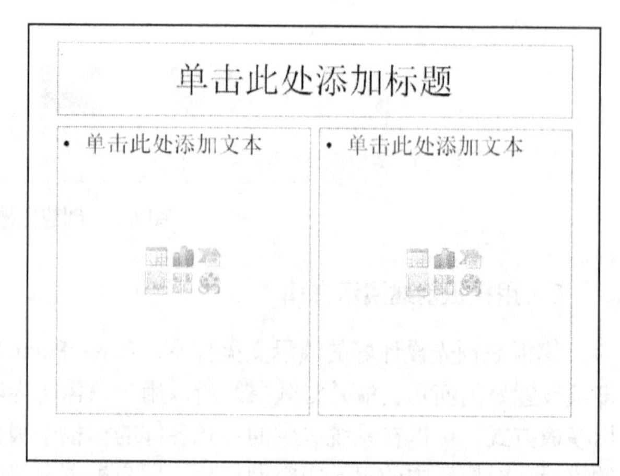

图 6.4 “两栏内容”幻灯片版式

6.2.3 插入和删除幻灯片

通常，演示文稿由多张幻灯片组成，创建空白演示文稿时，自动生成一张空白幻灯片，当一张幻灯片编辑完成后，还需要继续制作下一张幻灯片，此时需要增加新幻灯片。在已经存在的演示文稿中

有时需要增加若干幻灯片以加强某个观点的表达，而对某些不再需要的幻灯片则希望删除它。因此，必须掌握增加或删除幻灯片的方法。要增加或删除幻灯片，必须先选择幻灯片，使之成为当前操作的对象。

1. 选择幻灯片

若要插入新幻灯片，首先需要确定当前幻灯片是哪一张，它是插入新幻灯片的基准位置，默认情况下新幻灯片将插在当前幻灯片后面。若要删除幻灯片或编辑幻灯片，则要先选择目标幻灯片，使其成为当前幻灯片，然后再执行删除或编辑操作。在幻灯片/大纲浏览窗口中可以显示多张幻灯片，所以在该窗口中选择幻灯片十分方便，既可以选择一张，也可以选择多张幻灯片作为操作对象。

（1）选择单张幻灯片。在幻灯片/大纲浏览窗口单击所选幻灯片缩略图即可。若目标幻灯片缩略图未出现，可以拖动幻灯片/大纲浏览窗口的滚动条的滑块，寻找、定位目标幻灯片缩略图后单击它即可。

（2）选择多张连续幻灯片。在幻灯片/大纲浏览窗口单击所选第一张幻灯片缩略图，然后按住 Shift 键并单击所选最后一张幻灯片缩略图，则这两张幻灯片之间（含这两张幻灯片）所有的幻灯片均被选中。

（3）选择多张不连续幻灯片。按住 Ctrl 键，在“幻灯片/大纲浏览”窗口中逐个单击要选择的各幻灯片缩略图即可。

2. 插入幻灯片

常用的插入幻灯片方式有两种：插入新幻灯片和插入当前幻灯片的副本。

（1）插入新幻灯片。将由用户重新定义插入幻灯片的格式（如版式等）。在幻灯片/大纲浏览窗口中选择目标幻灯片缩略图，单击“开始”选项卡“幻灯片”组的“新建幻灯片”，从出现的幻灯片版式列表中选择一种版式（例如“标题和内容”），则在当前幻灯片后出现新插入的指定版式幻灯片。另外，也可以在幻灯片/大纲浏览窗口中右击某幻灯片缩略图，在弹出的菜单中选择“新建幻灯片”命令，在该幻灯片缩略图后面出现新幻灯片。也可以在“幻灯片浏览”视图模式下，移动光标到需插入幻灯片的位置，当出现黑色竖线时，右击，在弹出的快捷菜单中选择“新建幻灯片”命令，也可在当前位置插入一张新幻灯片。

（2）插入当前幻灯片的副本。直接复制当前幻灯片（包括幻灯片版式和内容等）作为插入的新幻灯片，即保留现有的格式和内容，用户只需在其基础上进行修改即可。在“幻灯片/大纲浏览”窗口中选择目标幻灯片缩略图，单击“开始”选项卡“幻灯片”组的“新建幻灯片”命令，从弹出的列表中单击“复制所选幻灯片”命令，则在当前幻灯片之后插入与当前幻灯片完全相同的幻灯片。也可以右击目标幻灯片缩略图，在出现的菜单中选择“复制幻灯片”命令，在目标幻灯片后面插入新幻灯片，其格式和内容与目标幻灯片相同。

3. 删除幻灯片

在幻灯片/大纲浏览窗口中选择目标幻灯片缩略图，然后按 Delete 键。也可以右击目标幻灯片缩略图，在出现的快捷菜单中选择“删除幻灯片”命令。若删除多张幻灯片，先选择这些幻灯片，然后按上述方法操作即可。

6.2.4 幻灯片中文本信息的编辑

演示文稿由若干幻灯片组成，幻灯片根据需要可以出现文本、图片、表格等表现形式。文本是最基本的表现形式，也是演示文稿的基础。

（1）文本的输入。当建立空白演示文稿时，系统自动生成一张标题幻灯片，其中包括两个虚线框，框中有提示文字，这个虚线框称为占位符，如图 6.1 所示。占位符是预先安排的对象插入区域，对象可以是文本、图片、表格等，单击不同占位符即可插入相应的对象。标题幻灯片的两个占位符都是文本占位符。单击占位符任意位置，提示文字消失，其内出现闪动的光标（也即文本插入点），在插入点处直接输入所需文本即可。默认情况下会自动换行，在分段时才需要按 Enter 键。

文本占位符是预先安排好的文本插入区域，若希望在其他区域添加文本，可以在所需位置插入文本框并在其中输入文本。操作方法如下。

单击“插入”选项卡“文本”组的“文本框”命令，选择“横排文本框”或“垂直文本框”命令，此时，鼠标指针呈十字针状。然后将指针移到目标位置，按左键拖画出合适大小的文本框。与占位符不同，文本框中没有出现提示文字，只有闪动的插入点，在文本框中输入所需文本即可。

默认情况下，未向其中输入文本的文本占位符（包括其中的提示文字）都是虚拟占位符，在“幻灯片浏览”、“阅读视图”、“幻灯片放映”视图下和打印时这些虚拟占位符均不予显示或打印，只有在“普通视图”和“幻灯片母版”中才予以显示。可以对文本占位符进行字体、段落和形状格式等设置。

（2）文本的选择。要对某文本进行编辑，必须先选择该文本，即编辑文本的前提是选择文本。根据需要可以选取整个文本框或文本占位符、整段文本或部分文本。

① 选择整个文本框。单击文本框中任一位置，出现虚线框，再单击虚线框，变成实线框，这表明文本框已被整体选中。单击选中文本框外的任意位置，即可取消选中状态。

② 选择整个文本占位符。一种方法和“选择整个文本框”一样，另一种方法是直接单击文本占位符的虚线框即可。取消选中与“选择整个文本框”操作一样。

③ 选择整段文本。单击该段文本中任一位置，然后三击左键，即可选中该段文本，选中的文本反相显示。

④ 选择部分文本。按住左键从文本的第一个字符开始拖动鼠标到文本的最后一个字符，放开鼠标，这部分文本反相显示，表示其已被选中。也可在所要选择文本开始字符前先单击左键，然后按住 Shift 键，再单击最后一字符之后位置，放开 Shift 键，即选择完毕。上述方法中也可从最后字符开始操作。

（3）文本的替换。选择要替换的文本，使其反相显示后直接输入新文本。也可以在选择要替换的文本后按 Delete 键，将其删除，然后再输入所需文本。

（4）文本的插入与删除。

① 插入文本。单击插入位置，然后输入要插入的文本，新文本将插到当前插入点位置。

② 删除文本。选择要删除的文本，使其反相显示，然后按 Delete 键即可。也可以选择文本后右击，在弹出的快捷菜单中单击“剪切”命令。此外，还可以采用“清除”命令。选择要删除的文本，单击快速访问工具栏中的“清除”命令，即可删除该文本。

（5）文本的移动与复制。首先选择要移动（复制）的文本，然后将鼠标指针移到该文本上并按住 Ctrl 键把它拖到目标位置，就可以实现移动（复制）操作。当然，也可以采用剪切（复制）和粘贴的方法实现。

（6）文本的字体设置。首先选择要设置字体的文本，然后在“开始”选项卡“字体”组中做相应设置操作。需要说明的是，如果在“字号”下拉列表中没有所选字号（如 25），可以直接单击“字号”编辑框，删除原来字号，再输入所选字号数字，然后按 Enter 键即可。

（7）文本的段落设置。PowerPoint 中文本的段落格式设置与在 Word 中类似。需补充说明的是，在文本框或文本占位符中输入含有多行文字，特别是文本中既有中文字符又有西文字符时，文本的段落对齐方式以设置为“两端对齐”为佳。

6.2.5 演示文稿的保存

演示文稿可以以原文件名保存在原位置，也可以保存在其他位置和换名保存。既可以保存为 PowerPoint 2010 格式（默认扩展名为 .pptx），也可以保存为 PowerPoint 97-2003 格式（默认扩展名为 .ppt），以便在低版本的 PowerPoint 中使用。方法和 Word 2010 类似。

6.2.6 演示文稿的打印输出

演示文稿除放映外，还可以打印到纸张或胶片等材料上，便于演讲时参考、现场分发给观众、传递交流、存档或用其他设备做二次投影。

打开演示文稿，单击“文件”选项卡“打印”命令。大部分设置和 Word 与 Excel 类似，主要的不同是“打印版式”的不同设置。

设置打印版式（整页幻灯片、备注页或大纲）或打印讲义的方式（1 张幻灯片、6 张幻灯片、8 张幻灯片等），单击右侧的下拉按钮，在出现的版式列表或讲义打印方式中选择一种。例如，选择“6 张幻灯片”的讲义打印方式，则右侧预览区显示每页打印上下排列的 6 张幻灯片，如图 6.5 所示。

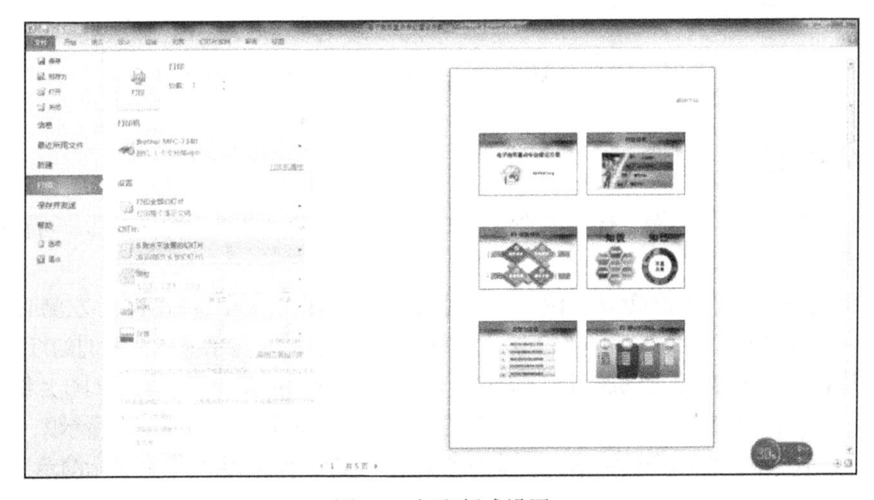

图 6.5 打印版式设置

6.3 演示文稿视图的使用

PowerPoint 提供了多种显示演示文稿的方式，使用户可以从不同角度有效管理、查看、处理和展示演示文稿。这些演示文稿的不同显示方式称为视图。PowerPoint 中有 6 种可供选用的视图：普通视图、幻灯片浏览视图、阅读视图、备注页视图、幻灯片放映视图和母版视图。采用不同的视图会为某些操作带来方便，例如，在幻灯片浏览视图下，由于能够显示更多张幻灯片缩略图，因而给幻灯片的移动操作带来了方便；而普通视图下则更适合编辑幻灯片内容。

切换视图的常用方法有两种：使用功能区命令和使用视图按钮。

（1）使用功能区命令。单击“视图”选项卡，在“演示文稿视图”组中有“普通视图”、“幻灯片浏览”、“备注页”和“阅读视图”命令按钮供选择。单击某个按钮，即可切换到相应视图，如图 6.6 所示。

（2）使用视图按钮。在 PowerPoint 窗口底部右侧有 4 个视图按钮，分别是“普通视图”、“幻灯片浏览”、“阅读视图”和“幻灯片放映”，单击所需视图按钮就可以切换到相应的视图。

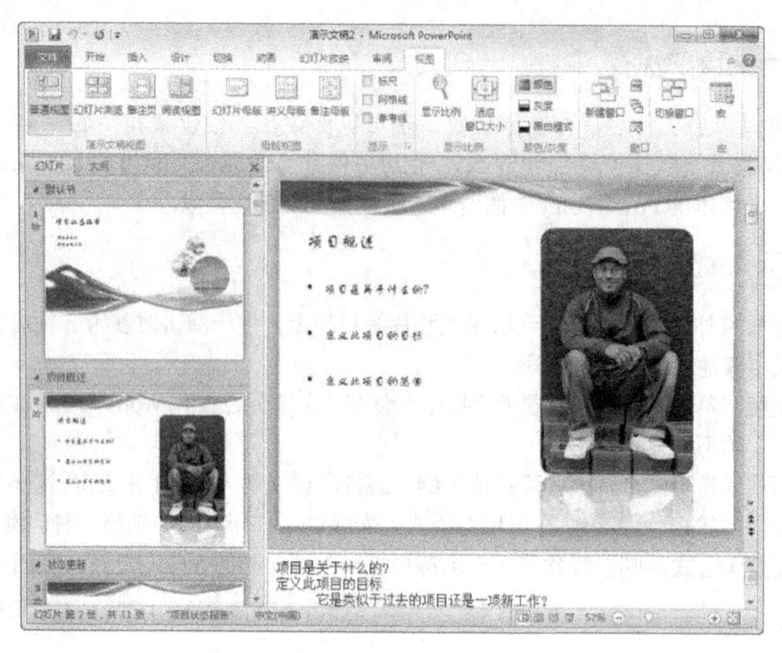

图 6.6 “视图”选项卡

6.3.1 视图概览

（1）普通视图。单击“视图”选项卡“演示文稿视图”组的“普通视图”按钮，可切换到普通视图，如图 6.6 所示。

普通视图是创建演示文稿的默认视图。在普通视图下，窗口由 3 个窗口组成：左侧的幻灯片/大纲浏览窗口、右侧上方的幻灯片窗口和右侧下方的备注窗口，可以同时显示演示文稿的幻灯片缩略图（或大纲）、幻灯片和备注内容，如图 6.3 所示。其中，幻灯片/大纲浏览窗口可以显示幻灯片缩略图或文本内容，这取决于选择了该窗口上面的“幻灯片”还是“大纲”选项卡。如图 6.6 所示的是选择“幻灯片”选项卡后显示幻灯片缩略图的情形。若单击“大纲”选项卡，则窗口中将显示演示文稿所有幻灯片的文本型内容。

一般地，普通视图下幻灯片窗口面积较大，但显示的 3 个窗口大小是可以调节的，方法是拖动两部分之间的分界线即可。若将幻灯片窗口尽量调大，此时幻灯片上的细节一览无余，最适合编辑幻灯片，如插入对象、修改文本等。

（2）幻灯片浏览视图。单击 PowerPoint 窗口底部右侧的幻灯片浏览视图按钮，即可进入幻灯片浏览视图，如图 6.7 所示。在“幻灯片浏览”视图中，一屏可显示多张幻灯片缩略图，可以直观地观察演示文稿的整体外观，便于进行幻灯片顺序的调整和复制、移动、插入和删除等操作，还可以设置幻灯片的切换效果并预览。

（3）备注页视图。单击“视图”选项卡“演示文稿视图”组的“备注页”命令，进入备注页视图。在此视图下显示一张幻灯片及其下方的备注页，用户可以输入或编辑备注页的内容。

（4）阅读视图。单击“视图”选项卡“演示文稿视图”组的“阅读视图”命令，切换到阅读视图。在阅读视图下，只保留放映阅读区、标题栏和状态栏，其他编辑功能被屏蔽，目的是进行幻灯片制作完成后的简单放映效果浏览。通常是从当前幻灯片开始放映，单击或按光标键/翻页键可以切换幻灯片，直到放映完最后一张幻灯片后自动退出阅读视图，返回至原来视图。放映过程中随时可以按 Esc 键退出阅读视图，返回至原来视图，也可以单击状态栏右侧的其他视图按钮，退出阅读视图并切换到相应视图。

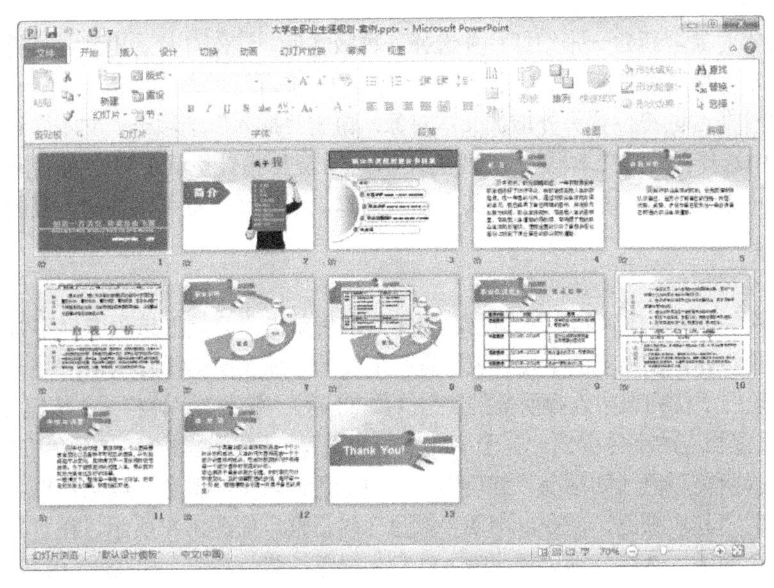

图 6.7 “幻灯片浏览”视图

（5）幻灯片放映视图。创建演示文稿，其最终目的是向观众放映和演示。创建者通常会采用各种动画方案、放映方式和幻灯片切换方式等手段，以提高放映效果。在幻灯片放映视图下不能对幻灯片进行编辑，若不满意幻灯片效果，必须切换到普通视图等其他视图下进行编辑修改。

只有切换到幻灯片放映视图，才能全屏放映演示文稿。单击“幻灯片放映”选项卡“开始放映幻灯片”组的“从头开始”命令，就可以从演示文稿的第一张幻灯片开始放映，也可以选择“从当前幻灯片开始”命令，从当前幻灯片开始放映。另外，单击窗口底部右侧的“幻灯片放映”视图按钮，也可以从当前幻灯片开始放映。

在幻灯片放映视图下，单击或按光标键/翻页键可以顺序切换幻灯片，直到放映完毕，自动返回原状态。在放映过程中，右击会弹出放映控制菜单，利用它可以改变放映顺序、即兴标注等。

6.3.2 普通视图的运用

在普通视图下，幻灯片窗口面积最大，用于显示单张幻灯片，因此适合对幻灯片上的对象（文本、图片、表格等）进行编辑操作，主要操作有选择、移动、复制、插入、删除、缩放（对图片等对象）以及设置文本格式和对齐方式等。

（1）选择操作。要操作某个对象，首先要选中它。方法是将鼠标指针移动到对象上，当指针呈十字箭头时，单击该对象即可。选中后，该对象周围出现控点。若要选择文本对象中的某些文字，单击文本对象，其周围出现控点后再在目标文字上拖动，使之反相显示，即已选中。

（2）移动和复制操作。首先选择要移动/复制的对象，然后鼠标指针移到该对象上并（按住 Ctrl 键）把它拖到目标位置，就可以实现移动（复制）操作。当然，也可以采用剪切/复制和粘贴的方法实现。

（3）删除操作。选择要删除的对象，然后按 Delete 键。也可以采用剪切方法，即选择要删除的对象后，单击“开始”选项卡“剪贴板”组的“剪切”命令。

（4）改变对象的大小。当对象（如图片）的大小不合适时，可以先选择该对象，当其周围出现控点时，将鼠标指针移到边框的控点上并拖动，拖动左右或上下边框的控点可以在水平或垂直方向缩放。若拖动四角之一的控点，会在水平和垂直两个方向同时进行缩放。

（5）编辑文本对象。新建一张幻灯片并选择一种版式后，该幻灯片上出现占位符。用户单击文本占位符并输入文本信息即可。

若要在幻灯片非占位符位置另外增加文本对象，单击“插入”选项卡“文本”组的“文本框”命令，在下拉列表中选择“横排文本框”或“垂直文本框”，鼠标指针呈倒十字针状，指针移到目标位置，按左键拖画出大小合适的文本框，然后在其中输入文本。这个文本框可以移动、复制、缩放和设置格式，也可以删除。

（6）调整文本格式。

① 字体、字号、字体样式和字体颜色。选择文本后单击“开始”选项卡“字体”组的“字体”编辑框右侧的下拉按钮，在出现的下拉列表中选择所需的字体（如黑体）。单击“字号”编辑框右侧的下拉按钮，在出现的下拉列表中选择所需的字号（如28磅）。单击“字体样式”按钮（如“加粗”、“倾斜”等），可以设置相应的字体样式。关于字体颜色的设置，可以单击“字体颜色”右侧的下拉按钮，在下拉列表中选择所需颜色（如标准“红色”）。如对颜色列表中的颜色不满意，也可以自定义颜色。单击下拉列表中的“其他颜色”命令，出现“颜色”对话框，如图6.8所示，在“自定义”选项卡中选择“RGB”颜色模式，然后分别设置或输入红色、绿色、蓝色数值（如250，0，0），自定义所需的字体颜色。对话框右侧可以预览对应于颜色设置数值的颜色，若不满意，修改颜色数值直到满意，单击“确定”按钮完成自定义颜色设置。

若需要其他更多文本格式命令，可以选择文本后，单击“开始”选项卡“字体”组右下角按钮，弹出“字体”对话框，根据需要设置各种文本格式即可，如图6.9所示。

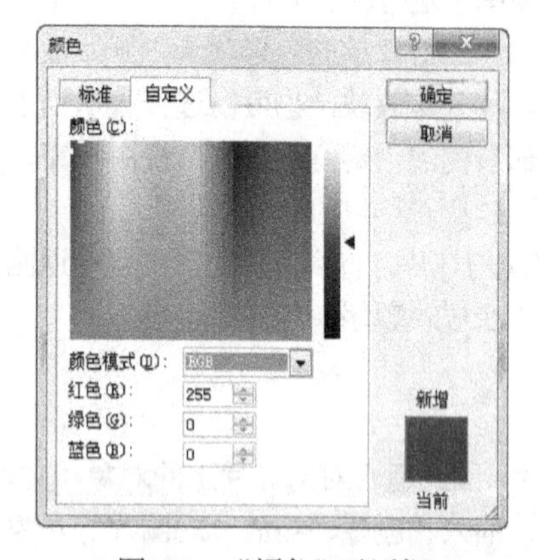

图6.8 “颜色”对话框

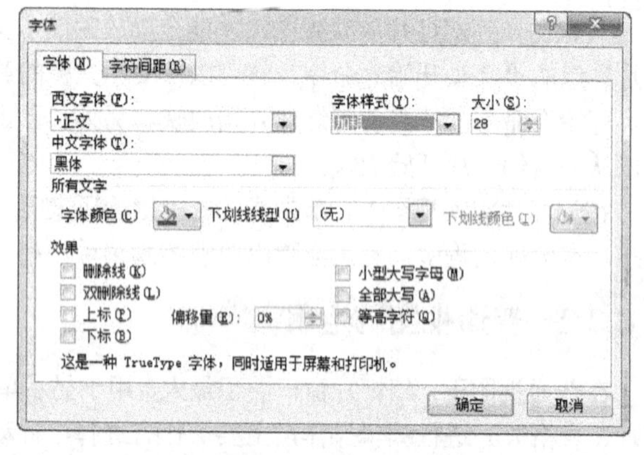

图6.9 “字体”对话框

需要指出的是，使用“字体”对话框可以更精细、全面地设置字体格式。例如，下画线的设置，“字体”对话框中可以设置下画线的线型、颜色等，而在功能区只能设置单一线型的下画线，也无法设置下画线的颜色等。

② 文本对齐。文本有多种对齐方式，如左对齐、右对齐、居中、两端对齐和分散对齐等。若要改变文本的对齐方式，可以先选择文本，然后单击“开始”选项卡“段落”组的相应命令，同样也可以单击“段落”组右下角按钮，在弹出的“段落”对话框中更精细、全面地设置段落格式。普通视图下还可以插入图片、艺术字等对象，这些将在以后章节中讨论。

6.3.3 幻灯片浏览视图的运用

幻灯片浏览视图可以同时显示多张幻灯片的缩略图，因此便于进行重排幻灯片的顺序，移动、复制、插入和删除幻灯片等操作。

（1）幻灯片的选择。在幻灯片浏览视图下，是在一个相对更大的窗口空间中直接以缩略图方式显示全部幻灯片，而且缩略图的大小可以调节。因此，可以同时看到比幻灯片/大纲浏览窗口中更多的幻灯片缩略图，如果幻灯片数量不是很多，甚至可以显示全部幻灯片缩略图，一目了然，尽收眼底，可以快速找到目标幻灯片。选择幻灯片的方法如下。

单击“视图”选项卡“演示文稿视图”组的“幻灯片浏览”命令，或单击窗口底部右侧的“幻灯片浏览”视图按钮，进入幻灯片浏览视图，如图 6.10 所示。

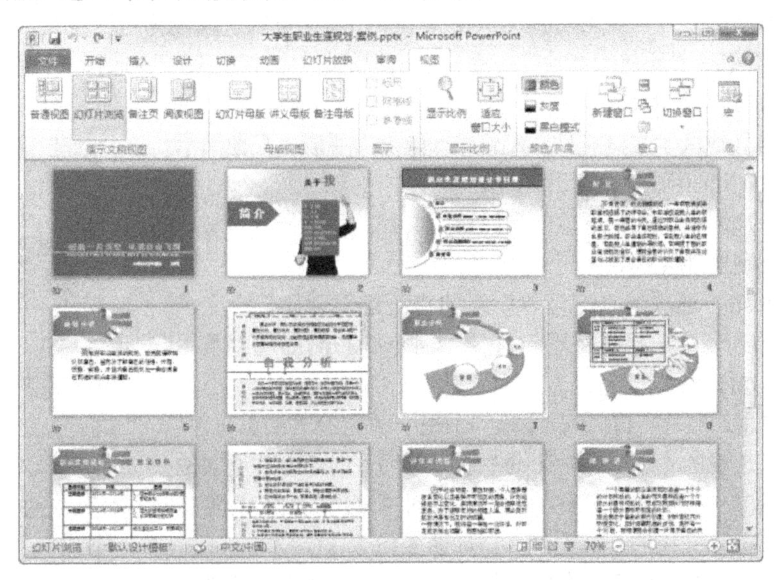

图 6.10　在幻灯片浏览视图中选择当前幻灯片

如果幻灯片显示不全，可以利用滚动条或 PgUp 或 PgDn 键滚动屏幕，寻找目标幻灯片缩略图。单击目标幻灯片缩略图，该幻灯片缩略图的四周出现黄框，表示选中该幻灯片，如图 6.10 所示，7 号幻灯片被选中。若想选择连续的多张幻灯片，可以先单击其中第一张幻灯片缩略图，然后按住 Shift 键再单击其中的最后一张幻灯片缩略图，则这些连续的多张幻灯片均出现黄框，表示它们均被选中。若想选择不连续的多个幻灯片，可以按住 Ctrl 键并逐个单击要选择的幻灯片缩略图即可。

（2）幻灯片缩略图的缩放。在幻灯片浏览视图下，幻灯片通常以一定的比例予以显示，所以称为幻灯片缩略图。根据需要可以调节显示比例，如希望一屏显示更多幻灯片缩略图，则可以缩小显示比例。要确定幻灯片缩略图显示比例，可在幻灯片浏览视图下做如下操作：单击“视图”选项卡“显示比例”组的“显示比例”命令，弹出“显示比例”对话框，如图 6.11 所示。在“显示比例”对话框中选择合适的显示比例（如 33%或 50%等）。也可以自己定义显示比例，方法是在“百分比”栏中直接输入比例值或单击上下箭头选取合适的比例。

图 6.11　“显示比例”对话框

（3）重排幻灯片的顺序。在制作演示文稿过程中，有时需要调整其中某些幻灯片的顺序，这就需要向前或向后移动幻灯片。移动幻灯片的方法如下。

在幻灯片浏览视图下选择需要移动位置的幻灯片缩略图（一张或多张幻灯片缩略图），用鼠标拖动所选幻灯片缩略图到目标位置，当目标位置出现一条竖线时，松开鼠标，所选幻灯片缩略图即移到该位置，移动时出现的竖线表示当前位置。

移动幻灯片的另一种方法是采用剪切/粘贴方式：选择需要移动位置的幻灯片缩略图（假设此幻灯片位于第11张幻灯片后面），单击“开始”选项卡“剪贴板”组的“剪切”命令；单击目标位置（如第10张和第11张幻灯片缩略图之间），该位置出现竖线光标；单击“开始”选项卡“剪贴板”组的“粘贴”按钮，则所选幻灯片移到第10张幻灯片后面，成为第11张幻灯片，而原第11张幻灯片则成为第12张。

（4）幻灯片的插入。在幻灯片浏览视图下能插入一张新幻灯片，也能插入属于另一演示文稿的一张或多张幻灯片。

① 插入一张新幻灯片。在幻灯片浏览视图下单击目标位置，该位置出现竖线光标。单击“开始”选项卡“幻灯片”组的“新建幻灯片”命令，在出现的幻灯片版式列表中选择一种版式后，该位置出现所选版式的一张新幻灯片。

② 插入来自其他演示文稿文件的幻灯片。如果需要插入其他演示文稿的幻灯片，可以采用重用幻灯片功能。

- 在“幻灯片浏览”视图下单击当前演示文稿的目标插入位置，该位置出现竖线光标。
- 单击“开始”选项卡“幻灯片”组的“新建幻灯片”命令，在出现的列表中选择“重用幻灯片”命令，右侧出现“重用幻灯片”窗口。
- 单击“重用幻灯片”窗口的“浏览”按钮，并选择“浏览文件”命令。在出现的“浏览”对话框中选择要插入的幻灯片所属的演示文稿文件并单击“打开”按钮，此时“重用幻灯片”窗口中出现该演示文稿的全部幻灯片，如图6.12所示。
- 单击“重用幻灯片”窗口中要插入的幻灯片，则该幻灯片被插入到当前演示文稿的插入位置。

图6.12 “重用幻灯片”窗口

若该插入位置需要插入多张幻灯片，在“重用幻灯片”窗口依次单击这些幻灯片即可。若某幻灯片要插入到另一位置，则先在当前演示文稿中确定插入位置，然后在“重用幻灯片”窗口中单击目标幻灯片，则该幻灯片即被插入到指定的新位置。

当然也可以采用复制/粘贴的方式插入其他演示文稿的幻灯片。打开原演示文稿文件并从中选择待插入的一张或多张幻灯片，单击“开始”选项卡“剪贴板”组的“复制”命令，然后打开目标演示文稿文件并确定插入位置，单击“开始”选项卡“剪贴板”组的“粘贴“命令，则在原演示文稿中选择的幻灯片便插入到了目标演示文稿中的指定位置了。

（5）删除幻灯片。在制作演示文稿的过程中，有时可能要删除某些不再需要的幻灯片。在幻灯片浏览视图下，可以显示更多张幻灯片，所以删除多张幻灯片尤为方便。删除幻灯片的方法是：首先选择要删除的一张或多张幻灯片，然后按Delete键。

6.4 幻灯片外观的修饰

采用应用主题样式和设置幻灯片背景等方法可以使所有幻灯片具有一致的外观。

6.4.1 演示文稿主题的选用

主题是一组设置好的颜色、字体和图形外观效果的集合，可以作为一套独立的选择方案应用于演示文稿中。使用主题可以简化具有专业设计水准的演示文稿的创建过程，并使演示文稿具有统一的风格。

（1）使用内置主题。在PowerPoint中，可以通过变换不同的主题来使幻灯片的版式和背景发生显著变化。往往只需通过一个简单的单击操作，即可选择一个适合的主题，来完成对整个演示文稿外观风格的重新设置。

PowerPoint提供了40多种内置主题。用户若对演示文稿当前的颜色、字体和图形外观效果不满意，可以从中选择合适的主题并应用到该演示文稿，以统一演示文稿的外观。

打开演示文稿，单击“设计”选项卡“主题”组右下角的“其他”按钮，可以显示出全部内置主题供选择，如图6.13所示。用鼠标指向某主题并在其上停留1～2 s后，会自动显示该主题的名称。单击该主题，则系统会按所选主题的颜色、字体和图形外观效果修饰整个演示文稿。

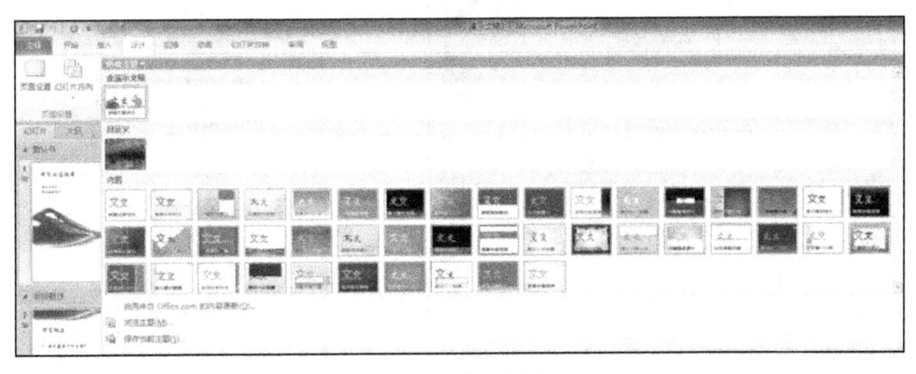

图6.13　主题列表

（2）使用外部主题。如果可选的内置主题不能满足用户的需求，可选择外部主题，单击“设计”选项卡“主题”组右下角的“其他”按钮，弹出主题列表，选择“浏览主题”命令，打开“选择主题或主题文档”对话框，可使用外部主题。

若只想用该主题修饰部分幻灯片，可以先选择这些幻灯片，然后右击该主题，在出现的快捷菜单中选择“应用于选定幻灯片”命令，则所选幻灯片按该主题效果自动更新，其他幻灯片不变。若选择“应用于所有幻灯片”命令，则整个演示文稿均采用所选主题。

6.4.2 幻灯片背景的设置

如果对已有或正在制作的幻灯片背景不满意，可以重新设置幻灯片的背景，主要是通过改变主题背景样式和设置背景格式（纯色、颜色渐变、纹理、图案或图片）等方法来进一步美化幻灯片的背景。

1. 修改背景样式

PowerPoint的每个主题提供了12种背景样式，用户可以选择一种样式快速改变演示文稿中幻灯片的背景，既可以改变所有幻灯片的背景，也可以只改变所选择幻灯片的背景。

打开演示文稿，单击“设计”选项卡“背景”组的“背景样式”命令，则显示当前主题12种背景样式列表，如图6.14所示。从背景样式列表中选择一种满意的背景样式，则演示文稿中全体幻灯片均采用该背景样式。若只希望改变部分幻灯片的背景，则先选择这些幻灯片，然后右击某背景样式，在出现的快捷菜单中选择“应用于所选幻灯片”命令，则选定的幻灯片采用该背景样式，而其他幻灯片不变。

2. 重置背景格式

如果认为背景样式过于简单，也可以进一步自定义设置背景格式。主要有4种方式：改变背景颜色、图案填充、纹理填充和图片填充。

（1）改变背景颜色。改变背景颜色有纯色填充和渐变填充两种方式。纯色填充是选择单一颜色填充背景，而渐变填充是将两种或更多种填充颜色逐渐混合在一起，以某种渐变方式从一种颜色逐渐过渡到另一种颜色。

单击“设计”选项卡“背景”组的“背景样式”下拉按钮下“设置背景格式”命令，弹出“设置背景格式”对话框。也可以单击“设计”选项卡“背景”组右下角的按钮，也可弹出“设置背景格式”对话框，如图6.15所示。

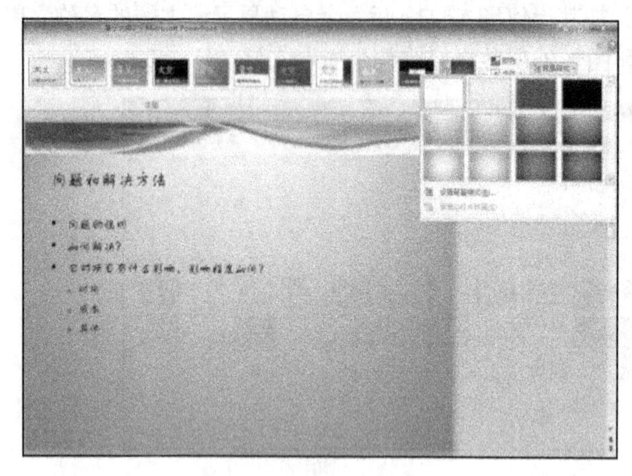

图6.14 背景样式列表

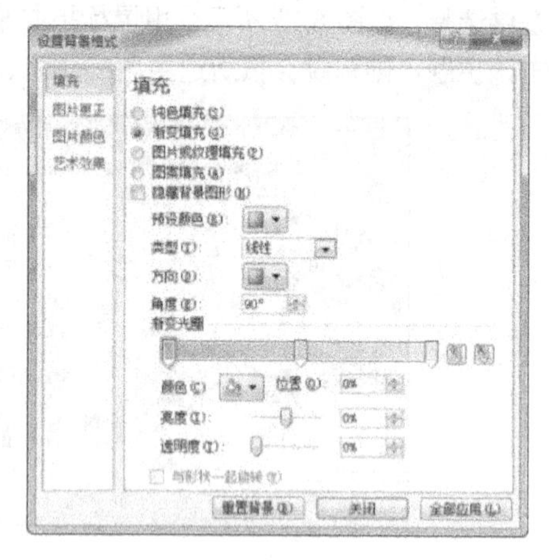

图6.15 “设置背景格式”对话框

单击“填充”选项，右侧提供两种背景颜色填充方式：纯色填充和渐变填充。

选择“纯色填充”单选钮，单击“颜色”栏下拉按钮，在下拉列表颜色中选择背景填充颜色。拖动“透明度”滑块，可以改变颜色的透明度，直到满意。若不满意列表中的颜色，也可以单击“其他颜色”项，从出现的“颜色”对话框中选择或按RGB颜色模式自定义背景颜色。

若选择“渐变填充”单选钮，可以直接选择系统预设颜色填充背景，也可以自己定义渐变颜色。

选择预设颜色填充背景：单击“预设颜色”栏的下拉按钮，在出现的20多种预设的渐变颜色列表中选择一种，例如“雨后初晴”，鼠标指向该颜色效果后自动出现“雨后初晴”提示字样，单击选择即可。

自定义渐变颜色填充背景：如图6.15所示，在“类型”列表中，选择所需的渐变类型（如“射线”为渐变颜色从某处向其他方向发散的效果）。在“方向”列表中，选择所需的渐变发散方向（如“从左下角”）。在“渐变光圈”下，应出现与所需颜色个数相等的渐变光圈个数，否则应单击“添加渐变光圈”或“删除渐变光圈”按钮以增加或减少渐变光圈，直至要在渐变填充中使用的每种颜色都有一个渐变光圈（例如两种颜色需要两个渐变光圈）。单击某一个渐变光圈，在“颜色”栏的下拉颜色列表中，选择一种颜色与该渐变光圈对应。拖动渐变光圈位置可以调节该渐变颜色。如果需要，还可以调节颜色的“亮度”或“透明度”。对每一个渐变光圈用如上方法调节，直到满意。

单击“关闭”按钮，则所选背景颜色作用于当前幻灯片；若单击“全部应用”按钮，则改变所有幻灯片的背景。若选择“重置背景”按钮，则撤销本次设置，恢复至设置前的状态。

（2）图案填充。打开“设置背景格式”对话框，单击“填充”项，在右侧选择“图案填充”单选钮，在出现的图案列表中选择所需图案（如“横向砖形”，鼠标指向其会自提示）。通过“前景色”和“背景色”栏可以自定义图案的前景色和背景色。单击“关闭”（或“全部应用”）按钮，则设置作用于所选幻灯片或全部幻灯片。

（3）纹理填充。打开“设置背景格式”对话框，单击“填充”项，在右侧选择“图片或纹理填充”单选钮，单击“纹理”下拉按钮，在出现的各种纹理列表中选择所需纹理（如“羊皮纸”，鼠标指向其会自提示）。单击“关闭”（或“全部应用”）按钮，则设置作用于所选幻灯片或全部幻灯片。

（4）图片填充。打开“设置背景格式”对话框，单击“填充”项，在右侧选择“图片或纹理填充”单选框，在“插入自”栏单击“文件”按钮，在弹出的“插入图片”对话框中选择所需图片文件，单击“插入”按钮，回到“设置背景格式”对话框。单击“关闭”（或“全部应用”）按钮，则所选图片成为选中或全部幻灯片的背景。

也可以选择剪贴画或剪贴板（如果在 PowerPoint 剪贴板中存有图片的话）中的图片作为填充背景，这只需单击“剪贴画”或“剪贴板”按钮即可。

若已设置主题，则所设置的背景可能被主题背景图形覆盖，此时可以在“设置背景格式”对话框中选择“隐藏背景图形”复选框。

6.4.3 母版制作

1．母版的概念

PowerPoint 中的母版是进行幻灯片设计的重要辅助工具，母版中包含可出现在每一个幻灯片上的显示元素，例如文本占位符、图片、动作按钮等。使用母版可以方便地统一幻灯片的风格。如果修改了某个演示文稿的幻灯片母版样式，将会影响所有基于该母版的演示文稿，也就是说，母版上的更改将反映在每张幻灯片上。母版又分为 3 种：幻灯片母版、讲义母版和备注母版。

（1）幻灯片母版。幻灯片母版控制幻灯片的某些文本特征（如字体、字号和颜色）、背景色和某些特殊效果（如阴影和项目符号样式）。幻灯片母版包含文本占位符和页脚（如日期、时间和幻灯片编号）占位符。可用幻灯片母版添加图片、改变背景、调整占位符大小，以及改变字体、字号和颜色。

注意：文本占位符中的文字称为母版文本，只能设置字型、字号、字体和段落格式等，不要在文本占位符内键入文本。要让艺术图形或文本（如公司名称或徽标）出现在每张幻灯片上，将其置于幻灯片母版上即可。如果要在每张幻灯片上添加相同的文本，可在幻灯片母版上添加新的文本框。通过文本框添加的文本外观（字型、字号、字体）保持原样。

幻灯片母版上的对象将出现在每张幻灯片的相同位置上，并且以后新添加的幻灯片也显示这些对象。这样如果要修改多张幻灯片的外观，不必对每张幻灯片进行修改，只需在幻灯片母版上做一次修改即可。如果要使个别幻灯片的外观与母版不同，直接修改该幻灯片而不要修改母版。

（2）讲义母版。讲义母版实际是设置打印讲义时的打印样式，可以从中设置一页多少张幻灯片和打印页上的页眉和页脚，还可以通过母版在打印页上添加修饰性图形等。图形对象、图片、页眉和页脚在备注窗口和备注页视图中都不会出现，只有在打印讲义时，它们才会出现（将演示文稿保存为网页时它们也不会出现）。

（3）备注母版。与讲义母版一样，备注母版也是设置打印备注页时的打印样式的，可添加的对象也基本一样。同样，图形对象、图片、页眉和页脚在备注窗口不会出现，只有工作在备注母版上、备注页视图中或打印备注时，它们才会出现。

2．幻灯片母版的编辑

在这里重点介绍幻灯片母版的设置，其他两类母版的处理方法大同小异。

打开演示文稿，单击“视图”选项卡“母版视图”组的“幻灯片母版”命令，进入幻灯片母版视图，同时显示“幻灯片母版”选项卡，如图 6.16 所示。

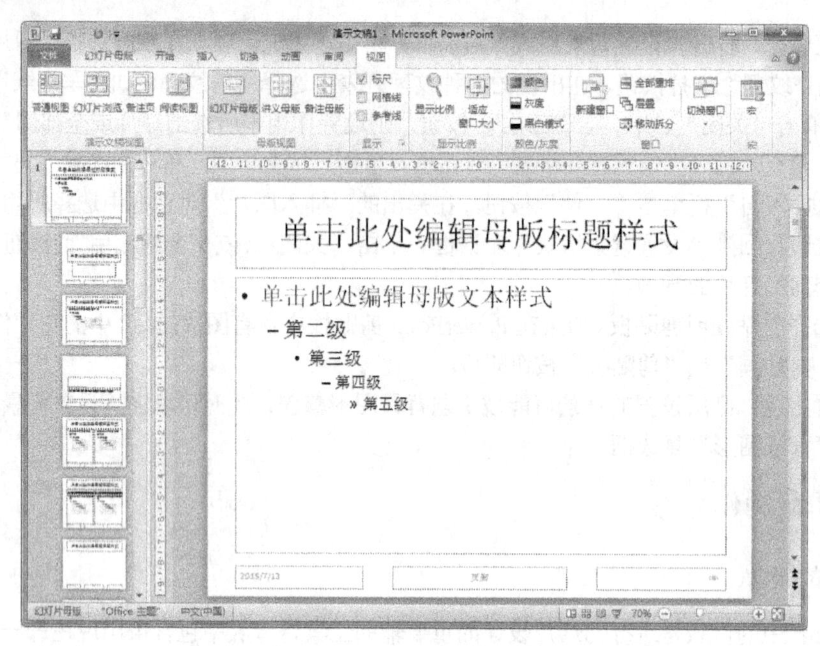

图 6.16 “幻灯片母版”视图

在“幻灯片母版”视图中，一般显示两个分区，左侧为导航窗口，用于控制母版和版式；右侧为版式内容设置区，包含一组占位符及相关母版元素，同时隐藏已经制作各页幻灯片的具体内容。母版上最多可以有 5 个占位符。每个占位符实际是一个特殊的文本框，具有文本框的各种属性，但母版编辑画面上各占位符中的文字（母版文本）原文并不显示在幻灯片上，仅控制文本的格式。

在图 6.16 中，从左侧导航区可以看出，顶部面积较大的一张幻灯片称为“母版”，起主控幻灯片版式的作用。其下一组面积较小的幻灯片则称为“版式”，用于设置差异化版式，包括标题幻灯片（也称“片头”）、标题和内容（或称“正文”）、节标题等（默认 11 种版式）。母版和一组版式间显示虚线连接线，显示了“母”与“子”的关系。

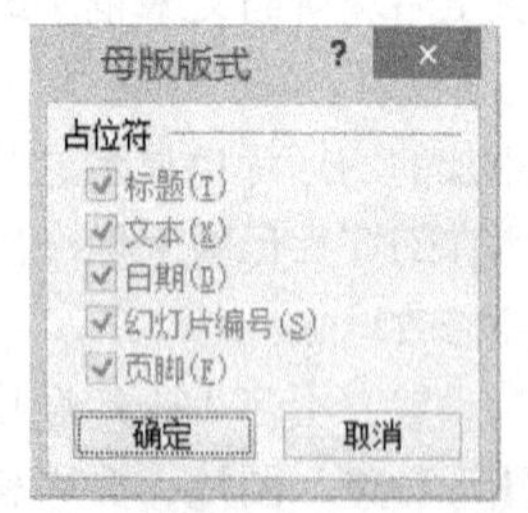

图 6.17 “母版版式”对话框

“母版”用于控制各张幻灯片的统一格式，“版式”用于个性化幻灯片的表现。

（1）删除、添加占位符。在母版编辑窗口中，选中（单击）某一占位符，按下 Delete 键，可删除该占位符。要将全部占位符删除，选择左侧窗口中的“幻灯片母版”，单击“幻灯片母版”选项卡的“母版版式”组的“母版版式”对话框，弹出如图 6.17 所示的“母版版式”对话框，通过选中复选框可添加相应占位符。当母版上具有全部 5 个占位符时，对话框中所有复选框都是灰色的，即不能通过此对话框删除占位符。

（2）设置占位符格式。右键单击占位符，选择快捷菜单上的“设置形状格式”命令，弹出“设置形状格式”对话框，在该对话框中可以对填充、线条颜色、线型、大小、位置、文本框内文本的属性等进行设置。

（3）改变文本的属性。可对占位符中文本的字体、字型、字号、颜色等各种属性进行设置，与一般的文本格式设置一样，可使用“开始”选项卡的“字体”组的右下角的“字体”对话框；也可以直接使用“开始”选项卡的“字体”组中的“字体”和“字号”下拉按钮中的相应命令。所不同的是不必选中文本，只要将光标移到占位符中的一个文本行上即可对该行进行设置。

用“母版”视图统一同级标题的格式。设置幻灯片标题格式为“华文琥珀、红色、32 号”，更换内容框中一级标题和二级标题的项目符号。

① 单击“幻灯片母版”中幻灯片标题框（占位符），显示尺寸控制点。选中标题框“占位符”的段落（显示反白状态）。单击“开始”选项卡“字体”组“字体”框右侧下拉按钮，在弹出的字体列表中选择“华文琥珀”；单击“字体”组“主体颜色”按钮下拉按钮，弹出“调色板”，选择指定颜色，如“红色”；单击“字号”框右侧下拉按钮，在弹出的字号列表中选择“32”；

② 选中内容框“占位符”中的一级标题段落（显示反白状态）。单击“段落”组“项目符号”下拉按钮，在弹出的列表中选择“项目符号和编辑”命令，打开“项目符号和编号”对话框，单击“图片”按钮打开“图片项目符号”对话框，双击待更换的符号，返回上级对话框，单击“确定”按钮即可。

③ 完成各级标题段落格式的重新设置后，单击“幻灯片母版”选项卡，单击“关闭母版视图”按钮，返回“普通视图”和“开始”选项卡状态。凡应用了“标题和内容”类版式的幻灯片，将具有相同的一级标题格式。

用“母版”视图添加每页重复显示的内容。可以通过母版添加相关（徽标）图片，从而保证每张幻灯片相同位置显示该图片。

① 在“幻灯片母版”视图中，选择“幻灯片母版”页，单击“插入”选项卡“图像”组“图片”按钮，打开“插入图片”对话框，如图 6.18 所示。

② 找到待插入的图片文件，双击，即可将图片插入到幻灯片的中央位置，显示尺寸控制点，同时，显示“图片工具-格式”选项卡。

③ 移动鼠标至小图片内，按住鼠标左键拖拉图片到幻灯片的指定位置，如右上角。同时调整图片到适当的大小，如图 6.19 所示。

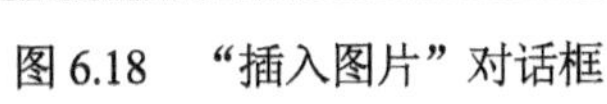
图 6.18 “插入图片”对话框

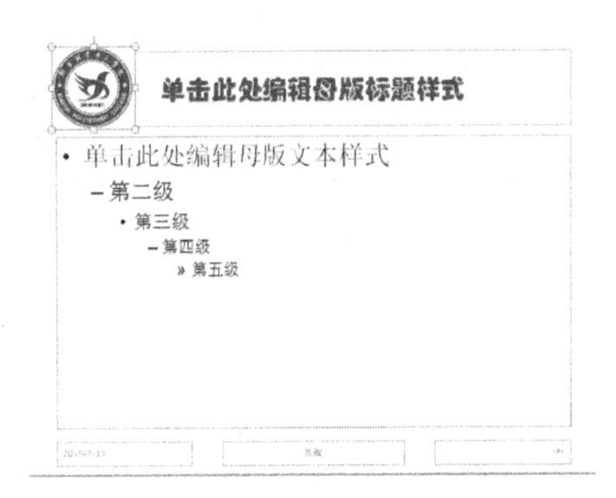

图 6.19 移动图片到适合位置

（4）页眉和页脚。与 Office 的其他软件一样，PowerPoint 有多种设置页眉页脚的方法。可以在母版上选中页脚占位符（包括日期区、页脚区、数字区）内的文本区，直接输入页脚内容；也可以通过单击“插入”选项卡的“文本”组中的“页眉和页脚”命令，打开“页眉和页脚“对话框进行设置。

单击“幻灯片母版”选项卡，在功能区单击“关闭幻灯片母版”按钮，返回“普通”视图。

修改完成后保存演示文稿为“PowerPoint 模板”文件并关闭母版视图，再次打开该文件，在普通视图模式下可使用该模板。

6.4.4 制作模板

模板是预先设计好的演示文稿样本，PowerPoint 系统提供了丰富多彩的模板。因为模板已经提供多项设置好的演示文稿外观效果，所以用户只需将内容进行修改和完善即可创建美观的演示文稿。

PowerPoint 的模板包括 potx（普通模板）和 potm（启用宏的模板）。保存为旧版软件可以打开的模板，则应选择 pot 类型。

制作模板的步骤如下。

（1）打开 PowerPoint 软件，新建空演示文稿，选择任意一种版式，单击“视图”选项卡“母版视图”组的“幻灯片母版”命令，进入幻灯片母版视图，同时显示“幻灯片母版”选项卡，如图 6.16 所示。

（2）页面大小的选择。幻灯片模板的选择第一步是幻灯片页面大小的选择，打开幻灯片模板后，页面设置，选择幻灯片大小，默认设置是屏幕大小，其实你可以根据你的要求更改设置。

单击“页面设置”组的“页面设置”，打开“页面设置”对话框，在“幻灯片大小”下拉列表框选择幻灯片大小；在“方向”栏选择幻灯片的方向，如图 6.20 所示。

（3）制作个性 PPT 模板时，最好加上属于自己的 Logo，即插入徽标，同母版制作。

（4）插入正文模板的图片。插入图片，将图片的大小调整到幻灯片的大小，在图片上右击，在弹出的快捷菜单中选择“叠放次序”→“置于底层”命令，使图片不能影响对母版排版的编辑。

（5）对 PPT 模板的文字进行修饰。在“开始”选项卡“字体”组，设置字体、字号、颜色；依次选定母版各级文本文字，设置字体、字号、颜色，并通过“格式”选项卡“项目符号和编号”→“项目符号项”→“图片”选择自己满意的图片作为这一级的项目符号项标志。

（6）在制作 PPT 模板的时候进行添加动画，通过“动画”给对象添加动画方式，再通过“动画”中的“计时”设置所有对象的出场顺序以及动画持续时间。

（7）单击“幻灯片母版”选项卡，在功能区单击“关闭幻灯片母版”按钮，返回“普通”视图。单击“文件”选项卡“保存并发送”命令，在右侧选择“更改文件类型”，最后在“保存类型”中双击“PowerPoint 模板”，如图 6.21 所示，单击“保存”按钮。

模板文件被保存于 Templates 文件夹中。

（8）单击“文件”选项卡“新建”命令，在右侧的“可用的模板和主题”下单击“我的模板”按钮，打开“新建演示文稿”对话框，如图 6.22 所示，在“个人模板”列表框中显示被保存的模板，双击即可打开一个具有规范版式的空演示文稿。

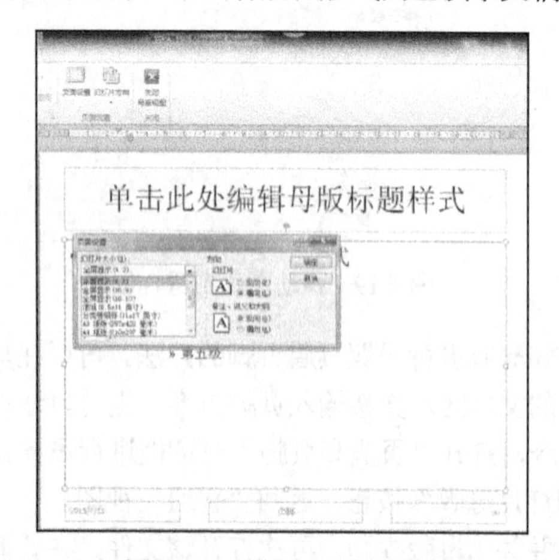

图 6.20 “插入图片”对话框

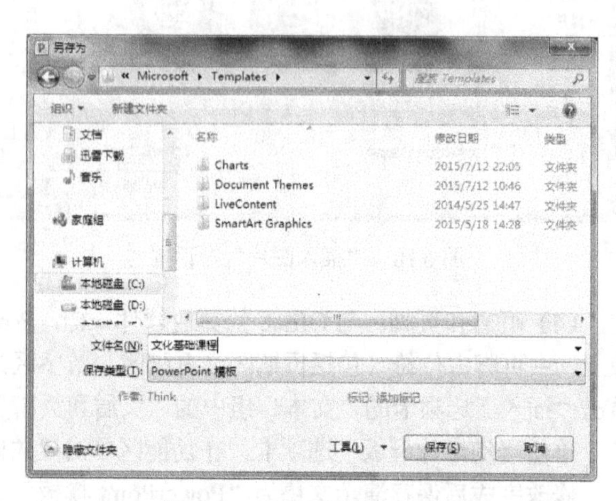

图 6.21 移动图片到适合位置

6.5 幻灯片中的对象编辑

PowerPoint 演示文稿中不仅包含文本，还可以插入剪贴画、图片、表格与图表、声音与视频及艺术字等媒体对象，充分、合适地使用这些对象，可以使演示文稿达到意想不到的效果。

6.5.1 使用图片

图形是特殊的视觉语言，能加深对事物的理解和记忆，避免对单调文字和乏味的数据产生厌烦心理，在幻灯片中使用图形可以使演示效果变得更加生动。将图形和文字有机地结合在一起，可以获得极好的展示效果。可以插入的图片主要有两类：第一类是剪贴画，在 Office 中有大量剪贴画，并分门别类存放，方便用户使用；第二类是以文件形式存在的图片，用户可以在平时收集到的图片文件中选择精美图片以美化幻灯片。

插入剪贴画、图片有两种方式：第一种是采用功能区命令；另一种是单击幻灯片内容区占位符中剪贴画或图片的图标。

下面以“大学生职业生涯规划.pptx”演示文稿的制作为例，主要以功能区命令的方法介绍插入剪贴画和图片的方法。

1．剪贴画的插入

单击“插入”选项卡“图像”组的“剪贴画”命令，右侧出现“剪贴画”窗口，在“剪贴画”窗口中单击“搜索”按钮，下方出现各种剪贴画，从中选择所需的剪贴画即可，如图 6.23 所示。也可以在“搜索文字”栏输入搜索关键字（用于描述所需剪贴画的字词或短语，如 boat，或键入剪贴画的完整或部分文件名），再单击“搜索”按钮，则只筛选出与关键字相匹配的剪贴画供选择。为减少搜索范围，可以在“结果类型”栏指定搜索类型（如插图、照片等），下方显示搜索到的该类剪贴画。

单击选中的剪贴画，或单击剪贴画右侧按钮或右击选中的剪贴画，在出现的快捷菜单中选择“插入”命令，则该剪贴画插入到幻灯片中，根据需要调整剪贴画大小和位置，如图 6.23 所示。

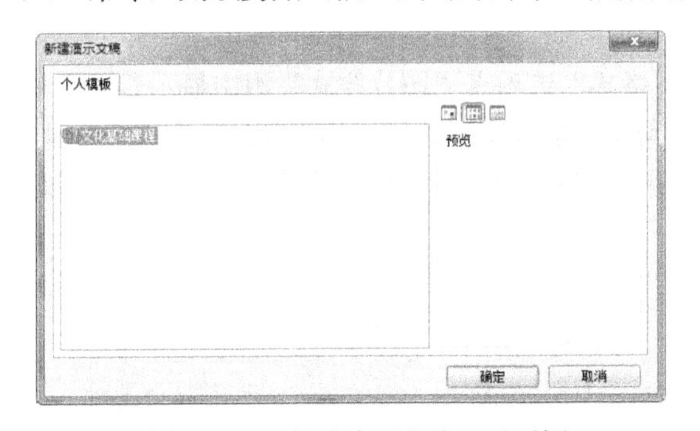

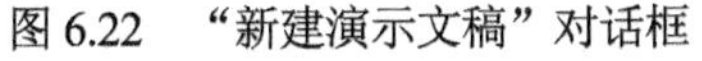
图 6.22 “新建演示文稿”对话框

图 6.23 插入剪贴画

2．插入以文件形式存在的图片

若用户想插入的图片不是来自剪贴画，而是制作或搜集来的图片素材文件，可以用如下方法插入这样的图片。

单击“插入”选项卡“图像”组的“图片”命令，弹出“插入图片”对话框，在对话框左侧选择存放目标图片文件的文件夹，在右侧该文件夹中选择所需图片文件，然后单击“插入”按钮，则该图片插入到当前幻灯片中。

3. 图片大小和位置的调整

默认情况下插入的图片或剪贴画的大小和位置可能不合适，可以用鼠标来调节图片的大小和位置。

（1）调节图片大小的方法。选择图片，按左键并拖动左右（上下）边框的控点可以在水平（垂直）方向缩放。若拖动四角之一的控点，会在水平和垂直两个方向同时进行缩放。

（2）调节图片位置的方法。选择图片，鼠标指针移到图片上，按左键并拖动，可以将该图片定位到目标位置。

也可以精确定义图片的大小和位置。首先选择图片，在“图片工具-格式”选项卡“大小”组单击右下角的“大小和位置”按钮，出现“设置图片格式”对话框，如图6.24所示，在对话框左侧单击“大小”项，在右侧“高度”和“宽度”栏输入图片的高和宽。单击左侧“位置”项，在右侧输入图片左上角距幻灯片边缘的水平和垂直位置坐标，即可确定图片的精确位置。

4. 旋转图片

如果需要，也可以旋转图片。旋转图片能使图片按要求向不同方向倾斜，可以手动粗略旋转，也可以精确旋转指定角度。

（1）手动旋转图片。单击要旋转的图片，图片四周出现控点，拖动上方绿色控点即可随意旋转图片。

（2）精确旋转图片。手动旋转图片操作简单易行，但不能将图片旋转角度精确到度（例如，将图片顺时针旋转30°），可以利用设置图片格式功能实现精确旋转图片。选择图片，在“图片工具-格式”选项卡“排列”组单击“旋转”按钮，在下拉列表中选择“向右旋转90°”（“向左旋转90°”）可以顺时针（逆时针）旋转90°，也可以选择“垂直翻转”（“水平翻转”）。

若要实现精确旋转图片，可以选择下拉列表中的“其他旋转选项”，弹出“设置图片格式”对话框，如图6.24所示。在“旋转”栏输入要旋转的角度，正度数表示顺时针旋转，负度数表示逆时针旋转。例如，要顺时针旋转30°，则输入“30”即可；输入“-30”则逆时针旋转30°。

5. 用图片样式美化图片

图片样式是各种图片外观格式的集合，使用图片样式可以使图片快速美化，PowerPoint 内置有28个样式供选择。

选择幻灯片并单击要美化的图片，在“图片工具-格式”选项卡“图片样式”组中显示若干图片样式列表，单击样式列表右下角的“其他”按钮，会弹出包括28个图片样式的列表，从中选择一种，如“柔化边缘椭圆”（样式带自提示功能），图片效果随之发生变化，图片由矩形剪裁成椭圆形，且边缘做了柔化处理，如图6.25所示。

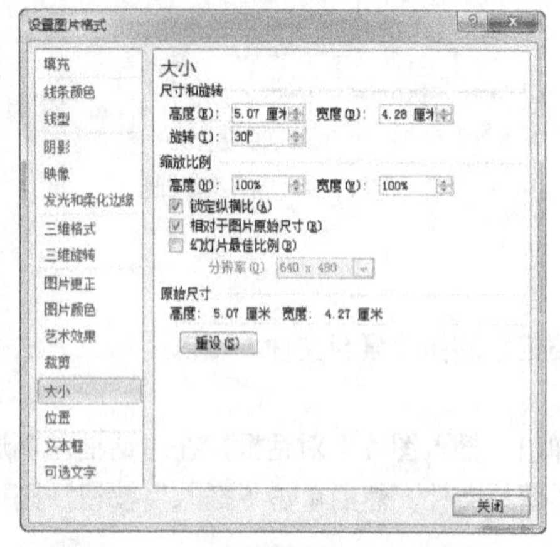

图6.24 “设置图片格式”对话框

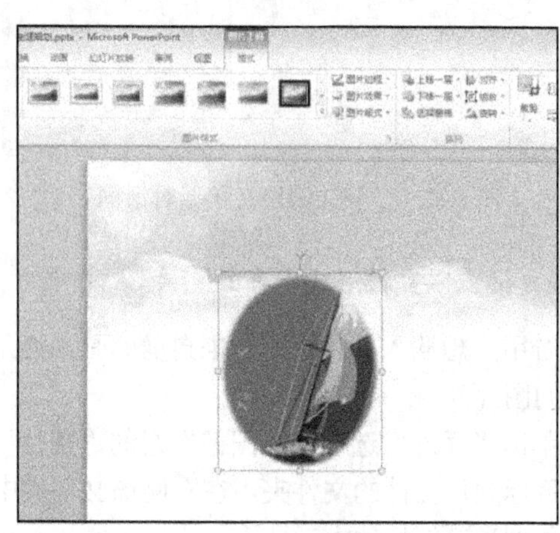

图6.25 图片样式

6. 为图片增加阴影、映像、棱台等特效

通过设置图片的阴影、映像、发光等特定视觉效果可以使图片更加美观真实，增强感染力。PowerPoint 提供了 12 种预设效果，若不满意，还可自定义图片效果。

请以“插入当前幻灯片副本”的方式，在“大学生职业生涯规划.pptx”演示文稿的第 2 张幻灯片之后插入一张新幻灯片，删除其中的剪贴画，以插入剪贴画的方式插入 children 图片，并适当调整其大小和位置。

（1）使用预设效果。选择要设置效果的图片，单击“图片工具-格式”选项卡“图片样式”组的“图片效果”命令，在出现的下拉列表中用鼠标指向“预设”项，此时显示出 12 种预设效果，从中选择一种（如“预设 9”，鼠标指向它会出现自提示字样，以下类似），可以看到图片按“预设 9”的效果发生了变化。

（2）自定义图片效果。若对预设效果不满意，还可自己对图片的阴影、映像、发光、柔化边缘、棱台、三维旋转等进行适当设置，以达到满意的图片效果。

以设置图片阴影、棱台和三维旋转效果为例，说明自定义图片效果的方法，其他效果设置类似。

首先选择要设置效果的图片，单击“图片工具-格式”选项卡“图片样式”组的“效果”的下拉按钮，如图 6.26 所示，在展开的下拉列表中用鼠标指向“阴影”项，在出现的阴影列表的“透视”组中单击“左上对角透视”项。单击“图片效果”的下拉按钮，在展开的下拉列表中用鼠标指向“棱台”项，在出现的棱台列表中单击“圆”项。再次单击“图片效果”的下拉按钮，在展开的下拉列表中用鼠标指向“三维旋转”项，在出现的三维旋转列表的“平行”组中单击“离轴 1 右”项。

通过以上一系列设置，图片效果会发生很大变化，更具立体和美观效果。

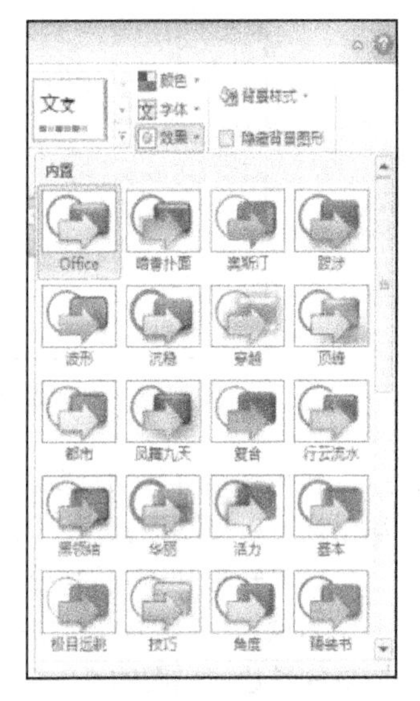

图 6.26 图片效果

6.5.2 使用形状

学会使用形状，有助于制作专业水平的演示文稿。可用的形状包括线条、基本几何形状、箭头、公式形状、流程图形状、星、旗帜和标注等。这里以线条、矩形和椭圆为例，说明形状的绘制、移动、复制和格式化的基本方法，其他形状的用法与此类似，不再赘述。

插入形状有如下两个途径。

（1）单击“插入”选项卡“插图”组的“形状”命令。

（2）单击“开始”选项卡“绘图”组，单击“形状”列表右下角“其他”按钮。

在出现的各类形状的列表中选取所需形状即可，如图 6.27 所示。

（1）直线的绘制。将“大学生职业生涯规划.pptx”演示文稿的第 1 张幻灯片选为当前幻灯片，单击“插入”选项卡“插图”组的“形状”下拉按钮下的“直线”按钮，此时，鼠标指针呈十字形。将鼠标指针移到幻灯片中所画直线的起始点，按住鼠标左键拖动到直线终点，一条直线就会出现在幻灯片上，如图 6.28 所示。

若在画线的同时按住 Shift 键可以画特定方向的直线，例如水平线和垂直线。若选择“箭头”命令，则按以上步骤可以绘制带箭头的直线。

单击直线，直线两端出现控点。将鼠标指针移到直线的一个控点，鼠标指针变成双向箭头，拖动这个控点，就可以改变直线的长度和方向。

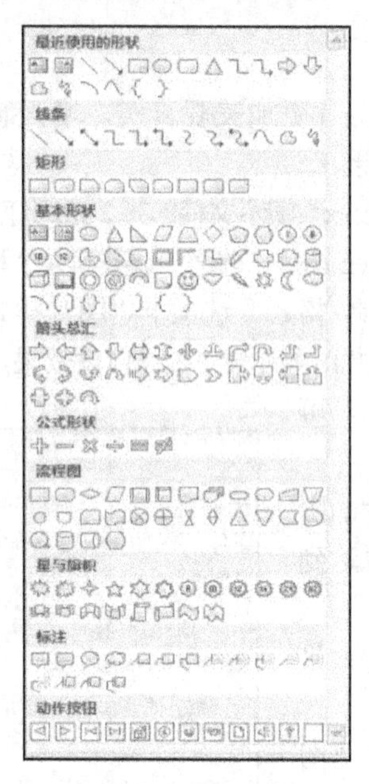

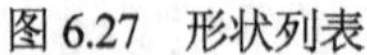
图 6.27 形状列表

图 6.28 绘制直线

将鼠标指针移到直线上，鼠标指针呈十字箭头形，拖动鼠标就可以移动直线；按 Ctrl 键的同时拖动鼠标可以复制该直线，也可以用复制和粘贴命令来实现。

（2）矩形和椭圆的绘制。在形状列表中单击“矩形”或“椭圆”命令，鼠标指针呈十字形。

将鼠标指针移到幻灯片上某点，按鼠标左键可拖画出一个矩形或椭圆，向不同方向拖动，绘制的矩形的长边或椭圆的长轴方向也不同。

将鼠标指针移到矩形或椭圆周围的控点上，鼠标指针变成双向箭头，拖动控点，就可以改变矩形或椭圆的大小和形状。拖动绿色控点，可以旋转矩形或椭圆。

若按住 Shift 键的同时拖动鼠标可以画出标准正方形或标准正圆。

（3）在形状中添加文本。有时希望在绘出的封闭形状中增加文字，以表达更清晰的含义，实现图文并茂的效果。选中形状（单击它，使之周围出现控点）后直接输入所需的文本即可。也可以右击形状，在弹出的快捷菜单中单击“编辑文字”命令，形状中出现光标，输入文字即可。

（4）形状的移动和复制。移动和复制形状的操作是类似的。

单击要移动或复制的形状，其周围出现控点，表示被选中。

将鼠标指针指向形状边框或其内部，鼠标指针变成双向箭头状，按下鼠标左键拖动鼠标到目标位置，则该形状将被移动到目标位置；若同时按住 Ctrl 键拖动，则该形状将被复制到目标位置。

复制形状还可以用复制和粘贴命令实现。

（5）形状的旋转。与图片一样，形状也可以按需要进行旋转，可以手动粗略旋转，也可以精确旋转指定的角度。单击要旋转的形状，形状四周出现控点，拖动上方绿色控点即可随意旋转形状。实现精确旋转形状的方法如下。

单击形状，单击“绘图工具-格式”选项卡“排列”组的“旋转”按钮，在下拉列表中选择“向右旋转 90°”（“向左旋转 90°”）可以顺时针（逆时针）旋转 90°。也可以选择“垂直翻转”或“水平翻转”。

若要以其他角度旋转形状，可以选择下拉列表中的“其他旋转选项”，弹出“设置形状格式”对话框，在“旋转”栏输入要旋转的角度。例如，输入“–30”，则逆时针旋转 30°；输入正值，表示顺时针旋转。

（6）更改形状。绘制形状后，若不喜欢当前形状，可以删除后重新绘制，也可以直接更改为喜欢的形状。方法是选择要更改的形状（如矩形），单击“绘图工具-格式”选项卡“插入形状”组的“编辑形状”命令，在展开的下拉列表中选择“更改形状”，然后在弹出的形状列表中单击要更改的目标形状（如直角三角形）。

（7）形状的组合。有时需要将几个形状作为整体进行移动、复制或改变大小。把多个形状组合成一个形状，称为形状的组合；将组合形状恢复为组合前状态，称为取消组合。

组合多个形状的方法如下。

① 选择要组合的各形状，即按住 Shift 键并依次单击要组合的每个形状，使每个要参与组合的形状周围都出现控点。

② 单击“绘图工具-格式”选项卡“排列”组的“组合”按钮，并在出现的下拉列表中选择“组合”命令。

此时，这些形状已经成为一个整体。如图 6.29 所示，上方是两个选中的独立形状，下方是这两个独立形状的组合。独立形状有各自的边框，而组合形状是一个整体，所以只有一个边框。组合形状可以作为一个整体进行移动、复制和改变大小等操作。

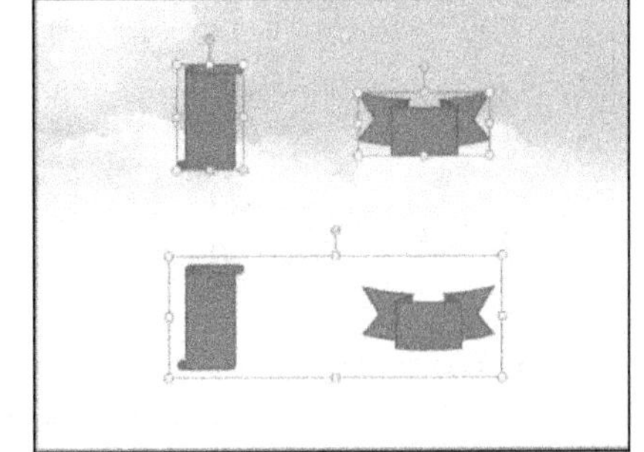

图 6.29 组合图形

如果想取消组合，则首先选中组合形状，然后单击“绘图工具-格式”选项卡“排列”组的“组合”按钮，并在出现的下拉列表中选择“取消组合”命令。此时，组合形状又恢复为组合前的几个独立形状。

此外，文本框、剪贴画、图片、SmartArt 图形、图表、艺术字、公示对象等也都可以根据需要互相组合。

（8）形状的格式化。套用系统提供的形状样式可以快速美化形状，若对这些形状的样式不完全满意，也可以对样式进行调整，以适合自己的需要。例如，线条的线型（实线或虚线、粗细）、颜色等，封闭形状内部填充颜色、纹理、图片等，还有形状的阴影、映像、发光、柔化边缘、棱台、三维旋转等方面的形状效果。

① 套用形状样式。首先选择要套用样式的形状，然后单击“绘图工具-格式”选项卡“形状样式”组形状样式列表右下角的“其他”命令，出现下拉列表，如图 6.30 所示，其中提供了 42 种样式供选择，选择其中一种样式，则形状按所选样式立即发生变化。

② 自定义形状线条的线型和颜色。选择形状，然后单击“绘图工具-格式”选项卡“形状样式”组“形状轮廓”的下拉按钮，在出现的下拉列表中，可以修改线条的颜色、粗细、实线或虚线等，也可以取消形状的轮廓线。例如，在下拉列表中选择“粗细”命令，则出现 0.25～6 磅之间多达 9 种粗细线条供选择，如图 6.31 所示。若利用其中“其他线条”命令，可调出“设置形状格式”对话框，从中可以任意确定线条的线型和颜色等。例如，线条的线型设置为 0.75 磅方点虚线，若是带箭头线条，还可以设置箭头的样式。

③ 设置封闭形状的填充色和填充效果。对封闭形状，可以在其内部填充指定的颜色，还可以利用渐变、纹理、图片来填充形状。选择要填充的封闭形状，单击“绘图工具-格式”选项卡“形状样式”组“形状填充”的下拉按钮，在出现的下拉列表中可以设置形状内部填充的颜色，也可以用渐变、纹理、图片来填充形状。例如，在下拉列表中选择“纹理”选项，则出现多种纹理供选择，选择其中“深色木质”，可以看到封闭形状中填充了“深色木质”纹理。

④ 设置形状的效果。选择要设置效果的形状，在“绘图工具-格式”选项卡“形状样式”组单击“形状效果”按钮，在出现的下拉列表中将鼠标指向“预设”项，从显示的 12 种预设效果中选择一种

（如“预设6”）即可。若对预设效果不满意，还可自己对形状的阴影、映像、发光、柔化边缘、棱台、三维旋转等进行适当设置，以达到满意的形状效果。具体方法类似图片效果的设置，不再赘述。

注意：上述的最终选项，如“深色木质”，都是带有自提示功能的，即鼠标指向某选项，停留1~2 s即出现该选项的有关提示文字，以便识别和选择。后面的许多有关操作也都有类似之处，不再一一赘述。

图6.30　形状样式

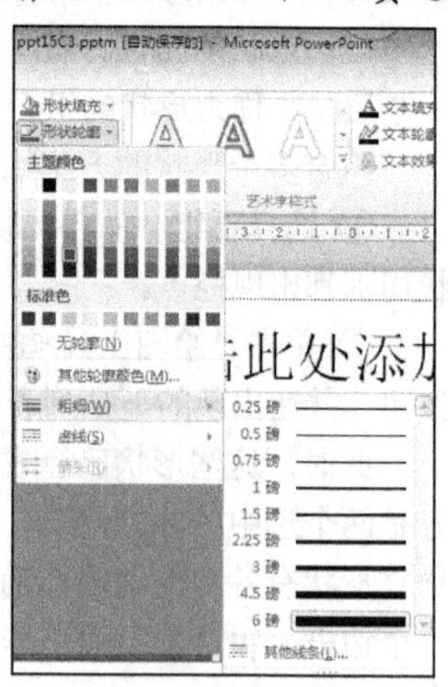

图6.31　形状轮廓

6.5.3　使用艺术字

文本除了字体、字形、颜色等格式化设置项外，还可以对文本做进一步艺术化处理，使其具有特殊的艺术效果。例如，可以拉伸标题、对文本进行变形、使文本适应预设形状，或应用渐变填充等。艺术字具有美观有趣、突出显示、醒目张扬等特性，特别适合重要的、需要突出显示、特别强调等文字表现场合。在幻灯片中既可以创建艺术字，也可以将现有文本转换成艺术字。

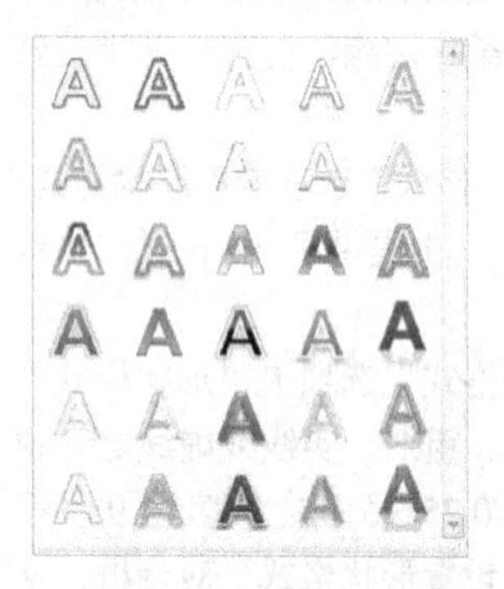

图6.32　艺术字样式列表

1．创建艺术字

创建艺术字的步骤如下。

（1）选中要插入艺术字的幻灯片。

（2）单击“插入”选项卡“文本”组的“艺术字”命令，出现艺术字样式列表，如图6.32所示。

（3）在艺术字样式列表中选择一种艺术字样式（如“填充-茶色，文本2，轮廓-背景2”），幻灯片中即出现指定样式的艺术字编辑框，其中内容为“请在此放置您的文字”，在艺术字编辑框中删除这几个字并输入所要填写的文本（如“Thank You!”）。和普通文本一样，艺术字也可以做字体、字号等的修改设置，这里将字号设置为80。

2．艺术字效果的修饰

创建艺术字后，如果不满意，还可以对艺术字内的填充（颜色、渐变、图片、纹理等）、轮廓线（颜色、粗细、线型等）和文本外观效果（阴影、发光、映像、棱台、三维旋转和转换等）进行修饰处理，使艺术字的效果得到创造性的发挥。

修饰艺术字，首先要选中艺术字。方法是单击艺术字，其周围出现8个白色控点和一个绿色控点。拖动绿色控点可以任意旋转艺术字。选择艺术字后，会出现“绘图工具-格式”选项卡，其中“艺术字样式”组含有的“文本填充”、“文本轮廓”和“文本效果”主要用于修饰艺术字和设置艺术字外观效果。

（1）改变艺术字填充颜色。选择艺术字，单击“绘图工具-格式”选项卡“艺术字样式”组的“文本填充”命令，在出现的下拉列表中选择一种颜色，则艺术字内部用该颜色填充。也可以选择用渐变、图片或纹理填充艺术字。选择列表中的“渐变”命令，在出现的渐变列表中选择一种变体渐变（如“中心辐射”）。选择列表中的“图片”命令，则出现“插入图片”对话框，选择某图片后，则用该图片填充艺术字，这里选择 Windows 7 自带的“库→图片→公共图片→图片示例”中的“郁金香.jpg”。选择列表中的“纹理”命令，则出现各种纹理列表，从中选择一种（如“画布”）即可用该纹理填充艺术字。

（2）改变艺术字轮廓。为美化艺术字，可以改变艺术字轮廓线的颜色、粗细和线型。选择艺术字，单击“绘图工具-格式”选项卡“艺术字样式”组的“文本轮廓命令”，出现下拉列表，可以从中选择一种颜色作为艺术字轮廓线颜色。在下拉列表中选择“粗细”项，出现各种尺寸的线条列表，选择一种（如 1.5 磅），则艺术字轮廓采用该尺寸线条。

在下拉列表中选择“虚线”项，可以选择线型（如“长画线-点-点”），则艺术字轮廓采用该线型。

（3）改变艺术字的效果。如果对当前艺术字效果不满意，可以以阴影、发光、映像、棱台、三维旋转和转换等方式进行修饰，其中转换可以使艺术字变形为各种弯曲形式，增加艺术感。单击选中艺术字，单击“绘图工具-格式”选项卡“艺术字样式”组的“文本效果”命令，出现下拉列表，选择其中的各种效果（阴影、发光、映像、棱台、三维旋转和转换）进行设置。以“转换”为例，将鼠标指向“转换”项，出现转换方式列表，选择其中一种转换方式，如“弯曲”组中的“朝鲜鼓”（位于第 6 行第 2 列），艺术字立即转换成“朝鲜鼓”形式，拖动艺术字中的紫色控点可改变变形幅度，效果如图 6.33 所示。

（4）编辑艺术字文本。单击艺术字，直接编辑、修改文字即可。

（5）旋转艺术字。选择艺术字，拖动绿色控点，可以自由旋转艺术字。

（6）确定艺术字的位置。用拖动艺术字的方法可以将它大致定位在某位置。如果希望精确定位艺术字，首先选择艺术字，单击“绘图工具-格式”选项卡“大小”组的“大小和位置”按钮，弹出“设置形状格式”对话框，如图 6.34 所示，在对话框的左侧选择“位置”项，在右侧“水平”栏输入数据（如 4.5 cm）、“自”栏选择度量依据（如左上角），“垂直”栏输入数据（如 8.24 cm），“自”栏选择度量依据（如左上角），表示艺术字的左上角距幻灯片左边缘 4.5 cm，距幻灯片上边缘 8.24 cm。单击“确定”按钮，则艺术字精确定位到幻灯片中所设置的地方。

图 6.33　艺术字效果设置

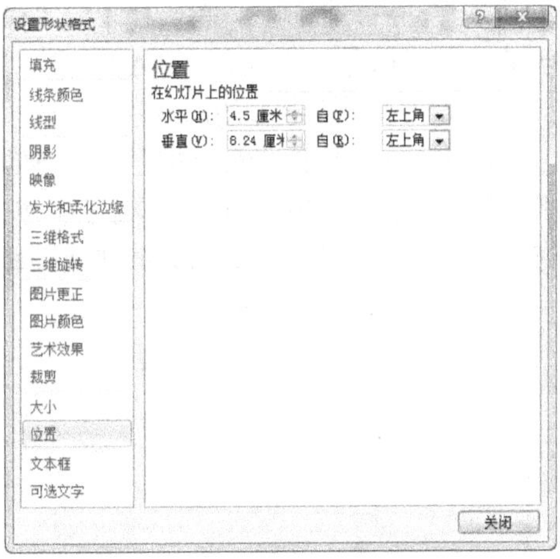

图 6.34　“设置形状格式”对话框

3. 转换普通文本为艺术字

若想将幻灯片中已经存在的普通文本转换为艺术字，则首先选择这些文本，然后单击“插入”选项卡“文本”组的“艺术字”按钮，在弹出的艺术字样式列表中选择一种样式，并适当修饰即可。

6.5.4 使用图表

在幻灯片中还可以使用Excel提供的图表功能，在幻灯片中嵌入Excel图表和相应的表格。

（1）插入新幻灯片并选择“标题和内容”版式，单击内容区“插入图表”图标，弹出“插入图表”对话框，即可按照Excel的操作方式插入图表，如图6.35所示。

（2）确定预插入的图表后，会进入Excel应用程序，编辑Excel表格数据，相应的图表显示在幻灯片上。

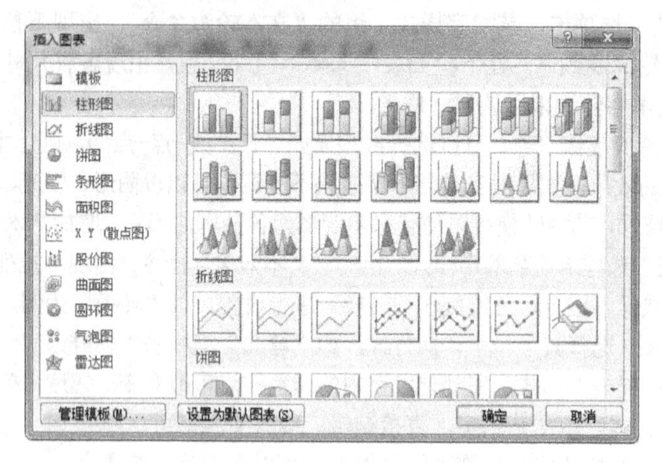

图6.35 “插入图表”对话框

6.5.5 使用音频和视频

PowerPoint幻灯片可以插入一些简单的声音和视频。

（1）选中要插入声音的幻灯片，单击“插入”选项卡“媒体”组的“音频”下拉箭头，可以插入“文件中的音频”、“剪贴画音频”，还可以录制音频。幻灯片中插入声音后，幻灯片中会出现声音图标，还会出现浮动声音控制栏，单击栏上的“播放”图标按钮，可以预览声音效果，如图6.36所示。外部的声音文件可以是mp3文件、WAV文件、WMA文件等。

（2）选中要插入视频的幻灯片，单击“插入”选项卡“媒体”组的“视频”下拉箭头，可以插入“文件中的视频”、“来自网站的视频”、“剪贴画视频”等。幻灯片中插入视频后，幻灯片中会出现“视频”播放区，还会出现浮动声音控制栏，单击栏上的“播放”图标按钮，可以预览播放效果，如图6.37所示。拖动“视频”播放区可以改变视频播放区在幻灯片中的位置和窗口大小。

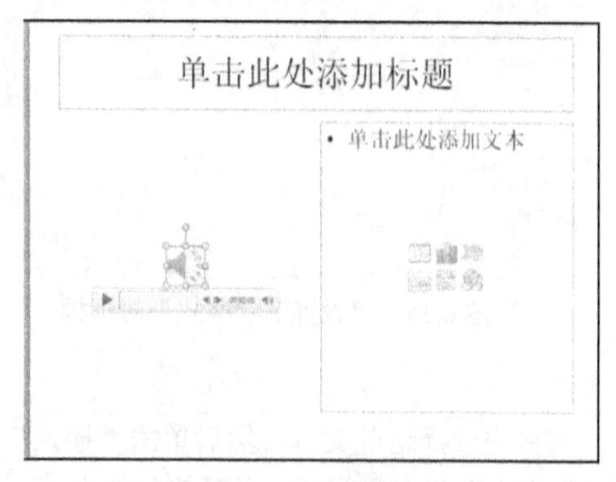

图6.36 插入音频

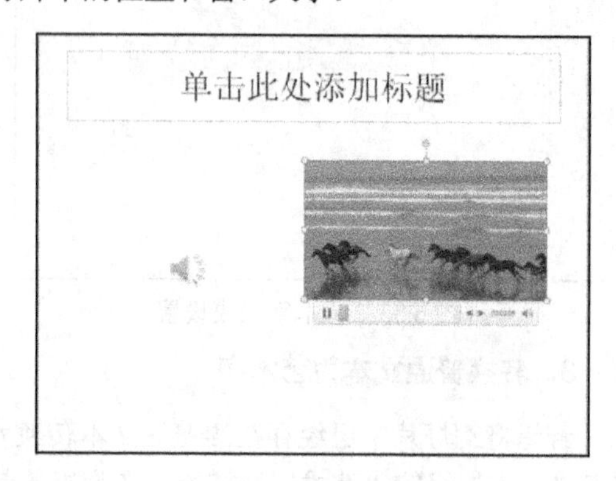

图6.37 插入视频

6.6 使用表格

在幻灯片中除了文本、形状、图片外，还可以插入表格等对象，使演示文稿的表达方式更加丰富多彩。

表格的应用十分广泛，是显示和表达数据的较好方式。在演示文稿中常使用表格表达有关数据信息，简单、直观、高效，且一目了然。

6.6.1 创建表格

创建表格的方法有使用功能区命令创建和利用内容区占位符创建两种。和插入剪贴画与图片一样，在内容区占位符中也有“插入表格”图标，单击“插入表格”图标，出现“插入表格”对话框，输入表格的行数和列数后即可创建指定行列数的表格。

利用功能区命令创建表格的方法如下。

（1）打开演示文稿，并切换到要插入表格的幻灯片，以“大学生职业生涯规划.pptx”演示文稿制作为例。

（2）单击“插入”选项卡“表格”组中的“表格”按钮，在弹出的下拉列表中单击“插入表格”命令，出现“插入表格”对话框，输入要插入表格的行数和列数，如图 6.38 所示。单击“确定”按钮，幻灯片中出现一个指定行列数的表格，拖动表格的控点可以改变表格的大小，拖动表格边框可以移动定位表格。

（3）行列较少的小型表格也可以快速生成，方法是单击“插入”选项卡“表格”组“表格”按钮，在弹出的下拉列表顶部的示意表格中拖动鼠标，顶部显示当前表格的行列数（如 2×4 表格），与此同时幻灯片中也同步出现相应行列数的表格，直到显示满意行列数时（如 3×5 表格）单击之，则在当前幻灯片中快速插入相应行列数的表格，如图 6.39 所示。

创建表格后，光标默认定位在左上角第一个单元格中，此时就可以输入表格内容了。单击某单元格，出现插入点光标，即可在该单元格中输入内容。直到完成全部单元格内容的输入。

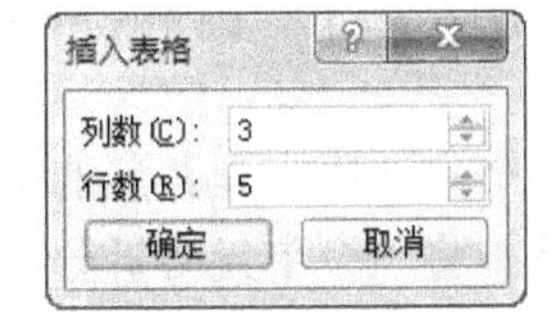

图 6.38 “插入表格”对话框

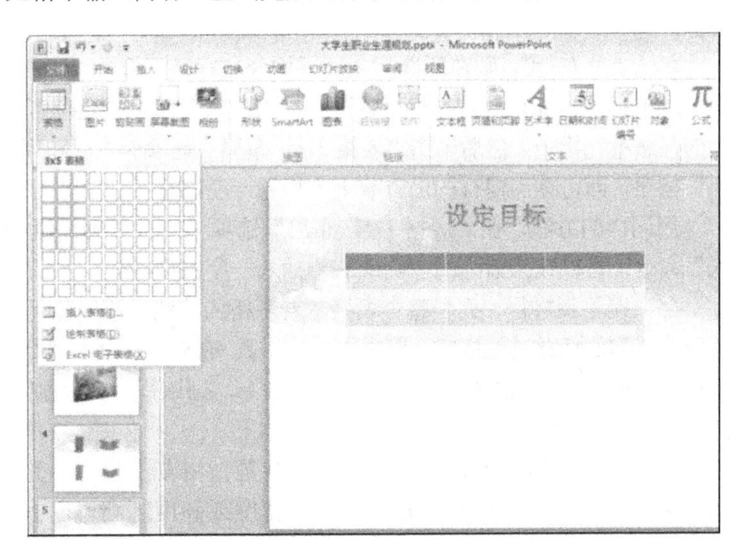

图 6.39 快速生成表格

6.6.2 编辑表格

表格制作完成后，若不满意，可以编辑修改。例如，修改单元格的内容，设置文本对齐方式，调整表格大小和行高、列宽，插入和删除行或列，合并与拆分单元格等。在修改表格对象前，应首先选择这些对象。这些操作命令可以在“表格工具-布局”选项卡中找到。

（1）选择表格对象。编辑表格前，必须先选择要编辑的表格对象，如整个表格、行或列、单元格、单元格范围等。选择整个表格、行或列的方法：光标放在表格的任一单元格中，在“表格工具-布局”选项卡“表”组中单击“选择”按钮，在出现的下拉列表中有“选择表格”、“选择列”和“选择行”命令，单击“选择表格”命令，即可选择该表格；单击“选择行”或“选择列”命令，则光标所在行或列被选中。

选择行或列的另一种方法是将鼠标移至目标行左侧或目标列上方出现向右或向下的黑箭头时单击，即可选中该行或列。

（2）设置单元格文本对齐方式。在单元格中输入文本，通常是左对齐的。若希望某些单元格中文本采用其他对齐方式，可以选择这些单元格，按要求在“表格工具-布局”选项卡的“对齐方式”组的6个对齐方式按钮中选择（例如“居中”），这6个按钮中上面3个按钮分别是文本水平方向的“文本左对齐”、“居中”和“文本右对齐”，下面3个按钮分别是文本垂直方向的“顶端对齐”、“垂直居中”和“底端对齐”。

（3）调整表格大小及行高、列宽。调整表格大小和行高、列宽均有两种方法：拖动鼠标法和精确设定法

① 拖动鼠标法。选择表格，表格四周出现8个由若干小凹坑组成的控点，鼠标移至控点出现双向箭头时沿箭头方向拖动，即可改变表格大小。水平或垂直方向拖动可改变表格宽度或高度，在表格四角拖动控点，则等比例缩放表格的宽和高。

② 精确设定法。单击表格内任意单元格，在“表格工具-布局”选项卡“表格尺寸”组可以输入表格的宽度和高度数值，若勾选“锁定纵横比”复选框，则保证按比例缩放表格。在“表格工具-布局”选项卡“单元格大小”组中输入行高和列宽的数值，可以精确设定当前选定区域所在行的行高和列的列宽。

单击“分布行”，则在所选行之间平均分布行高；单击“分布列”，则在所选列之间平均分布列宽。

（4）插入行和列。若表格行或列不够用时，可以在指定位置插入空行或空列。首先将光标置于某行的任意单元格中，然后单击“表格工具-布局”选项卡“行和列”组的“在上方插入”或“在下方插入”按钮，即可在当前行的上方或下方插入一空白行。

用同样的方法，在“表格工具-布局”选项卡“行和列”组中单击“在左侧插入”或“在右侧插入”命令，可以在当前列的左侧或右侧插入一空白列。

（5）删除表格行、列和整个表格。若表格的某些行或列已经无用时，可以将其删除。将光标置于被删行或列的任意单元格中，单击“表格工具-布局”选项卡“行和列”组的“删除”按钮，在出现的下拉列表中选择“删除行”或“删除列”命令，则该行或列被删除。若选择“删除表格”，则光标所在的整个表格被删除。

（6）合并和拆分单元格。合并单元格是指将若干相邻单元格合并为一个单元格，合并后的单元格宽度或高度是被合并的几个单元格宽度或高度之和。而拆分单元格是指将一个单元格拆分为多个单元格。

合并单元格的方法：选择相邻要合并的所有单元格（如同一行相邻的3个单元格），单击“表格工具-布局”选项卡“合并”组的“合并单元格”按钮，则所选单元格合并为1个大单元格。

拆分单元格的方法：选择要拆分的单元格，单击“表格工具-布局”选项卡“合并”组的“拆分单元格”按钮，弹出“拆分单元格”对话框，在对话框中输入行数和列数，即可将单元格拆分为指定行列数的多个单元格。例如，行为 1，列为 2，则原单元格拆分为 1 行中的 2 个相邻小单元格，如图 6.40 所示。

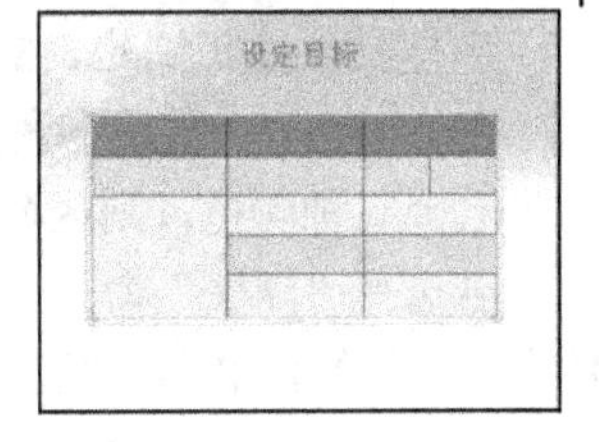

图 6.40 合并与拆分单元格

6.6.3 表格格式的设置

为了美化表格，系统提供了大量预设的表格样式，用户不必费心设置表格字体、边框和底纹效果，只要选择喜欢的表格样式即可。若不满意表格样式中的边框和底纹效果，也可以动手设置自己喜欢的表格边框和底纹效果。

（1）套用表格样式。单击表格的任意单元格，单击“表格工具-设计”选项卡“表格样式”组，单击样式列表右下角的“其他”按钮，在下拉列表中会展开“文档的最佳匹配对象”、“淡”、“中”、“深”四类表格样式，当鼠标指向某样式时，幻灯片中表格随之出现该样式的预览。从中单击自己喜欢的表格或合适的样式即可，如图 6.41 所示。

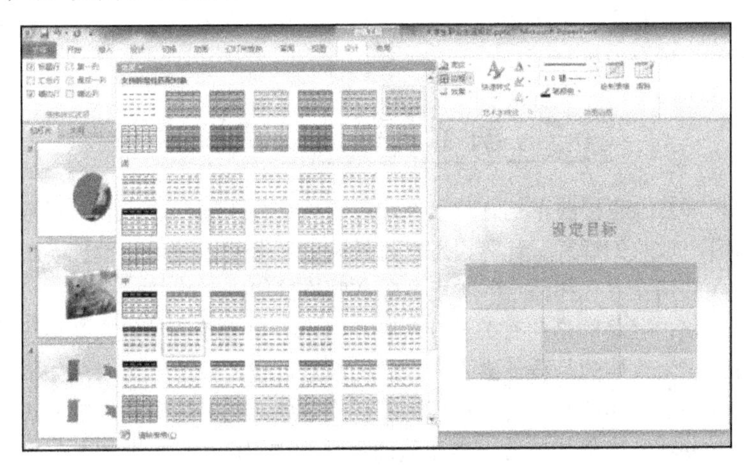

图 6.41 套用表格样式

若对已经选用的表格样式不满意，可以清除该样式，并重新选用其他表格样式。具体方法为：单击表格任意单元格，在“表格工具-设计”选项卡“表格样式”组单击样式右下角的“其他”按钮，在下拉列表中单击“清除表格”命令，则表格变成无样式的表格，然后重新选用其他表格样式即可。

（2）设置表格框线。系统提供的表格样式已经设置了相应的表格框线和底纹，如不满意可以自己重新定义。

单击表格任意单元格，单击“表格工具-设计”选项卡“绘图边框”组，单击“笔颜色”按钮，在下拉列表中选择边框线的颜色（如“红色”）。单击“笔样式”按钮，在下拉列表中选择边框线的线型（如“实线”）。单击“笔画粗细”按钮，在下拉列表中选择线条宽度（如 3 磅）。选择边框线的颜色、线型和线条宽度后，再确定设置该边框线的对象。选择整个表格，单击“表格工具-设计”选项卡“表格样式”组的“边框”下拉按钮，在下拉列表中显示“所有框线”、“外侧框线”等各种设置对象，例如选择“外侧框线”，则表格的外侧框线设置为红色 3 磅实线。

用同样的方法，可以对表格内部、行或列等设置不同的边框线。

（3）设置表格底纹。表格的底纹也可以自定义，可以设置纯色底纹、渐变色底纹、图片底纹、纹理底纹等，还可以设置表格的背景。

选择要设置底纹的表格区域，单击“表格工具-设计”选项卡“表格样式”组的“底纹”下拉按钮，在下拉列表中显示各种底纹设置命令。

选择某种颜色，则区域中单元格均采用该颜色为底纹。

若选择“渐变”命令，在下拉列表中有浅色变体和深色变体两类，选择一种颜色变体（如深色变体类的“线性向右”），则区域中单元格均以该颜色变体为底纹。

若选择“图片”命令，弹出“插入图片”对话框，选择一个图片文件，并单击对话框的“插入”按钮，则以该图片作为区域中单元格的底纹。

若选择“纹理”命令，并在下拉列表中选择一种纹理，则区域中单元格以该纹理为底纹。

列表中的“表格背景”命令是针对整个表格底纹的。若选择“表格背景”命令，在下拉列表中选择颜色或“图片”命令，可以用指定颜色或图片作为整个表格的底纹背景。

（4）设置表格效果。选择表格，单击“表格工具-设计”选项卡“表格样式”组的“效果”下拉按钮，在下拉列表中提供了“单元格凹凸效果”、“阴影”和“映像”三类效果命令。其中，“单元格凹凸效果”主要是对表格单元格边框进行处理后的各种凹凸效果，“阴影”是为表格建立内部或外部各种方向的光晕，而“映像”是在表格四周创建倒影的特效。

选择某类效果命令，在展开的列表中选择一种效果即可。例如，选择“单元格凹凸效果”命令，从列表中选择“凸起”棱台效果。

6.7 演示文稿的放映设计

目前，在计算机屏幕上直接演示幻灯片已经取代了传统的35 mm幻灯片，若观众较多，可使用计算机投影仪在大屏幕上放映幻灯片。计算机幻灯片放映的显著优点是可以设计动画效果、加入视频和音乐、设计美妙动人的切换方式和适合各种场合的放映方式等。

用户创建演示文稿，其目的是向有关观众放映和演示。要想获得满意的效果，除了精心策划、细致制作演示文稿外，更为重要的是设计出引人入胜的演示过程。为此，可以从如下几个方面入手：设置幻灯片中对象的动画效果和声音，变换幻灯片的切换效果，选择适当的放映方式等。

下面首先讨论放映演示文稿的方法，然后从动画设计、幻灯片切换效果、幻灯片放映方式、排练计时放映和交互式放映等方面讨论如何提高演示文稿的放映效果。

6.7.1 演示文稿的放映

制作演示文稿的最终目的就是为观众放映演示文稿，以表达相关观点和信息。放映当前演示文稿必须先进入幻灯片放映视图，用如下方法之一可以进入幻灯片放映视图。

（1）单击“幻灯片放映”选项卡“开始放映幻灯片”组的“从头开始”或“从当前幻灯片开始”按钮。

（2）单击窗口右下角视图按钮中的“幻灯片放映”按钮，则从当前幻灯片开始放映。

第一种方法“从头开始”命令是从演示文稿的第一张幻灯片开始放映，而“从当前幻灯片开始”和第二种方法是从当前幻灯片开始放映。

进入幻灯片放映视图后，在全屏幕放映方式下，单击鼠标左键或按下光标键或向下翻页键，可以切换到下一张幻灯片，直到放映完毕。在放映过程中，右击则会弹出放映控制菜单。利用放映控制菜单的命令可以改变放映顺序、做即兴标注等。

1. 改变放映顺序

一般，幻灯片放映是按顺序依次放映。若需要改变放映顺序，可以右击，弹出放映控制菜单，如

图 6.42 所示。单击“上一张”或“下一张”命令，即可放映当前幻灯片的上一张或下一张幻灯片。若要放映特定幻灯片，将鼠标指针指向放映控制菜单的“定位至幻灯片”，就会弹出所有幻灯片标题，单击目标幻灯片标题，即可从该幻灯片开始放映。

2．放映中即兴标注和擦除墨迹

放映过程中，可能要强调或勾画某些重点内容，也可能临时即兴勾画标注。为了从放映状态转换到标注状态，可以将鼠标指针指向放映控制菜单的“指针选项”，在出现的子菜单中单击“笔”或“荧光笔”命令，鼠标指针呈圆点状或条块状，按住鼠标左键即可在幻灯片上勾画书写，图 6.42 中“扬帆出海”四字就是用“荧光笔”工具书写的。

图 6.42　放映时即兴标注与放映控制菜单

如果希望改变笔画的颜色，可以选择放映控制菜单“指针选项”子菜单的“墨迹颜色”命令，在弹出的颜色列表中选择所需颜色。

如果希望删除已标注的墨迹，可以单击放映控制菜单“指针选项”子菜单的“橡皮擦”命令，鼠标指针呈橡皮擦状，在需要删除的墨迹上单击即可清除该墨迹。若选择“擦除幻灯片上的所有墨迹”命令，则擦除全部标注墨迹。

要从标注状态恢复到放映状态，可以右击调出放映控制菜单，并选择“指针选项”子菜单的“箭头”命令，或按 Esc 键。

3．使用激光笔

为指明重要内容，可以使用激光笔功能。按住 Ctrl 键的同时，按鼠标左键，屏幕出现十分醒目的红色圆圈的激光笔，移动激光笔，可以明确指示重要内容的位置。改变激光笔颜色的方法：单击“幻灯片放映”选项卡“设置”组的“设置幻灯片放映”按钮，出现“设置放映方式”对话框，单击“激光笔颜色”下拉按钮，即可设置激光笔的颜色（红、绿和蓝之一）。

4．中断放映

有时希望在放映过程中退出放映，可以右击，调出放映控制菜单，从中选择“结束放映”命令，或按 Esc 键。

除通过右击调出放映控制菜单外，也可以通过屏幕左下角的控制按钮实现放映控制菜单的全部功能。其中，左箭头、右箭头按钮相当于放映控制菜单的“上一张”或“下一张”功能；笔状按钮相当于放映控制菜单的“指针选项”功能；幻灯片状按钮的功能包括放映控制菜单除“指针选项”外的所有功能。

6.7.2　幻灯片对象的动画设计

动画技术可以使幻灯片的内容以丰富多彩的活动方式展示出来，赋予它们进入、退出、大小或颜色变化甚至移动等视觉效果，是必须掌握的 PowerPoint 幻灯片制作技术。

实际上，在制作演示文稿过程中，常对幻灯片中的各种对象适当地设置动画效果和声音效果，并根据需要设计各对象所设动画出现的顺序。这样，既能突出重点，吸引观众的注意力，又能使放映过程十分有趣。不使用动画，会使观众感觉枯燥无味；然而过多使用动画也会显得凌乱烦琐，分散观众的注意力，不利于传达信息。应尽量化繁为简，以突出表达信息为目的。另外，具有创意的动画也能抓住观众的眼球。因此，设置动画应遵从适当、简化和创意的原则。

1．动画效果的设置

动画有四类：进入、强调、退出和动作路径。

（1）“进入”动画。对象的进入动画是指对象进入播放画面时的动画效果。例如，对象从左下角飞入播放画面等。选择“动画”选项卡，“动画”组显示了部分动画效果列表。

设置“进入”动画的方法如下。

在幻灯片中选择需要设置动画效果的对象，在“动画”选项卡的“动画”组中单击动画样式列表右下角的“其他”按钮，出现各种动画效果的下拉列表，如图6.43所示。

在“进入”类中选择一种动画效果，例如“飞入”，则所选对象被赋予该动画效果。

对象被添加动画效果后，旁边将会自动出现数字编号，它表示该动画的出现顺序。

如果对所列动画效果仍不满意，还可以单击动画样式下拉列表下方的“更多进入效果”命令，打开“更改进入效果”对话框，其中按“基本型”、“细微型”、“温和型”和“华丽型”列出更多动画效果供选择，如图6.44所示。

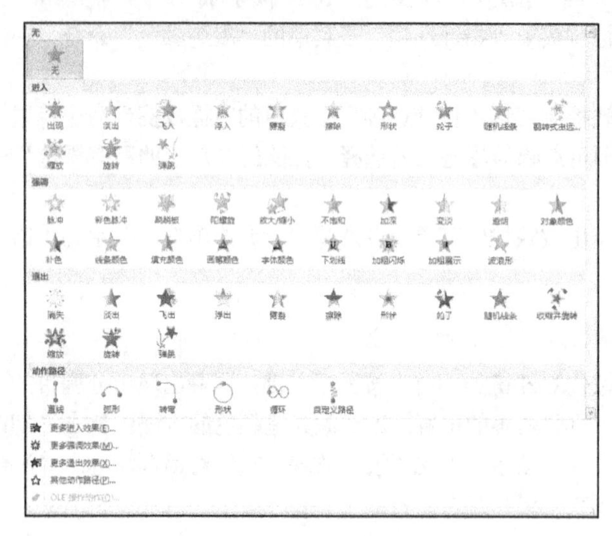

图6.43　动画效果列表

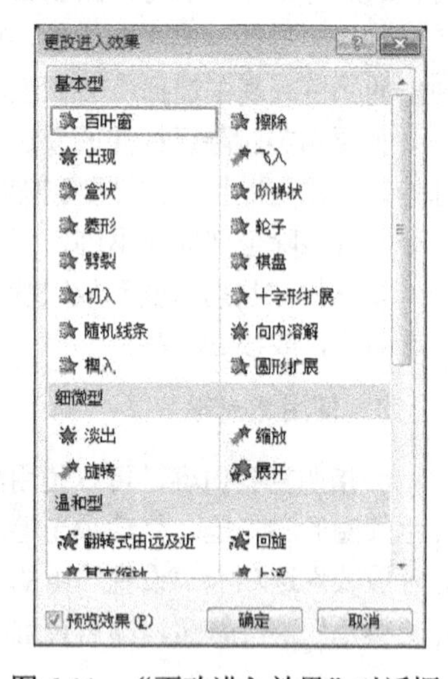

图6.44　“更改进入效果”对话框

（2）“强调”动画。“强调”动画主要对播放画面中的对象进行突出显示，起强调的作用。设置方法类似于设置“进入”动画。选择需要设置动画效果的对象，在“动画”选项卡的“动画”组中单击动画效果列表右下角的“其他”按钮，出现各种动画效果的下拉列表，如图6.43所示。

在“强调”类中选择一种动画效果，例如“陀螺旋”，则所选对象被赋予该动画效果。同样，还可以单击动画样式下拉列表的下方“更多强调效果”命令，打开“更改强调效果”对话框，选择更多类型的“强调”动画效果。

（3）“退出”动画。对象的“退出”动画是指播放画面中的对象离开播放画面的动画效果。例如，“飞出”动画使对象以飞出的方式离开播放画面。设置“退出”动画的方法如下。

选择需要设置动画效果的对象，在“动画”选项卡的“动画”组中单击动画样式列表右下角的“其他”按钮，出现各种动画效果的下拉列表，如图6.43所示。

在“退出”类中选择一种动画效果，例如“飞出”，则所选对象被赋予该动画效果。同样，还可以单击动画样式下拉列表下方的“更多退出效果”命令，打开“更改退出效果”对话框，选择更多类型的“退出”动画样式。

（4）“动作路径”动画。对象的“路径”动画是指播放画面中的对象按指定路径移动的动画效果。

例如，“自定义路径”动画使对象沿着用户自己画出的任意路径移动。设置“自定义路径”动画的方法如下。

① 在幻灯片中选择需要设置动画效果的对象，在“动画”选项卡的“动画”组中单击动画效果列表右下角的“其他”按钮，出现各种动画效果的下拉列表，如图 6.43 所示。

② 在“动作路径”类中选择一种动画效果，例如“自定义路径”，则所选对象被赋予该动画效果，如图 6.45 所示，实现了一只雄鹰沿着自定义路径飞翔的效果。可以看到图形对象的路径（虚线）和路径周边的 8 个控点以及上方绿色控点。启动动画，图形将沿着这一路径从路径起始点（左侧点）移动到路径结束点（右侧点）。拖动路径的各控点可以改变路径，而拖动路径上方绿色控点可以改变路径的角度。

同样，还可以单击动画效果下拉列表下方的“其他动作路径”命令，打开“更改动作路径”对话框，选择更多类型的“路径”动画效果。

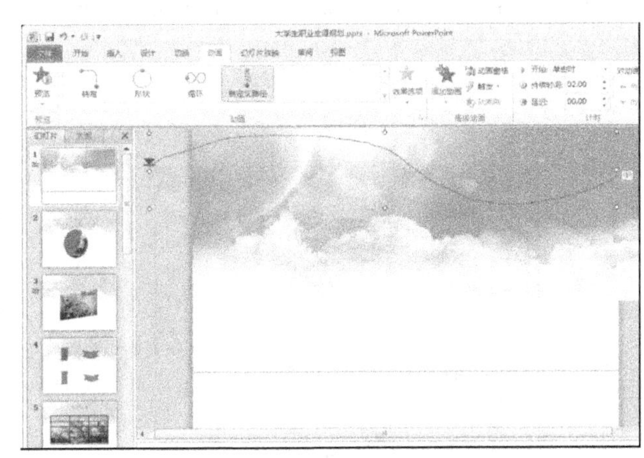

图 6.45　“自定义路径”动画

2. 设置动画属性

设置动画时，如不设置动画属性，系统将采用默认的动画属性。例如，设置“陀螺旋”动画，则其效果选项“方向”默认为“顺时针”，开始动画方式为“单击时”等。若对默认的动画属性不满意，也可以进一步对动画效果选项、动画开始方式、动画音效等重新设置。

（1）设置动画效果选项。动画效果选项是指动画的方向和形式。选择设置动画的对象，单击“动画”选项卡“动画”组右侧的“效果选项”按钮，出现各种效果选项的下拉列表。例如，“陀螺旋”动画的效果选项为旋转方向、旋转数量等。通过预览各种动画选项设置效果来观察和比较，从中选择满意的效果选项。

（2）设置动画开始方式、持续时间和延迟时间。动画开始方式是指开始播放动画的方式，动画持续时间是指动画开始后整个播放时间，动画延迟时间是指播放操作开始后延迟播放的时间。选择设置动画的对象，单击“动画”选项卡“计时”组左侧的“开始”下拉按钮，在出现的下拉列表中选择动画开始方式。动画开始方式有三种：“单击时”、“与上一动画同时”和“上一动画之后”。

“单击时”是指单击鼠标时开始播放动画；“与上一动画同时”是指播放前一动画的同时播放该动画，可以在同一时间组合多个效果；“上一动画之后”是指前一动画播放之后开始播放该动画。

另外，还可以在“动画”选项卡的“计时”组左侧“持续时间”栏调整动画持续时间，在“延迟”栏调整动画延迟时间。

（3）设置动画音效。设置动画时，默认动画无音效，需要音效时可以自行设置。以“陀螺旋”动画对象设置音效为例，说明设置音效的方法。选择设置动画音效的对象（该对象已设置“陀螺旋”动画），单击“动画”选项卡“动画”组右下角的“显示其他效果选项”按钮，弹出“陀螺旋”动画效果选项对话框，如图 6.46 所示。在对话框的“效果”选项卡中单击“声音”栏的下拉按钮，在出现的下拉列表中选择一种音效，如“打字机”。

可以看到，在对话框中，“效果”选项卡中可以设置动画方向（如图 6.44 所示）、形式和音效效果，在“计时”选项卡中可以设置动画开始方式、动画持续时间（在“期间”栏设置）和动画延迟时间等。

因此，需要设置多种动画属性时，可以直接调出该动画效果选项对话框，分别设置各种动画效果。

3. 调整动画播放顺序

给对象添加了动画效果后，对象旁边出现该动画播放顺序的序号（默认从 0 开始，以此类推）。一般，该序号与设置动画的顺序一致，即按设置动画的顺序播放动画。对多个对象设置动画效果后，如果对原有播放顺序不满意，可以调整对象动画播放顺序，方法如下。

单击“动画”选项卡“高级动画”组的“动画窗口”按钮，调出动画窗口，如图 6.47 所示。动画窗口显示所有动画对象，它左侧的数字表示该对象动画播放的顺序号，按钮与幻灯片中的动画对象旁边显示的序号一致。选择动画对象，并单击底部的“↑”或“↓”，即可改变该动画对象的播放顺序。

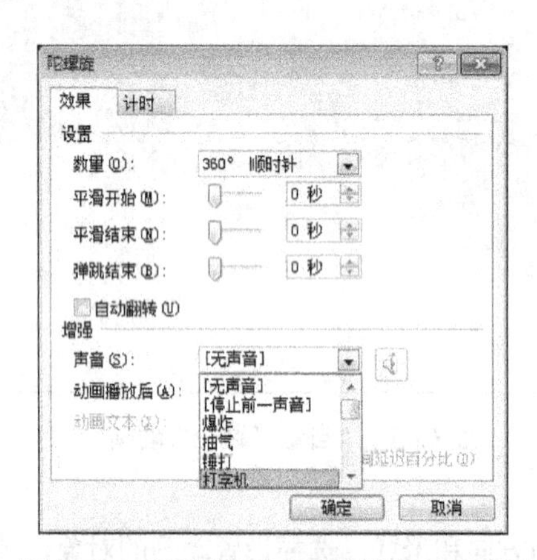

图 6.46 “陀螺旋”动画效果选项对话框

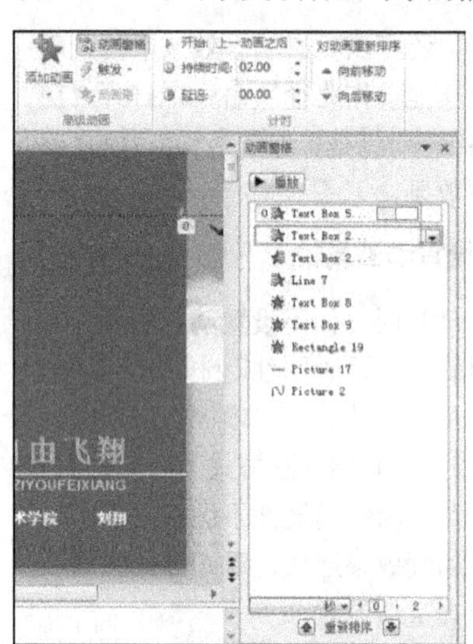

图 6.47 动画窗口

4. 预览动画效果

动画设置完成后，可以预览动画的播放效果。单击“动画”选项卡“预览”组的“预览”按钮或单击动画窗格上方的“播放”按钮，即可预览动画。

6.7.3 幻灯片切换效果设计

幻灯片的切换效果是指放映时幻灯片离开和进入播放画面所产生的视觉效果。系统提供多种切换样式，例如，可以使幻灯片从右上部覆盖，或者自左侧擦除等。幻灯片的切换效果不仅使幻灯片的过渡衔接更为自然，而且也能吸引观众的注意力。幻灯片的切换包括幻灯片切换效果（如“覆盖”）和切换属性（包括效果选项、换片方式、持续时间和声音效果等）。

1. 幻灯片切换样式的设置

（1）打开演示文稿，选择要设置幻灯片切换效果的幻灯片（组）。在“切换”选项卡“切换到此幻灯片”组中单击切换效果列表右下角的“其他”按钮，弹出包括“细微型”、“华丽型”和“动态内容”等各类切换效果列表，如图 6.48 所示。

（2）在切换效果列表中选择一种切换样式（如“百叶窗”）即可。

设置的切换效果对所选幻灯片（组）有效，如果希望全部幻灯片均采用该切换效果，可以单击“计时”组的“全部应用”按钮。

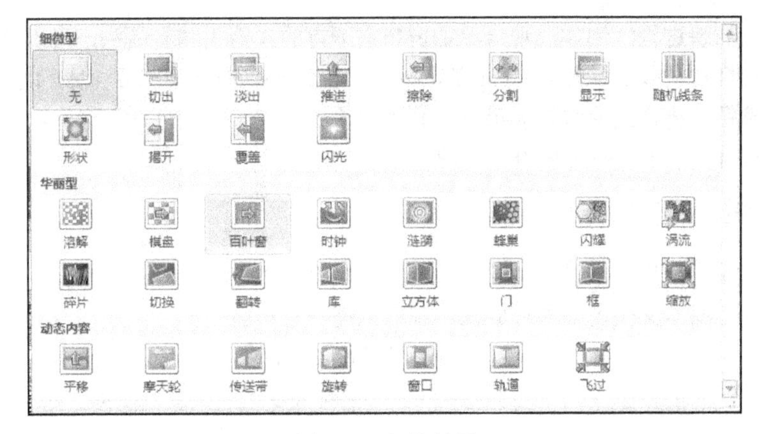

图 6.48　切换效果

2. 切换属性设置

幻灯片切换属性包括效果选项（如“自左侧”）、换片方式（如“单击鼠标时”）、持续时间（如 2 秒）和声音效果（如“打字机”）。

设置幻灯片切换效果时，如不设置，则切换属性均采用默认设置。例如，采用“覆盖”切换效果，切换属性默认为：效果选项为“自右侧”，换片方式为“单击鼠标时”，持续时间为“1 秒”，而声音效果为“无声音”。

如果对默认切换属性不满意，可以自行设置。在“切换”选项卡“切换到此幻灯片”组中单击“效果选项”按钮，在出现的下拉列表中选择一种切换效果（如“自底部”）。

在“切换”选项卡“计时”组右侧设置换片方式，例如，勾选“单击鼠标时”复选框，表示单击鼠标时才切换幻灯片。也可以勾选“设置自动换片时间”，表示经过该时间段后自动切换到下一张幻灯片。

在“切换”选项卡“计时”组左侧设置切换声音，单击“声音”栏下拉按钮，在弹出的下拉列表中选择一种切换声音（如“爆炸”）。在“持续时间”栏输入切换持续时间。单击“全部应用”按钮，则表示全体幻灯片均采用所设置的切换效果，否则只作用于当前所选幻灯片（组）。

3. 预览切换效果

设置完切换效果后，会自动预览一遍设置了切换效果的第一张幻灯片。也可以单击“预览”组的“预览”按钮，随时预览切换效果。

6.7.4　幻灯片放映方式设计

完成演示文稿的制作后，剩下的工作是向观众放映演示文稿。不同场合选择适合的放映方式是十分重要的。

演示文稿的放映方式有三种：演讲者放映（全屏幕）、观众自行浏览（窗口）和在展台浏览（全屏幕）。

1. 演讲者放映（全屏幕）

演讲者放映是全屏幕放映，这种放映方式适合会议或教学的场合，放映进程完全由演讲者控制。

2. 观众自行浏览（窗口）

若允许观众交互式控制放映过程，则采用这种方式较适宜。它在窗口中展示演示文稿，允许观众利用窗口命令控制放映进程。例如，观众单击窗口右下方的左箭头和右箭头，可以分别切换到前一张幻灯片和后一张幻灯片（按PageUp和PageDown键也能切换到前一张和后一张幻灯片）。单击两箭头之间的“菜单”按钮，将弹出放映控制菜单，利用菜单的“定位至幻灯片”命令，可以方便、快速地切换到指定的幻灯片。按Esc键可以终止放映。

3．在展台浏览（全屏幕）

这种放映方式采用全屏幕放映，适合无人看管的场合，例如展示产品的橱窗和展览会上自动播放产品信息的展台等。演示文稿自动循环放映，观众只能观看不能控制。采用该方式的演示文稿应事先进行排练计时。

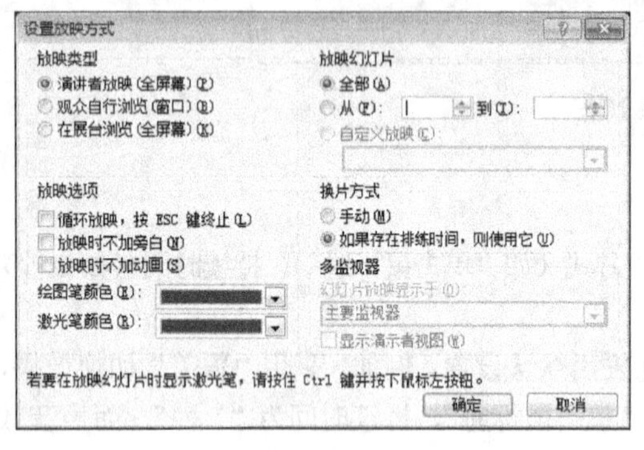

图6.49 “设置放映方式”对话框

放映方式的设置方法如下。

（1）打开演示文稿，单击“幻灯片放映”选项卡“设置”组的“设置幻灯片放映”按钮，出现“设置放映方式”对话框，如图6.49所示。

（2）在“放映类型”栏中，可以选择“演讲者放映（全屏幕）”、“观众自行浏览（窗口）”和“在展台浏览（全屏幕）”三种方式之一。若选择“在展台浏览（全屏幕）”方式，则自动采用循环放映，按Esc键才终止放映。

（3）在“放映幻灯片”栏中，可以确定幻灯片的放映范围（全体或部分幻灯片）。放映部分幻灯片时，可以指定放映幻灯片的开始序号和终止序号。

（4）在“换片方式”栏中，可以选择控制放映速度的两种换片方式之一。“演讲者放映（全屏幕）”和“观众自行浏览（窗口）”放映方式强调自行控制放映，所以常采用“手动”换片方式；而“在展台浏览（全屏幕）”方式通常无人控制，应事先对演示文稿进行排练计时，并选择“如果存在排练时间，则使用它”的换片方式。

6.8 在其他计算机上放映演示文稿

完成的演示文稿有可能会在其他计算机上演示，如果该计算机上没有安装PowerPoint，就无法放映演示文稿。为此，可以利用演示文稿打包功能，将演示文稿打包到文件夹或CD，甚至可以把PowerPoint播放器和演示文稿一起打包。这样，即使计算机上没有安装PowerPoint，也能正常放映演示文稿。另一种方法是将演示文稿转换成放映格式，也可以在没有安装PowerPoint的计算机上正常放映。

6.8.1 演示文稿的打包

要将演示文稿在其他计算机上播放，可能会遇到该计算机上未安装PowerPoint应用软件的尴尬情况。为此，常采用演示文稿打包的方法，使演示文稿可以脱离PowerPoint应用软件直接放映。

1．演示文稿的打包

演示文稿可以打包到CD光盘（必须要有刻录机和空白CD或DVD刻录光盘），也可以打包到磁盘的文件夹。要将制作好的演示文稿打包，并存放到磁盘的某文件夹下，可以按如下方法操作。

① 打开要打包的演示文稿。

② 单击“文件”选项卡“保存并发送”命令，然后双击“将演示文稿打包成CD”命令，出现“打

包成 CD”对话框，如图 6.50 所示。

③ 对话框中提示了当前要打包的演示文稿（如“大学生职业生涯规划.pptx”），若希望将其他演示文稿也在一起打包，则单击“添加”按钮，出现“添加文件”对话框，从中选择要打包的文件（如“大学生职业生涯规划-案例.pptx”），并单击“添加”按钮。

④ 默认情况下，打包应包含与演示文稿有关的链接文件和嵌入的 TrueType 字体等，若想改变这些设置，可以单击“选项”按钮，在弹出的“选项”对话框中设置，如图 6.51 所示。

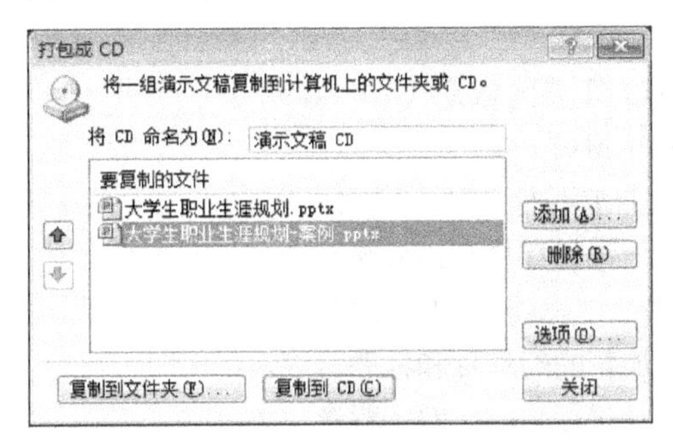

图 6.50 “打包成 CD”对话框

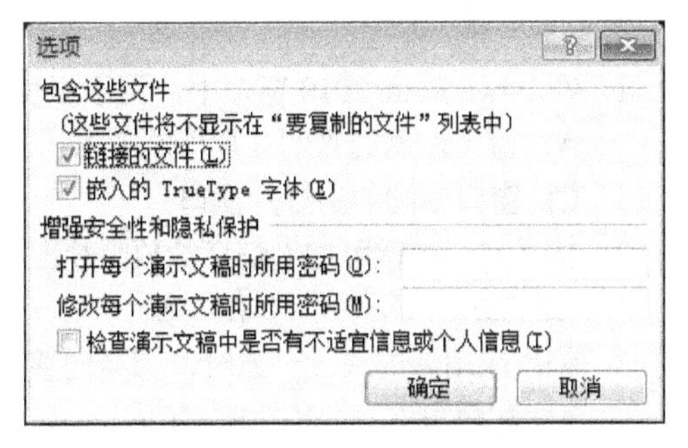

图 6.51 “选项”对话框

⑤ 在“打包成 CD”对话框中单击“复制到文件夹”按钮，出现“复制到文件夹”对话框，输入文件夹名称（如“大学生职业生涯规划课程作业汇报”）和文件夹的路径，并单击“确定”按钮，则系统开始打包并存放到指定的文件夹。

若已经安装光盘刻录设备，也可以将演示文稿打包到 CD 或 DVD，方法同上，只是步骤⑤改为：

在光驱中放入空白光盘，在“打包成 CD”对话框中单击“复制到 CD”按钮，出现“正在将文件复制到 CD”对话框，提示复制的进度。完成后询问“是否要将同样的文件复制到另一张 CD 中?”，回答“是”，则继续复制另一光盘；回答“否”，则终止复制。

2．运行打包的演示文稿

完成了演示文稿的打包后，就可以在没有安装 PowerPoint 的机器上放映该演示文稿了。具体方法如下。

（1）打开打包所在文件夹的 PresentationPackage 子文件夹。

（2）在联网情况下，双击该文件夹的 PresentationPackage.html 网页文件，在打开的网页上单击“Download Viewer”按钮，下载 PowerPoint 播放器 PowerPointViewer.exe 并安装。

（3）启动 PowerPoint 播放器，出现“Microsoft PowerPoint Viewer”对话框，定位到打包文件夹，选择某个演示文稿文件，并单击“打开”，即可放映该演示文稿。

（4）放映完毕，还可以在对话框中选择播放其他演示文稿。

注意：在运行打包的演示文稿时，不能进行即兴标注。

若演示文稿打包到 CD，则将光盘放到光驱中就会自动播放。

6.8.2 将演示文稿转换为直接放映格式

将演示文稿转换成直接放映格式，可以在没有安装 PowerPoint 的计算机上放映它。

1．打开演示文稿，单击“文件”选项卡“保存并发送”命令。

2．双击“更改文件类型”项的“PowerPoint 放映”命令，出现“另存为”对话框，其中自动选择保存类型为“PowerPoint 放映（*.ppsx）”，选择存放位置和文件名（如“大学生职业生涯规划.ppsx”）后单击“保存”按钮，将演示文稿另存为“PowerPoint 放映（*.ppsx）”的文件即可。

也可以用“另存为”方法转换放映格式：打开演示文稿，单击“文件”选项卡“另存为”命令，打开“另存为”对话框，保存类型选择“PowerPoint 放映（*.ppsx）”，然后单击“保存”按钮即可。

双击放映格式（*.ppsx）文件，即可放映该演示文稿。

习 题 六

一、选择题

1．在 PowerPoint 2010 窗口中，用于添加幻灯片内容的主要区域是（　　）。

A．窗口左侧的“幻灯片”选项卡　　B．备注窗口
C．窗口中间的幻灯片窗口　　D．以上都不对

2．按（　　）键可进入幻灯片放映视图并始终从第一张幻灯片开始放映。

A．Esc　　B．F5　　C．F7　　D．F10

3．每次应用新的（　　）时，都会向演示文稿中添加新的幻灯片和标题母版。

A．配色方案　　B．版式　　C．设计模板　　D．背景

4．将幻灯片文档中一部分文本内容复制到别处，先要进行的操作是（　　）。

A．粘贴　　B．复制　　C．选择　　D．剪切

5．演示文稿中的每一张幻灯片都是基于某种（　　）创建的，它预定义了新建幻灯片的各种占位符的布局情况。

A．幻灯片　　B．模板　　C．母版　　D．版式

6．（　　）视图方式下，显示的是幻灯片的缩略图，适用于对幻灯片进行组织和排序，添加切换功能和设置放映时间。

A．幻灯片　　B．大纲　　C．幻灯片浏览　　D．备注页

7．演示文稿中每一个演示的单页称为（　　），它是演示文稿的核心。

A．模板　　B．母版　　C．版式　　D．幻灯片

8．在 PowerPoint 中，母版、版式、模板之间的关系是（　　）。

A．母版可包含多个模板，母版可包含多个版式
B．模板可包含多个母版，母版可包含多个版式
C．模板可包含多个母版，版式可包含多个母版
D．版式可包含多个母版，母版可包含多个模板

二、填空题

1．PowerPoint 2010 的窗口主要由标题栏、________、选项卡、________和状态栏几个部分组成。

2．PowerPoint 2010 制作的演示文稿的扩展名为________，模板的扩展名为________。

3．PowerPoint 2010 中创建演示文稿的方法有：________、________、________、________等。

4．PowerPoint 2010 的视图分为________、________、________、备注页视图、幻灯片放映视图和母版视图 6 种。

三、问答题

1．创建演示文稿有几种方法？如何操作？

2．幻灯片的模板和母版有何区别？

3．如何为幻灯片添加文件中的图片、声音和动画剪辑？

第7章

计算机网络及 Internet 技术

互联网是 20 世纪最伟大的发明之一。互联网是由成千上万个计算机网络组成的，覆盖范围从大学校园网、企业公司的局域网到大型的在线服务提供商，几乎涵盖了社会的各个应用领域，如政务、科研、文化、军事、教育、经济、新闻和商业等。人们只要使用鼠标、键盘就可以从互联网上找到所需的任何信息，可以与世界另一端的人们通信交流，一起参加视频会议。

互联网已经深深地影响和改变了人们的工作、生活方式，并以飞快的速度在不断发展和更新。

通过本章的学习，应该掌握如下内容。

（1）计算机网络的基本概念、组成和分类。

（2）互联网的基础知识，主要包括网络硬件和软件，TCP/IP 协议的工作原理，C/S 体系结构，以及网络应用中常见的概念，如域名、IP 地址、DNS 服务和接入方式等。

（3）互联网网络服务的概念、原理和应用。能够熟练掌握浏览器 IE 的使用、电子邮件的收发、信息的搜索、FTP 下载，以及流媒体和手机电视的使用。

7.1 计算机网络的基本概念

计算机网络是通信技术和计算机技术高度发展、紧密结合的产物，是信息社会最重要的基础设施，并将构筑成人类社会的信息高速公路。

7.1.1 计算机网络的定义

在计算机网络发展过程的不同阶段，人们对计算机网络提出了不同的定义。当前较为准确的定义为：“以能够相互共享资源的方式互连起来的自治计算机系统的集合”，即将分布在不同地理位置上的具有独立工作能力的多个计算机系统，通过通信设备和通信线路互相连接起来，实现数据传输和资源共享的系统。

从资源共享的角度理解计算机网络，需要把握以下两点。

（1）计算机网络提供资源共享的功能。资源包括硬件资源（如存储设备、输入/输出设备等）和软件资源（包括操作系统、应用软件和驱动程序等），以及数据信息。

（2）组成计算机网络的计算机设备是分布在不同地理位置的独立的“自治计算机”。每台计算机都要求能够独立运行。这样，互连的计算机之间没有主从关系，每台计算机既可以联网使用，也可以脱离网络独立工作。

7.1.2 数据通信

数据通信是通信技术和计算机技术相结合而产生的一种新的通信方式。数据通信是指在两个计算机或终端之间以二进制的形式进行信息交换、传输数据。

（1）信道。信道是信息传输的媒介或渠道，作用是把携带有信息的信号从它的输入端传递到输出端。根据传输媒介可分为有线信道和无线信道。

（2）数字信号和模拟信号。信号是数据的表现形式。信号可分为数字信号和模拟信号两类。数字信号是一种离散的脉冲序列，计算机产生的电信号用两种不同的电平表示 0 和 1。模拟信号是一种连续变化的信号，如电话线上传输的按照声音强弱幅度连续变化所产生的电信号。

（3）调制与解调。将发送端数字脉冲信号转换成模拟信号的过程称为调制。将接收端模拟信号还原为数字脉冲信号的过程称为解调。将调制和解调两种功能结合在一起的设备称为调制解调器（Modem）。

（4）带宽与传输速率。在模拟信道中，以带宽表示信道传输信息的能力。带宽是以信号的最高频率和最低频率之差表示，即频率的范围。频率（Frequency）是模拟信号波每秒的周期数，用 Hz、MHz 或 GHz 作为单位。信道的带宽越宽，其可用的频率就越多，传输的数据量就越大。

在数字信号中，用数据传输率（比特率）表示信道的传输能力，即每秒传输的二进制数（bps，比特/秒），单位为 bps、kbps、Mbps、Gbps、Tbps。它们之间的换算关系为 10^3。

（5）误码率。误码率是指二进制比特在数据传输系统中被传错的概率，是通信系统的可靠性指标。在计算机网络中，一般要求误码率低于 10^{-6}。

7.1.3 计算机网络的形成

计算机网络经历了从简单到复杂、从低级到高级、从地区到全球的发展过程。大致分为 4 个阶段。

第一阶段是 20 世纪 50 年代，是面向终端的具有通信功能的单机系统。这个时期的典型网络代表是 1954 年美国军方的半自动地面防空系统，它将远距离的雷达和测控仪器所探测到的信息通过线路汇集到某个基地的一台 IBM 计算机上进行处理，再将处理好的数据通过通信线路送回到各自的终端设备。

第二阶段从 20 世纪 60 年代开始，标志是美国的 ARPANET 与分组交换技术。这个时期的典型网络代表是 1969 年美国国防部高级计划管理局建立的 ARPANET 网。ARPANET 网是计算机网络发展中的一个里程碑，这个网络的计算机不但可以彼此通信，还可以实现与其他计算机之间的资源共享。

第三阶段可以从 20 世纪 70 年代算起。以 OSI（开放系统互联参考模型）网络体系结构建成的网络，实现了不同类型计算机之间的互连。

第四阶段从 20 世纪 90 年代开始，迅速发展的 Internet、信息高速公路、无线网络与网络安全，使得信息时代全面到来。

7.1.4 计算机网络的分类

从不同的角度出发，计算机网络有多种分类方法，常见的分类有以下几种。

1．按网络覆盖的范围分类

根据计算机网络所覆盖的地理范围、信息的传递速率及其应用目的，计算机网络通常被分为局域网（LAN）、城域网（MAN）、广域网（WAN）。

（1）局域网（Local Area Network，LAN）。局域网也称局部网，是指将有限的地理区域内的各种通信设备互连在一起的通信网络。它具有很高的传输速率（数十兆至吉比特每秒），其覆盖范围一般不超过几十千米，通常将一座大楼或一个校园内分散的计算机连接起来构成 LAN。

（2）城域网（Metropolitan Area Network，MAN）。有时又称为城市网、区域网、都市网。城域网介于 LAN 和 WAN 之间，其覆盖范围通常为一个城市或地区，距离从几十千米到上百千米。城域网中可包含若干个彼此互连的局域网，可以由不同的系统硬件、软件和通信传输介质构成，从而使不同类型的局域网能有效地共享信息资源。城域网通常采用光纤或微波作为网络的主干通道。

（3）广域网（Wide Area Network，WAN）。广域网指的是实现计算机远距离连接的计算机网络，可以把众多的城域网、局域网连接起来，也可以把全球的城域网、局域网连接起来。广域网涉辖的范围较大，一般从几百千米到几万千米，用于通信的传输装置和介质一般由电信部门提供，能实现大范围内的资源共享。

2. 按网络拓扑分类

通常分为总线形、星形、环形、树形等。详见 7.3.2 节。

3. 按信息交换方式分类

通常分为线路交换网、存储转发交换网和混合交换网。

（1）线路交换网。预先分配带宽，建立端到端的物理通路，如公用电话网。

（2）存储转发交换网。由网络节点组成通信子网，各节点负责存储、转发及选择合适的路由。

（3）混合交换网。前两种技术的结合，一部分采用线路交换，另一部分是用分组交换，如 ATM 网。

7.1.5 计算机网络的功能

计算机网络的功能主要体现在以下几个方面。

（1）计算机系统的资源共享。计算机网络系统中的资源可分成三大类：数据资源、软件资源和硬件资源。相应地，资源共享也分为数据共享、软件共享和硬件共享。网络中，可供共享的数据主要是网络中设置的专门数据库；可供共享的软件包括各种语言处理程序和各类应用程序；可供共享的硬件如网络中的打印机等。随着计算机网络覆盖区域的扩大，信息交流已越来越不受地理位置、时间的限制，使得人类对资源能互通有无，大大提高了资源的利用率和信息的处理能力。

（2）数据通信。计算机网络可以使分散在各地的计算机中的数据资料适时集中或分级管理，并经综合处理后形成各种报表，供管理者或决策者分析和参考。如自动订票系统、政府部门的计划统计系统、银行财政及各种金融系统、数据的收集和处理系统、地震资料收集与处理系统、地质资料采集与处理系统等。计算机网络是现代通信技术和计算机技术结合的产物，分布在不同地区的计算机系统可以及时、高速地传递各种信息，这对于现代的股票、期货交易等经济贸易活动更是亟须的。随着音频数据和视频图像传输速率的进一步提高，基于 Internet 的可视电话和远距离视频会议将成为 21 世纪最流行的通信方式。

（3）提高了系统的可靠性和可用性。计算机网络中的各台计算机可以通过网络互为后备机。设置了后备机，一旦某台计算机出现故障，网络中其他计算机可代为继续执行，以保证用户的正常操作，不因局部故障而导致系统的瘫痪。又如某一数据库中的数据因计算机发生故障而消失或遭到破坏时，可从另一台计算机的备份数据库中调来进行处理，并恢复遭到破坏的数据库，从而提高系统的可靠性和可用性。

（4）负载均衡和分布处理。负载均衡是指网络中的负荷被均匀地分配给网络中的各计算机系统。当某系统的负荷过重时，网络能自动地将该系统中的一部分负荷转移至负荷较轻的系统中去处理。

在具有分布处理能力的计算机网络中，可以将任务分散到多台计算机上进行处理，由网络完成对多台计算机的协调工作。这样在以往需要大型计算机才能完成的复杂问题，即可由多台微型计算机或小型机构成的网络来协调完成。

7.2 计算机网络体系模型

7.2.1 网络协议

在计算机网络中，为了使计算机或终端之间能够正确地传送信息，必须有一套关于信息传输顺序、信息格式等的约定，这一套约定称为通信协议。简单地说，网络协议就是计算机网络中任何两个节点间的通信规则。

协议通常由三部分组成。

（1）语义部分：用于规定双方对话的类型。

（2）语法部分：用于规定双方对话的格式。

（3）变换规则：用于规定通信双方的应答关系。

7.2.2 开放系统互连参考模型（OSI/RM）

OSI/RM 是 ISO（国际化标准组织）在网络通信方面所定义的开放系统互联模型，1978 年 ISO 定义了这样一个开放协议标准。有了这个开放的模型，各网络设备厂商就可以遵照共同的标准来开发网络产品，最终实现彼此兼容。

7	应用层	→ 处理网络应用
6	表示层	→ 数据表示
5	会话层	→ 互连主机通信
4	传输层	→ 端到端连接
3	网络层	→ 寻址和最短路径
2	数据链路层	→ 接入介质
1	物理层	→ 二进制传输

图 7.1 OSI 参考模型

整个 OSI/RM 模型共分 7 层，从下往上分别是物理层、数据链路层、网络层、传输层、会话层、表示层和应用层，如图 7.1 所示。当接收数据时，数据自下而上传输；当发送数据时，数据自上而下传输。

（1）物理层。这是整个 OSI 参考模型的最底层，它的任务就是提供网络的物理连接。物理层提供的服务包括：物理连接、物理服务数据单元顺序化（接收物理实体收到的比特顺序，与发送物理实体所发送的比特顺序相同）和数据电路标志。

（2）数据链路层。数据链路层是建立在物理传输能力的基础上的，以帧为单位传输数据，它的主要任务就是进行数据封装和数据链接的建立。工作在这个层次上的交换机俗称“第二层交换机”。具体讲，数据链路层的功能包括：数据链路连接的建立与释放、构成数据链路数据单元、数据链路连接的分裂、定界与同步、顺序和流量控制及差错的检测和恢复等方面。

（3）网络层。网络层属于 OSI 中的较高层次，从它的名字可以看出，它解决的是网络与网络之间，即网际的通信问题，而不是同一网段内部的问题。网络层的主要功能是提供路由，即选择到达目标主机的最佳路径，并沿该路径传送数据包。除此之外，网络层还要能够消除网络拥挤，具有流量控制和拥挤控制的能力。网络边界中的路由器就工作在这个层次上，现在较高档的交换机也可直接工作在这个层次上，它们提供了路由功能，俗称“第三层交换机”。网络层的功能包括：建立和拆除网络连接、路径选择和中继、网络连接、多路复用、分段和组块、服务选择和传输及流量控制。

（4）传输层。传输层解决的是数据在网络之间的传输质量问题，它属于较高层次。传输层用于提高网络层服务质量，提供可靠的端到端的数据传输，如常说的 QoS 就是这一层的主要服务。这一层主要涉及的是网络传输协议，它提供的是一套网络数据传输标准，如 TCP 协议。传输层的功能包括：映像传输地址到网络地址、多路复用与分割、传输连接的建立与释放、分段与重新组装、组块与分块。

（5）会话层。会话层利用传输层来提供会话服务，会话可能是一个用户通过网络登录到一个主机，或一个正在建立的用于传输文件的会话。会话层的功能主要有：会话连接到传输连接的映射、数据传送、会话连接的恢复和释放、会话管理、令牌管理和活动管理。

（6）表示层。表示层用于数据管理的表示方式，如用于文本文件的 ASCII 和 EBCDIC，用于表示数字的 1S 或 2S 补码表示形式。如果通信双方用不同的数据表示方法，它们就不能互相理解。表示层就是用于屏蔽这种不同之处的。表示层的功能主要有：数据语法转换、语法表示、表示连接管理、数据加密和数据压缩。

（7）应用层。这是 OSI 参考模型的最高层，它解决的也是最高层次，即程序应用过程中的问题，它直接面对用户的具体应用。应用层包含用户应用程序执行通信任务所需要的协议和功能，如电子邮件和文件传输等，在这一层中，TCP/IP 协议中的 FTP、SMTP、POP 等协议得到了充分应用。

7.2.3 TCP/IP 协议

TCP/IP 协议称为传输控制/网际协议，它是 Internet 国际互联网络的基础。TCP/IP 是网络中使用的基本的通信协议。

TCP/IP 协议数据的传输基于 TCP/IP 协议的 4 层结构：应用层、传输层、网络互连层、网络接口层，如图 7.2 所示。

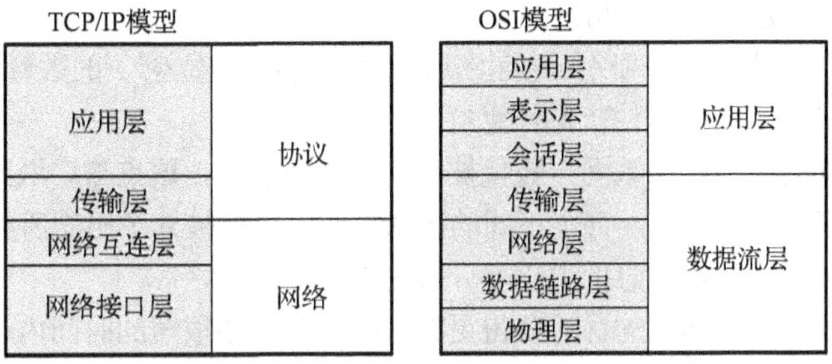

TCP/IP模型

层	
应用层	协议
传输层	
网络互连层	网络
网络接口层	

OSI模型

层	
应用层	应用层
表示层	
会话层	
传输层	数据流层
网络层	
数据链路层	
物理层	

图 7.2 TCP/IP 模型和 OSI 模型对比

TCP/IP 协议的基本传输单位是数据报（Datagram）。TCP 协议负责把数据分成若干个数据报，并给每个数据报加上报头（就像给一封信加上信封），报头上有相应的编号，以保证在数据接收端能将数据还原为原来的格式；IP 协议在每个报头上再加上接收端主机地址，这样数据就可以找到自己要去的地方。如果传输过程中出现数据丢失、数据失真等情况，TCP 协议会自动要求数据重新传输，并重新组报。总之，IP 协议保证数据的传输，TCP 协议保证数据传输的质量。

数据在传输时每通过一层就要在数据上加个报头，其中的数据供接收端同一层协议使用；而在接收端，每经过一层就要把用过的报头去掉，这样来保证传输数据的格式完全一致。

（1）网络接口层。负责数据帧的发送和接收，帧是独立的网络信息传输单元。网络接口层将帧放在网上，或从网上把帧取下来。

（2）网络互连层。互连协议将数据报封装成 Internet 数据包，并运行必要的路由算法。这里有 4 个互联协议。

① 网际协议 IP。负责在主机和网络之间寻址和路由数据包。

② 地址解析协议 ARP。获得同一物理网络中的硬件主机地址。

③ 网际控制消息协议 ICMP。发送消息，并报告有关数据包的传送错误。

④ 互联组管理协议 IGMP。被 IP 主机拿来向本地多路广播路由器报告主机组成员。

（3）传输层。传输协议在计算机之间提供通信会话。传输协议的选择根据数据传输方式而定。两个传输协议如下。

① 传输控制协议 TCP。为应用程序提供可靠的通信连接。适合一次传输大批数据的情况，并适用于要求得到响应的应用程序。

② 用户数据报协议 UDP。提供了无连接通信，且不对传送包进行可靠性保证。适合一次传输少量数据，可靠性由应用层来负责。

（4）应用层。应用程序通过这一层访问网络。

7.3 局域网组网技术

从网络的规模看，任何一个计算机网络的基本网络都是局域网。把局域网相互连接可以构成满足各种不同需要的网络。局域网是网络的基础，是网络的最基本单元。

7.3.1 局域网概述

1975 年美国 Xerox 公司推出的实验性以太网络（Ethernet）和 1974 年英国剑桥大学研制的剑桥环网，都是局域网的典型代表。通常将具有下列基本属性的网络称为局域网。

（1）地理范围较小。通常网内的计算机限于一幢大楼或建筑群内，涉及的距离一般只有几千米，甚至只在一个园区、一幢建筑或一个房间内。

（2）通信率较高。局域网通信线路传输速率通常为 Mbps（兆位/秒）的数量级，可高达 100 Mbps、1000 Mbps，甚至 10 Gbps，能很好地支持计算机间的高速通信。

（3）通常为一个部门所有。局域网一般仅被一个部门所控制，这点与广域网有明显的区别，广域网可能分布在一个国家的不同地区，甚至不同的国家之间，可能被几个组织所共有。

（4）误码率低。局域网传输信息的误码率一般为 10^{-8}～10^{-11}。

局域网的出现，使计算机网络的优势获得更充分的发挥，在很短的时间内计算机网络就深入到各个领域。因此，局域网技术是目前非常活跃的技术领域，各种局域网技术层出不穷，并得到了广泛应用，极大地推进了信息化社会的发展。

7.3.2 网络拓扑结构

计算机网络上的每一台计算机称为一个节点或站点，网络中各个节点相互连接的方式称为网络的拓扑。网络的拓扑有很多种，主要有星形拓扑、总线拓扑、环形拓扑、树形拓扑和网状拓扑等，如图 7.3 所示。

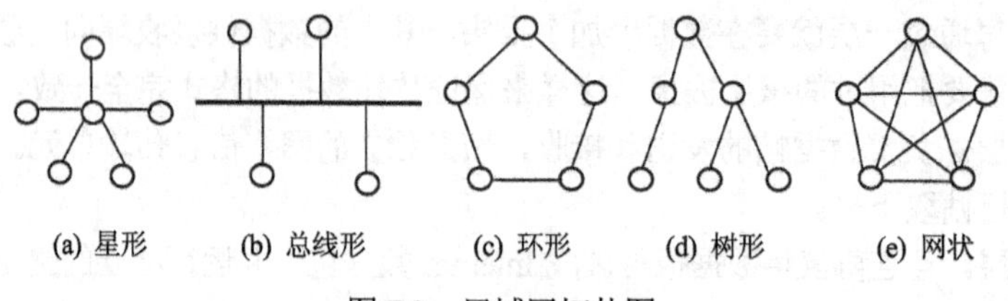

图 7.3 局域网拓扑图

（1）星形拓扑（Star Structure）。星形是最早的通用网络拓扑结构形式。如图 7.3(a)所示，每个节点与中心节点连接，中心节点控制全网的通信，任何两个节点之间的通信都要通过中心节点。因此，要求中心节点有很高的可靠性，否则一旦中心节点出现故障，会造成全网的瘫痪。星形拓扑结构简单，易于实现和管理。中心节点常见的设备有集线器（Hub）、交换机（Switch）等。

（2）总线形拓扑（Bus Structure）。如图 7.3(b)所示，网络中各个节点由一根总线相连，数据在总线上由一个节点传向另一个节点。

（3）环形拓扑（Ring Structure）。如图 7.3(c)所示，各个节点通过中继器连接到一个闭合的环路上，环中的数据沿着一个方向传输，由目的节点接收。

（4）树形拓扑（Tree Structure）。如图 7.3(d)所示。节点按层次进行连接，像树一样，有分支、根节点、叶子节点等，信息交换主要在上下节点之间进行。树形拓扑是从总线拓扑演变而来的，它把星形和总线拓扑结合起来。

（5）网状拓扑。如图 7.3(e)所示。网状拓扑的每一个节点都与其他节点有一条专业线路相连。网状网络结构很复杂，被广泛用于广域网中。

7.3.3 局域网的传输介质

传输介质是数据传输的物质基础，它是两节点间传输数据的“道路”。目前网络的传输介质有多种，可以分为两大类：有线传输介质和无线传输介质。有线传输介质包括双绞线、同轴电缆和光导纤维；无线传输介质是通过大气进行各种形式的电磁传播，如无线电波、微波、红外线和激光，也就是通常所说的有线通信和无线通信。有线通信是利用光缆、电缆、电话线等来充当传输导体；无线通信是利用微波、红外线等来充当传输导体。

传输是网络的基础，传输介质则是传输质量的基本保证，传输介质在很大程度上决定了通信的质量。

1．双绞线（Twisted Pair，TP）

双绞线是目前局域网中使用最广泛、价格最低廉的一种有线传输介质。

“Twisted”源于双绞线电缆的内部结构。在内部由若干对相互绞缠在一起的绝缘铜导线组成，导线的典型直径为 1 mm 左右（0.4～1.4 mm）。采用两两相绞的绞线技术可以抵消相邻线对之间的电磁干扰和减少近端串扰。双绞线电缆一般由多对双绞线外包缠护套组成，其护套称为电缆护套。电缆根据对数可分为 4 对双绞线电缆、大对数双绞线电缆（包括 25 对、50 对、100 对等）。铜电缆的直径通常用 AWG（American Wire Gauge）单位来衡量。AWG 数越小，电缆直径越大。直径越大的电线越有用，它们具有更大的物理强度和更小的电阻。

双绞线电缆中的每一根绝缘线路都用不同的颜色加以区分，这些颜色构成标准的编码，因此很容易识别和正确连接每一根线路。每个线对都有两根导线，其中一根导线的颜色为线对的颜色加一条白色条纹，另一根导线的颜色是白色底色加线对颜色的条纹，即电缆中的每一对双绞线都是互补颜色。4 对 UTP（非屏蔽双绞线）电缆的 4 对线具有不同的颜色标记，这 4 种颜色是蓝色、橙色、绿色、棕色。

双绞线按照是否有屏蔽层可以分为非屏蔽双绞线和屏蔽双绞线。

（1）非屏蔽双绞线。用塑料套管套装了多对双绞线（目前局域网中使用最广泛，常用的有 4 对及 25 对、50 对或 100 对等）。

（2）屏蔽双绞线（Shielded Twisted Pair，STP）。用铝箔套管套装多对双绞线，具有抗电磁干扰能力。

到目前为止，EIA / TIA 已颁布了 7 类（Category，简写为 Cat）线缆的标准。

- Cat1：适用于电话和低速数据通信。
- Cat2：适用于 ISDN 及 T1/E1，支持高达 16 MHz 的数据通信。
- Cat3：适用于 10Base-T 或 100 Mbps 的 100Base-T4，支持高达 20 MHz 的数据通信。
- Cat5：适用于 100 Mbps 的 100Base-TX 和 100Base-T4，支持高达 100 MHz 的数据通信。
- Cat5e：既适用于 100 Mbps 的 100Base-TX 、100Base-T4，支持高达 100 MHz 的数据通信；又适用于 1000 Mbps 的 1000Base-TX，支持高达 1000 MHz 的数据通信。
- Cat6：适用于 1000 Mbps 的 1000Base-TX，支持高达 1000 MHz 的数据通信。

- Cat6e：支持 155 Mbps ATM（异步传输模式），100Base-T，千兆以太网传输并支持多路 ATM 信号和其他兼容信号同时传输。
- Cat7：适用于 1000 Mbps 的 1000Base-TX，支持高达 1000 MHz 的数据通信。

2．同轴电缆（Coaxial Cable）

20 世纪 80 年代，DEC、Intel 和 Xerox 公司合作推出了以太网。最初设计以太网时，终端设备共享通信带宽，通过物理介质连接形成总线拓扑网络，同轴电缆就是在当时普遍采用的传输介质。也就是说总线拓扑结构与同轴电缆主要应用在早期的以太网中。现在以太网通常采用星形拓扑结构与双绞线。

图 7.4 所示为一种典型的同轴电缆。它共由 4 层组成：一根中央铜导线、包围铜线的绝缘层（发泡 PE）、一个网状金属屏蔽层以及一个 PVC 护套。它的内部共有两层导体排列在同一轴上，所以称为“同轴”。其中，铜线传输电磁信号，它的粗细直接决定其衰减程度和传输距离；绝缘材料将铜线与金属屏蔽物隔开；网状金属屏蔽层（网状金属屏蔽层在各个方向上围绕着导线）一方面可以屏蔽噪声，另一方面可以作为信号地线，能够很好地隔离外来的电信号。

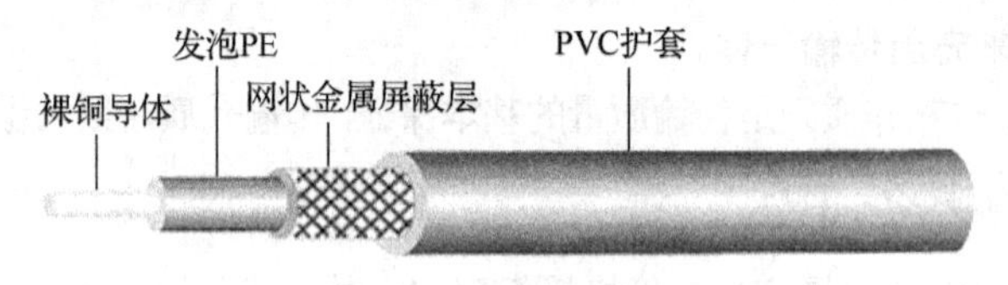

图 7.4　同轴电缆结构图

同轴电缆具有辐射小和抗干扰能力强等特点，常用于电视工业，也曾经是 LAN 中应用最多的传输媒体，现已不常使用。

（1）基带同轴电缆：阻抗为 50 Ω，用于基带数字信号的传输。

（2）宽带同轴电缆：阻抗为 75 Ω，用于传输宽带模拟信号。

（3）拓扑结构：总线拓扑结构。

3．光导纤维

光导纤维（光纤）是一种新型传输媒体，具有误码率低、频带宽、绝缘性能高、抗干扰能力强、体积小和质量轻的特点。光纤是光缆的纤芯，光纤由光纤芯、包层和涂覆层三部分组成。最里面的是光纤芯，包层将光纤芯围裹起来，使光纤芯与外界隔离，以防止与其他相邻的光导纤维相互干扰。包层的外面涂覆一层很薄的涂覆层，涂覆材料为硅酮树酯或聚氨基甲酸乙酯，涂覆层的外面是套塑（或称二次涂覆），套塑的原料大都采用尼龙、聚乙烯或聚丙烯等塑料，从而构成光纤纤芯，如图 7.5 所示。

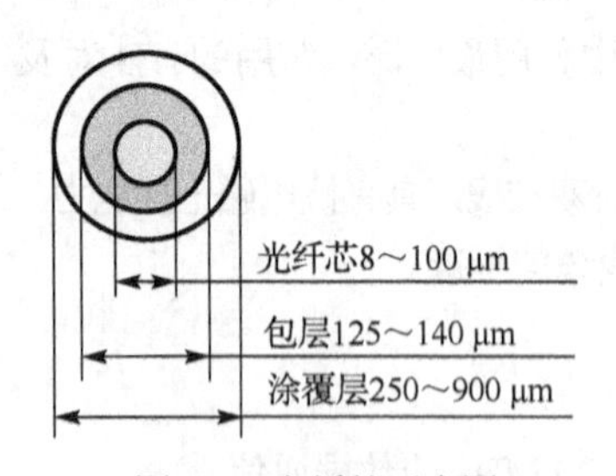

图 7.5　光纤的示意图

（1）单模光纤：采用注入型激光二极管作为光源产生激光，激光的定向性强，在给定的波长上，只能以单一的模式进行传输，其传输距离可达 100 km。

（2）多模光纤：采用发光二极管作为光源产生荧光（可见光），定向性较差，在给定波长上，通过反射，以多种模式进行传输，多模光纤的传输距离一般在 2 km 以内。

（3）拓扑结构：星形、环形，常用于局域网主干网。

4．无线传输

无线传输是指通过无线电波在自由空间的传播进行通信，常用于电（光）缆敷设不便的特殊地理环境，或者作为地面通信系统的备份和补充。

（1）微波：微波在空间只能直线传输，长距离通信时需要在地面上架设微波塔，或者在人造同步地球卫星上安装中继器，作为微波传输中继站，来延伸信号传输的距离。

（2）红外线和激光：通信的收发设备必须处于视线范围之内，均具有很强的方向性，因此防窃取能力较强，但对环境因素较为敏感。

7.3.4 介质访问控制方法

将传输介质的频带有效地分配给网上各站点的用户的方法称为介质访问控制方法。介质访问控制方法是局域网中最重要的一项基本技术，对局域网体系结构、工作过程和网络性能产生决定性的影响。设计一个好的介质访问控制协议有三个基本目标：协议要简单、获得有效的通道利用率、对网上各站点的用户公平合理。介质访问控制方法主要是解决介质使用权的算法或机构问题，从而实现对网络传输信道的合理分配。

介质访问控制方法决定着局域网的主要性能。用于局域网的三种典型的介质访问控制方法，分别是总线结构的带冲突检测的载波监听多路访问 CSMA/CD 方法及环形结构的令牌环（Token Ring）和令牌总线（Token Bus）方法。

7.3.5 局域网的组成

局域网是一个集计算机硬件设备、通信设施、软件系统以及数据处理能力为一体的、能够实现资源共享的现代化综合服务系统。局域网的组成可分为三部分：硬件系统、软件系统及网络信息。

1. 硬件系统

硬件系统是局域网的基础，硬件组件主要是指计算机及各种组网设备，包括服务器和工作站、网卡、网络传输介质、网络连接部件与设备等，如图 7.6 所示。下面介绍几种常用的硬件设备。

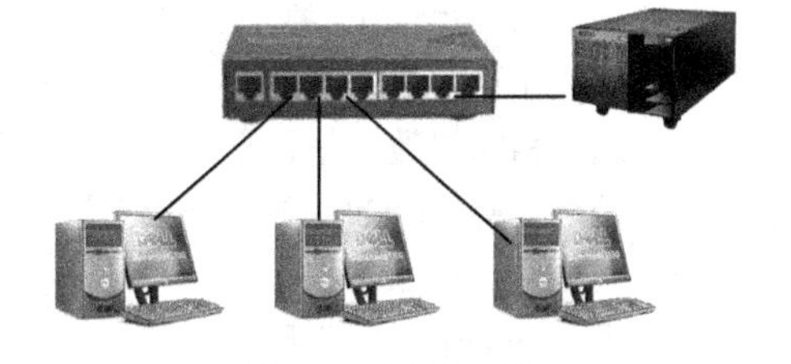

图 7.6 计算机网络

（1）服务器和工作站

组建局域网的主要目的是为了在不同的计算机之间实现资源共享。局域网中的计算机根据功能和作用的不同被分为两大类：一类计算机主要是为其他计算机提供服务，称为服务器（Server）；而另一类计算机则使用服务器所提供的服务，称为工作站（Workstation）或客户机（Client）。

服务器是网络的服务中心。为满足众多用户的大量服务请求，服务器通常由高档计算机承担，并应能满足多用户的请求响应、处理速度快、存储容量大、安全性好、可靠性高等性能要求。

通常一台网络服务器只提供一种或几种指定的服务。在局域网中配置服务器的数量应视网络环境和应用规模而定。对于用户较小的小型网络，可能只用一台服务器来同时提供资源服务和管理功能；而对于较大、功能复杂的网络，则可能要求配置多台服务器，由不同服务器来提供不同的网络服务，以保证服务的质量。

根据提供服务的不同，网络服务器可以分为用户管理或身份验证服务器、文件服务器、数据库服务器、打印服务器、E-mail 服务器、DNS 服务器、Web 服务器、视频服务器、游戏服务器等。

网络工作站的功能通常比服务器弱，相应地，对其在性能和配置上也就没有那么高的要求。随着计算机硬件水平的提高和成本的降低，目前网络工作站的档次区别已越来越不明显。用户通过工作站使用服务器提供的服务和网络资源，其向网络服务器发出请求，并且把从网络服务器返回的处理结果用于本地计算之中，或在显示器上供用户浏览。当然工作站也可以按照用户的要求进行本地计算和数据处理任务。

（2）网卡（NIC）

网卡的全名是网络接口卡（Network Interface Card，NIC），也叫网络适配器，如图7.7所示。这是一种工作在数据链路层的网络组件，是局域网中连接计算机和传输介质的接口。

（3）中继器和集线器

中继器（Repeater）和集线器（HUB，如图7.8所示）作为物理层的网络连接设备，可以对信号进行放大和再生，从而使得物理信号的传送距离得到延长，所以它们具有在物理上扩展网络的功能。但是，由于中继器和集线器只能进行原始比特流的传送，因此不可能依据某种地址信息对数据流量进行隔离或过滤。目前，集线器已被性能更优的交换机取代。

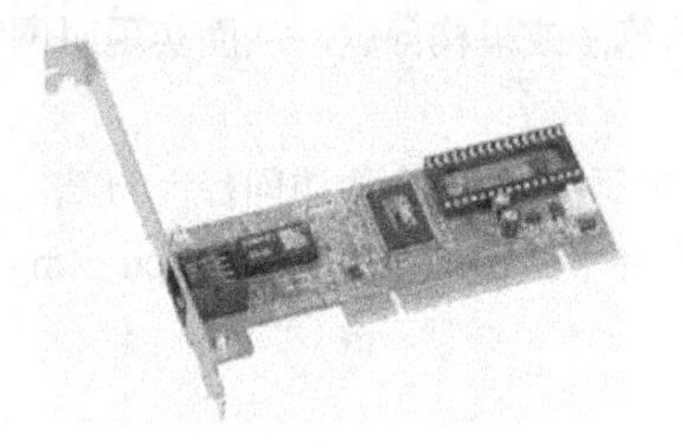

图7.7　网卡

图7.8　集线器

（4）网桥和交换机

网桥又叫桥接器，是一种数据链路层的存储转发设备。交换机则是一个具有流量控制能力的多端口网桥，如图7.9所示为一款H3C公司生产的WX3024交换机。

当交换机出现以后，网桥产品开始淡出市场。交换机有很多类型，在选择交换机时要考虑背板带宽、端口速率和端口数、是否带网管功能等因素。除此之外，在选购交换机时，还要考虑到是否支持模块化、是否支持VLAN、是否带第三层路由功能等。

（5）路由器（Router）

路由器是Internet中常用的连接设备，它可以将两个网络连接在一起，组成更大的网络。被连接的网络可以是局域网，也可以是Internet，连接后的网络都可以称为互联网。用路由器隔开的网络属于不同的局域网，具有不同的网络地址。如图7.10所示为一款华为公司生产的AR150-S路由器。

图7.9　交换机

图7.10　路由器

（6）无线AP

无线AP也称为无线访问点，是有线局域网与无线局域网之间的桥梁。利用无线AP，装有无线网卡的终端可以连接有线网络。无线AP包括单纯的无线接入点和无线路由器。如图7.11所示就是常用的一款TP-link无线路由器。

（7）传输介质及连接器件

目前，常用的传输介质是双绞线和光缆。不同的传输介质所用的连接器件是不同的，传输介质和连接器件必须匹配。常用的连接器件有如下几种。

RJ-45连接器：用于非屏蔽双绞线的连接，如图7.12所示。

LC 光纤连接器：用于光纤的连接，如图 7.13 所示。

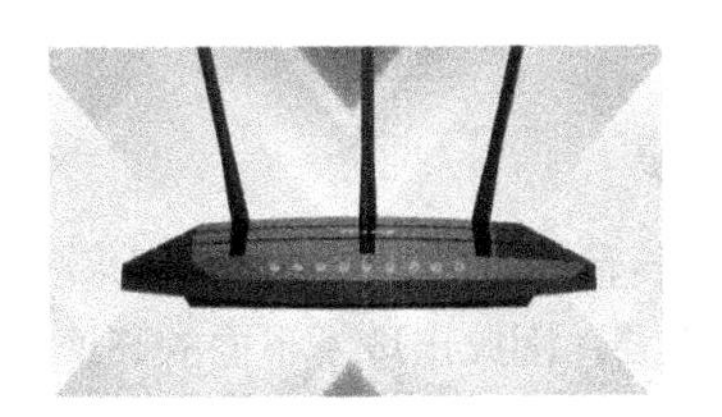

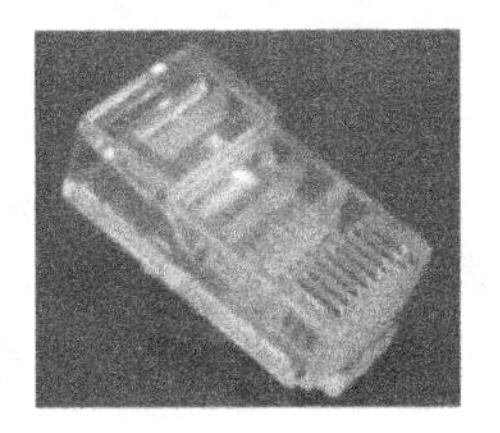

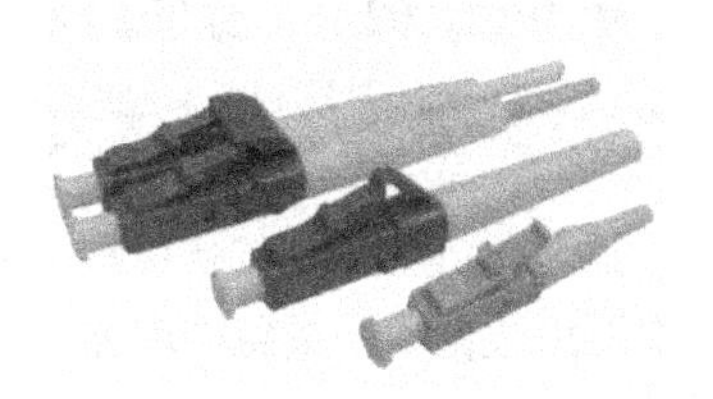

图 7.11 无线路由器　　图 7.12 RJ-45 连接器　　图 7.13 LC 连接器

2．软件系统

（1）网络系统软件。网络系统软件包括网络操作系统、网络协议等。

① 网络操作系统：是指能够控制和管理网络资源的软件，是由多个系统软件组成的，在基本系统上有多种配置和选项可供选择，使得用户可根据不同的需要和设备构成最佳组合的 Internet 操作系统。现在流行的网络操作系统主要有 UNIX 系列、Windows 系列、Linux 系列 3 种。

② 网络协议：是保证网络中两台设备之间正确传送数据的软件。网络协议一般是由网络系统决定的，网络系统不同，网络协议也就不同。如 Windows 系统支持 TCP/IP 等多种协议。

（2）网络应用软件。网络应用软件是指能够为网络用户提供各种服务的软件，如浏览软件、传输软件、远程登录软件等。

3．网络信息

在计算机网络上存储、传送的信息称为网络信息。网络信息是计算机网络中最重要的资源，它存在于服务器上，由网络系统软件对其进行管理和维护。服务器与服务器之间通过一定的网络协议传送信息。网络用户通过网络应用软件获取网络信息。

网络信息主要来源于网络工作者的辛勤劳动，他们通过各种输入设备将大量的资料、数据、图书等各类信息录入到计算机网络，每天都有许多人为网络信息的补充、更新、修复做着大量工作。人们建网、联网的目的就是要更大范围地、更加快速准确地获取信息和发布信息，让信息为人们服务。

7.3.6 局域网标准

局域网出现之后，发展迅速，类型繁多，用户为了能实现不同类型局域网之间的通信，迫切希望尽快产生局域网标准。1980 年 2 月，电气和电子工程师学会（IEEE）成立了 802 课题组，又称 IEEE 802 委员会，研究并制定了局域网标准 IEEE 802。后来，国际标准化组织（ISO）经过讨论，建议将 IEEE 802 标准确定为局域网标准。

IEEE 802 是一个标准体系，为了适应局域网技术的发展，正不断地增加新的标准和协议。目前，常用的 IEEE 802 标准主要有以下几种。

- IEEE 802.3：CSMA/CD 访问控制方法和物理层技术规范。
- IEEE 802.3i：10Base-T 访问控制方法和物理层技术规范。
- IEEE 802.3u：100Base-T 访问控制方法和物理层技术规范。
- IEEE 802.3ab：1000Base-T 访问控制方法和物理层技术规范。
- IEEE 802.3z：1000Base-X 访问控制方法和物理层技术规范。
- IEEE 802.3ae：10GBase 访问控制方法和物理层技术规范。
- IEEE 802.8：FDDI 访问控制方法和物理层技术规范。

- IEEE 802.11：无线网访问控制方法和物理层技术规范。
- IEEE 802.16：宽带无线接入。

7.3.7 高速局域网技术

进入20世纪90年代以后，由于多媒体技术的大量应用，在网上传输的音频、视频数据越来越多，使得网络数据传输量急剧增加，原来传输速率的局域网已不能满足需要，因此出现了下面的高速局域网技术。

1．快速以太网（Fast Ethernet）

快速以太网技术仍然是以太网，也是总线或星形结构的网络，快速以太网仍支持共享模式，在共享模式下仍采用广播模式（CSMA/CD竞争方式访问，IEEE 802.3），所以在共享模式下的快速以太网继承了传统共享以太网的所有特点，但是带宽增大了10倍。快速以太网的应用主要是基于它的交换模式，在交换模式下，快速以太网完全没有CSMA/CD这种机制的缺陷。除了上面谈到的交换以太网的优点以外，交换模式下的快速以太网可以工作在全双工的状态下，使得网络带宽可以达到200 Mbps。因此快速以太网是一种在局域网技术中性能价格比非常好的网络技术，在支持多媒体技术的应用上可以提供良好的网络质量和服务。

2．光纤分布式数据接口（FDDI）

FDDI是高性能的高速宽带LAN技术，其标准为ANSI×3T9.5/ISO 9384。FDDI物理结构是两个平行的、反向传输的双环结构网，它采用定时的令牌传送协议。因此它可以被看作是一个令牌环网协议的高速版本，其利用率较高，运行速度可达100 Mbps。其双环结构有非常好的冗余特性。FDDI有两种接入方式：双端口连接站（DAS）、单端口连接站（SAS）。DAS方式比较贵，但有冗余功能；SAS需要有源集中器，且无冗余功能。

FDDI有几个通过带宽分配来实现的优先机制，一个是同步带宽分配（SBA）机制，它可以让管理员将一定量的带宽分配给一些确定的工作站，让它们有更多的捕获令牌的机会；第二个是异步服务（AS），它占用未通过SBA分配的带宽，并将这部分带宽等分给环上的工作站。

FDDI的优点是具有冗余特性、内置的网络管理、有保证的访问和广泛的适用性。但是，FDDI是昂贵和复杂的，另外缺乏对多种服务和QoS的支持，始终未成为主流技术，发展速度缓慢，前景不被看好。

3．异步传输模式（ATM）

已有的各种高速网技术在支持对数据传输要求大容量、高实时性的应用时，总是存在这种或那种不足。例如，高速以太网（100 Mbps）采用CSMA/CD访问控制技术，高负载时的实时传输能力难以预计，FDDI（100 Mbps）基于令牌传递的工作方式，令牌的处理和传递占用了宝贵的时间，统计延时为10～200 ms。因此，迫切需要一种新的网络技术来支持多媒体应用，包括支持B-ISDN的应用，这就是ATM（异步传输模式）。ATM被认为是为满足多媒体传输要求而出现的一种新型通信技术。

ATM是将分组交换与电路交换的优点相结合的网络技术，采用定长的53B的信元格式，其中48B为信息的有效负荷，另有5B为信元头部，对于有效负载在中间节点不做检验，信息校验在通信的末端设备中进行，以保证高的传输速率和低的时延。目前，主干网可选用带宽为622 Mbps或带宽为155 Mbps的ATM技术。ATM用于桌面也有两种方案可供选择，分别是25 Mbps和45 Mbps。

ATM已经在广域网、城域网和公用网内被广泛采用，因为它既能够将多种服务、多个任务集成到一种基础设施上，满足功能越来越强的台式机对带宽不断增长的需求，又能提供虚拟LAN和多媒体等新的网络服务。

4．千兆位以太网

千兆位以太网以简单的以太网技术为基础，为网络主干提供 1 Gbps 的带宽。千兆位以太网技术以自然的方法来升级现有的以太网络、工作站、管理工具和管理人员技能。千兆位以太网与其他速度相当的高速网络技术相比，价格低，同时比较简单，保留了以太网的帧格式、管理工具和对网络概念的认识。

千兆位以太网是相当成功的 10 Mbps 以太网和 100 Mbps 快速以太网连接标准的扩展。千兆位以太网通过载波扩展（Carrier Extension），采用带中继、交换功能的网络设备，以及多种激光器和光纤将连接距离扩展到 550 m。如采用 1300 nm 激光器和 50 μm 的单膜光纤，传输距离可达到 3 km。现在，联想交换机上的千兆位以太网接口还支持 Long Haul（LH），采用光纤可以支持高达 60 km 的传输距离。

千兆位以太网能够提供更高的带宽，并且成为有强大扩展性的以太网家族的第三位成员。利用交换机或路由器可以与现有低速的以太网用户和设备连接起来，因为千兆位以太网的帧格式和帧尺寸大小等都与原有以太网技术相同，不需要对网络做任何改变。这种升级方法使得千兆位以太网相对于其他高速网络技术而言，在经济和管理性能方面都成为了较好的选择。

5．万兆位以太网

正如 1000Base-X 和 1000Base-T（千兆位以太网）都属于以太网一样，从速度和连接距离上来说，万兆位以太网是以太网技术自然发展中的一个阶段。但是，它是一种只适用于全双工模式，并且只能使用光纤的技术。

万兆位以太网相对于千兆位以太网拥有着绝对的优势和特点。

（1）在物理层面上。万兆位以太网是一种只采用全双工与光纤的技术，其物理层（PHY）和 OSI 模型的第一层（物理层）一致，它负责建立传输介质（光纤或铜线）和 MAC 层的连接。MAC 层相当于 OSI 模型的第二层（数据链路层）。

（2）万兆位以太网技术基本承袭了以太网、快速以太网及千兆位以太网技术，因此在用户普及率、使用方便性、网络互操作性及简易性上皆占有极大的优势。在升级到万兆位以太网时，用户不必担心有的程序或服务是否会受到影响，同时在未来可升级到 40 Gbps 甚至 100 Gbps，这都将是很明显的优势。

（3）万兆标准意味着以太网将具有更高的带宽（10 Gbps）和更远的传输距离（最长传输距离可达 40 km）。

（4）在企业网中采用万兆位以太网可以更好地连接企业网骨干路由器，这样大大简化了网络拓扑结构，提高了网络性能。

（5）万兆位以太网技术提供了更多的更新功能，大大提升了 QoS。因此，能更好地满足网络安全、服务质量、链路保护等多个方面的需求。

（6）随着网络应用的深入，WAN、MAN 与 LAN 融合已经成为大势所趋，各自的应用领域也将获得新的突破，而万兆位以太网技术让工业界找到了一条能够同时提高以太网的速度、可操作距离和连通性的途径，万兆位以太网技术的应用必将为三网发展与融合提供新的动力。

7.4 Internet 基础

Internet（互联网）建立在全球网络互联的基础上，是一个全球范围的信息资源网。互联网大大缩短了人们的生活距离，世界因此变得越来越小。互联网提供资源共享、数据通信和信息查询等服务，已经逐渐成为人们了解世界、学习研究、购物休闲、商业活动、结识朋友的重要途径。

7.4.1 Internet 概述

1. 什么是 Internet

从信息资源的角度看，Internet 是一个集各个部门、各个领域的信息资源为一体的，供网络用户共享的信息资源网。

从网络技术的角度看，Internet 是一个用 TCP/IP 协议把各个国家、各个部门、各个机构的内部网络连接起来的超级数据通信网。

从提供信息资源的角度来看，Internet 是一个集各个部门、各个领域内各种信息资源为一体的超级资源网。凡是加入 Internet 的用户，都可以通过各种工具访问所有的信息资源，查询各种信息库、数据库，获取自己所需的各种信息资料。

从网络管理的角度来看，Internet 是一个不受政府或某个组织管理和控制的，包括成千上万个互相协作的组织和网络的集合体。从某种意义上讲，它处于无政府状态之中。但是，连入 Internet 的每一个网络成员都自愿承担对网络的管理并支付费用，友好地与相邻网络协作指导 Internet 上的数据传输，共享网上资源，并且共同遵守 TCP/IP 协议的一切规定。

2. Internet 的特点

Internet 在很短的时间内就风靡全球，而且还在以越来越快的速度扩展着，这与它的特点是分不开的。Internet 的特点主要有以下几点。

（1）Internet 是采用 TCP/IP 协议来实现互联的开放性网络。TCP/IP 协议为任何一台计算机连入 Internet 提供了技术保证，任何机型、任何品牌的计算机只要其支持 TCP/IP 协议，就可以加入到 Internet 中。

（2）Internet 是一个庞大的“网际网”，由各种异构网络互联而成。这些网络可以是基于不同技术实现的园区网、企业网或运营商的网络，其规模可以大到跨越国界，小到仅由几台 PC 组成。在 Internet 上，不分国籍、语言、职务和年龄，统称为网民。

（3）Internet 包括各种局域网技术和广域网技术，是一种非集中管理的松散型网络。Internet 涵盖了通信技术、广域网技术、局域网技术、宽带网技术、接入网技术、动态网页设计技术、面向对象程序设计技术、数据库技术、多媒体技术、WWW 服务器技术和防火墙技术。Internet 是通信、计算机和计算机网络技术相结合的产物。

（4）Interent 的应用是广泛的。在 Internet 上可以通信，可以传送文字，还可以传送声音。在 Internet 上可以获得信息，可以看新闻、听广播、看电视、看电影、读电子书籍、查阅书和科技信息、浏览博物馆和图书馆、看展览等，在 Internet 上还可以购物，通过 BBS、聊天室和 ICQ 与朋友交谈等。总之，Internet 的应用很广泛。

（5）交互性。交互性是 Internet 的重要技术，是游戏网站、电子商务网站和企业内部网的核心技术和关键技术。如果没有交互技术，Internet 的很多功能都不能实现，Internet 也将失去其应用的实际意义。

3. Internet 的发展概况

1969 年，美国国防部指派其高级研究计划局（Advance Research Projects Agency，ARPA）研究并设计一个能在战争期间使用的健壮的通信网络。该网络的目标是当网络的一部分受损时，数据仍然能够通过其他途径到达预定的目的地。于是，ARPA 将位于美国不同地方的几个军事及研究机构的计算机主机连接起来，建立了一个名为 ARPANET 的网络，这就是 Internet 的起源。

1980 年，ARPA 开始把 ARPANET 上运行的计算机转向采用新的 TCP/IP 协议。1983 年，根据实际需要，ARPANET 又被分离成了两个不同的系统，一个是供军方专用的 MILNET，而另一个是服务于研究活动的民用 ARNNET。这两个子网间使用严格的网关，可彼此交换信息，这便是 Internet 的前身。

1985 年，美国国家科学基金会（NSF）筹建了 6 个超级计算中心及国家教育科研网，1986 年形成了用于支持科研和教育的全国性规模的计算机网络 NSFNET，并面向全社会开放，实现超级计算机中心的资源共享。NSFNET 网同样采用 TCP/IP 协议，并连接 ARPANET，从此 Internet 开始迅速发展起来，而 NSFNET 的建立标志着 Internet 的第一次快速发展。

随着 Internet 面向全社会的开放，在 20 世纪 90 年代初，商业机构开始进入 Internet。由于大量商业公司进入 Internet，网上通信量迅猛增长，NSF 不得不采用更新的网络技术来适应发展的需要。1990 年 9 月，由 Merit、IBM 和 MCI 三家公司联合组建高级网络服务（Advanced Network and Service，ANS）公司，建立了覆盖全美的 ANSNET 网，其目的不仅在于支持研究和教育工作，还为商业客户提供网络服务。到 1991 年年底，NSFNET 的全部主干网实现了与 ANS 提供的 T3 级主干网相通，并以 45 Mbps 的速率传送数据。Internet 的商业化标志着 Internet 的第二次快速发展。

全世界其他国家和地区，也都在 20 世纪 80 年代以后先后建立了各自的 Internet 骨干网，并与美国的 Internet 相连，形成了今天连接上百万个网络、拥有数亿个网络用户的庞大的国际互联网。随着 Internet 规模的不断扩大，向全世界提供的信息资源和服务也越来越丰富，可以实现全球范围的电子邮件通信、WWW 信息查询与浏览、电子新闻、文件传输、语音与图像通信服务、电子商务等功能。Internet 的出现与发展，极大推动了全球由工业化向信息化的转变，形成了一个信息社会的缩影。

4．中国 Internet 的发展概况

Internet 在我国的发展起步较晚，但由于起点比较高，所以发展速度很快。1986 年，北京市计算机应用技术研究所开始与国际连网，建立了中国学术网（Chinese Academic Network，CANET）。1987 年 9 月，CANET 建成中国第一个国际 Internet 电子邮件节点，揭开了中国人使用 Internet 的序幕。回顾我国 Internet 的发展，可以分为三个阶段。

（1）第一阶段：起步阶段（1986～1994 年）。这个阶段主要以拨号入网为主，主要使用电子邮件服务。

1987 年 9 月 20 日，钱天白教授发出我国第一封电子邮件。

1988 年，中国科学院高能物理研究所采用 X.25 协议使该单位的 DECNET 成为西欧中心 DECNET 的延伸，实现了计算机国际远程联网，以及与欧洲和北美地区的电子邮件通信。

1991 年，中国科学院高能物理研究所，以 X.25 方式连入美国斯坦福线性加速器中心（SLAC）的 LIVEMORE 实验室，并开通了电子邮件应用。

（2）第二阶段：发展阶段（1994～1995 年）

1994 年 10 月，由国家计委投资、国家教委主持的中国教育和科研计算机网（CERNET）开始启动。

1995 年 4 月，中国科学院启动京外单位连网工程（俗称“百所联网”工程），实现国内各学术机构的计算机互联并和 Internet 相连。取名“中国科技网（CSTNET）”。

（3）第三阶段：商业化发展阶段（1995 年～至今）

1995 年 5 月，中国电信开始筹建中国公用计算机网（CHINANET）全国骨干网。1996 年 1 月，中国公用计算机网全国骨干网建成并正式开通，全国范围的公用计算机网络开始提供服务。

1996 年 9 月 6 日，中国金桥信息网（CHINAGBN）连入美国的 256 kbps 专线正式开通。中国金桥信息网宣布开始提供 Internet 服务，主要提供专线集团用户的接入和个人用户的单点上网服务。

1996年12月，中国公众多媒体通信网开始全面启动，广东视聆通、天府热线、上海热线作为首批站点正式开通。

从1997年至今，经国务院批准，我国全国性的骨干网络经过多次拆分与合并，截止到2016年12月，全国性的骨干网络有6个：中国电信、中国联通、中国移动、中国教育和科研计算机网、中国科技网、中国国际经济贸易互联网。

7.4.2 Internet的基本术语

（1）WWW：WWW（World Wide Web，又称Web，中文名称为环球超媒体信息网，常简称万维网）是网络应用的典范，它可让用户从Web服务器上得到文档资料，它所运行的模式称为客户/服务器（Client/Server）模式。用户计算机上的万维网客户程序就是通常所用的浏览器，万维网服务器则运行服务器程序让万维网文档驻留。客户程序向服务器程序发出请求，服务器程序向客户程序送回客户所要的万维网文档。

（2）网页（Web Pages 或 Web Documents）：网页又称"Web页"，它是浏览WWW资源的基本单位。每个网页对应磁盘上一个单一的文件，其中可以包括文字、表格、图像、声音、视频等。

一个WWW服务器通常被称为"Web站点"或者"网站"。每个这样的站点中，都有许许多多的Web页作为它的资源。

（3）主页（Home Page）：WWW是通过相关信息的指针链接起来的信息网络，由提供信息服务的Web服务器组成。在Web系统中，这些服务信息以超文本文档的形式存储在Web服务器上。在每个Web服务器上都有一个Home Page，它把服务器上的信息分为几个大类，通过主页上的链接来指向它们，其他超文本文档称为页，通常也把它们称为页面或Web页。主页反映了服务器所提供的信息内容的层次结构，通过主页上的提示性标题（链接指针），可以转到主页之下的各个层次的其他页面，如果用户从主页开始浏览，可以完整地获取这一服务器所提供的全部信息。

（4）超文本（Hypertext）：超文本文档不同于普通文档，超文本文档中可以有大段的文字用来说明问题，除此之外它们最重要的特色是文档之间的链接。互相链接的文档可以在同一个主机上，也可以分布在网络上的不同主机上，超文本就因为有这些链接才具有更好的表达能力。用户在阅读超文本信息时，可以随意跳跃一些章节，阅读下面的内容，也可以从计算机里取出存放在另一个文本文件中的相关内容，甚至可以从网络上的另一台计算机中获取相关的信息。

（5）超媒体（Hypermedia）：就信息的呈现形式而言，除文本信息以外，还有语音、图像和视频（或称动态图像）等，统称为多媒体。在多媒体的信息浏览中引入超文本的概念，就是超媒体。

（6）超链接（Hyperlink）：在超文本/超媒体页面中，通过指针可以转向其他的Web页，而新的Web页又指向另一些Web页的指针……这样一种没有顺序、没有层次结构，如同蜘蛛网般的链接关系就是超链接。

（7）超文本传输协议（HTTP）：超文本传输协议HTTP是用来在浏览器和WWW服务器之间传送超文本的协议。HTTP协议由两部分组成：从浏览器到服务器的请求集和从服务器到浏览器的应答集。HTTP协议定义了请求报文和响应报文的格式。

- 请求报文：从WWW客户向WWW服务器发送请求报文。
- 响应报文：从WWW服务器到WWW客户的应答。

（8）网络实名：网络实名是一种信息服务，将中文名字实时翻译成英文地址或域名，无论是有域名的网站，还是没有独立域名的URL页面，都可以登记网络实名。网络实名是建立在现有Internet的域名和URL体系基础上的一种扩充功能，它不需要改变现有的体系结构。登记网络实名后，原来的域名和URL系统照样可以使用，两者是共容的。

7.4.3 Internet 的工作方式

互联网向用户提供了众多服务，例如 WWW 服务、FTP 服务、E-mail 服务、Telnet 服务、视频播放、即时聊天等。就本质而言，这些服务都是由运行在计算机上相应的服务程序提供的，于是把运行某种服务程序的计算机称为服务器（Server），如 WWW 服务器等。

在 Internet 中，把向服务器发出服务请求的计算机称为客户机（Client）。用户要想获得网络服务，除了要让自己的客户机通过 Internet 与相应的服务器建立连接外，还必须运行相应的客户程序，如 Web 浏览器、FTP 客户程序等。客户程序通过客户机向用户提供与服务器上的服务程序相互通信的人机交互界面。

1. 客户机/服务器模式

当用户通过客户机上客户程序提供的界面向服务器上的服务程序发出请求时，服务程序对用户的请求作出响应，完成相应的操作，并返回处理结果予以应答，应答的结果再通过客户程序的交互界面以规定的形式展示给用户。图 7.14 给出了互联网客户机/服务器间交互过程的示意图。如 QQ 聊天等就属于客户机/服务器模式。

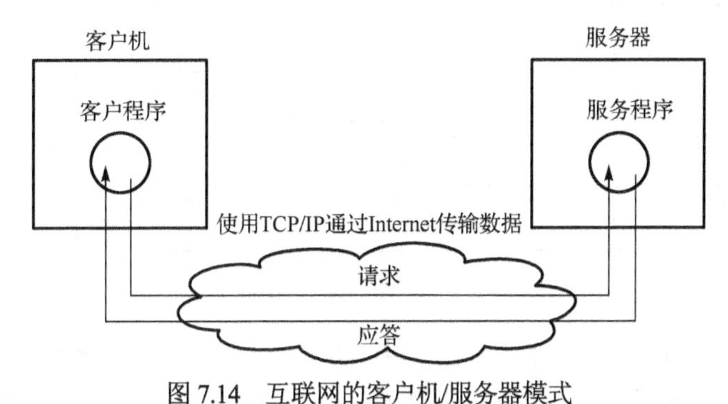

图 7.14 互联网的客户机/服务器模式

2. 浏览器/服务器模式

目前，浏览器作为访问 Internet 各种信息服务的通用客户程序与公共工作平台，许多用户使用浏览器访问 Internet 资源，它的工作模式简称为浏览器/服务器模式。

7.4.4 Internet 的地址

为了实现 Internet 上不同计算机之间的通信，每台计算机都必须有一个不与其他计算机重复的地址，它相当于通信时每个计算机的名字。在使用 Internet 的过程中，遇到的地址有 IP 地址、域名地址和电子邮件地址等。

1. IP 地址

（1）什么是 IP 地址

IP 地址是网络上的通信地址，是计算机、服务器、路由器的端口地址，每一个 IP 地址在全球是唯一的，是运行 TCP/IP 协议的唯一标志。

IP 地址是一个 32 位的二进制数，一般用小数点隔开的十进制数表示（称为点分十进制表示法），如 121.255.255.154。

IP 地址由网络标志（Netid）和主机标志（Hostid）两部分组成，网络标志用来区分 Internet 上互连的各个网络，主机标志用来区分同一网络上的不同计算机（主机）。

（2）IP 地址的分类及格式

IP 地址按节点计算机所在网络规模的大小可分为 A、B、C、D、E 五类，如图 7.15 所示。常用的是前三类，其余的留作备用。A、B、C 类的地址编码如下。

① A 类：A 类地址用于规模特别大的网络。其前 8 位标志网络号，后 24 位标志主机号，有效范围为 1.0.0.1～126.255.255.254，主机数可以达到 16 777 214 个。

② B 类：B 类地址用于规模适中的大型网络。其前 16 位标志网络号，后 16 位标志主机号，其有效范围为 127.0.0.1～191.255.255.254，主机数最多为 65 535 个。

③ C 类：C 类地址用于规模较小的网络。其前 24 位标志网络号，后 8 位标志主机号，其有效范围为 192.0.0.1～223.255.255.254，主机数最多只能为 254 个。

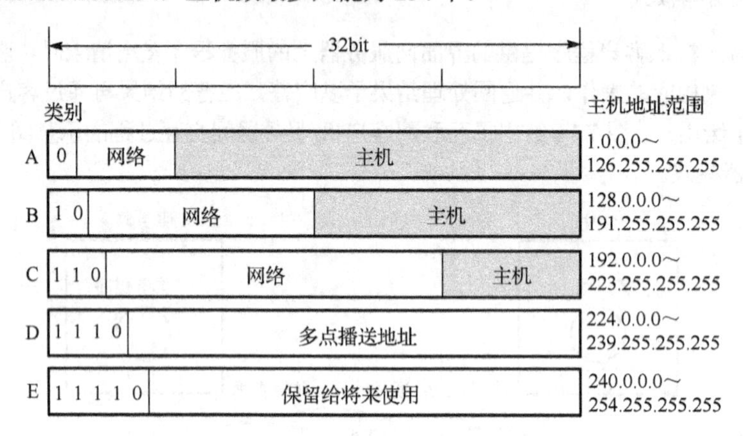

图 7.15　IP 地址的组成

为了确保 IP 地址在 Internet 上的唯一性，IP 地址统一由美国的国防数据网网络信息中心（DDN NIC）分配。对于美国以外的国家和地区，DDN NIC 又授权给世界各大区的网络信息中心分配。我国的 IP 地址由中国互联网络信息中心（CNNIC）分配。总之，要加入到 Internet，必须申请到合法的 IP 地址。

2．域名系统

Internet 对每台计算机的命名方案称为域名系统（DNS）。语法上，每台计算机的域名由一系列字母和各种数字构成的段组成。

（1）域名的结构

域名采用分层次方法命名，每一层都有一个子域名。域名由一串用小数点分隔的子域名组成。其一般格式为：

计算机名.组织机构名.网络名.最高层域名

例如，netra.sjzri.edu.cn 就是一个由 4 部分组成的主机域名（也称域名地址）。

其中在域名格式中，最高层域名也称第一级域名，在 Internet 中是标准化的，代表主机所在的国家，由两个字母组成。例如，cn 代表中国，jp 代表日本，us 代表美国（通常省略）。

网络名是第二级域名，反映主机所在单位的性质，常见的类型代码有 edu（教育机构）、gov（政府部门）、mil（军队）、com（商业系统）、net（网络信息中心和网络操作系统）、org（非营利组织）、int（国际上的组织）等。

组织机构名是第三级，一般表示主机所属的域或单位。例如，pku 表示北京大学等。

计算机名是第四级，一般根据需要由网络管理员自行定义。

注意：

① 在域名中不区分大小写字母。

② 域名在整个Internet中是唯一的，当高级域名相同时，低级子域名不允许重复。

（2）DNS的顶级域名

DNS采用了树状结构来为Internet建立域名体系结构。在Internet上由Internet特别委员会（IAHC）负责最高域名的登记。IAHC将国际最高域名分为三类。

① 国家顶级域名（nTLD）：国家顶级域名的代码由ISO3166规定，例如，cn代表中国，us代表美国。国家顶级域名下的二级域名由各国自行协调管理。

② 国际顶级域名（iTLD）：即.int。在此域名下注册二级域名是具有国际特性的实体，例如，国际联盟、国际组织等。

③ 通用顶级域名（gTLD）：现有的通用顶级域名有.com、.net、.org、.edu、.gov、.mil、.firm、.store、.web、.arts、.rec、.info、.nom等。

（3）中国域名简介

在我国，用户可以在国家域名.cn下进行注册。根据CNNIC的规划，.cn下的第二级域名有两种情况，一种是组织机构的类别，通常由2～3个字母组成，例如，.edu、.co、.go、.or、.ac、.net等；另一种是省市地区，例如，bj、tj、gd、hb等。

（4）中文域名

中文域名是含有中文文字的域名。中文域名系统原则上遵照国际惯例，采用树状分级结构，系统的根不被命名，其下一级称为“中文顶级域”（CTLD），顶级域一般由“地理域”组成，二级域为“类别/行业/市地域”，三级域为“名称/字号”。格式为：

地理域.类别/行业/市地域.名称/字号

中文域名的结构符合中文语序，例如，北京航空航天大学的中文域名是“北京.教育.北京航空航天大学”，其中北京航空航天大学域下的子域名由其自行定义，例如，“北京.教育.北京航空航天大学.经济管理学院MBA”。

中文域名分为4种类型：中文.cn、中文.中国、中文.公司和中文.网络。

使用中文域名时，用户只需在IE浏览器地址栏中直接输入中文域名，例如“http://北京大学.cn”，即可访问相应网站。如果用户觉得输入http的引导符比较麻烦，并且不愿意切换输入法，希望用“。”来代替“. ”，那么只要到“中国互联网络信息中心”网站安装中文域名的软件就可以实现，例如，输入“北京大学。cn”即可访问北京大学的网站。

（5）动态DNS（域名解析）服务

动态DNS（域名解析）服务，也就是可以将固定的Internet域名和动态（非固定）IP地址实时对应（解析）的服务。这就是说相对于传统的静态DNS而言，它可以将一个固定的域名解析到一个动态的IP地址，简单地说，不管用户何时上网、以何种方式上网、得到一个什么样的IP地址、IP地址是否会变化，它都能保证通过一个固定的域名就能访问到用户的计算机。

动态域名的功能就是实现固定域名到动态IP地址之间的解析。用户每次上网得到新的IP地址之后，安装在用户计算机里的动态域名软件就会把这个IP地址发送到动态域名解析服务器，更新域名解析数据库。Internet上的其他人要访问这个域名的时候，动态域名解析服务器会返回正确的IP地址给他。

3. URL地址

统一资源定位符（Uniform Resource Locator）是对可以从Internet上得到的资源的位置和访问方法

的一种简洁的表示。URL给资源的位置提供一种抽象的识别方法，并用这种方法给资源定位。只要能够给资源定位，系统就可以对资源进行各种操作，如存取、更新、替换和查找等。

上述的“资源”是指在Internet上可以被访问的任何对象，包括文件目录、文件、文档、图像、声音，以及与Internet相连的任何形式的数据等。

URL相当于一个文件名在网络范围的扩展。因此，URL是与Internet相连的机器上的任何可访问对象的一个指针。由于对不同对象的访问方式不同（如通过WWW、FTP等），所以URL还指出读取某个对象时所使用的访问方式。URL的一般形式为：

<URL的访问方式>：//<主机域名>:<端口>/<路径>

其中，“<URL的访问方式>”用来指明资源类型，除了WWW用的HTTP协议之外，还可以是FTP、News等；“<主机域名>”表示资源所在机器的DNS名字，是必需的，主机域名可以是域名方式，也可以是IP地址方式；“<端口>”和“<路径>”则有时可以省略，“<路径>”用以指出资源所在机器上的位置，包含路径和文件名，通常是“目录名/目录名/文件名”，也可以不含有路径，例如，邢台职业技术学院的WWW主页的URL就表示为http：//www.xtvtc.edu.cn/index.asp。

在输入URL时，资源类型和服务器地址不分字母的大小写，但目录和文件名则可能区分字母的大小写。这是因为大多数服务器安装了UNIX操作系统，而UNIX的文件系统区分文件名的大小写。

HTTP是超文本协议，与其他协议相比，HTTP协议简单、通信速度快、时间消耗少，而且允许传输任意类型的数据，包括多媒体文本，因而在WWW上可方便地实现多媒体浏览。此外，URL还使用Gopher、Telnet、FTP等标志来表示其他类型的资源。Internet上的所有资源都可以用URL来表示。表7.1列出了由URL地址表示的各种类型的资源。

表7.1　URL地址表示的资源类型

URL资源名	功　能	URL资源名	功　能
HTTP	多媒体资源，由Web访问	Wais	广域信息服务
FTP	与Anonymous文件服务器连接	News	新闻阅读与专题讨论
Telnet	与主机建立远程登录连接	Gopher	通过Gopher访问
Mailto	提供E-mail功能		

7.4.5　Internet的接入

1．Internet接入服务提供商ISP

用户要使用Internet上的资源时，首先必须将自己的计算机接入Internet，一旦用户的计算机接入Internet，便成为Internet中的一员，可以访问Internet中提供的各类服务与丰富的信息资源。

ISP是用户接入Internet的服务代理和用户访问Internet的入口点。所谓ISP（Internet Service Provider），就是Internet服务提供者，具体是指为用户提供Internet接入服务，为用户定制基于Internet的信息发布平台，以及提供基于物理层面上技术支持的服务商，包括一般意义上所说的网络接入服务商（Internet Access Provider，IAP）、网络平台服务商（Internet Platform Provider，IPP）和目录服务提供商（Internet Directory Provider，IDP）。各国和各地区都有自己的ISP，在我国，具有国际出口线路的三大网络运营商中国电信、中国联通、中国移动是全国最大的ISP，它们在全国各地区都设置了自己的ISP机构。ISP与互联网络相连的网络被称为接入网络，其管理单位称为接入单位。ISP是用户和Internet之间的桥梁，它位于Internet的边缘，用户通过某种通信线路连接到ISP，借助于ISP与Internet的连接通道便可以接入Internet。

接入网负责将用户的局域网或计算机连接到骨干网。它是用户与 Internet 连接的最后一步，因此又叫“最后一公里”技术。

2. 互联网接入方式

接入网（Access Network，AN），也称为用户环路，是指交换局到用户终端之间的所有通信设备，主要用来完成用户接入核心网（骨干网）的任务。

接入网根据使用的媒质可以分为有线接入网和无线接入网两大类，其中有线接入网又可分为铜线接入网、光纤接入网和光纤同轴电缆混合接入网等，无线接入网又可分为固定接入网和移动接入网。

（1）DSL 接入方式。XDSL（Digital Subscriber Line，数字用户线路）是 DSL 的统称，是以铜电话线为传输介质的点对点传输技术。XDSL 的家族如表 7.2 所示。

表 7.2　XDSL 的家族

中文名称	英文名称	特性
高比特率数字用户线	HDSL（High bit rate Digital Subscriber Line）	对称
不对称数字用户线	ADSL（Asymmetric Digital Subscriber Line）	不对称
单线对称数字用户线	SDSL（Single Pair Digital Subscriber Line）	对称
甚高比特数字用户线	VDSL（Very-high-bit-rate Digital Subscriber Line）	不对称

表 7.2 中的“对称”，指的是从局端到用户端的下行数据速率和从用户端到局端的上行数据速率相同；而“不对称”，则指下行方向和上行方向的数据速率不同，并且通常上行速率要远小于下行速率。由于大部分 Internet 资源，特别是视频传输需要很大的下传带宽，而用户对上传带宽的需求不是很大，因此，“不对称”的 ADSL 和 VDSL 得到了大量的应用。

目前用电话线接入互联网的主流技术是 ADSL。由于 ADSL 安装简单，不需重新布线就可享受高速的网络服务，因此被用户广为接受。而 VDSL 可以提供更高速度的数据传输，短距离内的最大下传速率可达 55 Mbps，上传速率可达 19.2 Mbps，甚至更高。目前其提供的典型速率是 10 Mbps 上、下行对称速率，被视为 ADSL 的下一代，目前已开展这项业务。

（2）光纤接入方式。光纤接入方式是宽带接入网的发展方向，但是光纤接入需要对电信部门过去的铜缆接入网进行相应的改造，所需投入的资金巨大。光纤接入分为多种情况，可以表示成 FTTx，其中的 FTT 表示“Fiber To The”，“x”可以是路边（Curb，C）、大楼（Building，B）和家庭（Home，H），如图 7.16 所示。

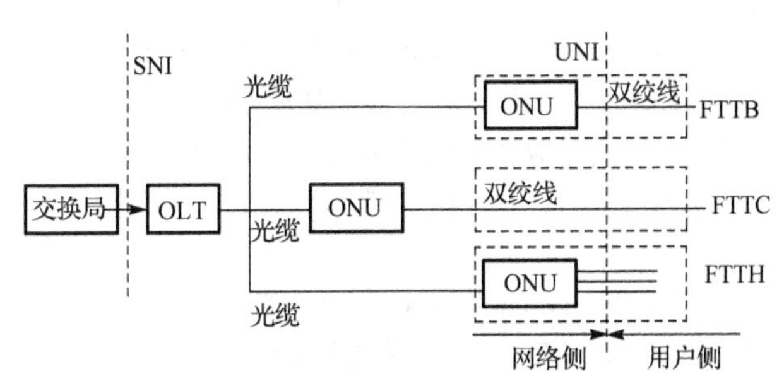

图 7.16　光纤接入方式

在图 7.16 中，OLT（Optical Line Terminal）称光线路终端，ONU（Optical Network Unit）称光网络单元，SNI 是业务网络接口，UNI 是用户网络接口。ONU 是网络侧光网络单元，根据 ONU 位置的不同有 3 种主要的光纤接入网。

（3）高速局域网接入。用户如果是局域网（如校园网等）中的节点（终端或计算机），可以通过局域网中的服务器接入Internet。

（4）HFC宽带接入。光纤同轴混合网（Hybrid Fiber Coax，HFC）是目前CATV有线电视网采用的网络传输技术。骨干网采用光纤到路边的方式，然后通过同轴电缆及信号放大器等设备把有线电视信号传送到用户。

用户端的Cable Modem称电缆调制解调器，是用户上网的主要设备。Cable Modem一般有以太网和USB两种接口，如果是以太网接口，通过双绞线与PC的以太网卡相连。

（5）无线接入技术。无线接入有两种情况，一种是通过无线AP连接到有线局域网接入Internet。另一种是用户终端通过无线网络直接接入Internet。目前常用的用户终端通过3G网络、4G网络接入Internet。

（6）电力线接入。电力线通信是接入网的一种替代方案，因为电话线、有线电视网相对于电力线，其线路覆盖范围要小得多。在室内组网方面，计算机、打印机、电话和各种智能控制设备都可通过普通电源插座，由电力线连接起来，组成局域网。现有的各种网络应用，如话音、电视、多媒体业务、远程教育等，都可通过电力线向用户提供，以实现接入和室内组网的多网合一。

电力线接入是把户外通信设备插入到变压器用户侧的输出电力线上，该通信设备可以通过光纤与主干网相连，向用户提供数据、语音和多媒体等业务。户外设备与各用户端设备之间的所有连接都可看成是具有不同特性和通信质量的信道，如果通信系统支持室内组网，则室内任意两个电源插座间的连接都是一个通信信道。

总之，各种各样的接入方式都有其自身的长短、优劣，不同需求的用户应该根据自己的实际情况作出合理选择。目前还出现了两种或多种方式综合接入的趋势，如FTTx+ADSL、FTTx+HFC、ADSL+WLAN（无线局域网）、FTTx+LAN等。

7.4.6 新一代信息技术

新一代信息技术产业的重点是发展新一代移动通信、下一代互联网、三网融合、物联网、云计算、集成电路、新型显示、高端软件、高端服务器和信息服务。

1. 新一代移动通信

（1）第三代移动通信技术。

3G，全称为3rd Generation，即第三代移动通信技术，是指支持高速数据传输的蜂窝移动通信技术。3G服务能够同时传送声音及数据信息，速率一般在几百kbps以上。

3G是指将无线通信与国际互联网等多媒体通信结合的新一代移动通信系统。第三代与前两代的主要区别是在传输声音和数据的速率上的提升，它能够处理图像、音乐、视频流等多种媒体形式，提供包括网页浏览、电话会议、电子商务等多种信息服务。为了提供这种服务，无线网络必须能够支持不同的数据传输速率，也就是说在室内、室外和行车的环境中能够分别支持至少2 Mbps、384 kbps以及144 kbps的传输速率。

目前3G存在3种标准：WCDMA、cdma2000、TD-SCDMA。

① WCDMA。全称为Wideband CDMA，这是基于GSM网发展而来的3G技术规范，是欧洲提出的宽带CDMA技术。

② cdma2000。cdma2000是由窄带CDMA（CDMA IS95）技术发展而来的宽带CDMA技术，由美国主推。cdma2000 1x被称为2.5代移动通信技术。cdma2000 3x与cdma2000 1x的主要区别在于应用了多路载波技术，通过采用载波使带宽提高。2009年中国联通采用这一方案向3G过渡，并建成了cdma IS95网络。现在中国电信已在此基础上建成了4G LTE网络。

③ TD-SCDMA。全称为 Time Division-Synchronous CDMA（时分同步 CDMA），是由我国大唐电信公司提出的 3G 标准，为中国拥有自主产权的 3G 技术标准。该标准提出不经过 2.5 代的中间环节，直接向 3G 过渡，非常适用于 GSM 系统向 3G 升级。

2009 年 1 月 7 日，工业和信息化部为中国移动、中国电信和中国联通发放 3 张第三代移动通信（3G）牌照，此举标志着中国正式进入 3G 时代。其中，批准：中国移动增加基于 TD-SCDMA 技术制式的 3G 牌照；中国电信增加基于 cdma2000 技术制式的 3G 牌照；中国联通增加基于 WCDMA 技术制式的 3G 牌照。

（2）第四代移动通信技术。

4G，即第四代移动通信技术，国际电信联盟（ITU）定义了 4G 的标准。达到这个标准的通信技术，理论上都可以称为 4G。

4G 技术包括 TD-LTE 和 FDD-LTE 两种制式。4G 是集 3G 与 WLAN 于一体，能够快速传输数据、音频、视频和图像等。

2013 年 12 月 4 日，工业和信息化部（以下简称“工信部”）向中国移动、中国电信、中国联通正式发放了第四代移动通信业务牌照（即 4G 牌照），中国移动、中国电信、中国联通三家均获得 TD-LTE 牌照，此举标志着中国电信产业正式进入了 4G 时代。

（3）第五代移动通信技术。

第五代移动通信技术，即 5G，是 4G 的延伸，正在研究中。目前还没有任何电信公司或标准制定组织（像 3GPP、WiMAX 论坛及 ITU-R）的公开规格或官方文件提到 5G。中国（华为）、韩国（三星电子）、日本、欧盟都在投入相当的资源研发 5G 网络。2017 年 2 月 9 日，国际通信标准组织 3GPP 发布了“5G”的官方 Logo。

（4）移动互联网。

移动互联网（Mobile Internet，MI）将移动通信和互联网二者结合起来，成为一体。移动通信和互联网成为当今世界发展最快、市场潜力最大、前景最诱人的两大业务，它们的增长速度是任何预测家未曾预料到的，所以可以预见，移动互联网将会创造经济神话。移动互联网的优势决定其用户数量庞大，截至 2015 年 6 月，全国移动互联网用户已达 5.94 亿。

移动互联网是一种通过智能移动终端、采用移动无线通信方式获取业务和服务的新兴业态，包含终端、软件和应用三个层面。

- 终端层包括智能手机、平板电脑等。
- 软件包括操作系统、中间件、数据库和安全软件等。
- 应用层包括休闲娱乐类、工具媒体类、商务财经类等不同应用与服务。

移动互联网就是移动+互联网，运营商提供无线接入，互联网企业提供各种成熟的应用。移动互联网就是互联网的延伸——将互联网从电脑延伸至手机上。

随着技术和产业的发展，未来 LTE（长期演进，4G 通信技术标准之一）和 NFC（近场通信，移动支付的支撑技术）等网络传输层关键技术也将被纳入到移动互联网的范畴之内。

2．下一代互联网

中国下一代互联网示范工程（CNGI）项目是由国家发展和改革委员会主导，中国工程院、科技部、教育部、中国科学院等联合于 2003 年酝酿并启动的。

2004 年 12 月底，初步建成 CERNET2，它连接中国 20 个主要城市的 25 个核心节点，为数百所高校和科研单位提供下一代互联网的高速接入，并通过中国下一代互联网交换中心 CNGI-6IX 高速连接国外下一代互联网。

学术界对于下一代互联网还没有统一的定义，但对其主要特征已达成如下共识。

- 更大的地址空间：采用IPv6协议。
- 更安全：可进行网络对象识别、身份认证和访问授权，具有数据加密和完整性，实现一个可信任的网络。
- 更及时：提供组播服务，进行服务质量控制，可开发大规模实时交互应用。
- 更方便：无处不在的移动和无线通信应用。
- 更可管理：有序的管理、有效的运营、及时的维护。
- 更有效：有盈利模式，可创造重大社会效益和经济效益。

3. 三网融合/四网融合

三网融合又叫“三网合一”，意指电信网、广播电视网、互联网在向宽带通信网、数字电视网、下一代互联网演进过程中，三大网络通过技术改造，其技术功能趋于一致，业务范围趋于相同，网络互联互通、资源共享，能为用户提供语音、数据和广播电视等多种服务。三合并不意味着三大网络的物理合一，而主要是指高层业务应用的融合。三网融合应用广泛，遍及智能交通、环境保护、政府工作、公共安全、平安家居等多个领域。以后的手机可以看电视、上网，电视可以打电话、上网，计算机也可以打电话、看电视。三者之间相互交叉，形成你中有我、我中有你的格局。

在现有的三网融合的基础上加入电网，成为四网融合。在国家十二五规划中，明确提出了重点发展智能电网的规划，可见智能电网发展的前景很好。在提出智能电网概念的初期，国家电网曾经提出四网融合的概念，即广播电视网、互联网、电信网和智能电网四网融合。尽管最终没能进入三网融合方案，但是，国家电网的电力光纤入户概念即将变身为“在实施智能电网的同时服务三网融合、降低三网融合实施成本的战略”。

4. 物联网

物联网是一个基于互联网、传统电信网等信息承载体，让所有能够被独立寻址的普通物理对象实现互联互通的网络。其具有智能、先进、互联的三个重要特征。

物联网是通过智能感知、识别技术与普适计算、泛在网络的融合应用，被称为继计算机、互联网之后世界信息产业发展的第三次浪潮。

物联网是在计算机互联网的基础上，利用射频识别技术（RFID）、无线数据通信等技术，构造一个覆盖世界上万事万物的“Internet of Things”。在这个网络中，物品（商品）能够彼此进行“交流”，而无须人的干预。其实质是利用RFID技术，通过计算机互联网实现物品（商品）的自动识别和信息的互联与共享。

而RFID，正是能够让物品“开口说话”的一种技术。在物联网的构想中，RFID标签中存储着规范而具有互用性的信息，通过无线数据通信网络把它们自动采集到中央信息系统，实现物品（商品）的识别，进而通过开放性的计算机网络实现信息交换和共享，实现对物品的“透明”管理。

物联网大量的应用是在行业中，包括智能工业、智能物流、智能交通、智能电网、智能医疗、智能农业、智能环保和智能家居等。

5. 云计算

云计算（Cloud Computing）是分布式计算（Distributed Computing）、并行计算（Parallel Computing）、效用计算（Utility Computing）、网络存储（Network Storage Technologies）、虚拟化（Virtualization）、负载均衡（Load Balance）等传统计算机和网络技术发展融合的产物。

云计算是基于互联网的相关服务的增加、使用和交付模式，通常涉及通过互联网来提供动态易扩展且经常是虚拟化的资源。云是网络、互联网的一种比喻说法。过去在图中往往用云来表示电信网，后来也用来表示互联网和底层基础设施的抽象。

7.5 常用的互联网应用

Internet 的发展之所以迅速，一个很重要的原因是它提供了许多受大众欢迎的服务。通过这些服务可以使广大用户快捷地检索并浏览到各类信息资源，方便自如地进行文件的传输，迅速、准确地将消息传递到世界各地，轻轻松松地在网上选购各种商品，在网上听音乐、看电影、玩游戏以及进行各类休闲娱乐活动。

7.5.1 信息浏览

在互联网上浏览信息是互联网最普遍也是最受欢迎的应用之一，用户可以随心所欲地在信息的海洋中冲浪，获取各种有用的信息。

互联网上的信息是以 Web 页的方式呈现在用户面前的，Web 页是由网站提供的。用户要想访问网站的 Web 页，需要借助浏览器。浏览器把用户对信息的请求转换成网络上计算机能够识别的命令。目前常用的 Web 浏览器有 Google 公司的 Chrome 和 Microsoft 公司的 Internet Explorer（IE）；除此之外，还有很多浏览器，如 QQ 浏览器、搜狗浏览器、360 安全浏览器、猎豹安全浏览器、火狐浏览器等。这些浏览器各有特色和侧重，如速度、安全、拦截广告能力等。

下面以 Windows 7 系统自带的 IE 9 为例，介绍浏览器的常用功能及操作方法。

1. IE 9 的启动与关闭

实际上 IE 就是 Windows 系统的一个应用程序。

单击 Windows 7 系统“开始”→“所有程序”→“Internet Explorer”命令，即可启动 IE 9 浏览器。

打开 IE 9 浏览器后，单击 IE 窗口右上角的关闭按钮，或右击任务栏的 IE 9 图标，在弹出的菜单中选择“关闭窗口”命令，都可以关闭 IE 浏览器。

2. IE9 的窗口

当启动 IE 9 后，首先会发现该浏览器经过简化的设计，界面十分简洁。如图 7.17 所示为百度的页面。

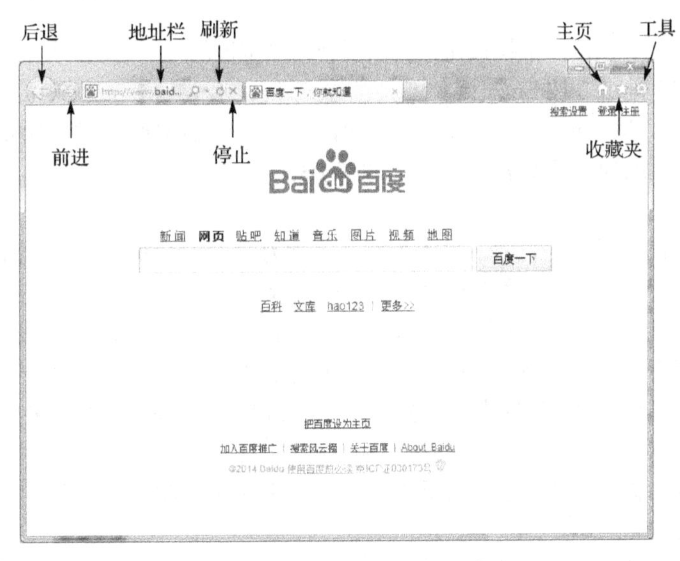

图 7.17 IE9 窗口

（1）前进、后退按钮：可以在浏览器中前进或后退，能使用户方便地返回访问过的页面。

（2）地址栏：在IE 9中将地址栏和搜索栏合二为一，也就是说不仅可以输入要访问的网站地址，也可以直接在地址栏输入关键词实现搜索，并且单击地址栏右侧的下拉按钮，可以看到收藏夹、历史记录，非常省时省力。 提供对页面的刷新或停止功能。

（3）选项卡：显示了页面的名字，在图7.17中的标题是“百度一下，你就知道”。选项卡自动出现在地址栏右侧，也可以把它们移动到地址栏下面。

（4）IE 9窗口最右侧有3个功能键按钮 ，它们分别是主页、收藏夹和工具。

主页：每次打开IE会打开一个选项卡，选项卡默认显示主页。主页的地址可以在Internet选项中设置，并且可以设置多个主页，这样打开IE就会打开多个选项卡显示多个主页的内容。

收藏夹：IE 9将收藏夹、源和历史记录集成在一起了，单击收藏夹就可以展开小窗口。

工具：单击“工具”按钮会显示“打印”、“文件”、“Internet选项”等功能按钮。

（5）IE窗口右上角是Windows窗口常用的3个窗口控制按钮，依次为“最小化”、“最大化/还原”、“关闭”。

注意：如果有多个选项卡存在时，单击“关闭”按钮会提示“关闭所有选项卡”还是“关闭当前的选项卡”。

在IE 9中取消了状态栏、菜单栏等。在IE 9中只需在浏览器窗口上方空白区域单击鼠标右键，或在左上角单击鼠标左键，即可弹出一个快捷菜单，如图7.18所示。可在上面勾选需要在IE 9上显示的工具栏。

3. 页面浏览

（1）输入Web地址。

将插入点移到地址栏内就可以输入Web地址了。IE为地址输入提供了很多方便，如用户不用输入像“http://”、“ftp://”这样的协议开始部分，IE会自动补上。另外，用户第一次输入某个地址时，IE会记忆这个地址，再次输入这个地址时，只需输入开始的几个字符，IE就会检查保存过的地址并把开始几个字符与用户输入的字符符合的地址罗列出来供用户选择。用户可以用鼠标上下移动选择其一，然后单击即可转到相应地址。

此外，单击地址列表右侧的下拉按钮，会出现曾经浏览过的地址记录，用鼠标单击其中的一个地址，相当于输入了这个地址并按Enter键。

输入Web地址后，按Enter键或“前进”按钮，浏览器就会按照地址栏中的地址转到相应的网站或页面。这个过程视网络速度情况需要等待不同的时间。

（2）浏览页面。

进入页面后即可浏览了。某个Web站点的第一页称为主页或首页，主页上通常都设有类似目录一样的网站索引，表述网站设有哪些主要栏目、近期要闻或改动等。

网页上有很多链接，它们或显示不同的颜色，或有下画线，或是图片，最明显的标志是当鼠标光标移到其上时，光标会变成一只小手。单击一个链接就可以从一个页面转到另一个页面，再单击新页面中的链接又能转到其他页面。依次类推，便可沿着链接前进，就像从一个浪尖转到另一个浪尖一样，所以，人们把浏览比作“冲浪”。

右击一个超链接，弹出快捷菜单，如图7.19所示，从中可以选择“打开”、“在新选项卡中打开”、“在新窗口打开”等。

在浏览时，可能需要返回前面曾经浏览过的页面，此时，可以使用前面提到的“后退”、“前进”按钮来浏览最近访问过的页面。

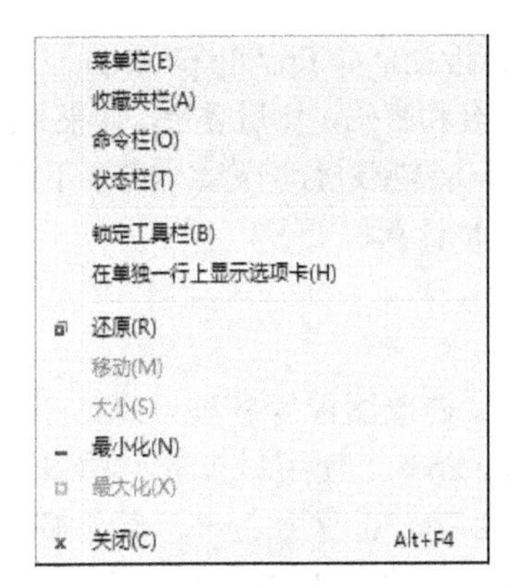

图 7.18　“工具”菜单

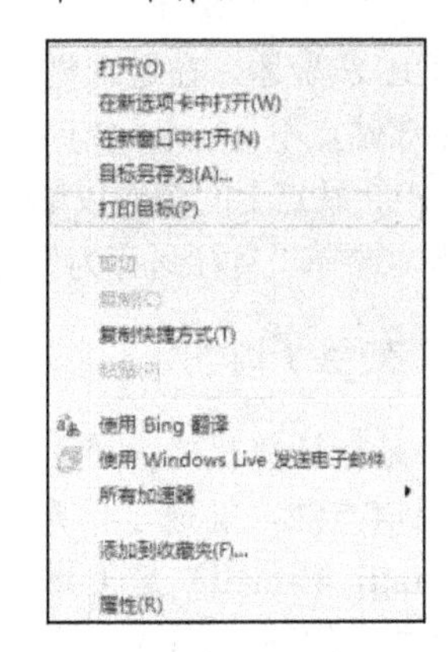

图 7.19　“超链接”快捷菜单

7.5.2　信息的搜索

互联网就像一个浩瀚的信息海洋，如何在其中搜索到自己需要的有用信息，是每个互联网用户要遇到的问题。利用像雅虎、搜狐、新浪等网站提供的分类站点导航，是一个比较好的寻找有用信息的方法，但其搜索的范围还是太大，操作也较多。最常用的方法是利用搜索引擎，根据关键词来搜索有用的信息。

一般搜索引擎所包含的数据库规模大，至少有上亿个页面，检索方法多种多样，支持简单检索和高级检索，并且检索结果形式多样。目前 Internet 上的搜索引擎种类很多，常用的搜索引擎及其网址如下。

百度：http://www.baidu.com.cn

搜狗：http://www.sogou.com

Google：http://www.google.com

7.5.3　使用 FTP 传输文件

文件传输协议（File Transfer Protocol，FTP）是 Internet 上使用最广泛的文件传送协议。FTP 允许提供交互式的访问，允许用户指明文件的类型和格式，并允许文件具有存取权限。FTP 屏蔽了各计算机系统的细节，因而适合于在异构网络中任意计算机之间传送文件。

1．FTP 的基本工作原理

FTP 使用客户机/服务器模式，即由一台计算机作为 FTP 服务器提供文件传输服务，而由另一台计算机作为 FTP 客户端提出文件服务请求并得到授权的服务。一个 FTP 服务器进程可同时为多个客户进程提供服务。FTP 的服务器进程由两部分组成：一个主进程，负责接受新的请求；另外有若干个从属进程，负责处理单个请求。

2．从 FTP 站点下载文件

浏览器可以以 Web 方式访问 FTP 站点，如果访问的是匿名 FTP 站点，则浏览器可以自动匿名登录。

当要登录一个 FTP 站点时，需要打开 IE 浏览器，在地址栏输入 FTP 站点的 URL。一个完整的 FTP 站点 URL 如下（北京大学的 FTP 站点 URL）。

ftp://ftp.pku.edu.cn

使用 IE 浏览器访问 FTP 站点并下载文件的操作步骤如下。

（1）打开IE浏览器，在地址栏输入要访问的FTP站点地址，如ftp://ftp.pku.edu.cn，按Enter键。

（2）如果该站点不是匿名站点，则IE会提示输入用户名和密码，然后登录，如果是匿名站点，IE会自动登录。FTP站点上的资源以链接的方式呈现，可以单击链接进行浏览。当需要下载某个文件时，在链接上右击，选择“目标另存为”，然后就可以下载到本地计算机上了。

7.5.4 收发电子邮件

电子邮件是指计算机之间通过网络及时传送信件、文档或图像等各种信息。它提供了一种简便、迅速的通信方法，加速了信息的交流与传递，是Internet上使用最多的一种服务。电子邮件（Electronic Mail，E-mail）是Internet上最受欢迎也最为广泛的应用之一。电子邮件将邮件发送到Internet信息提供商（ISP）的邮件服务器，并放在其中的收信人邮箱（Mail Box）中，收信人可随时上网到ISP的邮件服务器进行读取。电子邮件服务是一种通过计算机网络与其他用户进行联系的快速、简便、高效、廉价的现代化通信手段。电子邮件之所以受到广大用户的喜爱，是因为与传统通信方式相比，其具有成本低、速度快、安全与可靠性高、可达范围广、内容表达形式多样等优点。

1. 电子邮件地址

电子邮件有自己规范的格式，电子邮件的格式由信封和内容两大部分，即邮件头（Header）和邮件主体（Body）两部分组成。邮件头包括收信人E-mail地址、发信人E-mail地址、发送日期、标题和发送优先级等，其中，前两项是必选的。邮件主体才是发件人和收件人要处理的内容，早期的电子邮件系统使用简单邮件传输协议（Simple Mail Transfer Protocol，SMTP），只能传递文本信息，而通过使用多用途Internet邮件扩展协议（Multipurpose Internet Mail Extensions，MIME），现在还可以发送语音、图像和视频等信息。对于E-mail主体不存在格式上的统一要求，但对信封即邮件头有严格的格式要求，尤其是E-mail地址。E-mail地址的标准格式为：

<收信人信箱名>@主机域名

其中，“<收信人信箱名>”是指用户在某个邮件服务器上注册的用户标志，相当于一个私人邮箱，收信人信箱名通常用收信人姓名的缩写来表示；“@”为分隔符，一般把它读为英文的at；“主机域名”是指信箱所在的邮件服务器的域名。

例如“chujl@mail.xpc.edu.cn”，表示在邢台职业技术学院的邮件服务器上的用户名为“chujl”的用户信箱。

2. 电子邮件系统的组成

有了标准的电子邮件格式，电子邮件的发送与接收还要依托由用户代理、邮件服务器和邮件协议组成的电子邮件系统。图7.20给出了电子邮件系统的简单示意图。

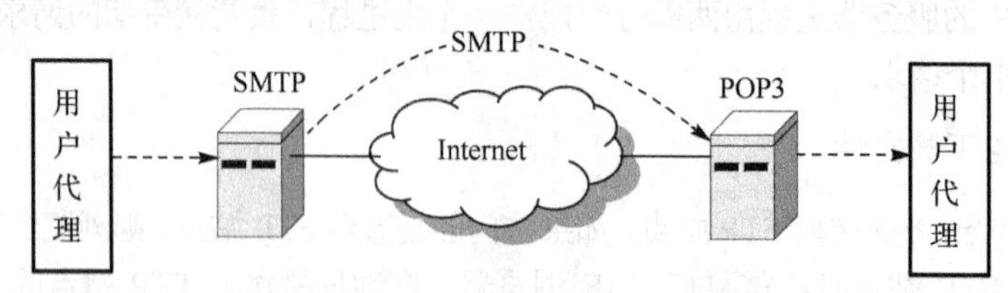

图7.20 电子邮件系统的组成

① 用户代理：用户代理（User Agent，UA）是运行在用户机上的一个本地程序，它提供命令行方式、菜单方式或图形方式的界面来与电子邮件系统交互，允许人们读取和发送电子邮件，如Outlook

Express、Hotmail，以及基于 Web 界面的用户代理程序等。用户代理至少应当具有撰写、显示、处理 3 个基本功能。

② 邮件服务器：邮件服务器是电子邮件系统的核心构件，包括邮件发送服务器和邮件接收服务器，邮件服务器按照客户机/服务器方式工作。顾名思义，所谓邮件发送服务器是指为用户提供邮件发送功能的邮件服务器，如图 7.20 所示的 SMTP 服务器；而邮件接收服务器是指为用户提供邮件接收功能的邮件服务器，如图 7.20 所示的 POP3 服务器。

③ 邮件协议：用户在发送邮件时，要使用邮件发送协议，常见的邮件发送协议有简单邮件传输协议（Simple Mail Transfer Protocol，SMTP）、MIME 协议和邮局协议（Post Office Protocol，POP3）。通常，SMTP 使用 TCP 的 25 号端口，而 POP3 则使用 TCP 的 110 号端口。图 7.21 给出了一个电子邮件发送和接收的具体实例。

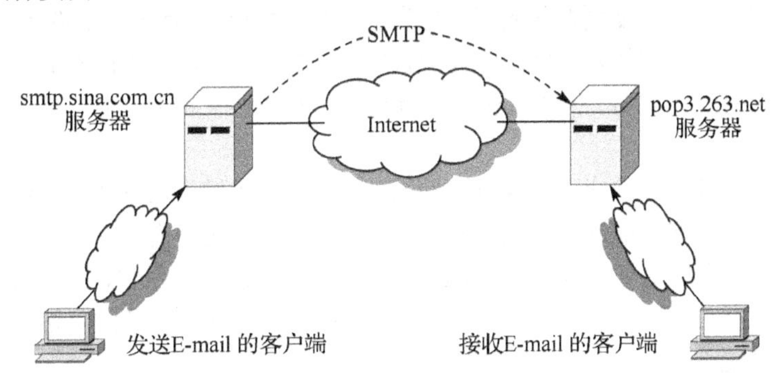

图 7.21 电子邮件发送和接收实例

假定用户 XXX 使用“XXX@sina.com.cn”作为发信人地址向用户 YYY 发送一个文本格式的电子邮件，该发信人地址所指向的邮件发送服务器为 smtp.sina.com.cn，收信人的 E-mail 地址为“YYY@263.net”。

首先，用户 XXX 在自己的机器上使用独立式的文本编辑器、字处理程序或是用户代理内部的文本编辑器来撰写邮件正文，然后，使用电子邮件用户代理程序（如 Outlook Express）完成标准邮件格式的创建，即选择创建新邮件图标，填写收件人地址、主题、邮件的正文、邮件的附件等。

一旦用户单击邮件发送图标之后，则用户代理程序将用户的邮件传给负责邮件传输的程序，由其在 XXX 所用的主机和名为 smtp.sina.com.cn 的发送服务器之间建立一个关于 SMTP 的连接，并通过该连接将邮件发送至服务器 smtp.sina.com.cn。

发送方服务器 smtp.sina.com.cn 在获得用户 XXX 所发送的邮件后，根据邮件接收者的地址，在发送服务器与 YYY 的接收邮件服务器之间建立一个 SMTP 的连接，并通过该连接将邮件送至 YYY 的接收服务器。

接收方邮件服务器 pop3.263.net 接收到邮件后，根据邮件接收者的用户名将邮件放到用户的邮箱中。在电子邮件系统中，为每个用户分配一个邮箱（用户邮箱）。例如，在基于 UNIX 的邮件服务系统中，用户邮箱位于“/usr/spool/mail/”目录下，邮箱标志一般与用户标志相同。

当邮件到达邮件接收服务器后，用户随时都可以接收邮件。当用户 YYY 需要查看自己的邮箱并接收邮件时，首先要在自己的机器与邮件接收服务器 pop3.263.net 之间建立一条关于 POP3 的连接，该连接也通过系统提供的用户代理程序进行。连接建立之后，用户就可以从自己的邮箱中“取出”邮件进行阅读、处理、转发或回复等操作。

电子邮件的“发送→传递→接收”是异步的，邮件在发送时并不要求接收者正在使用邮件系统，邮件可存放在接收用户的邮箱中，接收者随时可以接收。

目前应用最为广泛的集成化 Internet 软件 Netscape 和 Internet Explorer 都带有电子邮件收发程序的插件，因此，如果用户的计算机中装有 Netscape 或 Internet Explorer，就可使用其携带的电子邮件收发程序。另外，还有很多专用的电子邮件软件，常见的有 Eudora、Becky、Foxmail、Mailtaik2.21、Microsoft Office Outlook 2010、Pegasus Mail、Newmail12.1、方正飞扬电子邮件等。

7.5.5 其他互联网应用

1. 网络商务交易应用

受金融危机影响，网络的便利性和便捷性受到了消费者和企业的青睐，网络交易类应用也随之大幅增长。CNNIC《中国互联网络发展状况统计报告》调查显示，中国网络商务交易类应用的用户规模飞速增长。主要应用有网上购物、网上支付、旅行预订、网络炒股和网上银行等。

（1）网上购物。

网上购物就是通过互联网检索商品信息，并通过电子订购单发出购物请求，然后填上私人支票账号或信用卡的号码，厂商通过邮购的方式发货，或是通过快递公司送货上门。国内的网上购物，一般付款方式是款到发货（直接银行转账、在线汇款）。担保交易（淘宝支付宝、百度百付宝、腾讯财付通等的担保交易）、货到付款等。2014 年 11 月 11 日，光棍节天猫促销，当日交易量 520 亿元人民币，2016 年 11 月 11 日则达到了 1027 亿元人民币。

（2）网上支付。

网上支付是电子支付的一种形式，它是通过第三方提供的与银行之间的支付接口进行的即时支付方式，这种方式的好处在于可以直接把资金从用户的银行卡中转账到网站账户中，汇款马上到账，不需要人工确认。

网上支付方式有网银支付和第三方支付两种方式。

① 网银支付：直接通过登录网上银行进行支付的方式。开通网上银行之后才能进行网银支付，可实现银联在线支付、信用卡网上支付等，这种支付方式是直接从银行卡支付的。

② 第三方支付：最常用的第三方支付是支付宝、财付通、环迅支付、易宝支付、快钱、网银在线，其中作为独立网商或有支付业务的网站而言，最常选择的为支付宝、环迅支付、易宝支付、快钱等。

（3）旅行预订。

目前，很多人出行都是在网上预订机票、酒店、火车票或旅行行程。

综合性的机票、酒店等预订如携程旅行网、芒果旅行网等。另外，各航空公司的官网都提供机票预订及打折业务。

火车票预订：http://www.12306.cn。

（4）网上银行。

又称网络银行、在线银行，是指银行利用 Internet 技术，通过 Internet 向客户提供开户、查询、对账、行内转账、跨行转账、信贷、网上证券、投资理财等传统服务项目，使客户可以足不出户就能够安全、便捷地管理活期和定期存款、支票、信用卡及个人投资等。可以说，网上银行是在 Internet 上的虚拟银行柜台。

2. 网络交流沟通

人们可以通过网络知晓各个时间、地点、人物的事情，也可以通过网络工具跟不经常见到面的亲戚朋友进行便捷的交流和沟通。如 QQ、E-mail、电子传真、MSN 等。

（1）即时通信。如常用的微信、QQ、MSN 等。

微信是腾讯公司于 2011 年 1 月 21 日推出的一个为智能手机提供即时通信服务的免费应用程序。微信支持跨通信运营商、跨操作系统平台，通过网络快速发送免费（需消耗少量网络流量）语音短信、视频、图片和文字，同时，也可以使用通过共享流媒体内容的资料和基于位置的社交插件“摇一摇”、“漂流瓶”、“朋友圈”、“公众平台”、“语音记事本”等。

（2）博客/个人空间。博客，又译为网络日志、部落格或部落阁等，是一种通常由个人管理、不定期张贴新的文章的网站。博客是社会媒体网络的一部分，比较著名的有新浪、网易、搜狐等博客。

（3）微博。即微博客（Micro Blog）的简称，是一个基于用户信息分享、传播以及获取的平台。用户可以通过 Web、WAP 等各种客户端组建个人社区，以 140 字左右的文字更新信息，并实现即时分享。微博提供了这样一个平台，你既可以作为观众，在微博上浏览你感兴趣的信息；也可以作为发布者，在微博上发布内容供别人浏览。微博最大的特点就是：发布信息快速，信息传播的速度快。腾讯微博、新浪微博、网易微博、搜狐微博等，有“私信”功能，支持网页、客户端、手机平台，支持对话和转播，并具备图片上传和视频分享等功能。

（4）社交网站。社交网站为网民建立了一张强关系网，与自己的同事、同学等进行自我展示或者交流沟通。

3. 网络娱乐

（1）网络游戏（Online Game）。又称在线游戏，简称网游。是指以互联网为传输媒介，以游戏运营商服务器和用户计算机为处理终端，以游戏客户端软件为信息交互窗口，旨在实现娱乐、休闲、交流和取得虚拟成就的具有可持续性的个体性多人在线游戏。

（2）网络文学。网络文学是指新近产生的、以互联网为展示平台和传播媒介的、借助超文本链接和多媒体演绎等手段来表现的文学作品、类文学文本及含有一部分文学成分的网络艺术品。其中，以网络原创作品为主。网络文学分为三类样态：一类是已经存在的文学作品经过电子扫描技术或人工输入等方式进入互联网络；一类是直接在互联网络上“发表”的文学作品；还有一类是通过计算机创作或通过有关计算机软件生成的文学作品进入互联网络，如电脑小说《背叛》，以及几位作家几十位作家，甚至数百位网民共同创作的具有互联网络开放性特点的“接力小说”等。

人们所说的网络文学多是指在网上“发表”的文学作品，包括那些经过编辑、登载在各类网络艺术刊物（电子报刊）的作品，电子公告栏（BBS）上不经编辑、个人随意发表的文学作品，以及一些电子邮件（E-mail）中的文学作品。较有影响的文学网站有起点文学网、文学城、榕树下、中文网络文学精粹、黄金书屋、碧海银沙等网站。

（3）网络视频。所谓网络视频，是指由网络视频服务商提供的、以流媒体为播放格式的、可以在线直播或点播的声像文件。网络视频一般需要独立的播放器，文件格式主要是基于 P2P 技术、占用客户端资源较少的 FLV 流媒体格式。

网络视频是以计算机或者移动设备为终端，利用 QQ、MSN 等 IM 工具，进行可视化聊天的一项技术或应用。

① P2P（Peer to Peer，对等网络）是不同于 C/S、BPS 等传统模式的新通信技术，它最大的特点是抛开了应用服务器的束缚，用户之间可以通信、共享资源或协同工作。

P2P 工作组给出的定义是：通过在系统之间的直接交换实现计算机资源和服务的共享。P2P 应用程序由一些（通常是动态的）对等点组成。

② 流媒体。流媒体是指以流的方式在网络中传输音频、视频和多媒体文件的形式。流媒体文件

格式是支持采用流式传输及播放的媒体格式。流式传输方式是将视频和音频等多媒体文件经过特殊的压缩方式分成一个个压缩包，由服务器向用户计算机连续、实时地传送。在采用流式传输方式的系统中，用户不必像非流式播放那样等到整个文件全部下载完毕后才能看到当中的内容，而是只需要经过几秒钟或几十秒的启动延时即可在用户计算机上利用相应的播放器对压缩的视频或音频等流式媒体文件进行播放，剩余的部分将继续进行下载，直至播放完毕，即“边下载边播放”。

如今，流媒体技术已广泛应用于多媒体新闻发布、在线直播、网络广告、电子商务、视频点播、远程教育、远程医疗、网络电台、实时视频会议等方方面面。

实现流媒体需要两个条件：适合的传输协议和缓存。使用缓存的目的是消除时延和抖动的影响，以保证数据报顺序正确，从而使媒体数据能够顺序输出。

流式传输的大致过程如下。

（1）用户选择一个流媒体服务后，Web 浏览器与 Web 服务器之间交换控制信息，把需要传输的实时数据从原始信息中检索出来。

（2）Web 浏览器启动音/视频客户机程序，使用从 Web 服务器检索到的相关参数对客户机程序初始化，参数包括目录信息、音/视频数据的编码类型和相关的服务器地址等信息。

（3）客户机程序和服务器之间运行实时流协议，交换音/视频传输所需的控制信息，实时流协议提供播放、快进、快倒、暂停等命令。

（4）流媒体服务器通过流协议及 TCP/IP 传输协议将音/视频数据传输给客户机程序，一旦数据到达客户机，客户机程序就可以进行播放。

目前的流媒体格式有很多，如.asf、.rm、.ra、.mpg、.flv 等，不同格式的流媒体文件需要不同的播放软件来播放，常见的流媒体播放软件有 RealPlayer、Windows Media、Flash、QuickTime 及 DIVX 等。

7.6 计算机信息安全

随着计算机应用的不断深入和计算机网络的普及，尤其是作为现代信息社会核心的 Internet 的开放性、国际性和自由性，使得人们对信息安全的要求越来越高。

7.6.1 信息安全概述

信息安全是一门涉及计算机科学、网络技术、通信技术、密码技术、信息安全技术、应用数学、信息论等多种学科的综合性学科。

1. 信息安全的概念

信息安全是指信息网络的硬件、软件及其系统中的数据受到保护，不因偶然的或者恶意的原因而遭到破坏、更改、泄露，系统可连续、可靠、正常地运行，信息服务不中断。

信息安全涉及的范围很广，大到国家军事、政治等机密安全，小到防范商业机密泄露、防范青少年对不良信息的浏览、防范个人信息的泄露等。网络环境下的信息安全体系是保证信息安全的关键，包括计算机操作系统安全、各种安全协议、安全机制（数字签名、信息认证、数据加密等），直至安全系统。

2. 信息安全的主要威胁及其来源

信息安全的主要威胁有以下几种。

（1）窃取。非法用户通过数据窃听的手段获得敏感信息。

（2）截取。非法用户首先获得信息，再将此信息发送给真实接收者。

（3）伪造。将伪造的信息发送给接收者。

（4）篡改。非法用户对合法用户之间的通信信息进行修改，再发送给接收者。

（5）拒绝服务攻击。攻击服务系统，造成系统瘫痪，阻止合法用户获得服务。

（6）行为否认。合法用户否认已经发生的行为。

（7）非授权访问。未经系统授权而使用网络或计算机资源。

（8）计算机病毒。通过网络传播计算机病毒，其破坏性非常高，而且用户很难防范。

信息安全威胁的主要来源有以下几种。

（1）自然灾害、意外事故。

（2）计算机犯罪。

（3）人为错误，例如使用不当，安全意识差等。

（4）黑客行为。

（5）内部泄密或外部泄密。

（6）信息丢失。

（7）电子谍报，例如信息流量分析、信息窃取等。

（8）信息战。

（9）网络协议自身缺陷，例如 TCP/IP 协议的安全问题等。

3. 信息安全的目标

无论是在计算机上存储、处理和应用，还是在通信网络上传输，信息都有可能被非授权访问而导致泄密，被篡改破坏而导致不完整，被冒充替换而导致否认，也有可能被阻塞拦截而导致无法存取。目前，普遍认为信息安全的目标应该是保护信息的完整性、可用性、机密性、可控性和不可抵赖性。

（1）完整性。是指维护信息的一致性，即在信息生成、存储、传输和使用过程中保持不被修改、不被破坏和不丢失的特性，是信息安全的基本要求。

（2）可用性。是指信息可被合法用户访问并按要求使用的特性。

（3）机密性。是指保证信息不被非授权访问，即使非授权用户得到信息也无法知晓信息的内容。

（4）可控性。是指信息在整个生命周期内都可由合法拥有者安全地控制。

（5）不可抵赖性。是指保障用户无法在事后否认曾经对信息进行的生成、签发、接收等行为。

目前，倡导一种综合的安全解决方法：针对信息的生命周期，以信息保障模型作为信息安全的目标，即由信息的保护技术、信息使用中的检测技术、信息受影响或攻击时的响应技术和受损后的恢复技术为系统模型的主要组成元素，简称 PDBR 模型，如图 7.22 所示。

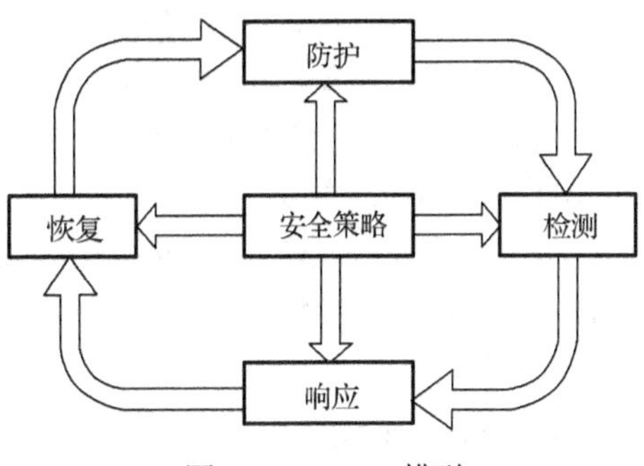

图 7.22　PDBR 模型

4. 信息安全策略

信息安全策略是指为保证提供一定级别的安全保护必须遵守的规则。常用的信息安全策略有物理安全策略、访问控制策略、信息加密策略和网络安全策略等。

（1）物理安全策略。物理安全策略的目的是保护计算机系统、网络服务器、打印机等硬件实体和通信链路免受自然灾害、人为破坏和搭线攻击；验证用户的身份和使用权限，防止用户越权操作；确保计算机系统有一个良好的电磁兼容工作环境；建立完备的安全管理制度，防止非法进入计算机控制室和各种偷窃、破坏活动的发生。

（2）访问控制策略。访问控制策略是网络安全防范和保护的主要策略，其任务是保证网络资源不被非法使用和非法访问。各种网络安全策略必须相互配合才能真正起到保护作用，而访问控制是保证网络安全最重要的核心策略之一。访问控制策略包括入网访问控制策略、操作权限控制策略、目录安全控制策略、属性安全控制策略、网络服务器安全控制策略、网络监测、锁定控制策略和防火墙控制策略等方面的内容。

（3）信息加密策略。信息加密的目的是保护网内的数据、文件、口令和控制信息，保护网上传输的数据。网络加密常用的方法有链路加密、端点加密和节点加密3种。链路加密的目的是保护网络节点之间的链路信息安全；端-端加密的目的是对源端用户到目的端用户的数据提供保护；节点加密的目的是对源节点到目的节点之间的传输链路提供保护。

（4）网络安全策略。在网络安全中，除了采用上述技术措施之外，加强网络的安全管理，制定有关规章制度，对于确保网络安全、可靠运行，将起到十分有效的作用。网络的安全管理策略包括：确定安全管理等级和安全管理范围；制定有关网络操作使用规程和人员出入机房管理制度；制定网络系统的维护制度和应急措施等。

7.6.2 信息安全技术

信息安全的关键技术包括加密技术、身份认证技术、防火墙技术、入侵检测技术、访问控制技术、VPN技术、安全评估技术、审计评估技术、审计分析技术、备份与恢复技术、防病毒技术、主机安全技术等。

1. 数据加密技术

所谓数据加密（Data Encryption）技术是指将一个信息（或称明文，Plain Text）经过加密钥匙（Encryption Key）及加密函数转换，变成无意义的密文（cipher text），而接收方则将此密文经过解密函数、解密钥匙（Decryption Key）还原成明文。加密技术是网络安全技术的基石。

数据加密技术要求只有在指定的用户或网络下，才能解除密码而获得原来的数据，这就需要给数据发送方和接收方一些特殊的信息用于加解密，这就是所谓的密钥。密钥的值是从大量的随机数中选取的。

一般的数据加密可以在通信的三个层次来实现：链路加密、节点加密和端到端加密。

按加密算法分为专用密钥和公开密钥两种。

（1）专用密钥。又称对称密钥或单密钥，加密和解密时使用同一个密钥，即同一个算法。如DES和MIT的Kerberos算法。

（2）公开密钥。又称非对称密钥，加密和解密时使用不同的密钥，即不同的算法，虽然两者之间存在一定的关系，但不可能轻易地从一个推导出另一个。有一个公用的加密密钥，有多个解密密钥，如RSA算法。

2. 身份认证技术

随着互联网的不断发展，越来越多的人们开始尝试在线交易，然而，病毒、黑客、网络钓鱼以及网页仿冒诈骗等恶意威胁，给在线交易的安全性带来了极大的挑战。网络犯罪层出不穷，引起了人们对网络身份的信任危机。如何证明“我是谁？”以及如何知道“你是谁？”等问题又一次成为人们关注的焦点。这些都是身份认证技术要解决的问题。

目前，常用的身份认证技术主要有以下几种。

（1）用户名/密码方式。用户名/密码方式是最简单也是最常用的身份认证技术。每个用户的密码是由用户自己设定的。只有用户自己能够输入正确的密码，计算机借此识别合法用户。实际上，由于许多用户密码设置和保存不当，很容易造成密码泄露。另外，由于密码是静态的数据，在验证过程中必然经过计算机内存和网络，因而很容易被木马程序或网络中的监听设备截获。因此，从安全性上讲，用户名/密码方式是一种不安全的身份认证方式。

（2）智能卡。智能卡是一种内置集成电路的芯片，芯片中存有与用户身份相关的数据，智能卡由专门的厂商通过专门的设备生产，是不可复制的硬件。智能卡由合法用户随身携带，登录时必须将智能卡插入专用的读卡器读取其中的信息，以验证用户的身份。智能卡认证是通过智能卡硬件不可复制来保证用户身份不会被仿冒的。然而由于每次从智能卡中读取的数据是静态的，通过内存扫描或网络监听等技术还是很容易截取到用户的身份验证信息，因此还是存在安全隐患。

（3）短信密码。短信密码以手机短信形式请求包含 6 位随机数的动态密码，它也是一种手机动态口令形式，身份认证系统以短信形式发送随机的 6 位密码到客户的手机上。客户在登录或者交易认证时输入此动态密码，从而确保系统身份认证的安全性 。

（4）USB Key。基于 USB Key 的身份认证方式是一种方便、安全的身份认证技术。它采用软硬件相结合、一次一密的强双因子认证模式，很好地解决了安全性与易用性之间的矛盾。USB Key 是一种 USB 接口的硬件设备，它内置单片机或智能卡芯片，可以存储用户的密钥或数字证书，利用 USB Key 内置的密码算法实现对用户身份的认证。USB Key 安全产品是目前信息安全领域用于身份认证的主导产品，被用做客户身份认证与电子签名的数字证书和私有密钥的载体，广泛用于网上银行、证券、电子政务（含工商税务）、电子商务等领域。

（5）生物识别技术。生物识别技术是通过可测量的身体或行为等生物特征进行身份认证的一种技术。生物特征是指唯一的可以测量或可自动识别和验证的生理特征或行为方式。生物特征分为身体特征和行为特征两类。身体特征包括指纹、掌形、视网膜、虹膜、人体气味、脸型、手的血管和 DNA 等；行为特征包括签名、语音、行走步态等。

3．防火墙技术

在网络安全技术中，防火墙（Firewall）是指一种将内部网和公众网互相隔离的技术。它是在两个网络通信时执行一种操作，允许经授权信息进入内部网，同时拒绝未经授权的信息，而内部网的用户对公众网的访问则不受影响。防火墙的主要功能是数据包过滤、网络地址转换、应用级代理、状态监测和身份认证等。

4．入侵检测技术

入侵检测技术通过收集和分析网络行为、安全日志、审计数据、其他网络上可以获得的信息以及计算机系统中若干关键点的信息，检查网络或系统中是否存在违反安全策略的行为和被攻击的迹象。

入侵检测作为一种积极主动的安全防护技术，提供了对内部攻击、外部攻击和误操作的实时保护，在网络系统受到危害之前拦截和响应入侵。因此被认为是防火墙之后的第二道安全闸门，在不影响网络性能的情况下能对网络进行检测。

按所采用的技术不同，入侵检测系统可分为误用检测和异常检测两种。入侵检测系统（IDS）的发展方向是入侵防御系统（IPS）。IPS 是一种主动的、积极的入侵防范、阻止系统，其设计旨在预先对入侵活动和攻击性网络流量进行拦截，避免其造成任何损失。

5．VPN 技术

虚拟专用网（VPN）就是通过一个公用网建立一个临时的、安全的连接，是一条穿过混乱的公用网络的安全、稳定的隧道。所谓虚拟，是指用户不再需要拥有实际的长途数据线路，而是使用 Internet 公众数据网络的长途数据线路。所谓专用，是指用户可以为自己制定一个最符合自己需求的网络。

VPN的核心技术是隧道技术。隧道是利用一种协议传输另一种协议的技术，封装是构建隧道的基本手段，它使得IP隧道实现了信息隐蔽和抽象。隧道技术包括数据封装、传输和解包在内的全过程。实现VPN的隧道协议有PPTP、L2F、IPSec、SSL、MPLS等。

6. 备份与恢复技术

数据备份是指为防止系统出现操作失误或系统故障导致数据丢失，而将全部或部分数据从应用主机的硬盘或阵列中复制到其他存储介质上的过程。目前，最常用的技术手段是网络备份。

数据备份必须要考虑数据恢复的问题，能够在系统发生故障后进行系统恢复。

7.6.3 计算机病毒

1. 计算机病毒的概念

当前，计算机安全的最大威胁是计算机病毒（Computer Virus）。计算机病毒实质上是一种特殊的计算机程序。这种程序具有自我复制能力，可非法入侵并隐藏在存储媒体中的引导部分、可执行程序或数据文件中。当病毒被激活时，源病毒能把自身复制到其他程序体内，影响和破坏程序的正常执行和数据的正确性。计算机一旦感染病毒，就会出现屏幕显示异常、系统无法启动、系统自动重新启动或挂死、磁盘存取异常、文件异常、机器速度变慢等不正常现象。

在《中华人民共和国计算机信息系统安全保护条例》中，计算机病毒被明确定义为："计算机病毒是指编制或在计算机程序中插入的破坏计算机功能或毁坏数据，影响计算机使用，并能自我复制的一组计算机指令或者程序代码"。计算机病毒有以下主要特征。

（1）传播性。传播性是计算机病毒的重要特征。计算机病毒一旦进入计算机并得以执行，它就会搜寻符合其传播条件的程序或存储介质，并将自身代码插入其中，达到自我复制的目的。而被感染的文件又成了新的传播源，在与其他机器进行交换或通过网络，病毒会继续进行传播。

（2）隐蔽性。病毒一般需要具有很高的编程技巧，多为短小精悍的程序，通常附在正常程序或磁盘较隐蔽的地方，用户难以发现它的存在。其隐蔽性主要表现在传播的隐蔽性和自身存在的隐蔽性。

（3）寄生性。病毒程序嵌入到宿主程序中，依赖于宿主程序的执行而生存，这就是计算机病毒的寄生性。宿主程序一旦执行，病毒程序就被激活，从而可以进行自我复制和传播。

（4）潜伏性。计算机病毒侵入系统后，一般不会立即发作，而有一定的潜伏期。一旦病毒触发条件满足便会发作，进行破坏。计算机病毒的种类不同，触发条件也不同，潜伏期也不同。

（5）不可预见性。不同种类的病毒，它们的代码千差万别，且随着计算机病毒制作技术的不断提高，使人防不胜防。病毒对反病毒软件总是超前的。

（6）破坏性。不同计算机病毒的破坏情况表现不一，有的干扰计算机的正常工作，有的占用系统资源，有的修改或删除文件及数据，有的破坏计算机硬件。

2. 网络时代计算机病毒的特点

随着网络技术的发展，计算机病毒也在不断变化和提高，主要表现出如下特点。

（1）通过网络和邮件传播。从当前流行的计算机病毒来看，许多病毒是通过邮件和网络进行传播的。

（2）传播速度极快，难以控制。由于病毒主要通过网络传播，因此一种新病毒出现后，通过Internet可以迅速传到世界各地，如2017年5月12日WannaCry"蠕虫式"勒索病毒在一两天内迅速传播到世界各地的主要计算机网络。

（3）利用Java和Active技术。Java和Active的执行方式是把程序代码写在网页上，当用户访问网站时，浏览器就执行这些程序代码，这就为病毒制造者提供了可乘之机。当用户浏览网页时，利用 Java 和 Active 编写的病毒程序就在系统里执行，使系统遭到不同程度的破坏。

（4）具有病毒和黑客程序的功能。随着网络技术的发展，病毒也在不断变化和提高。现在计算机病毒除了有传播病毒的特点，还有蠕虫的特点，可以利用网络进行传播，如利用 E-mail。同时有些病毒还有了黑客程序的功能，一旦侵入计算机系统后，病毒可以从入侵的系统中窃取信息，甚至远程控制系统。

3．计算机病毒的分类

计算机病毒的分类方法很多，按计算机病毒的感染方式，分为以下几类。

（1）引导型病毒。引导型病毒是指寄生在磁盘引导区或主引导区的计算机病毒。这种病毒利用系统引导时，不能对主引导区的内容进行正确与否的判别，在引导系统的过程中侵入系统，驻留内存，监视系统运行，伺机传染和破坏。按照引导型病毒在硬盘上的寄生位置又可细分为主引导记录病毒和分区引导记录病毒。主引导记录病毒感染硬盘的主引导区，如大麻病毒、2708 病毒、火炬病毒等；分区引导记录病毒感染硬盘的活动分区引导记录，如小球病毒、Girl 病毒等。

（2）文件型病毒。该类病毒主要感染扩展名为.com、.exe、.bin、.ovl 和.sys 等可执行文件。通常寄生在文件的首部或尾部，并修改程序的第一条指令。当染毒程序执行时就先跳转去执行病毒程序，进行传染和破坏。这类病毒只有当带毒程序执行时才能进入内存，一旦符合激发条件，它就发作，如“耶路撒冷”病毒等。

（3）混合型病毒。这类病毒既感染磁盘引导区，又感染可执行文件，兼有上述两类病毒的特点。如“幽灵”病毒、Flip 病毒等。

（4）宏病毒。寄生在 Office 文档或模板的宏中的病毒，它只感染 Word 文档文件或模板文件，与操作系统没有特别的关联。能通过 E-mail 下载 Word 文档附件等途径蔓延。

（5）网络病毒。网络病毒通过计算机网络传播，感染网络中的可执行文件。

4．计算机感染病毒的常见症状

计算机感染病毒后会出现一些异常情况，主要表现在以下几方面。

（1）磁盘文件数目无故增多。

（2）系统的内存空间明显变小。

（3）文件的日期/时间值被修改成新近的日期或时间（用户自己并没有修改）。

（4）系统出现异常的重启现象，经常死机，或者蓝屏无法进入系统。

（5）文件长度异常增减或莫名产生新文件。

（6）正常情况下可以运行的程序却突然因内存不足而不能装入。

（7）程序加载时间或程序执行时间比正常的时间明显变长。

（8）屏幕上出现某些异常字符或特定画面。

5．计算机病毒的预防与检测

计算机感染病毒后，用反病毒软件检测和消除病毒是被迫的处理措施，况且已经发现病毒在感染之后会永久性地破坏被感染程序。所以要有针对性地防范，所谓防范就是通过合理、有效的防范体系及时发现计算机病毒的侵入，并能采取有效的手段阻止计算机病毒的破坏和传播，保护系统和数据的安全。

（1）计算机病毒的预防。计算机病毒主要通过移动存储介质（如 U 盘、移动硬盘）和计算机网络两大途径进行传播。人们从工作实践中总结出一些预防计算机病毒的简易可行的措施，这些措施实际上是要求用户养成良好的使用计算机的习惯。具体归纳如下。

① 安装杀毒软件并根据实际需求进行安全设置，定期升级杀毒软件并经常全盘查杀、杀毒，同时打开杀毒软件的“系统监控”功能。

② 扫描系统漏洞，及时更新系统补丁。

③ 未经检测过是否感染病毒的文件、光盘、U 盘及移动硬盘等在使用前首先用杀毒软件查杀病毒后再使用。

④ 对各类数据、文档和程序应分类备份保存。

⑤ 尽量使用具有查毒功能的电子邮箱，尽量不打开陌生的电子邮件。

⑥ 浏览网页、下载文件时要选择正规的网站。

⑦ 关注目前流行病毒的感染途径、发作形式及防范方法，做到预先防范，感染后及时查毒，避免遭受更大损失。

⑧ 有效管理系统内建的 administrator 账户、guest 账户以及用户创建的账户，包括密码管理、权限管理。

⑨ 禁用远程功能，关闭不需要的服务。

⑩ 修改 IE 浏览器中与安全相关的设置。

（2）计算机病毒的检测与清除。一般的杀毒软件都具有消除/删除病毒的功能。消除病毒是把病毒从原有的文件中清除掉，恢复原有文件的内容；删除病毒是把整个文件全删除掉。经过杀毒后，被破坏的文件有可能恢复成正常的文件。

用杀毒软件消除病毒是当前比较流行的方法。目前较流行的杀毒软件有 avast 杀毒（来自捷克的 avast!，中文名为爱维士）、Nod32 杀毒软件、金山毒霸、Avira AntiVir Personal（小红伞）、瑞星、微软 MSE 杀毒、360 杀毒软件、McAfee 杀毒软件、诺顿、卡巴斯基等。

7.6.4 信息安全的道德和法律法规

1. 黑客

目前所说的黑客就是指利用计算机技术、网络技术，非法侵入、干扰、破坏他人（国家机关、社会组织和个人）的计算机系统，或擅自操作、使用、窃取他人的计算机信息资源，对电子信息技术交流和网络实体安全具有不同程度威胁和危害的人。从黑客的动机、目的及其社会影响，可分为技术挑战性黑客、戏谑趣味性黑客和捣乱破坏性黑客 3 种类型。

2. 计算机犯罪

计算机犯罪是通过非法（未经授权使用）或合法（计算机使用权人）利用计算机和网络系统，采取具有计算机运行特点的手段，侵害了计算机和网络系统的安全运行状态，或者违反计算机或网络安全管理规定，给计算机或网络安全造成重大损失等，给社会带来严重的社会危害，违反刑事法律，依法应受刑事处罚的行为。

计算机网络犯罪的主要类型有破坏计算机系统犯罪、非法入侵计算机系统犯罪和计算机系统安全事故犯罪 3 种类型。

3. 计算机职业道德规范

计算机职业应注意的道德规范主要有以下几个方面。

（1）有关知识产权。1990 年 9 月我国颁布了《中华人民共和国著作权法》，把计算机软件列为享有著作权保护的作品；1991 年 6 月，颁布了《计算机软件保护条例》，规定计算机软件是个人或者团体的智力产品，同专利、著作一样受法律的保护，任何未经授权的使用、复制都是非法的，按规定要受到法律的制裁。人们在使用计算机软件或数据时，应遵照国家有关法律规定，尊重其作品的版权，这是使用计算机的基本道德规范。建议人们养成良好的道德规范，具体如下。

- 应该使用正版软件，坚决抵制盗版，尊重软件作者的知识产权。
- 不对软件进行非法复制。
- 不要为了保护自己的软件资源而制造病毒保护程序。
- 不要擅自篡改他人计算机内的系统信息资源。

（2）有关计算机安全。计算机安全是指计算机信息系统的安全。计算机信息系统是由计算机及其相关的、配套的设备、设施（包括网络）构成的，为维护计算机系统的安全，防止病毒的入侵，我们应该注意以下几方面。

- 不要蓄意破坏和损伤他人的计算机系统设备及资源。
- 不要制造病毒程序，不要使用带病毒的软件，更不要有意传播病毒给其他计算机系统（传播带有病毒的软件）。
- 要采取预防措施，在计算机内安装防病毒软件；要定期检查计算机系统内文件是否有病毒，如发现病毒，应及时用杀毒软件清除。
- 维护计算机的正常运行，保护计算机系统数据的安全。
- 被授权者对自己享用的资源负有保护责任，口令密码不得泄露给外人。

（3）有关网络行为规范。计算机网络正在改变着人们的行为方式、思维方式乃至社会结构，它对于信息资源的共享起到了无与伦比的巨大作用，并且蕴藏着无尽的潜能。但是网络的作用不是单一的，在它广泛的积极作用背后，也有使人堕落的陷阱，这些陷阱产生着巨大的反作用。其主要表现在：网络文化的误导，传播暴力、色情内容；网络诱发着不道德和犯罪行为；网络的神秘性“培养”了计算机“黑客”，等等。

各个国家都制定了相应的法律法规，以约束人们使用计算机以及在计算机网络上的行为。例如，我国公安部公布的《计算机信息网络国际联网安全保护管理办法》中规定，任何单位和个人不得利用国际互联网制作、复制、查阅和传播下列信息。

- 煽动抗拒、破坏宪法和法律、行政法规实施的。
- 煽动颠覆国家政权，推翻社会主义制度的。
- 煽动分裂国家、破坏国家统一的。
- 煽动民族仇恨、破坏国家统一的。
- 捏造或者歪曲事实，散布谣言，扰乱社会秩序的。
- 宣传封建迷信、淫秽、色情、赌博、暴力、凶杀、恐怖，教唆犯罪的。
- 公然侮辱他人或者捏造事实诽谤他人的。
- 损害国家机关信誉的。
- 其他违反宪法和法律、行政法规的。

但是，仅仅靠制定一项法律来制约人们的所有行为是不可能的，也是不实用的。相反，社会依靠道德来规定人们普遍认可的行为规范。在使用计算机时应该抱着诚实的态度、无恶意的行为，并要求自身在智力和道德意识方面取得进步。

- 不能利用电子邮件作广播型的宣传，这种强加于人的做法会造成别人的信箱充斥无用的信息而影响正常工作。
- 不应该使用他人的计算机资源，除非你得到了准许或者作出了补偿。
- 不应该利用计算机去伤害别人。
- 不能私自阅读他人的通信文件（如电子邮件），不得私自复制不属于自己的软件资源。
- 不应该到他人的计算机里去窥探，不得蓄意破译别人口令。

习 题 七

一、填空题

1. 开放系统互联参考模型（OSI）采用分层的结构化技术，它将计算机网络体系结构的通信协议分为七层，由低到高依次是：物理层（Physics Layer）、数据链路层（Date Link）、________、________、会话层（Session）、________、应用层（Application）。

2. Internet 的核心是________协议。

3. ________是用于 Web 浏览程序与 Web 服务器之间进行通信的协议，采用客户机/服务器模式。

4. 电子邮件地址由用户名和主机名两部分构成，中间用________隔开。

5. 在 WWW 上，每一信息资源都有统一的且在网络中唯一的地址，该地址叫________。它是 WWW 的统一资源定位标志。URL 由三部分组成：资源类型、存放资源的主机域名和资源文件名。

6. URL 的地址格式为________。

7. HTML（Hyper Text Markup Language）是建立、发表联机文档采用的语言，称为________。HTML 文档也称为 Web 文档，由图形、文本、声音和超链接组成。

二、选择题

1. 网络中计算机之间的通信是通过（　　）实现的，它们是通信双方必须遵守的约定。

A. 网卡　　B. 通信协议　　C. 磁盘　　D. 电话交换设备

2. 为了能在 Internet 上正确地通信，为每个网络和每台主机都分配了唯一的地址，该地址由纯数字并用小数点隔开，称为（　　）。

A. WWW 服务器地址　B. TCP 地址　C. WWW 客户机地址　D. IP 地址

3. 域名是（　　）。

A. IP 地址的 ASCII 码表示形式

B. 按接入 Internet 的局域网的地理位置所规定的名称

C. 按接入 Internet 的局域网的大小所规定的名称

D. 按分层的方法为 Internet 中的计算机所取的直观名字

4. Web 中的信息资源的基本构成是（　　）。

A. 文本信息　　B. Web 页　　C. Web 站点　　D. 超链接

5. 用户在浏览 Web 网页时，可以通过（　　）进行跳转。

A. 文本　　B. 多媒体　　C. 导航文字或图标　　D. 鼠标

6. 网络主机的 IP 地址由一个（　　）的二进制数字组成。

A. 8 位　　B. 16 位　　C. 32 位　　D. 64 位

7. 正确的域名结构顺序由（　　）构成。

A. 计算机主机名、机构名、网络名、最高层域名

B. 最高层域名、网络名、计算机主机名、机构名

C. 计算机主机名、最高层域名

D. 域名、网络名、计算机主机名

8. 主机域名 www.xpc.edu.cn 由 4 个子域组成，其中表示计算机名（　　）。

A. cn　　B. edu　　C. xpc　　D. www

9. 访问清华大学的 WWW 站点，需在 IE 9.0 地址栏中输入（　　）。

A．FTP://FTP.TSINGHUA.EDU.CN　　B．HTTP://WWW.TSINGHUA.EDU.CN
C．HTTP://BBS.TSINGHUA.EDU.CN　　D．GOPHER://GOPHER.TSINGHUA.EDU.CN

10．能够利用无线移动网络的是（　　）。
A．内置无线网卡的笔记本电脑　　B．部分具有上网功能的手机
C．部分具有上网功能的平板电脑　　D．以上全部

11．接入 Internet 的每台主机都有一个唯一的可识别的地址，称为（　　）。
A．TCP 地址　　B．IP 地址　　C．TCP/IP 地址　　D．URL

三、简答题

1．计算机网络如何分类？有哪些功能？
2．局域网由哪几部分组成的？有哪些特点？
3．在计算机局域网中常用的传输介质有哪几种？
4．在计算机局域网中常用的拓扑有哪几种？
5．什么是 Internet？Internet 有哪些特点？它所使用的协议是什么？
6．IP 地址分几类？
7．什么是中文域名？中文域名有几种类型？
8．什么是 URL？

四、实训题

1．在浏览器的地址栏中输入“http://www.xpc.edu.cn”，浏览邢台职业技术学院网站，打开“精品课程”网页，浏览这个网页的内容，然后把它以“jpkc.html”为文件名保存在 E 盘根目录下。

2．在浏览器的地址栏中输入“http://www.xpc.edu.cn”，浏览邢台职业技术学院网站，将首页保存到当前文件夹中，文件名为“邢台职院”，保存类型为“文本文件(*.txt)”。

3．浏览邢台职业技术学院网站，将首页面上的图片保存到当前文件夹中，文件名为“picture”，保存类型为“位图（*.bmp）”。

4．搜索网站

打开下列任一主页：

http：//home.sina.com.cn　　http：//www.chinaedu.edu.cn
http：//www.wander.com.cn　　http：//www.chinavigator.com.cn
http：//www.cetin.net.cn　　http：//www.readchina.com
http：//cn.yahoo.com　　http：//www.sohu.com

搜索河北省的大学网站，打开其中的任一主页，取主页的屏幕图像，存入 U 盘。以“网站”作为文件名，保存类型为“.jpg”。

5．在 IE 浏览器的收藏夹中新建一个目录，命名为“常用搜索”，将百度搜索的网址（www.baidu.com）添加至该目录下。

6．向某知名企业家发一个 E-mail，邀请他参加我院举办的人才交流会的开幕式。具体如下：

［收件人］xxx@126.com

［抄送］

［主题］毕业生人才交流会

［函件内容］“尊敬的×经理：我院定于×月××日（星期三）上午九点举办第六届人才交流会，敬请您的光临。会议地点：院体育馆。谢谢！”

［附件］毕业生人才交流会邀请函

参 考 文 献

[1] 教育部考试中心. 全国计算机等级考试一级教程：计算机基础及 MS Office 应用（2017 年版）. 北京：高等教育出版社，2017.

[2] 教育部考试中心. 全国计算机等级考试二级教程：MS Office 高级应用（2017 年版）. 北京：高等教育出版社，2017.

[3] 刘彦舫，路俊维. 信息技术基础教程（第 5 版）. 北京：电子工业出版社，2015.

[4] 褚建立，胡利平. 信息技术基础技能训练教程（第 5 版）. 北京：电子工业出版社，2015.

[5] 九洲书源. Office2010 高效办公从入门到精通. 北京：清华大学出版社，2012.

[6] 刘明生. 大学计算机基础. 北京：清华大学出版社，2011.

[7] 高万萍，吴玉萍. 计算机应用基础教程（Windows 7，Office 2010）. 北京：清华大学出版社，2013.